国家“双高计划”高水平专业群建设成果系列教材◆大数据技术专业

Hadoop大数据技术与项目实战

王小洁　丰　泽　陈　炯　主　编

任夏荔　李俊华　张秉琛　副主编

電子工業出版社
Publishing House of Electronics Industry
北京 · BEIJING

内 容 简 介

本书由校企“双元”合作开发，以企业真实项目的实施流程为主线，通过“电商平台用户行为数据分析”项目实战，贯穿 Hadoop 大数据核心技术，包括项目需求、大数据平台部署、数据采集、离线数据仓库设计与开发和项目数据可视化展示。

本书内容主要涉及 VMware、Xshell、IDEA 等软件的安装配置；Hadoop 分布式集群环境搭建；Flume、Kafka、Hive、Sqoop、ZooKeeper 等 Hadoop 生态组件的基本工作原理、搭建及配置方法；使用 Flume-Kafka-Flume 架构实现数据采集；Hive 离线数据仓库的设计与开发；使用 pyecharts 工具进行数据可视化展示。

本书为省级精品在线开放课程配套教材，同时配有课程标准、软件安装包、项目源代码、习题库、微课视频等，可以帮助读者更好地学习本书内容。

本书可以作为高等职业院校大数据、云计算、软件技术等相关专业教材，也可以作为从事大数据平台运维、大数据分析、云计算应用等技术人员的参考用书。

图书在版编目（CIP）数据

Hadoop 大数据技术与项目实战 / 王小洁，丰泽，陈炯主编. —北京：电子工业出版社，2023.8

ISBN 978-7-121-45896-5

Ⅰ. ①H… Ⅱ. ①王… ②丰… ③陈… Ⅲ. ①数据处理软件－高等职业教育－教材 Ⅳ. ①TP274

中国国家版本馆 CIP 数据核字（2023）第 123961 号

责任编辑：贺志洪
印　　刷：固安县铭成印刷有限公司
装　　订：固安县铭成印刷有限公司
出版发行：电子工业出版社
　　　　　北京市海淀区万寿路 173 信箱　　邮编：100036
开　　本：787×1092　1/16　印张：19.75　字数：532 千字
版　　次：2023 年 8 月第 1 版
印　　次：2024 年 12 月第 3 次印刷
定　　价：59.00 元

凡所购买电子工业出版社图书有缺损问题，请向购买书店调换。若书店售缺，请与本社发行部联系，联系及邮购电话：（010）88254888，88258888。

质量投诉请发邮件至 zlts@phei.com.cn，盗版侵权举报请发邮件至 dbqq@phei.com.cn。

本书咨询联系方式：010-88254609，hzh@phei.com.cn。

前言

从文明之初的“结绳记事”，到文字被发明后的“文以载道”，再到近现代科学的“数据建模”，随着信息技术的不断发展，数据一直伴随着人类的发展变迁。当今，随着物联网、电子商务、社会化网络的快速发展，全球大数据存储量迅猛增长，成为大数据产业发展的基础。

大数据技术正在快速迭代、更新，大数据应用越来越广泛。目前，企业中传统的数据仓库逐步转变、升级为大数据仓库，其数据量、数据形态和技术栈都产生了巨大的变化，也造成大数据技术人才需求量倍增。本书就是为适应当今大数据技术人才需求而设计的。

本书特色

本书是由校企“双元”合作的新形态教材，内容有效融入企业案例及大数据的前沿技术，体现工作岗位标准和岗位工作流程，在项目实施过程中培养学生精益求精的大国工匠精神，引导学生探索未知、追求真理、勇攀科学高峰，激发学生科技报国的家国情怀和使命担当。

本书内容设计主线清晰，内容编排科学合理、梯度明晰。本书以项目实施过程为主线组织教学内容，通过“电商平台用户行为数据分析”项目实战，贯穿 Hadoop 大数据核心技术，包括项目需求、大数据平台部署、数据采集、离线数据仓库设计与开发和项目数据可视化展示。本书通过理论、实践、项目实战相结合的方式，使读者逐步掌握基于 Hadoop 大数据技术的相关理论知识、操作技能并具备大数据应用创新能力，以满足大数据技术岗位的职业技能要求。

本书为“岗课赛证”融通的新形态教材，可以作为高等职业院校大数据、云计算、软件技术等相关专业教材，也可以作为从事大数据平台运维、大数据分析、云计算应用等技术人员的参考用书。

本书配套资源丰富，配有课程标准、软件安装包、项目源代码、习题库、微课视频等。本书对应的省级精品在线开放课程“Hadoop 大数据技术与项目实战”在智慧树网上线，师生可以登录该网站进行在线学习及资源下载。

本书内容

本书内容分为 5 个模块。

模块 1：项目需求。

在这个模块中，读者可以了解整个项目的业务背景，项目定位、大数据技术的主流应用场景，以及离线数据仓库对企业发展战略的数据支撑作用。同时，读者可以清晰地了解整个项目的实施流程规划、技术选型及版本、项目实施的教学路径、数据源数据结构字典等内容，对项目有一个整体、清晰的认识。

模块 2：大数据平台部署。

大数据平台是数据存储和计算的基石。在这个模块中，读者主要学习 Hadoop 分布式集群环境搭建，以及 Flume、Kafka、Hive、Sqoop、ZooKeeper、MySQL 等 Hadoop 生态组件的基本工作原理、搭建及配置方法，用到的主要组件及版本见表 1。

表 1　组件及版本

序　号	组 件 名 称	版　本
1	Hadoop	3.3.0
2	Flume	1.9.0
3	Kafka	2.7.0
4	Hive	3.1.2
5	Sqoop	1.4.7
6	MySQL	5.7.28
7	ZooKeeper	3.6.5

模块 3：数据采集。

在数据采集系统的设计上，项目采用 Flume-Kafka-Flume 的方式来实现，使数据采集系统可以同时实现离线和实时两种数据传输方式，并对接不同的数据处理引擎。本书主要讲解离线数据传输。

模块 4：离线数据仓库设计与开发。

大数据软件环境的安装部署，海量数据的存储，是大数据技术的基础部分。真正体现大数据技术价值的是数据的处理和分析，让数据“开口说话”。所以，本模块从零搭建离线数据仓库，分析各种不同的业务指标，为企业的运营提供决策依据。

模块 5：项目数据可视化展示。

数据服务最终是要面向用户的，所以应该以一种简洁、直观的方式，呈现出统计分析的结果数据。在这个模块中，读者要学习使用 pyecharts 工具对分析结果进行可视化展示。

在整个项目实施过程中，源代码中使用的变量、数据库、文件夹、路径名称等，均为虚构，如有雷同，实属巧合。

致谢

本书由山西职业技术学院的王小洁、陈炯和企业技术人员丰泽担任主编，由山西职业技术学院的任夏荔、李俊华和企业技术人员张秉琛担任副主编，并与华为技术有限公司、山西多元合创教育科技有限公司、山西尚捷智途教育科技有限责任公司联合编写。

其中，模块 1 由丰泽编写，模块 2 由李俊华、李红、刘燕楠编写，模块 3 由陈炯编写，模块 4 由王小洁编写，模块 5 由任夏荔编写。在本书的编写过程中，编者参阅了国内外同行的相关著作和文献，谨向各位作者深表谢意！

鉴于编者水平有限，书中难免存在不足之处，恳请广大读者不吝赐教。

编者

目 录

绪 论

本书讲解了Hadoop生态中常用的核心技术，以企业真实项目的开发过程为主线，从项目需求、大数据平台部署、数据采集、离线数据仓库设计与开发到项目数据可视化展示，通过理论、实践、项目实战相结合的方式，使读者逐步具备基于Hadoop大数据框架的相关理论知识、操作技能、大数据应用创新能力，以满足大数据技术岗位的职业技能要求。

本书可作为考取大数据平台运维“1+X”证书、华为大数据工程师认证的学习资料，同时适合大数据运维工程师、ETL工程师、数据仓库开发工程师等岗位的人员学习。

本书的前导内容有Linux系统、Java程序设计、MySQL数据库、Python程序设计等，后续内容有数据采集与ETL、Spark大数据技术与应用等。

学习目标

本书的学习目标为：通过项目实战，学习VMware、Xshell、IDEA等软件的安装配置，Hadoop分布式集群环境搭建，Flume、Kafka、Hive、Sqoop、ZooKeeper、MySQL等Hadoop生态组件的基本工作原理、搭建及配置方法，以及使用Flume-Kafka-Flume架构实现数据采集和Hive离线数据仓库的设计与开发，使用pyecharts工具进行数据可视化展示；利用这些专业知识积累项目开发经验，从而进行企业项目的开发；培养分析问题、解决问题的能力，以及大数据技术的实践、创新应用等能力，并在项目实战过程中培养工匠精神。

重点难点

本书的重点是模块2大数据平台部署。在这个模块中，读者需要掌握的不仅仅是大数据软件环境的安装部署，更重要的是学习大数据技术的运行原理，做到“举一反三”，满足企业的各种项目需求。

本书的难点是模块4离线数据仓库设计与开发。因为在这个模块中，读者不仅要熟练应用HQL语句来进行复杂查询，还要掌握数据仓库设计的理论体系，并且将基本原理应用在具体的数据仓库构建过程中，所以读者需要着重学习该阶段的知识点。

学习方法

为了使读者更好地掌握本书的所有内容，本书采用线上、线下相结合的方式进行讲解。

读者在线上重点学习项目功能模块开发流程，以学习视频为主，有效利用本书资源、网络资源、互动交流平台等进行自主学习。本书资源实行高效分类管理，包含开源技术安装包及依赖包、开发软件、源代码、拓展学习资料等，满足读者个性化学习需求，使读者了解前沿技术。本书的互动交流平台实现了读者与读者、读者与编者的交流互动，答疑解惑，取长补短，共同进步。

读者在线下根据本书资源进行预习和实践练习，利用翻转课堂，以项目为引领，以任务为驱动，按照实际情况以项目分组、分角色练习讨论等形式完成项目实训。读者在编者的引导下主动探索、主动发现新知识，自主构建知识体系，同时培养团队协作能力。

思考与练习

下列对大数据的特点描述不正确的是（　　）。

A．数据体量巨大

B．速度要求快

C．数据类型多样

D．价值密度高

模块 1

项目需求

学习目标

知识目标

- 了解项目业务背景
- 掌握项目实施流程规划
- 了解项目技术框架及版本
- 熟悉项目实施的教学路径
- 理解数据源的数据结构

素养目标

- 具有对大数据技术的探索兴趣
- 遵守标识符命名规范
- 具有对数据的敏感度

项目概述

本模块的项目来源于企业的真实项目，编者在本书的编写过程中做了教学化处理，然后呈现给读者。本模块基于项目业务背景进行分析，介绍了项目实施流程规划、技术选型及版本、项目实施的教学路径、数据源数据结构字典等内容，阐述了电商领域用户行为数据分析的重要性，选择数据仓库设计与开发的原因，以及什么是数据仓库、数据仓库的优点等基本知识。

1.1 项目业务背景

贯穿本书的项目为基于 Hadoop 的离线数据仓库的设计与开发。基于 Hadoop 大数据技术，在大数据集群架构平台上对电商平台的用户行为数据进行统计分析，得出相关业务指标，并进行可视化展示，为决策者提供数据支撑。

在大数据浪潮的影响和推动下，电商领域快速改变了传统的运营模式，当今很多电商平台都以数据为中心，数据的分析与管理已经贯穿于企业运营中的采购、营销及财务等全过程，如图 1-1 所示。大数据处理使电商企业实现了数字化运营，使其急需通过精准的数据分析掌握顾客的具体需求，并对平台经营做出决策，从而使成本最小化、利润最大化。

图 1-1　数据的分析与管理贯穿企业运营全过程

图 1-1　数据的分析与管理贯穿企业运营全过程（续）

本项目通过充分调研，根据用户需求分析，对电商平台运营能起到重要决策依据的几个指标进行了统计分析，分别是平台每日新增用户统计，日、每周、每月的活跃用户数据统计，平台用户留存率统计，平台沉默用户数据统计，等等，从而服务于电商平台企业的数字化运营。

了解了本项目的业务背景，读者可能会有疑问：该项目为什么要选择构建数据仓库呢？这是因为，上述这些电商平台数据的处理需求正是大数据技术中数据仓库的主要功能，数据仓库是数据处理分析的核心工具。那么，什么是数据仓库呢？

数据仓库对一个企业的全量数据进行整合，即对数据进行抽取、转换、加载等操作，为不同业务部门提供统一的数据出口。数据出口有很多种，如数据报表、用户画像、风控系统等，如图 1-2 所示。本项目的数据出口为数据报表。

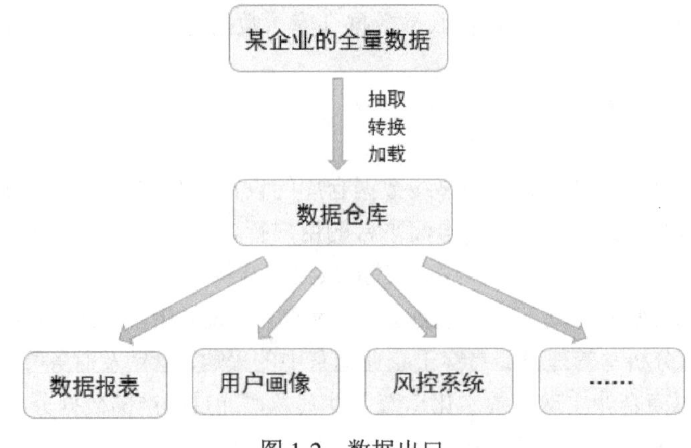

图 1-2　数据出口

构建一个完善、合理的数据仓库是整个大数据系统中的重要一环，对企业整体的数据管理具有重大意义。更高层次的数据分析、数据挖掘等工作都会基于数据仓库来进行，因此，系统学习数据仓库的核心概念及构建方法，对每个大数据开发工程师都是非常必要的。这也是本项目选择数据仓库设计与开发的重要原因。

数据仓库还有以下几个优点。

（1）将复杂问题简单化。

数据仓库能将一个复杂的任务分解成多个步骤来完成，如本项目中设计了 5 层架构，每一层只处理单一的问题，比较简单，并且方便定位。

（2）减少重复开发。

数据仓库进行了数据分层，因为数据会经过每一层，所以能够极大地减少重复计算，从而提高了计算结果的复用性。

（3）可以使原始数据与统计数据分离。

在整个项目中，通过对电商平台数据仓库搭建的全流程学习，可以使读者理解大数据在电商领域的具体应用。

数据仓库具有非常复杂的理论体系，编者在数据仓库的构建过程中也会有各种各样的建模思想及注意事项。对于数据仓库的整体理论架构和实战应用，编者将会在线上或线下进行剖析和说明。

1.2 项目实施计划

了解项目的业务背景之后，本节将从 3 个方面介绍项目实施计划。

1.2.1 项目实施流程规划

本项目的实施流程规划如图 1-3 所示。

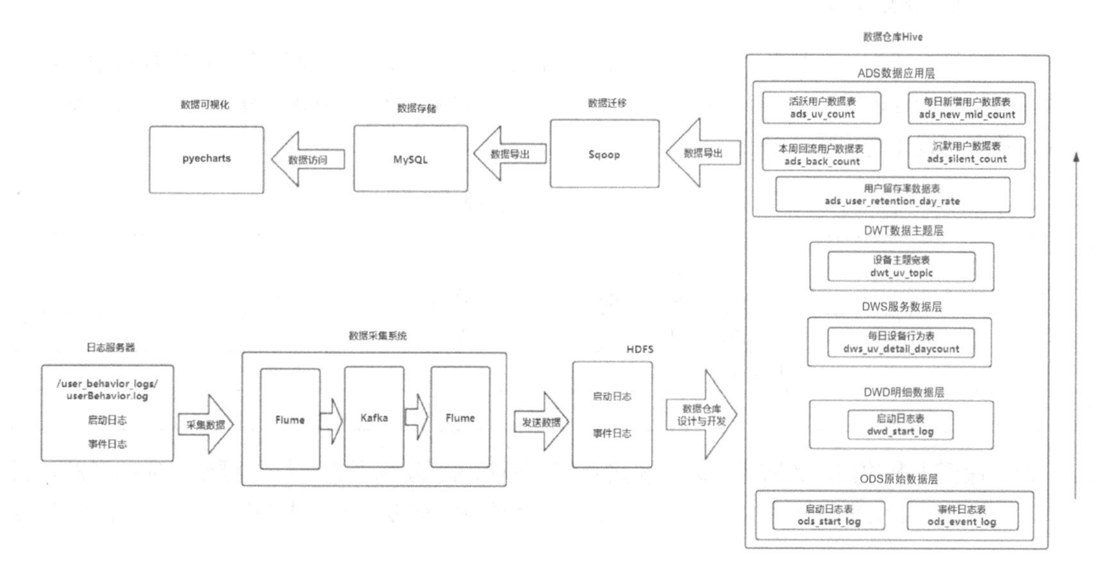

图 1-3 本项目的实施流程规划

在本项目中，数据源是2021年4月1日到2021年4月30日共30天的用户行为数据。通过运行一个自定义的Java程序来模拟生成随机数据，每运行1次该程序，就产生1天的用户行为数据，该数据以Log日志文件的形式存储于Linux系统中的指定目录，运行30次，就产生30天的用户行为数据，即本项目的完整数据源。

用户行为数据分为启动日志与事件日志两类。启动日志记录用户在启动App时所产生的相关行为数据，如设备ID、用户ID、地理位置信息等，共22个字段。事件日志记录用户在使用App的过程中所产生的各种点击行为事件数据，如用户收藏、评论、点赞等10种事件，每种事件均有不同数量的字段。

数据采集系统用来采集数据源中的日志数据，并将日志数据上传到HDFS中进行存储。实施过程采用“Flume+Kafka+Flume”的形式来完成数据采集工作。首先使用Flume采集日志数据，然后对数据进行清洗，同时将数据分流为启动日志和事件日志这两种日志数据，之后发送到Kafka消息队列中进行缓冲，同时还能起到消除数据高峰的作用，接着通过Flume消费Kafka中的数据，将启动日志数据和事件日志数据分别压缩，生成LZO类型的压缩文件，并上传到HDFS中，完成数据采集。

数据仓库的设计与开发是本项目的重点与难点，使用数据仓库工具Hive来完成。该阶段按照数据仓库的分层架构原理，构建了5层架构并逐层设计，分别是原始数据层（ODS层）、明细数据层（DWD层）、服务数据层（DWS层）、数据主题层（DWT层）、数据应用层（ADS层）。ODS层对HDFS中的日志数据进行备份；DWD层对ODS层的数据进行清洗、格式转换操作；DWS层对DWD层的数据进行简单汇总；DWT层对DWS层简单汇总后的数据进行主题域划分；ADS层对DWT层的数据进行统计分析，并将结果数据存储到HDFS中。

数据迁移使用Sqoop实现，将存储在HDFS中的ADS层的分析结果数据迁移到MySQL中，生成MySQL数据表，为数据可视化提供数据服务。

最后，使用pyecharts工具将MySQL数据表中的数据进行可视化展示。

1.2.2 技术选型及版本

在大数据技术中，每种业务需求的实现，都有丰富的技术产品可供选用。在本项目中，数据采集和传输选用Flume、Kafka、Sqoop等服务，数据存储选用MySQL、HDFS，数据计算选用Hive，数据可视化选用pyecharts，如表1-1所示。

表1-1 技术选型

技　术	选　型
数据采集和传输	Flume、Kafka、Sqoop、Logstash、DataX
数据存储	MySQL、HDFS、HBase、Redis、MongoDB
数据计算	Hive、Tez、Spark、Flink
数据可视化	pyecharts

为了保证本书的技术先进性，编者在选择框架版本时，基本上都选择与框架对应的当前较新版本，目的是紧跟大数据技术的发展潮流，关注技术的垂直研发。项目中使用的框架版本如表1-2所示。

表 1-2　框架版本

产　品	版　本
Hadoop	Hadoop 3.3.0
Flume	Flume 1.9.0
Kafka	Kafka 2.7.0
Hive	Hive 3.1.2
Sqoop	Sqoop 1.4.7
MySQL	MySQL 5.7.28
ZooKeeper	ZooKeeper 3.6.5
JDK	JDK 1.8
CentOS	CentOS 7.7

1.2.3　项目实施的教学路径

项目实施的教学路径将技术流程与教学知识点相结合，最终带领读者进行项目实战。教学路径是基于项目需求，由浅入深、循序渐进地设计的。

本项目的具体实施由 4 个教学模块组成，如图 1-4 所示，分别是大数据平台部署、数据采集、离线数据仓库设计与开发、项目数据可视化展示。

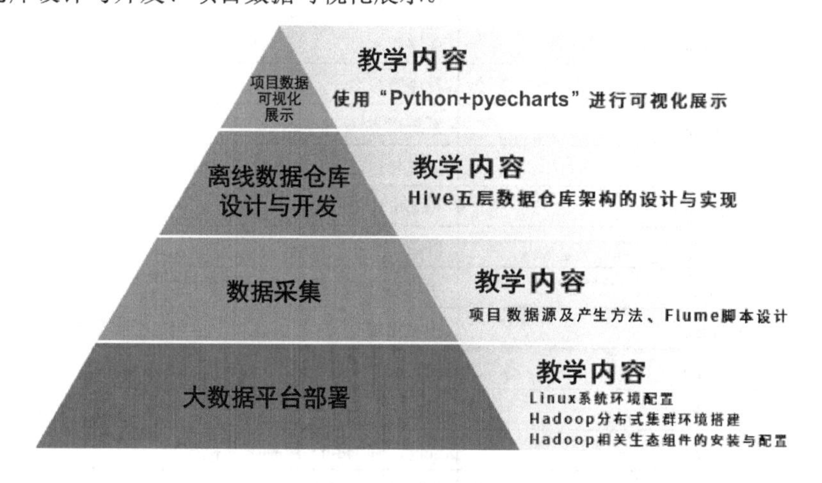

图 1-4　教学模块

大数据平台部署主要介绍 Linux 系统环境配置、Hadoop 分布式集群环境搭建、Hadoop 相关生态组件的安装与配置。

数据采集主要介绍项目数据源及产生方法、Flume 脚本设计，实现从数据源到大数据平台的数据传输。

离线数据仓库设计与开发主要介绍 Hive 数据仓库的应用开发，即五层数据仓库架构的设计与实现。

项目数据可视化展示主要介绍使用“Python+pyecharts”对数据仓库的分析结果进行展示的方法。

本书在讲解过程中，以项目需求为导向，以大数据平台架构及数据仓库建设的相关知识贯穿全程，将项目划分为功能模块，并将功能模块与相应的知识模块融为一体，使读者在实现项目功能的同时，掌握相应的知识内容，学有所获，学有所用。

1.3 项目数据字典介绍

本节介绍项目数据字典的相关内容，为后面在数据处理过程中理解业务逻辑奠定基础。

项目数据字典包含两部分内容：数据源数据结构字典、Hive 表数据字典。

1.3.1 数据源数据结构字典

本项目的数据源是模拟某电商 App 平台用户的行为数据，是由自定义的 Java 程序运行产生的。每运行 1 次该程序，就产生 1 天的用户行为数据。下面介绍该数据源的数据结构。

用户行为日志数据的结构包含两部分字段信息，一部分是公共字段，另一部分是事件字段。

公共字段 cm 主要用来描述用户在访问电商平台时所使用的硬件设备相关信息，包含 17 个字段，这些字段的字段名、字段类型、字段含义如表 1-3 所示。

表 1-3 公共字段 cm

字 段 名	字 段 类 型	含 义
mid	string	设备 ID
uid	string	用户 ID
vc	string	程序版本号
vn	string	程序版本名
l	string	系统语言
sr	string	渠道号，应用从哪个渠道来的
os	string	Android 系统版本
ar	string	区域
md	string	手机型号
ba	string	手机品牌
sv	string	sdkVersion
g	string	uzest
hw	string	height 和 width，屏幕高度和宽度
t	string	客户端日志产生时的时间
nw	string	网络模式
ln	double	lng 经度
la	double	lat 纬度

设备 ID 字段是每个移动设备的唯一标识，也就是手机、iPad 等设备的 MAC 地址。用户 ID 字段是每个用户的唯一标识，是用户注册平台时的账号。网络模式字段指用户设备使用的是 4G 网络，还是 5G 网络。

事件字段 et 包含了 11 种用户操作行为的相关信息。这些字段包含在 11 个事件中，其中，点击事件有 10 种，启动事件有 1 种。下面分别对每种事件对应的字段信息进行说明。

（1）loading 事件。

当用户打开移动端 App 时，首先访问商品列表页，此时会触发该事件。该事件包含 action、loading_time、loading_way 等核心字段，如表 1-4 所示。

表 1-4　loading 事件的字段名及含义

字 段 名	含　义
action	动作：开始加载=1，加载成功=2，加载失败=3
loading_time	加载时长：计算从页面开始加载到接口返回数据的时间（开始加载报 0，加载成功或加载失败才上报时间）
loading_way	加载类型：1-读取缓存，2-从接口读取新数据（加载成功才上报加载类型）
extend1	扩展字段 Extend1（为需求拓展时，预留）
extend2	扩展字段 Extend2（为需求拓展时，预留）
type	加载类型：自动加载=1，用户下拉滑动加载=2，底部加载=3（点击底部提示或返回顶部加载，会触发底部条）
type1	加载失败码：把加载失败状态码报回（报空为加载成功，否则为加载失败）

其中，action 字段表示访问商品列表页时，页面加载过程中的各种动作状态，字段值为 1，表示开始加载；字段值为 2，表示加载成功；字段值为 3，表示加载失败。loading_time 字段表示用户在页面上下滑时，加载页面内容所需要的时间。扩展字段的设计，主要是为了后期业务做扩展变更时，可以根据需求来添加字段。

（2）display 事件。

商品点击事件。当用户在商品列表页中点击某款商品时，触发该事件。该事件的字段如表 1-5 所示。

表 1-5　display 事件的字段名及含义

字 段 名	含　义
action	动作：曝光商品=1，点击商品=2
goodsid	商品 ID（服务端下发的 ID）
place	顺序（第几条商品，第一条为 0，第二条为 1，以此类推）
extend1	曝光类型：1-首次曝光，2-重复曝光
category	分类 ID（服务端定义的分类 ID）

其中，action 字段表示页面加载过程中的各种动作状态，字段值为 1，表示曝光商品；字段值为 2，表示点击商品。goodsid 字段指商品 ID，表示用户点击的当前商品。place 字段表示商品在商品列表页中的显示顺序。一般来说，某个商品的显示顺序往往与该商品的销量有关，在本项目中，商品顺序值是随机产生的。category 字段指商品的分类 ID，表示当前商品所属的分类信息。

（3）newsdetail 事件。

商品详情页事件。当用户点击某款商品后，进入该商品的商品详情页触发该事件。该事件包含 entry、action、news_staytime 等核心字段，如表 1-6 所示。

表 1-6　newsdetail 事件的字段名及含义

字 段 名	含　义
entry	页面入口来源：应用首页=1，push=2，详情页相关推荐=3
action	动作：开始加载=1，加载成功=2，加载失败=3，退出页面=4
goodsid	商品 ID（服务端下发的 ID）

续表

字 段 名	含　义
show_style	商品样式：0-无图，1-一张大图，2-两张图，3-三张小图，4-一张小图，5-一张大图两张小图
news_staytime	页面停留时长：从商品开始加载时计算，到用户关闭页面所用的时间。若中途跳转到其他页面，则暂停计时，待回到详情页时恢复计时。若中途跳转到其他页面的时间超过 10 分钟，则本次计时作废，不上报本次数据。若页面未加载成功，则退出并报空
loading_time	加载时长：计算从页面开始加载到接口返回数据的时间（开始加载报 0，加载成功或加载失败才上报时间）
type1	加载失败码：把加载失败状态码报回（报空为加载成功，否则为加载失败）
category	分类 ID（服务端定义的分类 ID）

其中，entry 字段表示页面入口来源，即用户是如何访问到当前的商品详情页的，字段值为 1，表示当前页面是从应用首页跳转过来的；字段值为 2，表示用户直接通过商品详情页的网址进行访问；字段值为 3，表示当前页面是从其他商品的详情页相关推荐跳转过来的。action 字段表示页面加载过程中的动作状态，包含开始加载、加载成功、加载失败、退出页面。news_staytime 字段表示用户在访问页面时停留的时长。

（4）ad 事件。

广告加载事件。在电商平台中，每个板块都可以设置广告位，从而进行广告的投放。该事件包含 entry（广告的入口）、action（广告展示的动作）、show_style（广告显示的内容样式）等重要字段，如表 1-7 所示。

表 1-7　ad 事件的字段名及含义

字 段 名	含　义
entry	入口：商品列表页=1，应用首页=2，商品详情页=3
action	动作：请求广告=1，取缓存广告=2，广告位展示=3，广告展示=4，广告点击=5
content	状态：成功=1，失败=2
detail	失败码（没有则报空）
source	广告来源：HUAWEI=1，HONGQI=2，ADX=3，VK=4
behavior	用户行为：主动获取广告=1，被动获取广告=2
newstype	Type：1-图文，2-图集，3-段子，4-GIF，5-视频，6-调查，7-纯文字，8-视频+图文，9-GIF+图文，0-其他
show_style	内容样式：来源于详情页相关推荐的商品，样式=0（因为都是左文右图），一张大图=1，一张小图=2，一张大图两张小图+文=3，三张小图+文=4，图集+文=5，无图(纯文字)=6，一张大图+文=11，GIF 大图+文=12，视频(大图)+文=13

其中，entry 字段值为 1，表示从商品列表页点击广告；字段值为 2，表示在应用首页点击广告；字段值为 3，表示在商品详情页点击广告。action 字段值为 1，表示请求广告；字段值为 2，表示取缓存广告；字段值为 3，表示广告位展示；等等。show_style 字段值有 10 种，如字段值为 1，表示一张大图广告；字段值为 6，表示无图广告，也就是纯文字广告。

（5）notification 事件。

消息通知事件。用户在使用电商平台的过程中，经常可以看到消息通知的内容。在这种消息通知事件中，核心的字段有 action、ap_time、content 等，如表 1-8 所示。

表 1-8　notification 事件的字段名及含义

字 段 名	含 义
action	动作：通知产生=1，通知弹出=2，通知点击=3，常驻通知展示（不重复上报，一天之内只上报一次）=4
type	通知 ID：预警通知=1，天气预报（早=2，晚=3），常驻=4
ap_time	客户端弹出时间
content	备用字段

其中，action 字段值为 1，表示通知产生；字段值为 2，表示通知弹出；字段值为 3，表示通知被点击。ap_time 字段记录用户在设备上收到消息的具体时间。content 字段的作用主要是为后期业务扩展做准备。

（6）active_background 事件。

用户后台活跃事件。该事件主要记录的是用户对电商 App 的使用状态，只包含一个字段 active_source，该字段中存储着不同的使用状态，字段值为 1，表示软件升级；字段值为 2，表示软件下载；字段值为 3，表示软件中的插件升级。

（7）comment 事件。

评论事件。电商平台的商家对用户的评论是非常重视的，一个商品的好评数，将直接决定该商品在同类商品中的排名。该事件包含的重要字段有 comment_id、userid、content、addtime 及 praise_count 等。其中，comment_id 是指用户发出当前评论内容的账号，如表 1-9 所示。

表 1-9　comment 事件的字段

字 段 名	字 段 描 述	字 段 类 型	长 度	允 许 空	默 认 值
comment_id	评论 ID	int	10,0		
userid	用户 ID	int	10,0	√	0
p_comment_id	父级评论 ID（若 ID 为 0，则是一级评论；若不为 0，则是回复）	int	10,0	√	
content	评论内容	string	1000	√	
addtime	创建时间	string		√	
other_id	评论的相关 ID	int	10,0	√	
praise_count	点赞数量	int	10,0	√	0
reply_count	回复数量	int	10,0	√	0

（8）favorites 事件。

收藏事件。用户在使用电商平台的过程中，可以对自己比较感兴趣的商品进行收藏。该事件中，包含的重要字段有 course_id、userid、add_time 等，如表 1-10 所示。

表 1-10　favorites 事件的字段

字 段 名	字 段 描 述	字 段 类 型	长 度	允 许 空	默 认 值
id	主键	int	10,0		
course_id	商品 ID	int	10,0	√	0
userid	用户 ID	int	10,0	√	0
add_time	创建时间	string		√	

（9）praise 事件

点赞事件。该事件主要表示用户在评论区中对自己发布的评论和别人发布的评论进行点赞的情况，包含的重要字段有 userid、target_id、type 等，如表 1-11 所示。其中，type 字段值为 1，表示问答点赞；字段值为 2，表示问答评论点赞；字段值为 3，表示文章点赞；字段值为 4，表示评论点赞。

表 1-11　praise 事件的字段

字 段 名	字 段 描 述	字 段 类 型	长　度	允 许 空
id	主键 ID	int	10,0	
userid	用户 ID	int	10,0	√
target_id	点赞对象 ID	int	10,0	√
type	点赞类型：1-问答点赞，2-问答评论点赞，3-文章点赞，4-评论点赞	int	10,0	√
add_time	添加时间	string		√

（10）error 事件。

错误日志事件。该事件主要记录用户在使用电商 App 的过程中，当出现错误时，会将错误信息保存下来，便于后台人员对异常进行排错处理。该事件包含的字段有 errorBrief、errorDetail，如表 1-12 所示。

表 1-12　error 事件的字段名及说明

字 段 名	说　明
errorBrief	错误摘要
errorDetail	错误详情

（11）start 事件。

电商 App 启动事件。在一般项目中，该事件主要记录用户在启动电商 App 时，通过嵌入的“埋点”程序，自动采集用户设备的相关信息。但在本项目中，这些值是随着数据源随机产生的。该事件包含 loading_time、action 及 open_ad_type 等字段，如表 1-13 所示。其中，action 字段值为 1，表示启动成功；字段值为 2，表示启动失败。open_ad_type 字段值为 1，表示开屏原生广告；字段值为 2，表示开屏插屏广告。

表 1-13　start 事件的字段名及含义

字 段 名	含　义
entry	入口： push=1，widget=2，icon=3，notification=4, lockscreen_widget =5
loading_time	加载时长：计算从页面开始加载到接口返回数据的时间（开始加载报 0，加载成功或加载失败才上报时间）
action	动作：成功=1，失败=2
open_ad_type	开屏广告类型：开屏原生广告=1，开屏插屏广告=2
detail	失败码（没有则报空）
extend1	失败的 message（没有则报空）
en	日志类型 start

本节内容对本项目中涉及的数据源数据结构进行了解释说明。请读者仔细学习和理解本节的内容，这在学习本项目的过程中，对于更好地理解业务含义，有着非常重要的作用。

1.3.2　Hive 表数据字典

本节介绍本项目数据仓库开发过程中使用到的 10 张表的结构及各字段含义，即 Hive 表数据字典。在本项目中，数据仓库被分为 5 层，如图 1-5 所示。

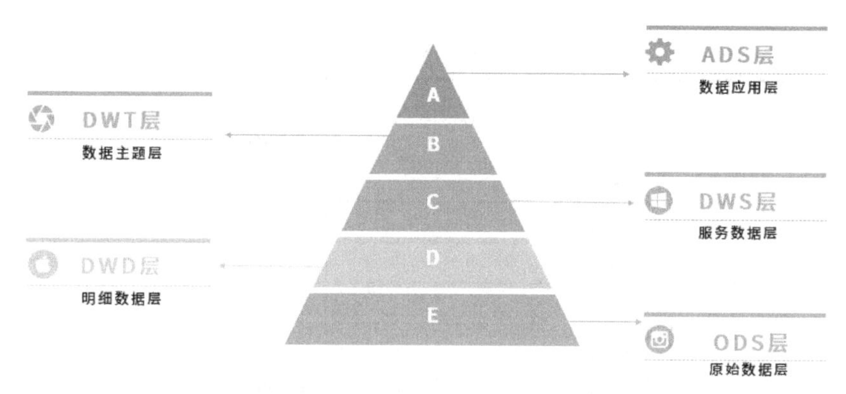

图 1-5　数据仓库分层图

1. ODS 层

在设计该层时，要遵循的设计标准有以下四点。

（1）对 HDFS 中存储的原始数据不做任何修改，只对数据进行备份即可。

（2）ODS 层的数据需要采用压缩格式来存储，目的是提高数据仓库的磁盘存储空间的利用率。

（3）采用分区表形式来管理和维护海量数据，便于查找。

（4）在构建表时，采用外部表的方式进行构建。但在项目中为了方便测试，将所有的表均设置为内部表。

在项目中，ODS 层设计了两张表：一张是启动日志表 ods_start_log，如表 1-14 所示；另外一张是事件日志表 ods_event_log，如表 1-15 所示。

表 1-14　启动日志表

字 段 名	字 段 类 型	含　义
line	string	用户行为启动日志数据

表 1-15　事件日志表

字 段 名	字 段 类 型	含　义
line	string	用户行为事件日志数据

这两张表的特点是各表中只包含一个字段 line，该字段所存储的数据，都是直接从 HDFS 中复制来的，让 JSON 数据保持原样，不做任何的业务逻辑操作。

2. DWD 层

在设计该层时，要遵循的设计标准有以下两点。

（1）对用户行为 JSON 格式数据进行解析，并将所包含的字段值进行抽取。

（2）对 ODS 层数据进行清洗，包含去除空值、错误值、异常值，并采用列式存储的方式存储数据，从而提高查询效率。

在项目中，DWD 层根据 ODS 层中的启动日志表和事件日志表，设计了一张启动日志表 dwd_start_log，如表 1-16 所示。该表的特点是对 ODS 层的启动日志表和事件日志表的数据进行了解析，并将两张表中 JSON 字符串封装的字段值逐一进行抽取，最终解析出了 23 个字段值。该表包含设备 ID、用户 ID、手机型号等重要信息。

表 1-16 启动日志表 dwd_start_log

字 段 名	字 段 类 型	含 义
mid_id	string	设备 ID
user_id	string	用户 ID
version_code	string	程序版本号
version_name	string	程序版本名
lang	string	系统语言
source	string	渠道号
os	string	Android 系统版本
area	string	区域
model	string	手机型号
brand	string	手机品牌
sdkVersion	string	sdkVersion
gmail	string	App 名称
height_width	string	屏幕高度和宽度
app_time	string	客户端日志产生时的时间
network	string	网络模式
lng	string	经度
lat	string	纬度
entry	string	入口
open_ad_type	string	开屏广告类型
action	string	状态
loading_time	string	加载时长
detail	string	失败码
extend1	string	失败的 message

这里需要读者注意的是，在数据仓库设计与开发阶段，本项目默认一个用户使用一台设备，所以设备 ID 也可以作为用户的唯一标识，与用户 ID 作用相同。后期所有关于用户的指标统计，都是以设备 ID 作为数据分析条件的。

3. DWS 层

在设计该层时，要遵循的设计标准有以下两点。

（1）在 DWS 层中构建宽表。什么是宽表呢？就是将某主题域下的所有维度及度量值进行集成，从而形成一张大表。

（2）宽表中的数据，以“天”为单位来统计用户的相关度量值。

在本项目的 DWS 层中，构建了一张每日设备行为表 dws_uv_detail_daycount，如表 1-17 所示。该表对 DWD 层的启动日志表中的数据进行了简单汇总，并对每天所产生的数据以设备 ID 进行了去重统计。该表字段与 DWD 层表中的 17 个公共字段名完全相同，字段值为去重后的值。

表 1-17　每日设备行为表 dws_uv_detail_daycount

字　段　名	字 段 类 型	含　　义
mid_id	string	设备 ID
user_id	string	用户 ID
version_code	string	程序版本号
version_name	string	程序版本名
lang	string	系统语言
source	string	渠道号
os	string	Android 系统版本
area	string	区域
model	string	手机型号
brand	string	手机品牌
sdk_version	string	sdkVersion
gmail	string	gmail
height_width	string	屏幕高度和宽度
app_time	string	客户端日志产生时的时间
network	string	网络模式
lng	string	经度
lat	string	纬度

4．DWT 层

在设计该层时，要遵循的设计标准有以下两点。

（1）DWT 层在 DWS 层的每日统计宽表基础上，进行周期型累计，从而构建累计型的统计宽表。

（2）在 DWT 层中，因为该层已经属于累计型统计，所以在构建表时无须进行分区操作。

在本项目的 DWT 层中，构建了一张设备主题宽表 dwt_uv_topic，如表 1-18 所示。

表 1-18　设备主题宽表 dwt_uv_topic

字　段　名	字 段 类 型	含　　义
mid_id	string	设备 ID
model	string	手机型号
brand	string	手机品牌
login_date_first	string	首次活跃时间
login_date_last	string	末次活跃时间
login_count	bigint	累计活跃天数

该表是对 DWS 层表数据的高度整合，从该表中可以求出每个用户的首次活跃时间、末次活

跃时间、累计登录天数等重要信息。

5. ADS 层

在 ADS 层中进行最终指标统计，从而服务于报表系统的数据展示。在该层中，设计了 5 张指标表。

（1）活跃用户数据表 ads_uv_count。

该表主要用来统计每日、每周、每月的活跃用户信息，包含的字段有统计日期、当日用户数、当周用户数、当月用户数等，如表 1-19 所示。

表 1-19 活跃用户数据表 ads_uv_count

字 段 名	字 段 类 型	含 义
dt	string	统计日期
day_count	bigint	当日用户数
wk_count	bigint	当周用户数
mn_count	bigint	当月用户数
is_weekend	string	Y,N 是否为周末，用于得到本周最终结果
is_monthend	string	Y,N 是否为月末，用于得到本月最终结果

（2）每日新增用户数据表 ads_new_mid_count。

该表主要用来统计每天新注册的用户数，包含的字段有创建时间、新增用户数，如表 1-20 所示。

表 1-20 每日新增用户数据表 ads_new_mid_count

字 段 名	字 段 类 型	含 义
create_date	string	创建时间
new_mid_count	bigint	新增用户数

（3）本周回流用户数据表 ads_back_count。

该表主要用来统计回流的用户数，包含的字段有统计日期、统计日期所在周、回流用户数，如表 1-21 所示。

表 1-21 本周回流用户数据表 ads_back_count

字 段 名	字 段 类 型	含 义
dt	string	统计日期
wk_dt	string	统计日期所在周
wastage_count	bigint	回流用户数

（4）沉默用户数据表 ads_silent_count。

该表主要用来统计一周没有使用过电商 App 的用户数，包含的字段有统计日期和沉默用户数，如表 1-22 所示。

表 1-22 沉默用户数据表 ads_silent_count

字 段 名	字 段 类 型	含 义
dt	string	统计日期
`silent_count	bigint	沉默用户数

（5）用户留存率数据表 ads_user_retention_day_rate。

该表主要用来记录不同日期下用户的留存率情况，包含的字段有留存数、新增用户数、留存率等，如表 1-23 所示。

表 1-23　用户留存率数据表 ads_user_retention_day_rate

字 段 名	字 段 类 型	含 义
stat_date	string	统计日期
create_date	string	新增用户日期
retention_day	int	截至当前日期的留存天数
retention_count	bigint	留存数
new_mid_count	bigint	新增用户数
retention_ratio	decimal	留存率

素养园地

近年来，我国在大数据技术方面取得了突飞猛进的发展，成为全球大数据科技发展的重要引领者之一，为全球大数据科技的发展做出了重要贡献。我国在大数据基础设施建设、数据挖掘、分析、可视化等方面进行了深入的探索和实践。请同学们查阅我国在大数据技术方面的突出成就，谈一谈你感受到的民族自豪感，以及如何以“四个自信”的强大力量激励自己，为国家大数据技术的快速发展做出自己的贡献。

项目总结

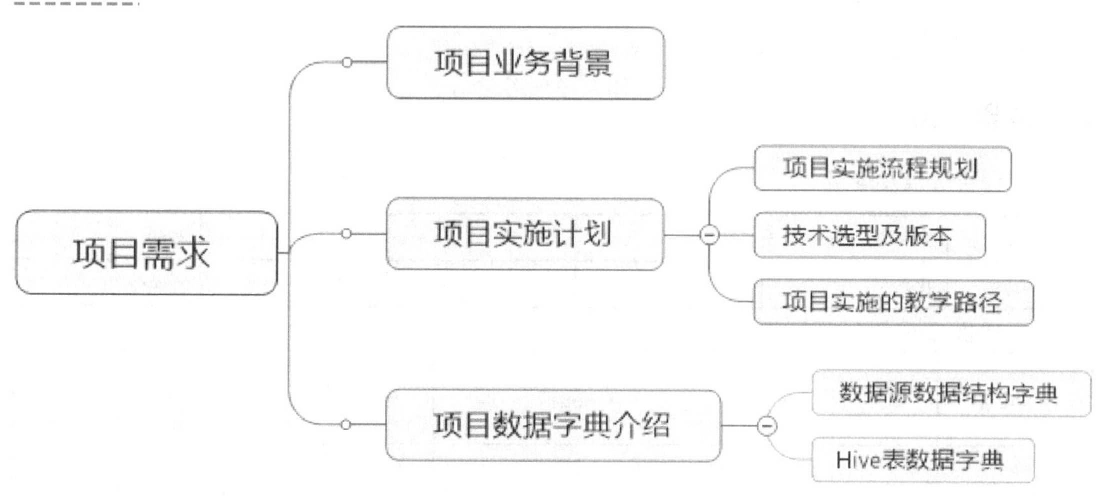

思考与练习

一、判断题

1. 云主机和物理机的寿命都是永久性的。　（　　）
2. 对于实时性要求高的应用，需要应用实时处理架构。　（　　）
3. 数据仓库是用来存储数据的而不是用来分析数据的。　（　　）
4. 在 DWS 层中，用户行为日志数据被分为公共字段和事件字段。　（　　）

二、单选题

1．项目实施流程中没有哪一步？（　　）

A．下载数据　　B．数据仓库设计与开发

C．数据导出　　D．数据访问

2．数据分析在企业中的作用是（　　）。

A．帮助企业经营者平衡企业的收益　　B．干预经营者的决策

C．直接获取经营的利润　　D．帮助企业经营者减少投入

3．数据结构中哪项不是页面入口的来源？（　　）

A．应用首页　　B．登录页

C．push　　D．详情页

三、多选题

1．Hadoop 的三大发行版本是（　　）。

A．Apache　　B．CDH

C．HDP　　D．Java

2．流量分析常见指标有哪些方面？（　　）

A．来源分析　　B．受访分析

C．访客分析　　D．转化路径分析

3．网站流量数据分析的意义有哪些？（　　）

A．帮助网站运营人员获取网站流量信息

B．从多方面提供网站分析的数据依据

C．帮助提高网站流量

D．提升网站用户体验

学习成果评价

1．评价分值及等级

分值	90～100	80～89	70～79	60～69	＜60
等级	优秀	良好	中等	及格	不及格

2．评价标准

评价内容	赋分	序号	考核指标	分值	得分		
					自评	组评	师评
项目业务背景	10 分	1	了解本项目业务背景	4 分			
		2	了解数据仓库的优点	6 分			
项目实施计划	30 分	1	掌握项目实施流程规划	10 分			
		2	熟悉技术选型及版本	10 分			
		3	熟悉项目实施的教学路径	10 分			

续表

评价内容	赋分	序号	考核指标	分值	得分		
					自评	组评	师评
项目数据字典介绍	30 分	1	了解数据源数据结构字典	5 分			
		2	了解 Hive 表 ODS 原始数据层的设计标准	5 分			
		3	了解 Hive 表 DWD 明细数据层的设计标准	5 分			
		4	了解 Hive 表 DWS 服务数据层的设计标准	5 分			
		5	了解 Hive 表 DWT 数据主题层的设计标准	5 分			
		6	了解 Hive 表 ADS 数据应用层的设计标准	5 分			
职业素养	10 分	1	坚持出勤，遵守纪律	5 分			
		2	协作互助，解决难点	5 分			
劳动素养	10 分	1	按时完成，认真填写记录	5 分			
		2	小组分工合理性	5 分			
思政素养	10 分	1	完成思政素材学习	5 分			
		2	观看思政视频	5 分			
总分				100 分			

【学习笔记】

我的学习笔记：

____

____

____

【反思提高】

我在学习方法、能力提升等方面的进步：

____

____

____

模块 2

大数据平台部署

学习目标

知识目标

- 掌握 Hadoop 大数据平台的基本内容
- 了解 Hadoop 各功能组件的功能及原理

技能目标

- 能正确安装大数据相关开发软件
- 能正确搭建 Hadoop 分布式集群环境
- 能完成 Hadoop 各功能组件的安装及配置

素养目标

- 具备对大数据平台的运营及维护能力
- 具备团队协作、解决问题的能力

项目概述

本模块介绍 Hadoop 平台部署，为项目实施搭建基础环境。内容包括：VMware、Xshell、Xftp、IDEA 大数据软件的安装配置；Linux 系统环境配置；Hadoop 分布式集群环境搭建；Hive、Flume、Sqoop、ZooKeeper、Kafka 等 Hadoop 生态组件的基本工作原理、搭建及配置方法。

2.1 大数据相关开发软件安装

本节介绍大数据相关的 VMware、Xshell、Xftp、IDEA 软件的安装，读者在安装过程中应认真地做好每一步的操作与配置。

1. 安装 VMware 虚拟机

虚拟机技术是虚拟化技术的一种，所谓虚拟化技术，就是将事物从一种形式转变成另一种形式的技术。最常用的虚拟化技术是操作系统中内存的虚拟化，实际运行时，用户需要的内存空间可能远远大于物理机器的内存空间，利用内存的虚拟化技术，用户可以将一部分硬盘虚拟化为内存，而这对用户是透明的。例如，可以利用虚拟专用网络（Virtual Private

Network，VPN）技术在公共网络中虚拟化一条安全、稳定的“隧道”，用户会感觉像是在使用私有网络。

VMware（威睿）是全球桌面到数据中心虚拟化解决方案的厂商，它的解决方案可以帮助各种规模的公司降低成本、提高业务灵活性并确保选择自由。

本项目使用的 VMware 虚拟机版本为 VMware Workstation16 Pro。VMware Workstation16 Pro 是一款功能强大的桌面虚拟机软件，是进行开发、测试、部署新的应用程序的最佳解决方案。该软件主要用于代码开发、解决方案构建、应用测试等，支持数百种操作系统。此外，该软件还可以与云技术和容器技术协同工作，为各类用户提供桌面虚拟化解决方案。

VMware 虚拟机的安装步骤如下。

（1）双击 VMware 安装包，弹出 VMware 安装向导的界面，如图 2-1 所示，单击“下一步”按钮。

（2）在“最终用户许可协议”界面勾选“我接受许可协议中的条款”复选框，如图 2-2 所示，单击“下一步”按钮，进入“自定义安装”界面。

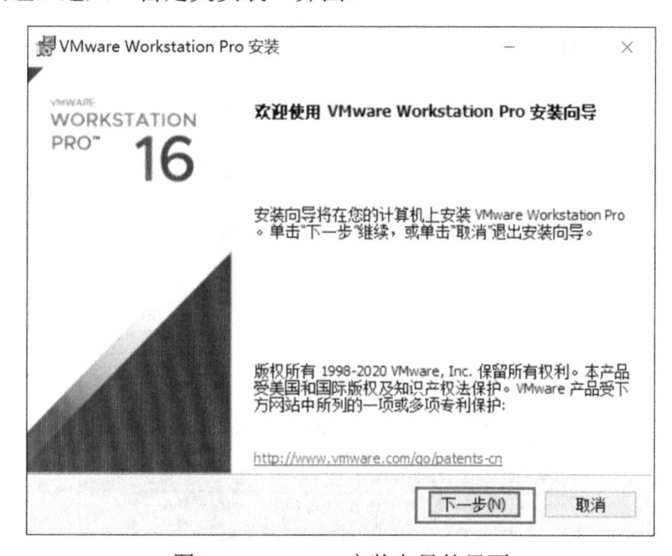

图 2-1　VMware 安装向导的界面

图 2-2　“最终用户许可协议”界面

（3）单击“更改”按钮，自定义安装路径，并勾选该界面中的两个复选框，如图 2-3 所示，单击“下一步”按钮，进入“用户体验设置”界面。

（4）取消勾选“启动时检查产品更新”和“加入 VMware 客户体验提升计划”复选框，如图 2-4 所示。

（5）单击“下一步”按钮，进入安装界面。在该界面中单击“安装”按钮，即可开始安装程序，如图 2-5 所示。

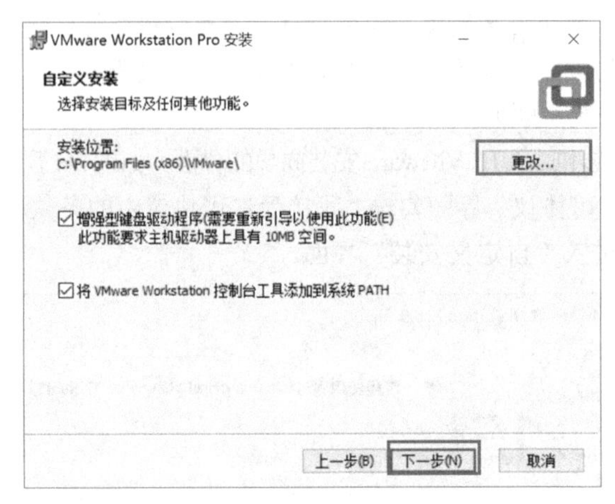

图 2-3 “自定义安装”界面

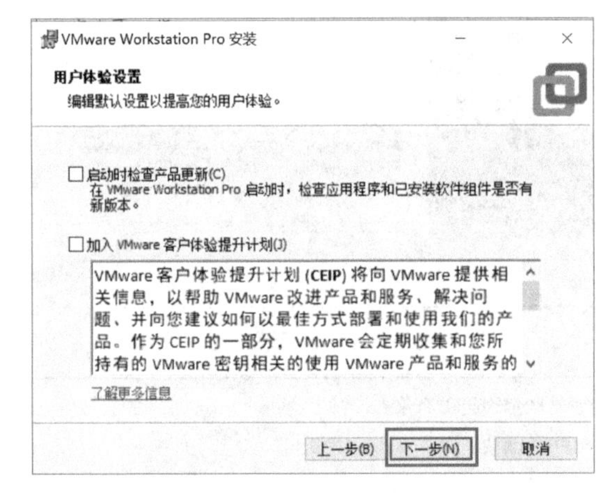

图 2-4 “用户体验设置”界面

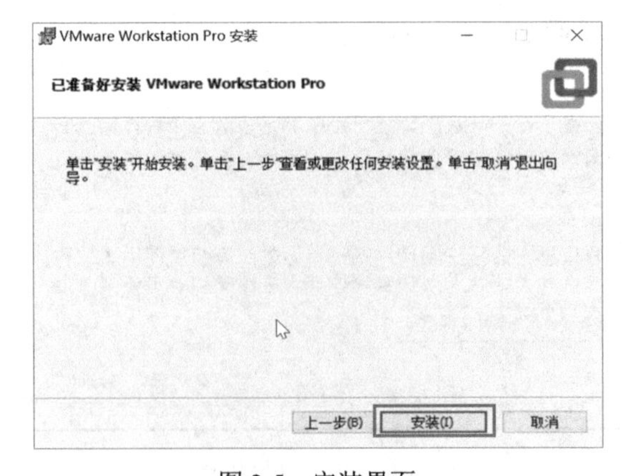

图 2-5 安装界面

（6）安装完成后，如图 2-6 所示，单击“完成”按钮，此时会弹出需要重启系统的提示对话框，如图 2-7 所示，单击“是”按钮，即可重新启动系统，使 VMware 配置生效。

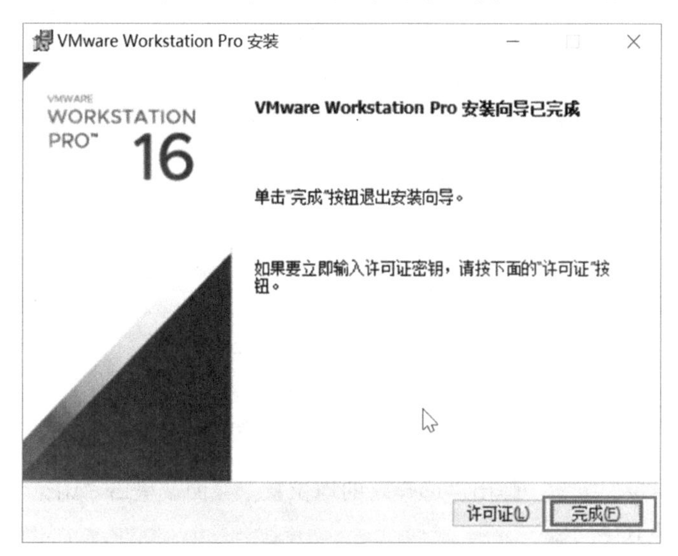

图 2-6　安装向导已完成

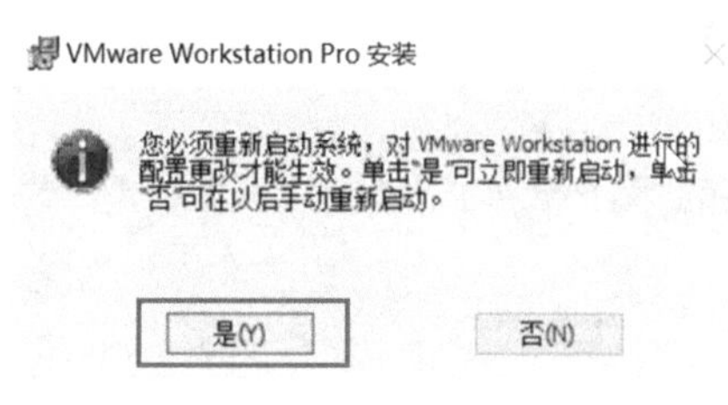

图 2-7　提示对话框

至此，VMware 安装完成。

2. 安装 Xshell

Xshell 是一款功能强大的终端模拟器，可以在 Windows 界面下，用来远程访问不同系统下的服务器，从而达到远程控制终端的目的，即远程操控。

本项目选用 Xshell 6，安装步骤如下。

（1）双击 Xshell 6 安装包，在弹出的安装向导界面中，单击“下一步”按钮，在弹出的“许可证协议”界面中选中“我接受许可证协议中的条款”单选按钮，如图 2-8 所示。

图 2-8　“许可证协议”界面

（2）单击“下一步”按钮，进入“客户信息”界面，自定义“用户名”和“公司名称”，如图 2-9 所示。

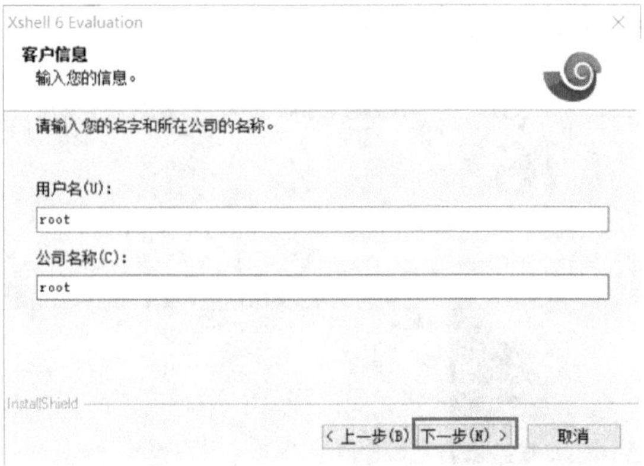

图 2-9 “客户信息”界面

（3）单击“下一步”按钮，弹出“选择目的地位置”界面，单击“浏览”按钮，自定义软件的安装路径，如图 2-10 所示。

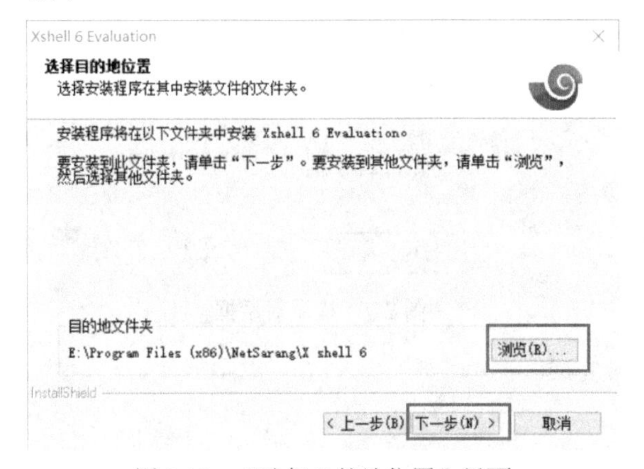

图 2-10 “选择目的地位置”界面

（4）单击“下一步”按钮，弹出“选择程序文件夹”界面，如图 2-11 所示。单击“安装”按钮，程序开始安装。

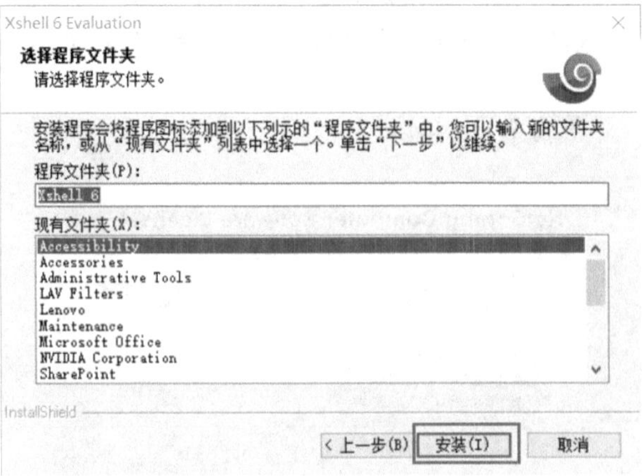

图 211 “选择程序文件夹”界面

（5）安装完成后，单击“完成”按钮，关闭界面。

至此，Xshell 安装完成。

3．安装 Xftp 6

Xftp 6 是一种灵活的轻量级客户端，用于在网络间安全地传输文件。在此过程中，文件传输被简化。拖动、编辑等操作在直观的标签界面中被封装，我们只需打开这款软件就可以快速连接到远程服务器或虚拟机上，并让自己的计算机和虚拟机同步，从而进行各种操作。

Xftp 6 的安装步骤如下。

（1）双击 Xftp 6 安装包，在弹出的安装向导界面中，单击“下一步”按钮，弹出“许可证协议”界面，选中“我接受许可证协议中的条款”单选按钮。

（2）单击“下一步”按钮，弹出“客户信息”界面，输入自定义的用户信息，如图 2-12 所示。

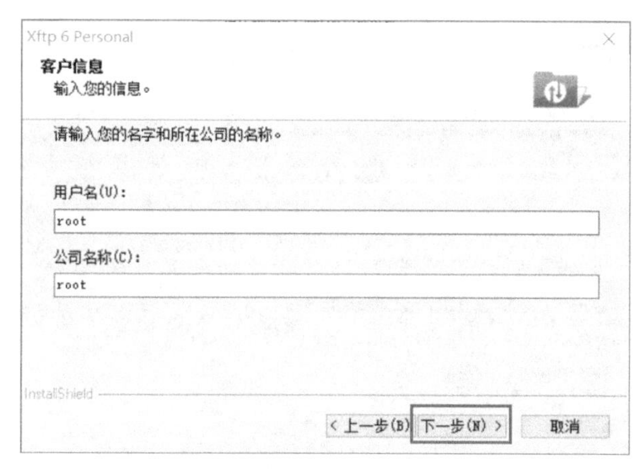

图 2-12 “客户信息”界面

（3）单击“下一步”按钮，在弹出的“选择目的地位置”界面中单击“浏览”按钮，自定义安装位置，如图 2-13 所示。

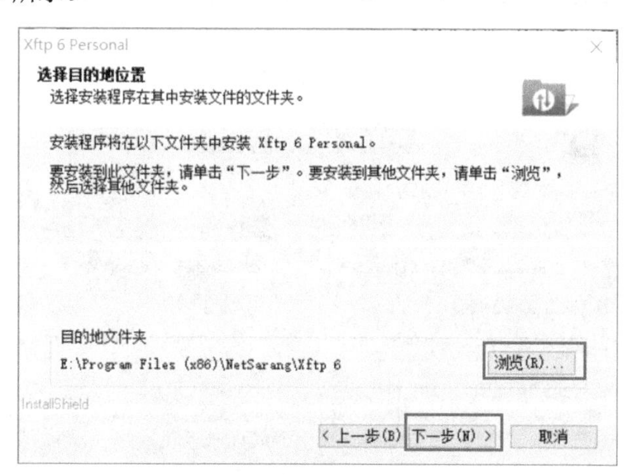

图 2-13 “选择目的地位置”界面

（4）单击“下一步”按钮，弹出“选择程序文件夹”界面，单击“安装”按钮，程序开始安装。

（5）安装完成后，单击“完成”按钮，关闭界面。

至此，Xftp 6 安装完成。

4．安装 IDEA

IDEA 是用于 Java 语言开发的集成环境（也可用于其他语言），是一款功能强大且知名度很高的计算机编程软件，尤其在智能代码助手、代码自动提示、重构、创新的 GUI 设计等方面，功能很强大。

IDEA 不仅内置了反编译器、字节码查看器、FTP 等各种专业、便捷的开发工具，还在用户输入代码的同时智能分析输入的代码，简化了工作流程，可以更好地进行数据流分析、语言注入、跨语言重构、检测重复、快速修复等操作。

IntelliJ IDEA 2021.1 x64 的安装步骤如下。

（1）双击 IDEA 安装包，在弹出的安装向导界面中，单击“Next”按钮。单击“Browse”按钮，设置安装路径，如图 2-14 所示。

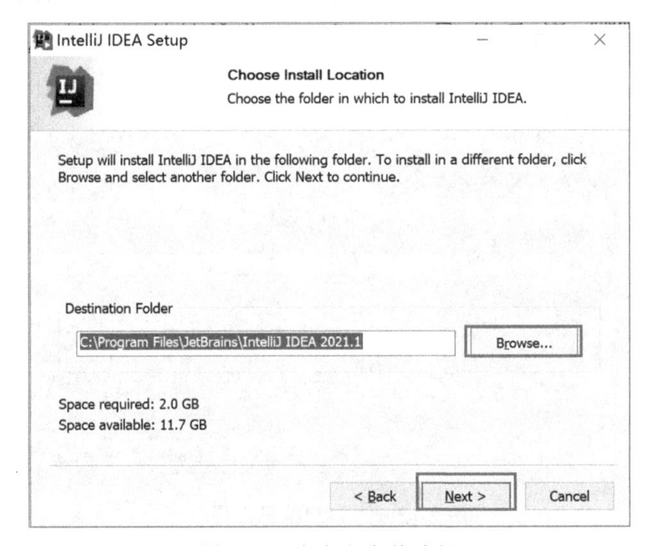

图 2-14 自定义安装路径

（2）单击“Next”按钮，勾选“64-bit launcher”（即选择 64 位的操作系统）复选框，如图 2-15 所示。

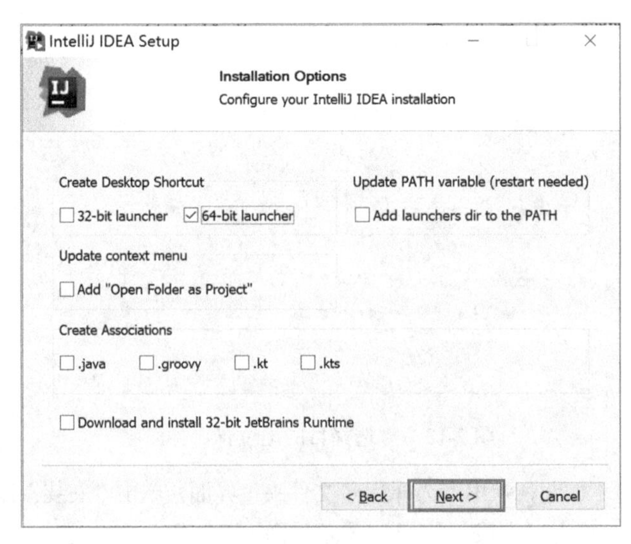

图 2-15 选择 64 位的操作系统

（3）单击“Next”按钮，选择快捷方式所在的文件夹“JetBrains”，如图 2-16 所示。

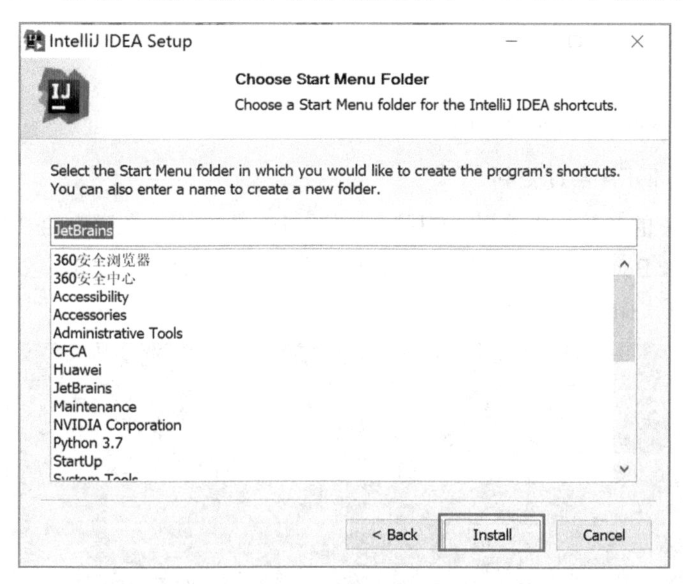

图 2-16　选择快捷方式所在的文件夹

（4）单击“Install”按钮，即可开始安装。安装完成后，勾选“Run IntelliJ IDEA”复选框，并单击“Finish”按钮，运行 IDEA 软件。

（5）在弹出的 IDEA 安装许可证协议界面中接受许可证协议中的条款，并单击“Continue”按钮。

（6）在弹出的注册界面中，选中“Evaluate for free”单选按钮，并单击“Evaluate”按钮和“Continue”按钮，试用软件 30 天，如图 2-17 所示。

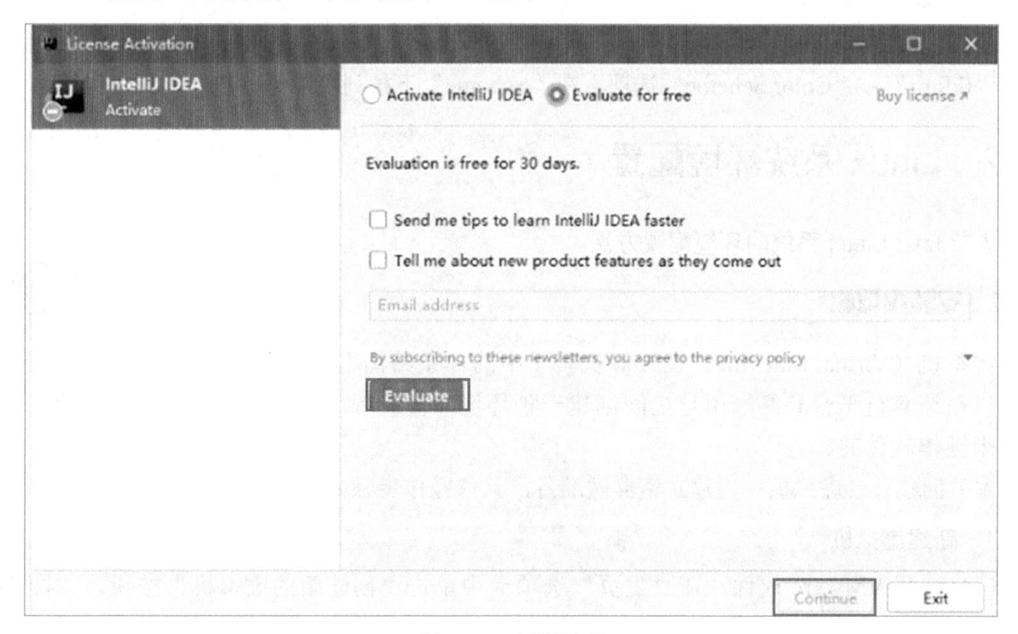

图 2-17　试用软件

（7）完成安装后，启动 IntelliJ IDEA，即可在 IntelliJ IDEA 中创建项目并进行编程了。

拓展学习内容

IntelliJ IDEA 详细配置和使用教程。

1. 关闭 Intellij IDEA 自动更新

在 IntelliJ IDEA 的菜单栏中选择“File”→“Settings”命令，在弹出的“Settings”对话框中选择“Appearance & Behavior”→“System Settings”→“Updates”选项，取消勾选“Check IDE updates for”复选框，如图 2-18 所示。

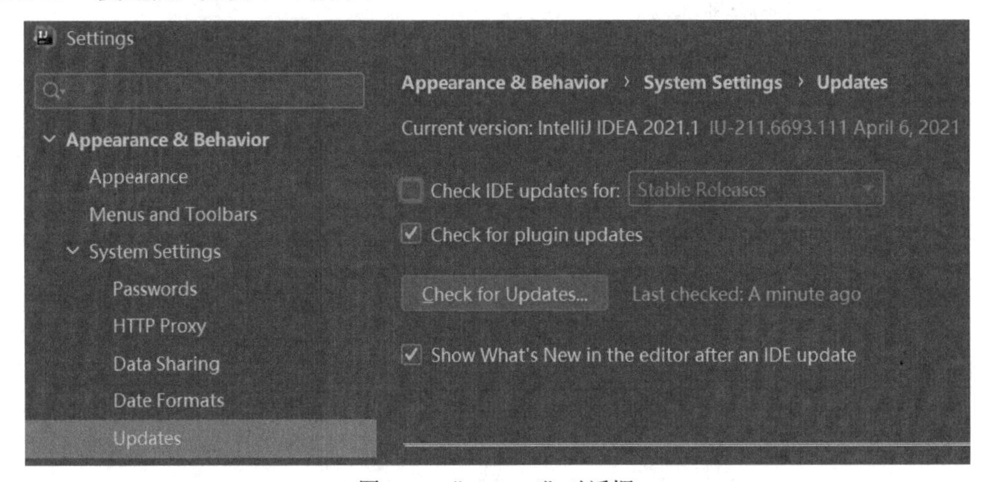

图 2-18 “Settings”对话框

2. 设置编辑器主题

在 IntelliJ IDEA 的菜单栏中选择“File”→“Settings”命令，在弹出的“Settings”对话框中选择“Editor”→“Color Scheme”选项，在“Scheme”下拉列表中可以选择编辑器主题。

2.2 Linux 系统环境配置

本节介绍 Linux 系统的环境配置方法。

2.2.1 安装虚拟机

虚拟机（Virtual Machine）在计算机科学中的体系结构里指一种特殊的软件，它可以在计算机平台和终端用户之间创建一种环境，而终端用户则是基于这个软件所创建的环境来操作软件的。

本节创建一台虚拟机，为建立集群做准备，具体操作步骤如下。

1. 新建虚拟机

（1）打开 VMware 软件，在“主页”选项卡中单击“创建新的虚拟机”按钮，如图 2-19 所示。

（2）在弹出的“新建虚拟机向导”界面中，选中“自定义（高级）”单选按钮，单击“下一步”按钮，如图 2-20 所示。

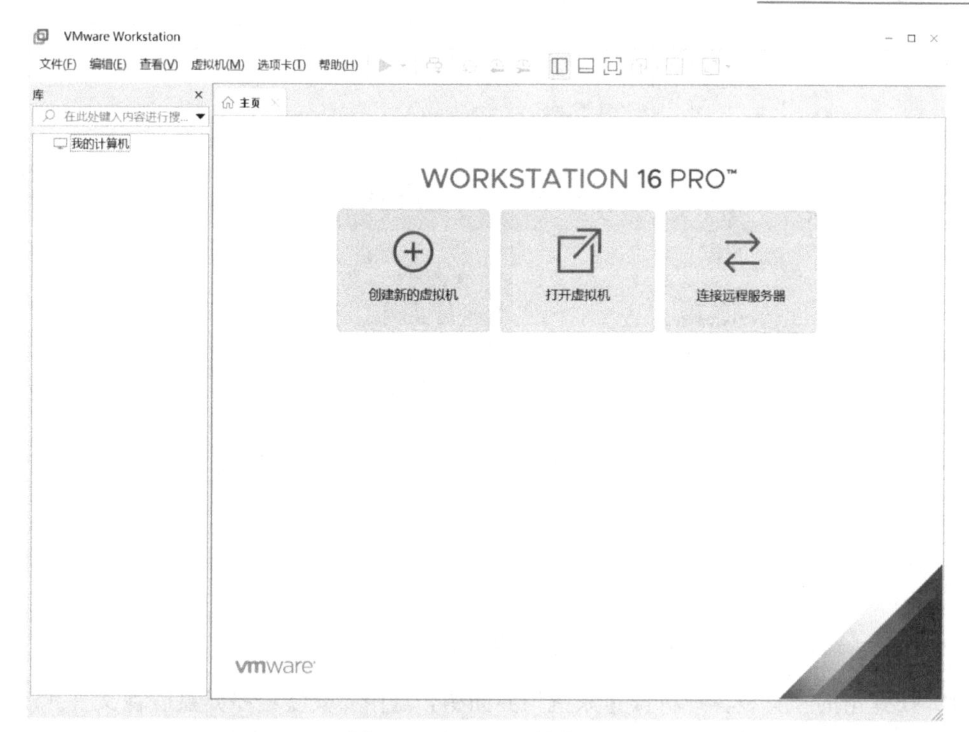

图 2-19 VMware 软件主页

图 2-20 “新建虚拟机向导”界面

（3）在弹出的“选择虚拟机硬件兼容性”界面中，单击“下一步”按钮，如图 2-21 所示。

图 2-21 “选择虚拟机硬件兼容性”界面

（4）在弹出的“安装客户机操作系统”界面中，选中“安装程序光盘映像文件（iso）”单选按钮，单击“浏览”按钮，打开计算机中 CentOS-7.7 64 位.iso 的存放路径，单击“下一步”按钮，如图 2-22 所示。

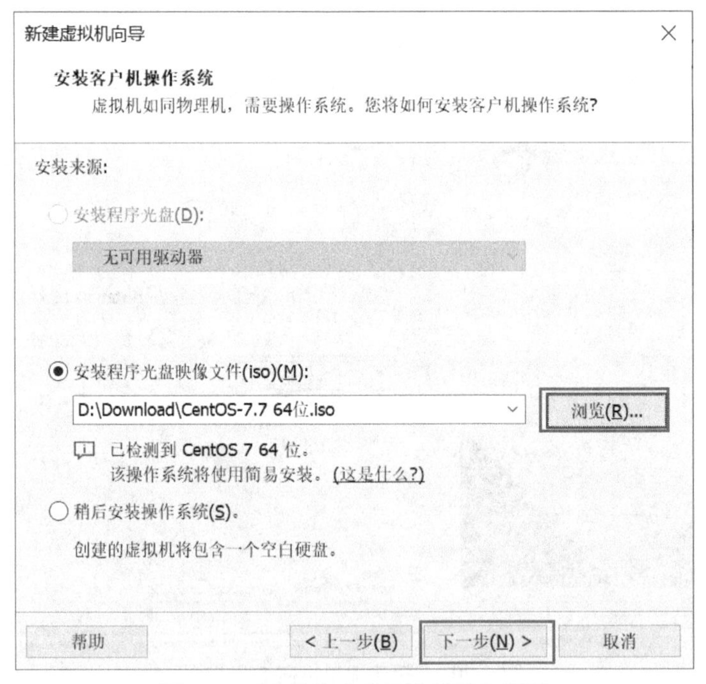

图 2-22 “安装客户机操作系统”界面

（5）在弹出的“简易安装信息”界面中，输入全名“bigdata”，用户名“bigdata”，密码“123456”，如图 2-23 所示。

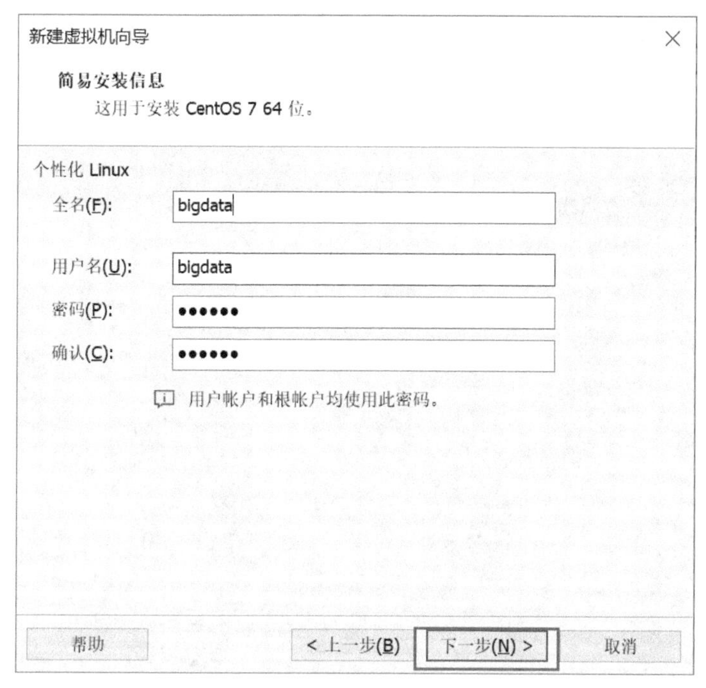

图 2-23　“简易安装信息”界面

（6）在弹出的“命名虚拟机”界面中，输入虚拟机名称“node1”，单击“浏览”按钮，选择虚拟机的存放位置，单击“下一步”按钮，如图 2-24 所示。

图 2-24　“命名虚拟机”界面

（7）在弹出的“处理器配置”界面中，用户可自定义选择处理器数量，单击“下一步”按钮，如图 2-25 所示。

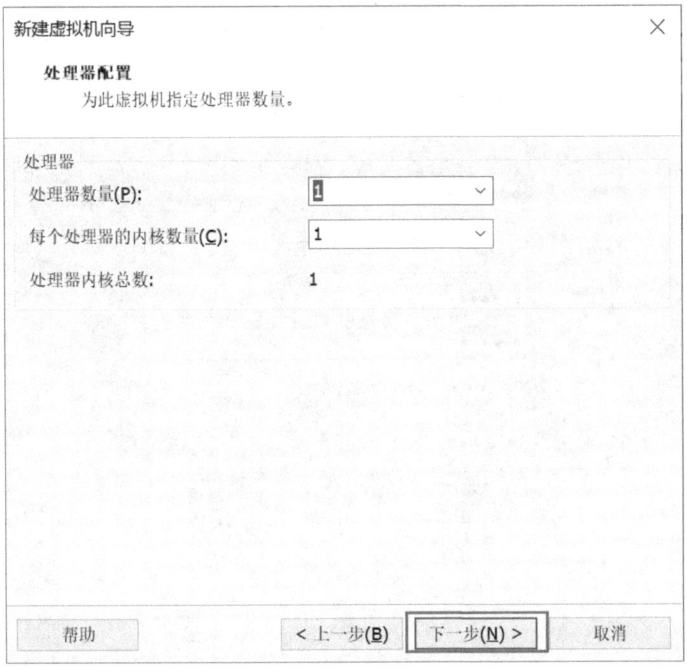

新建虚拟机向导

处理器配置

为此虚拟机指定处理器数量。

处理器

处理器数量(P): 1

每个处理器的内核数量(C): 1

处理器内核总数: 1

帮助 < 上一步(B) 下一步(N) > 取消

图 2-25 “处理器配置”界面

（8）在弹出的“此虚拟机的内存”界面中，虚拟机的内存默认分配为 1024MB，单击“下一步”按钮，如图 2-26 所示。

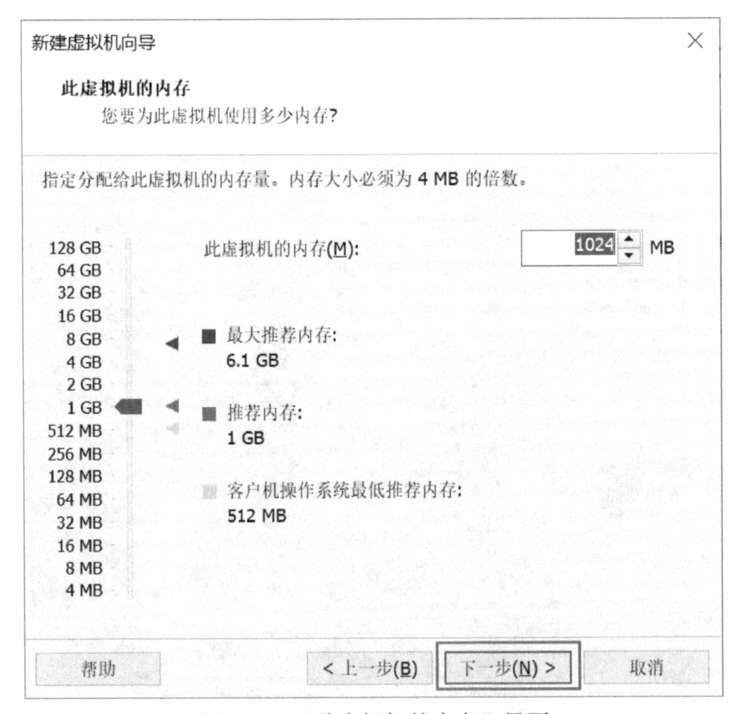

图 2-26 “此虚拟机的内存”界面

（9）在弹出的“网络类型”界面中，默认选中“使用网络地址转换（NAT）”单选按钮，单击“下一步”按钮，如图 2-27 所示。

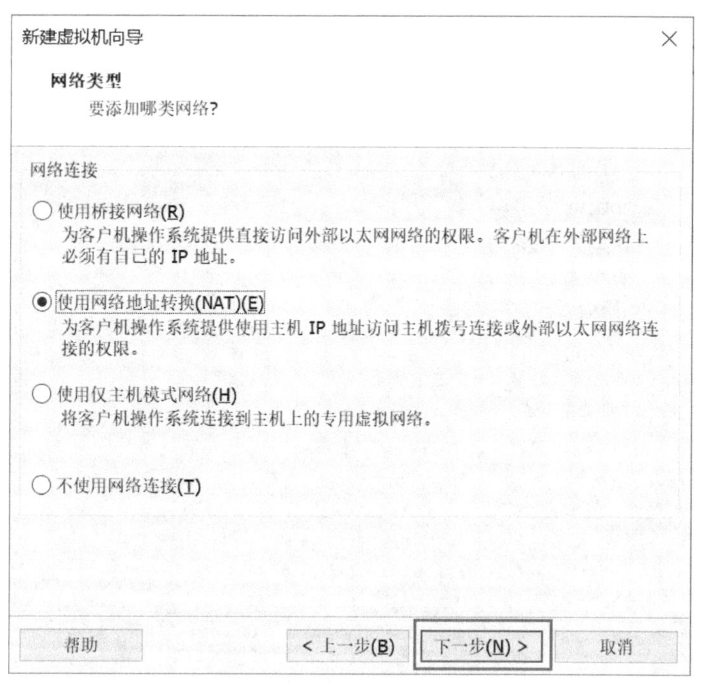

图 2-27 “网络类型”界面

（10）在弹出的“选择 I/O 控制器类型”界面中，默认选中“LSI Logic”单选按钮，单击“下一步”按钮，如图 2-28 所示。

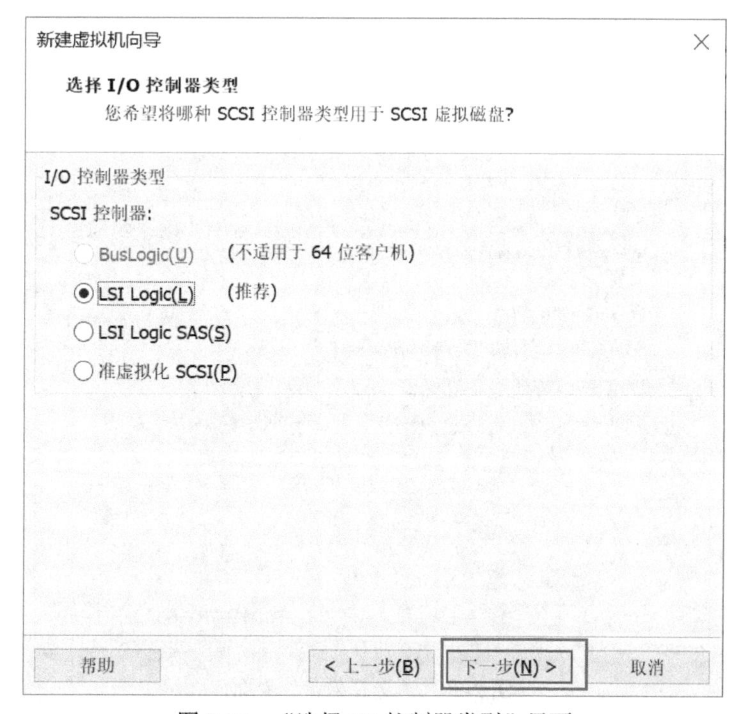

图 2-28 “选择 I/O 控制器类型”界面

（11）在弹出的“选择磁盘类型”界面中，默认选中“SCSI”单选按钮，单击“下一步”按钮，如图 2-29 所示。

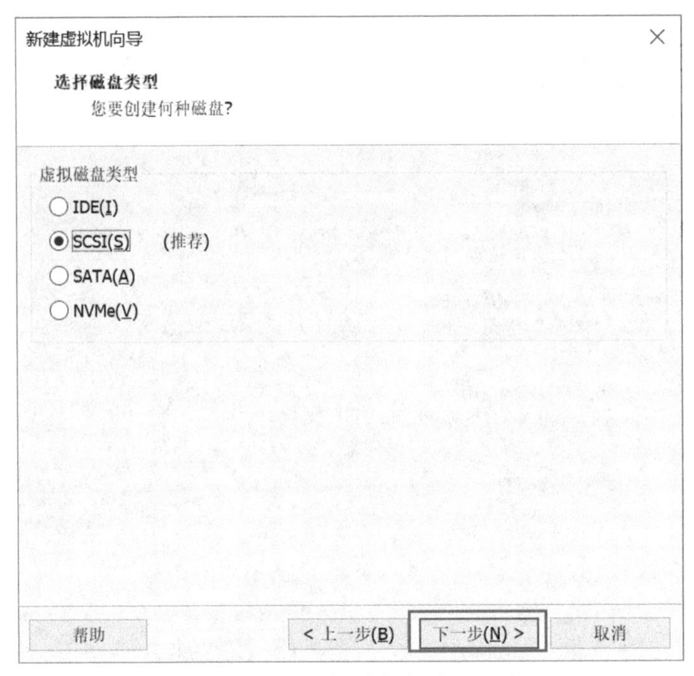

图 2-29 “选择磁盘类型”界面

（12）在弹出的“选择磁盘”界面中，默认选中“创建新虚拟磁盘”单选按钮，单击“下一步”按钮，如图 2-30 所示。

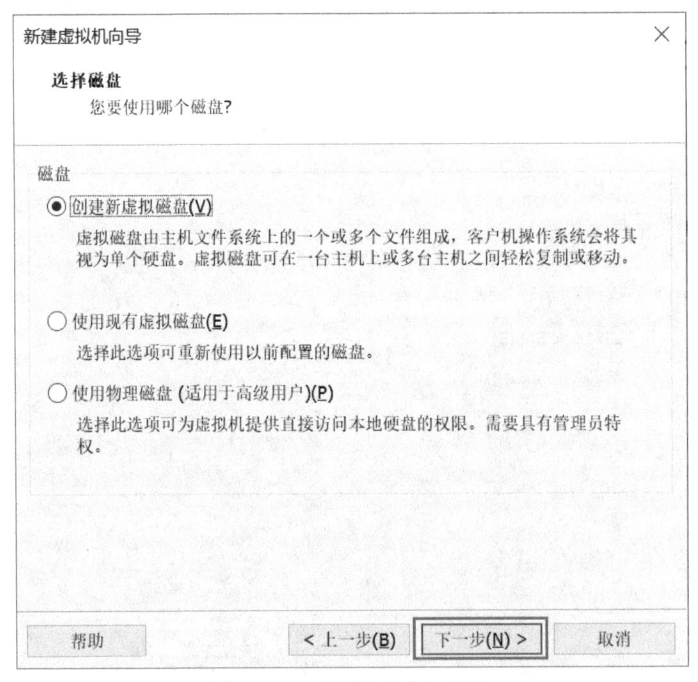

图 2-30 “选择磁盘”界面

（13）在弹出的“指定磁盘容量”界面中，磁盘容量默认设置为 20.0 GB，单击“下一步”按钮，如图 2-31 所示。

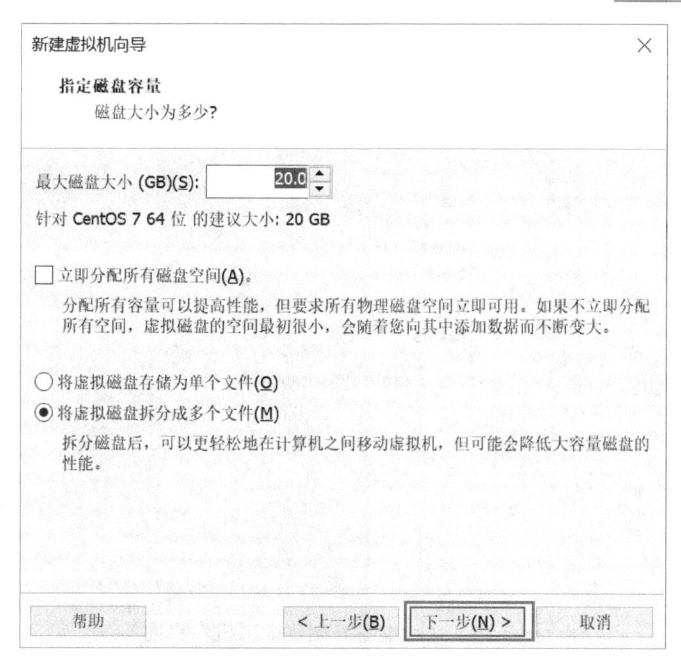

图 2-31　“指定磁盘容量”界面

（14）在弹出的“指定磁盘文件”界面中，磁盘文件默认为 node1.vmdk，单击“下一步”按钮，如图 2-32 所示。

图 2-32　“指定磁盘文件”界面

（15）在弹出的“已准备好创建虚拟机”界面中，检查“创建后开启此虚拟机”复选框为未勾选状态，单击“完成”按钮，如图 2-33 所示。

图 2-33 “已准备好创建虚拟机”界面

2. 安装镜像文件

（1）单击“编辑虚拟机设置”按钮，如图 2-34 所示。

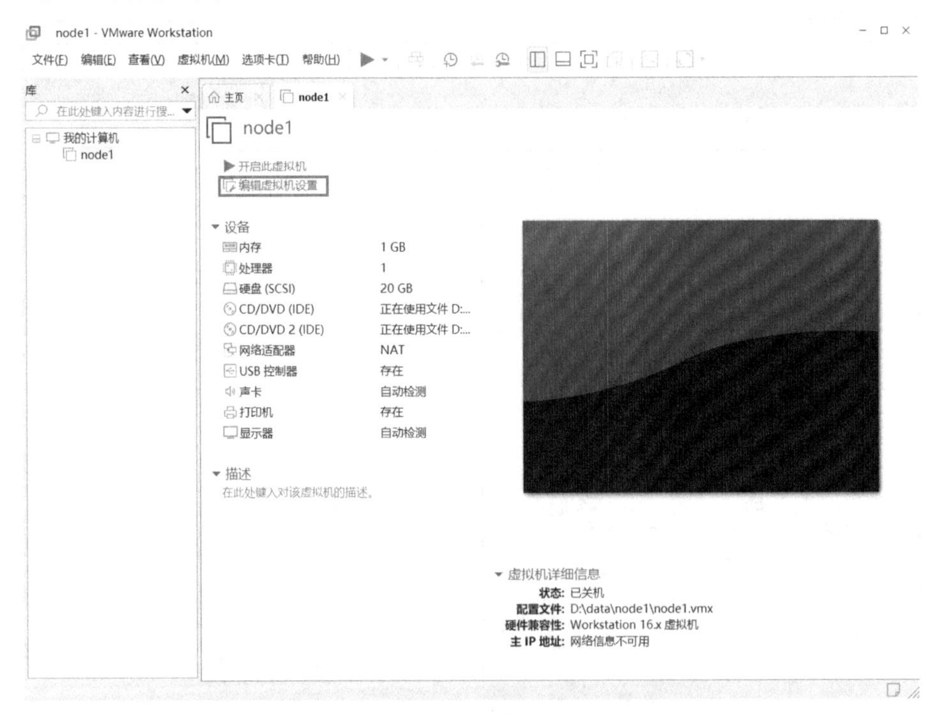

图 2-34 单击“编辑虚拟机设置”按钮

（2）弹出“虚拟机设置”对话框，在“硬件”列表框中选择“CD/DVD（IDE）”选项，在“使用 ISO 映像文件”单选按钮右下方处单击“浏览”按钮，打开“CentOS-7.7 64 位.iso”镜像文件所在的路径，单击“确定”按钮，如图 2-35 所示。

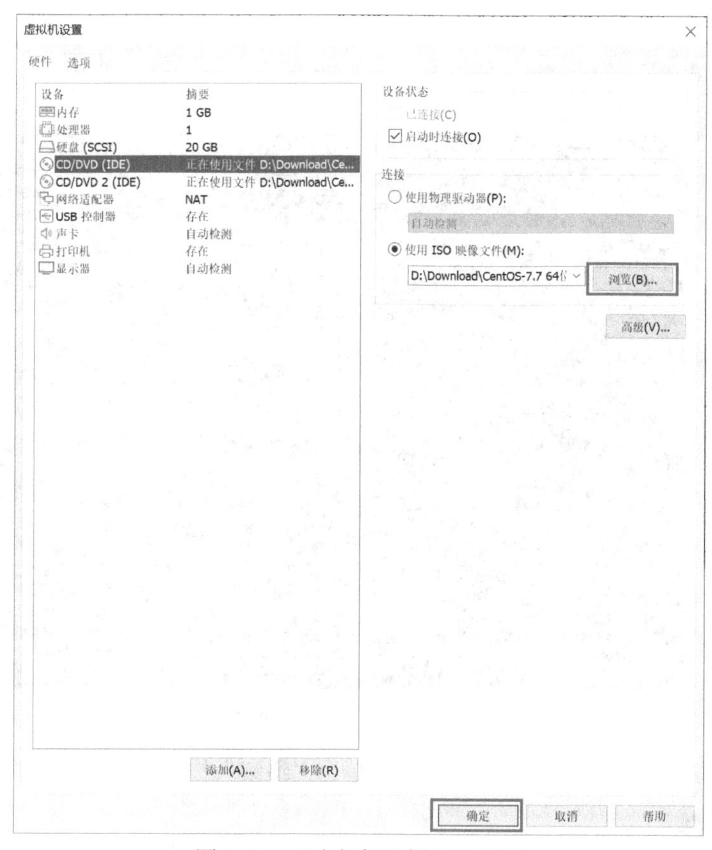

图 2-35　“虚拟机设置”对话框

（3）单击“开启此虚拟机”按钮，如图 2-36 所示。

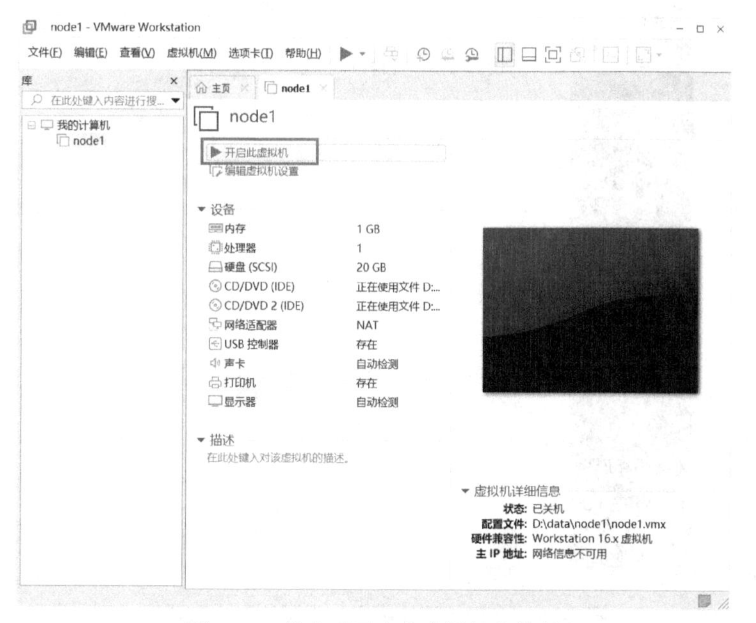

图 2-36　单击“开启此虚拟机”按钮

（4）单击黑色部分，进入虚拟机界面，使用向上箭头键选中“Install CentOS 7”，按回车键，如图 2-37 所示。

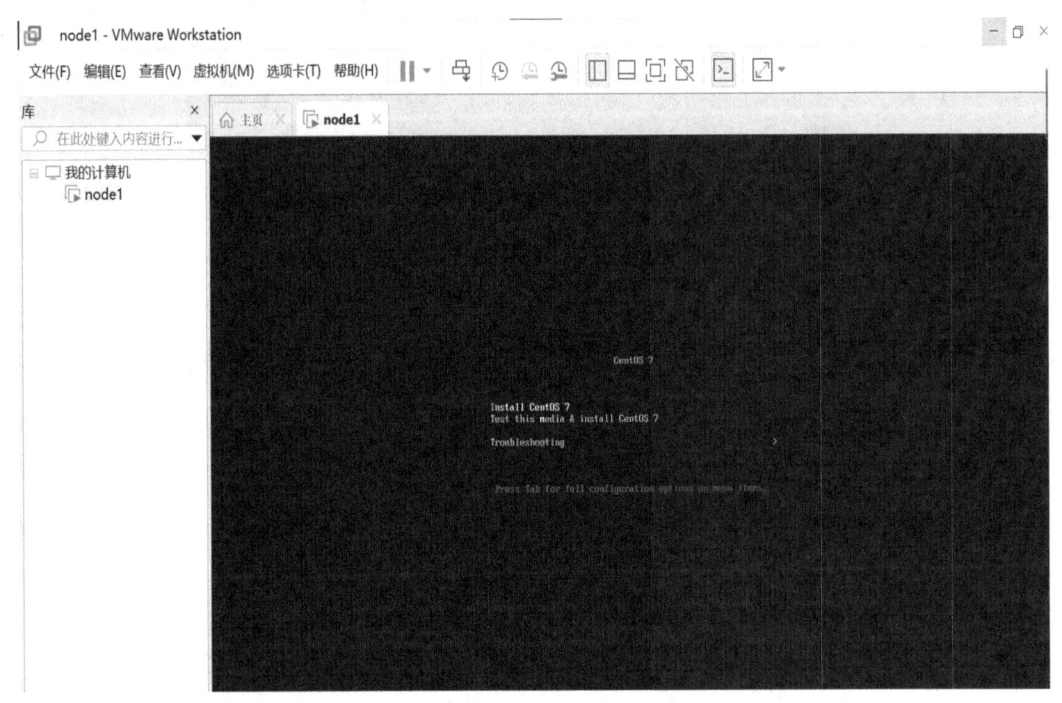

图2-37　选中“Install CentOS 7”

（5）选择“简体中文（中国）”安装语言，单击“继续”按钮，如图2-38所示。

图2-38　选择“简体中文（中国）”安装语言

（6）拖动侧边栏，单击“安装位置”按钮，如图2-39所示。

图 2-39　单击“安装位置”按钮

（7）在弹出的“安装目标位置”界面中，选中“我要配置分区”单选按钮，单击“完成”按钮，开始配置分区，如图 2-40 所示。

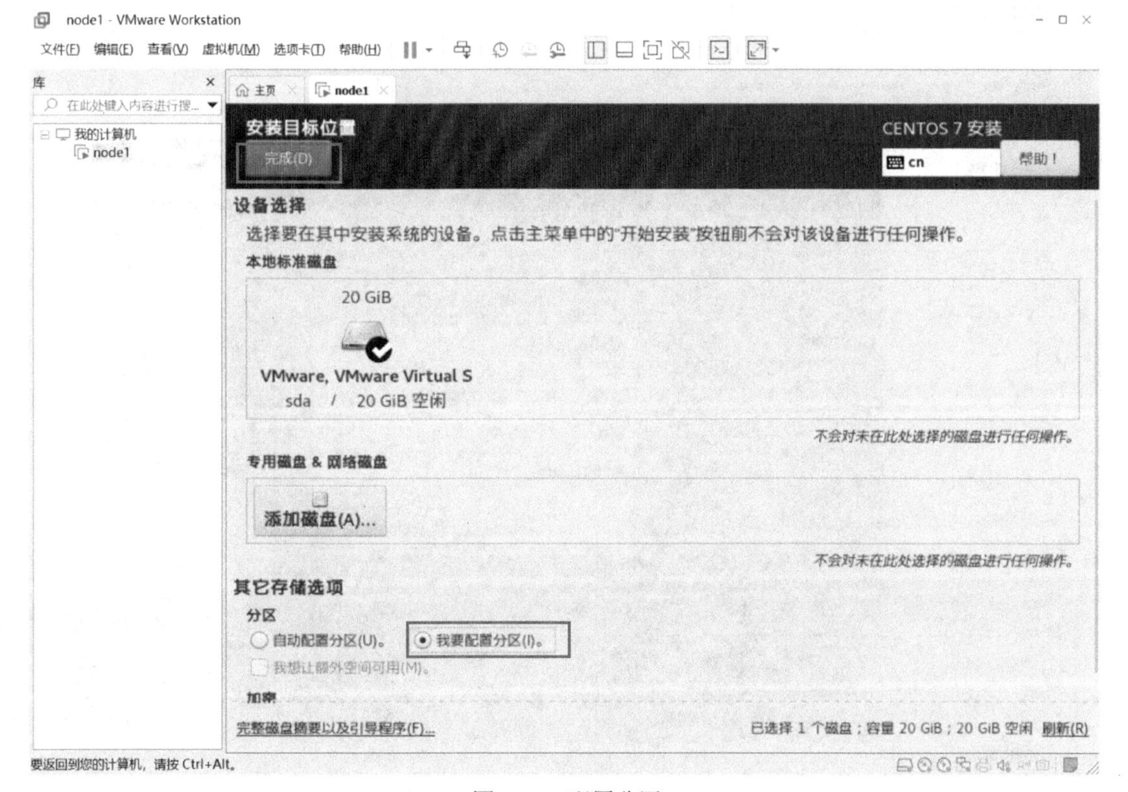

图 2-40　配置分区

（8）单击“+”按钮，添加挂载点，如图 2-41 所示。

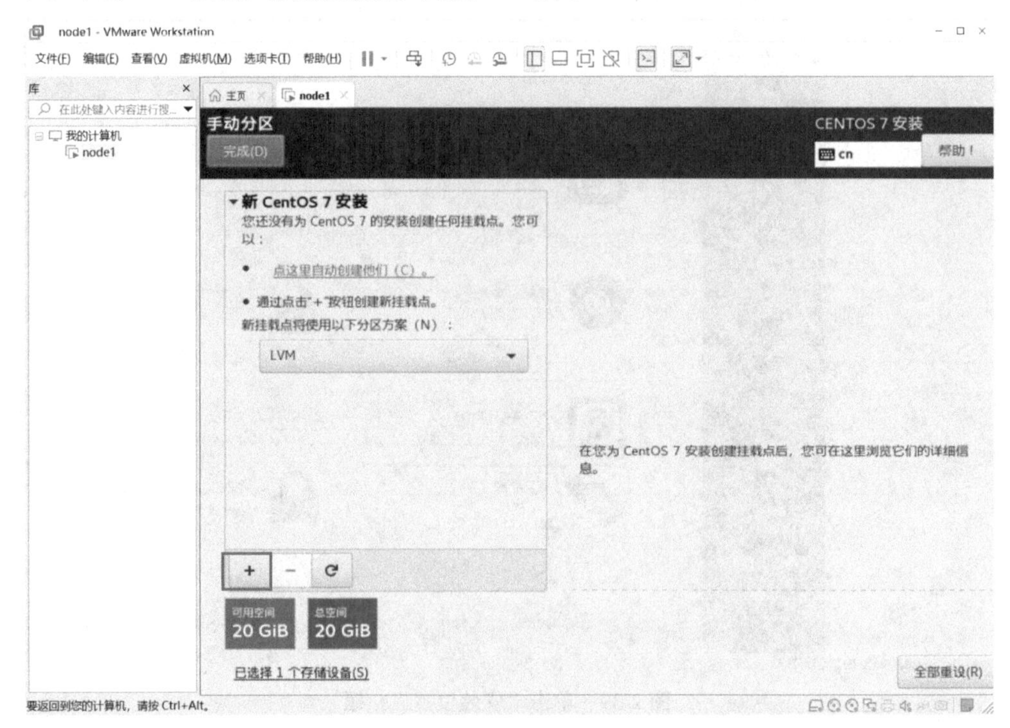

图 2-41 添加挂载点

（9）在弹出的“添加新挂载点”对话框中，设置挂载点为“/boot”，期望容量为“512”，单击“添加挂载点”按钮，如图 2-42 所示。

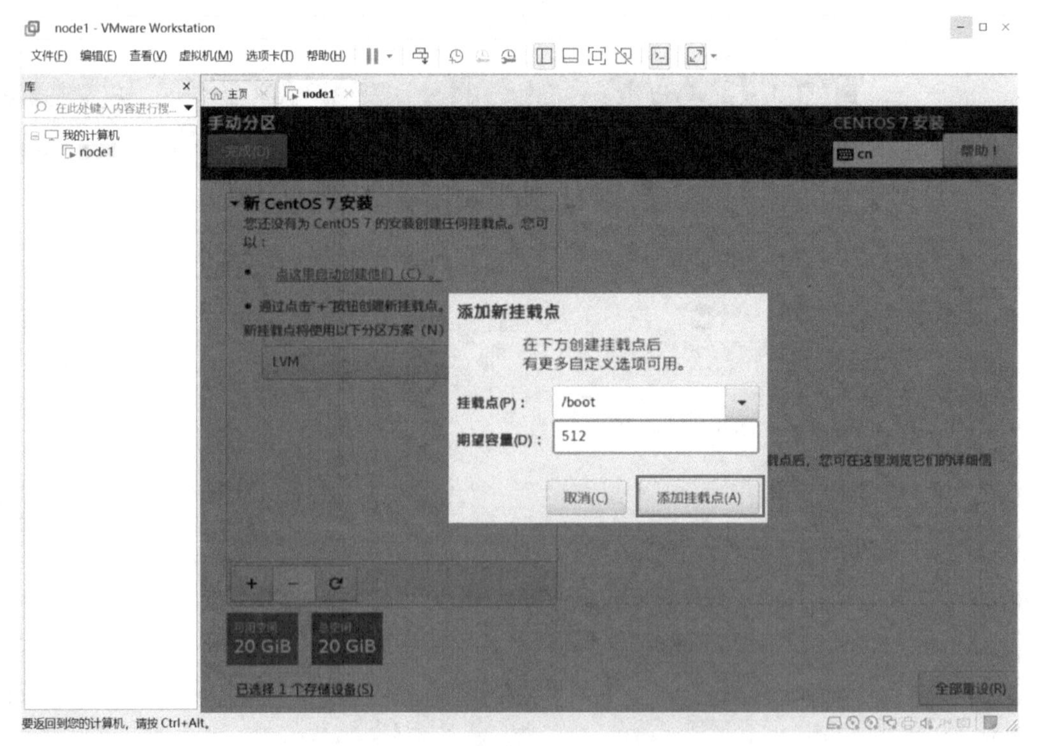

图 2-42 “添加新挂载点”对话框（1）

（10）继续在“添加新挂载点”对话框中，设置挂载点为“swap”，期望容量为“2048”，单击“添加挂载点”按钮，如图 2-43 所示。

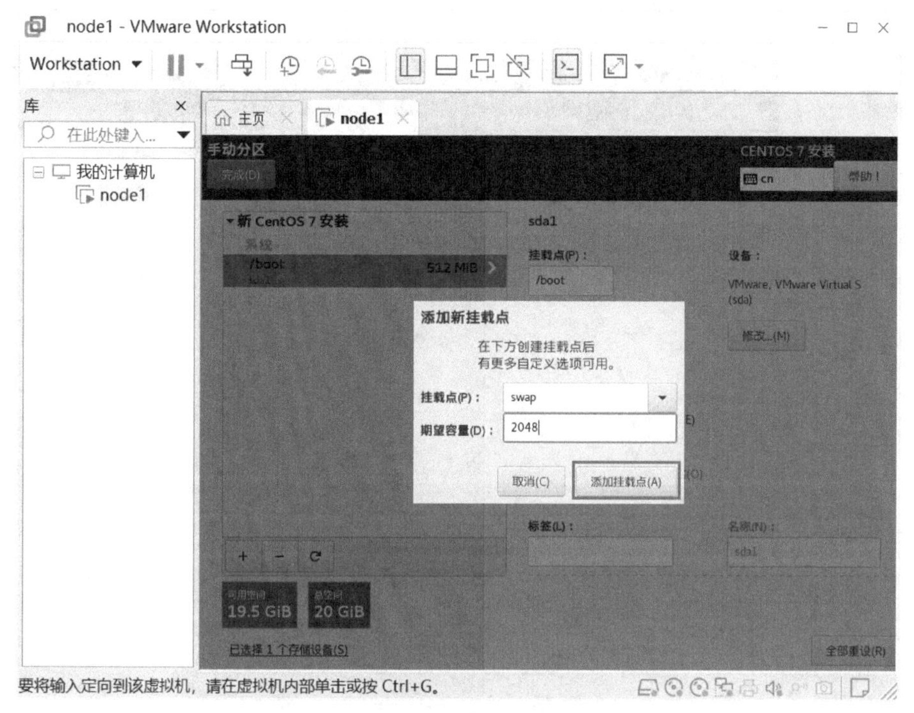

图 2-43 “添加新挂载点”对话框（2）

（11）继续在“添加新挂载点”对话框中，设置挂载点为“/”，不设置期望容量，单击“添加挂载点”按钮，如图 2-44 所示。

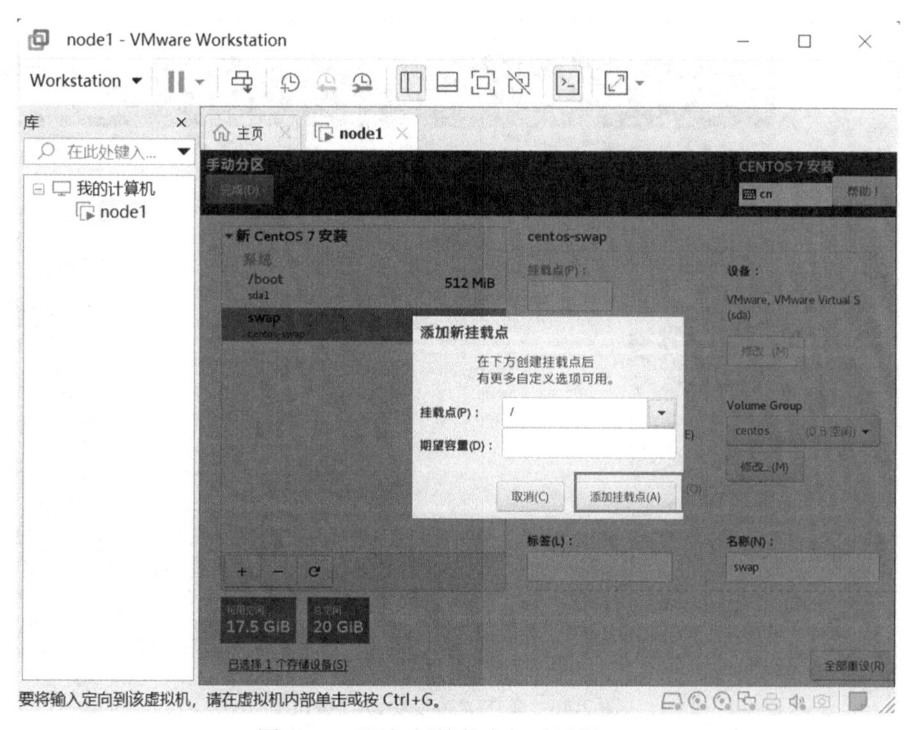

图 2-44 “添加新挂载点”对话框（3）

（12）单击“完成”按钮，如图 2-45 所示。

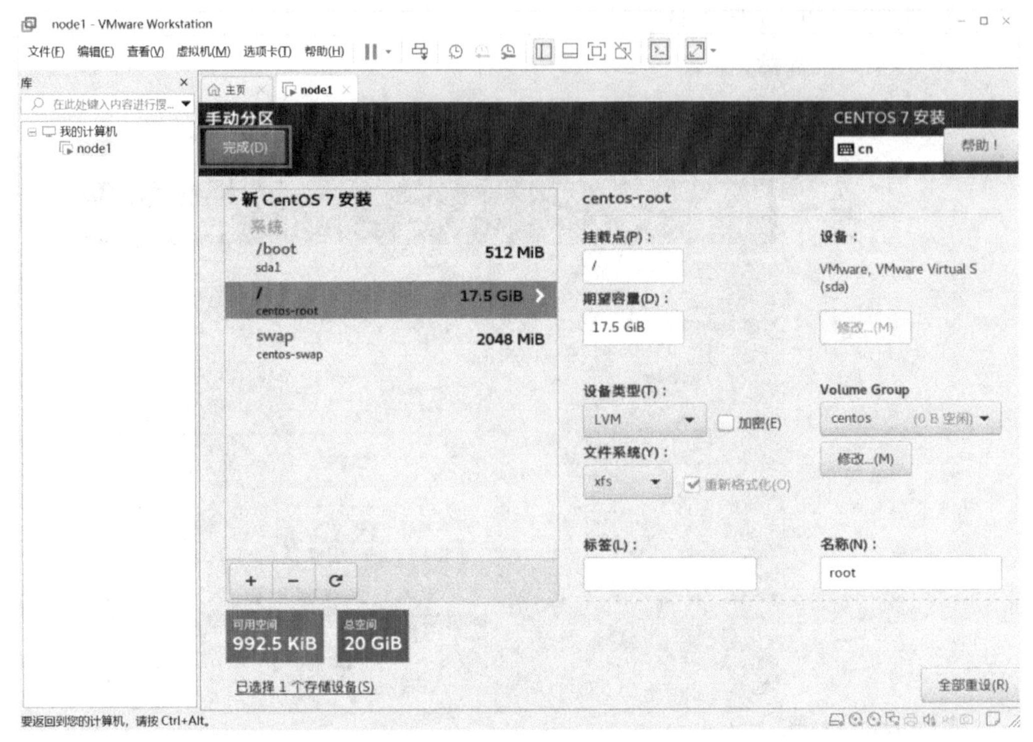

图 2-45 单击“完成”按钮

（13）单击“接受更改”按钮，如图 2-46 所示。

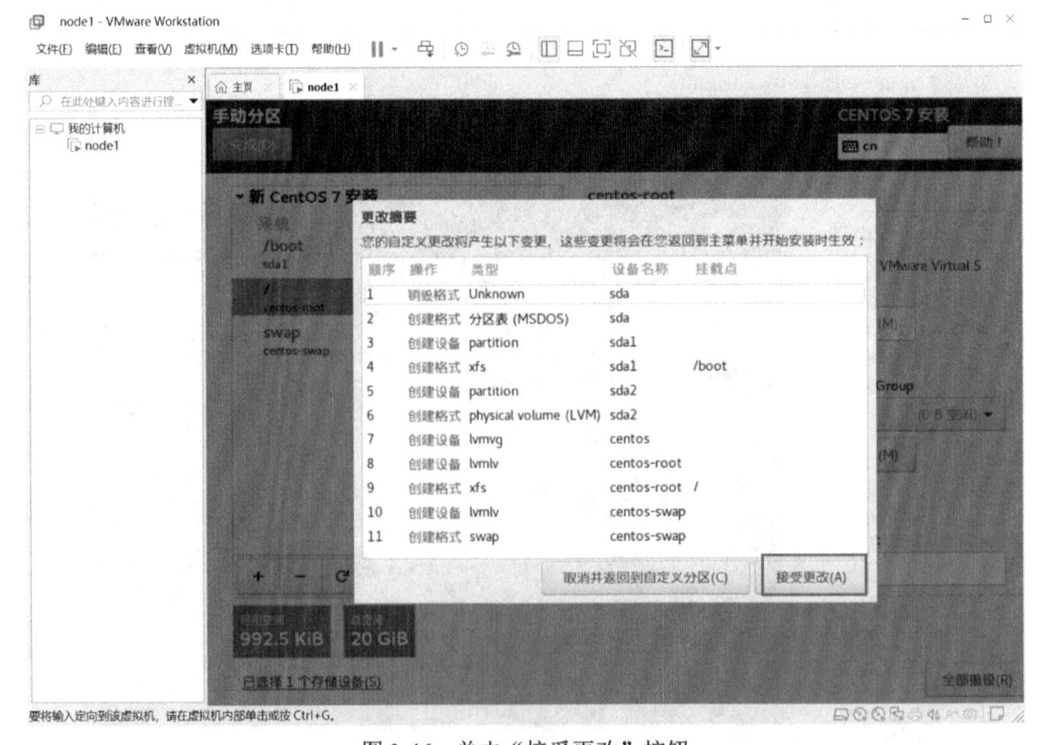

图 2-46 单击“接受更改”按钮

（14）单击“网络和主机名”按钮，如图2-47所示。

图2-47　单击“网络和主机名”按钮

（15）弹出“网络和主机名”界面，由于“以太网（ens33）”默认连接方式为“关闭”状态，因此先将其更改为“打开”状态，然后将主机名修改为“node1”，接着单击“应用”按钮，最后单击“完成”按钮，如图2-48所示。

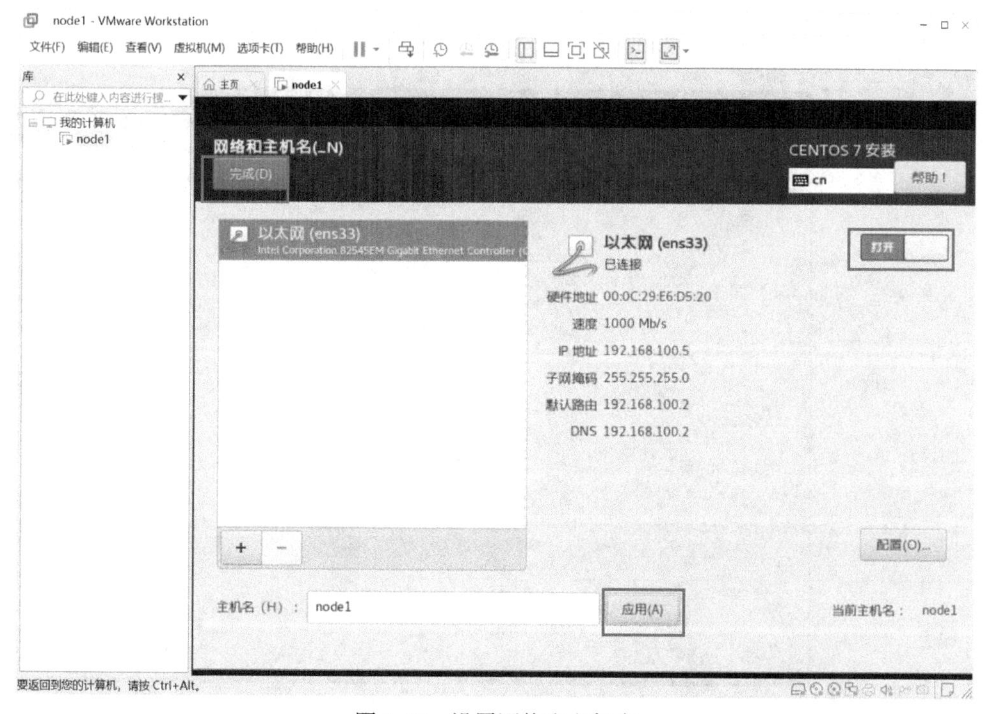

图2-48　设置网络和主机名

（16）单击“开始安装”按钮，如图 2-49 所示。

图 2-49 单击“开始安装”按钮

（17）弹出“ROOT 密码”界面，在“Root 密码”文本框中输入“123456”，在“确认”文本框中再次输入“123456”，单击“完成”按钮，完成配置，如图 2-50 所示。

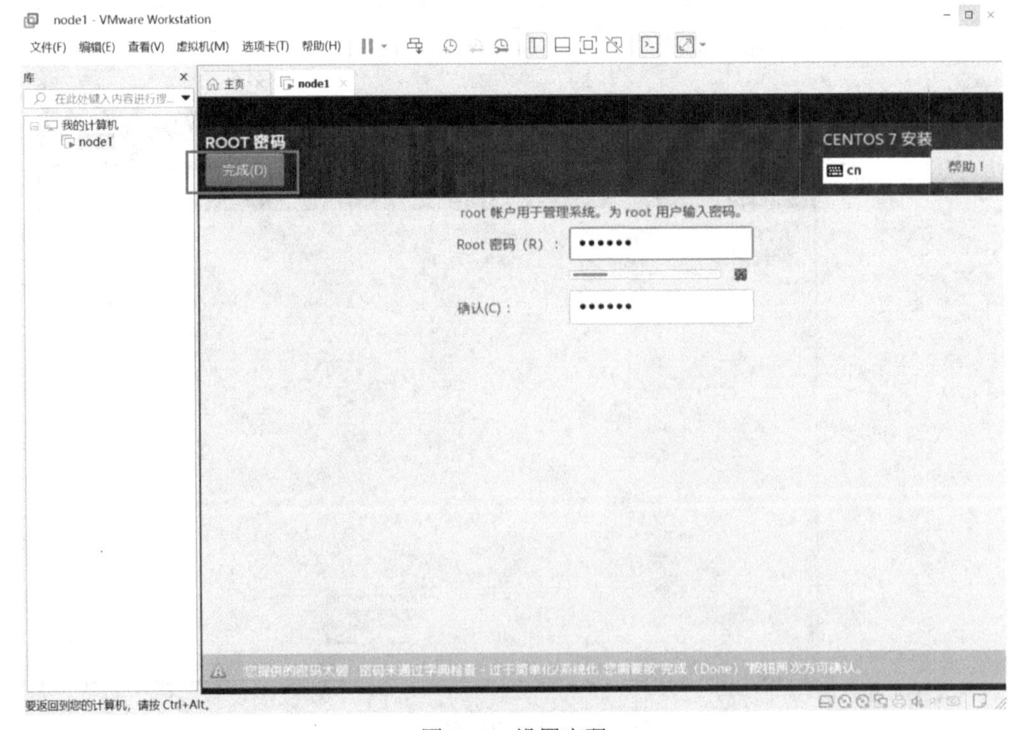

图 2-50 设置密码

3．重启虚拟机

（1）单击“重启”按钮，重新启动虚拟机，如图 2-51 所示。

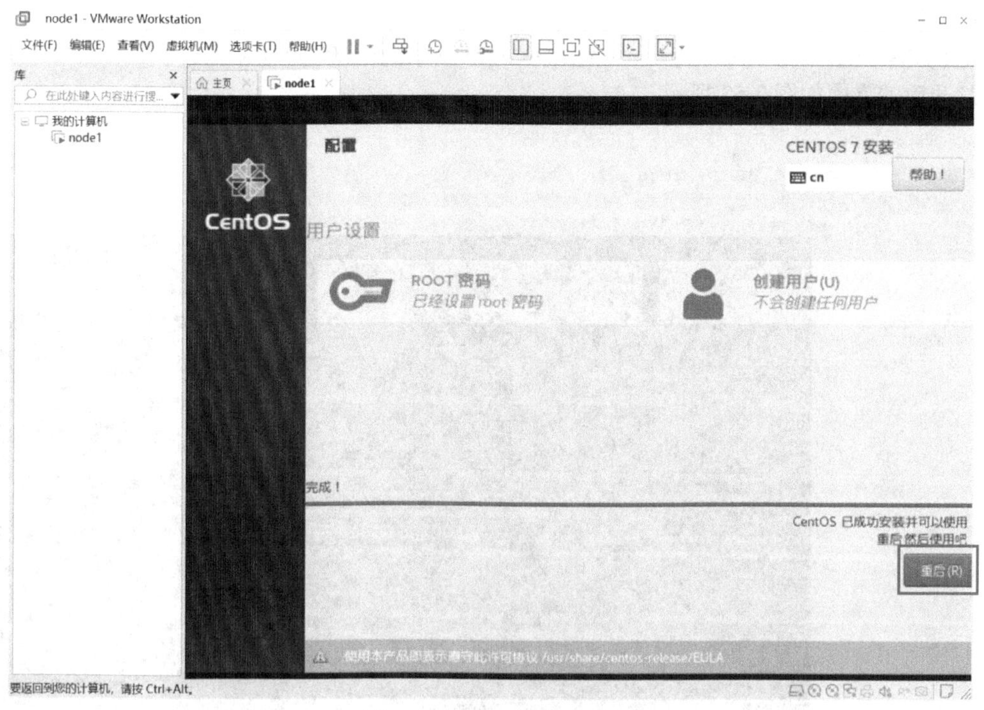

图 2-51　重新启动虚拟机

（2）进入 node1 虚拟机登录页面，输入用户名“root”后按回车键，输入密码“123456”（输入的密码是不可见的），输入完成后按回车键，即可成功登录 node1 虚拟机，如图 2-52 所示。

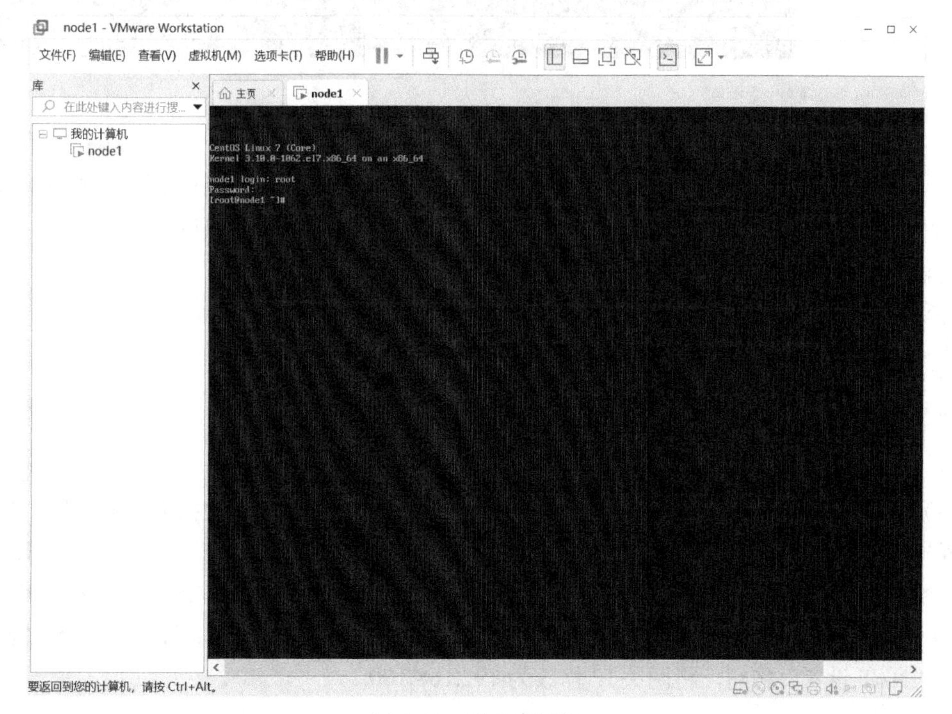

图 2-52　登录虚拟机

4. 配置网络环境

（1）将虚拟机的网络连接模式设置为 NAT 模式，在 node1 虚拟机中打开网络环境配置文件 ifcfg-ens33。

```
[root@node1 ~]# vi /etc/sysconfig/network-scripts/ifcfg-ens33
```

打开后的界面如图 2-53 所示。

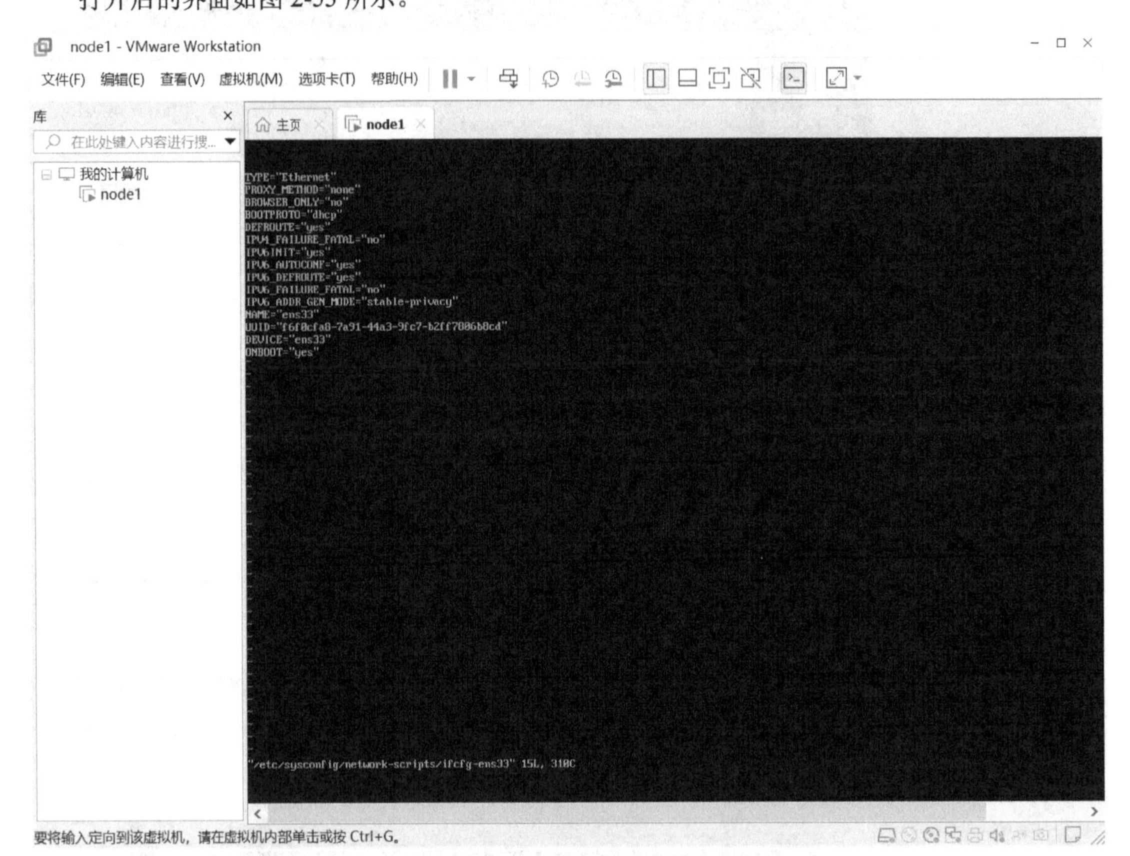

图 2-53 打开网络环境配置文件后的界面

（2）在键盘小写模式下，按“A”或“I”进入编辑模式，配置 node1 虚拟机的 IP 地址、网关、子网掩码、DNS 解析器，修改成如下内容，如图 2-54 所示，修改完成后按 Esc 键，输入“:wq”后按回车键，保存并退出。

```
BOOTPROTO=static
IPADDR=192.168.100.3
GATEWAY=192.168.100.2
NETMASK=255.255.255.0
DNS1=114.114.114.114
DNS2=8.8.8.8
```

（3）在菜单栏中选择“编辑”→“虚拟网络编辑器”命令，弹出“虚拟网络编辑器”对话框。可以通过获取管理员特权来修改网络连接模式，首先单击右下方的“更改设置”按钮，弹出用户账户控制对话框后，单击“是”按钮，然后选中 VMnet8，NAT 模式，勾选“使用本地 DHCP 服务将 IP 地址分配给虚拟机”复选框，将“子网 IP”修改为“192.168.100.0”，如图 2-55 所示。最后单击“NAT 设置”按钮，将网关 IP 修改为 192.168.100.2。

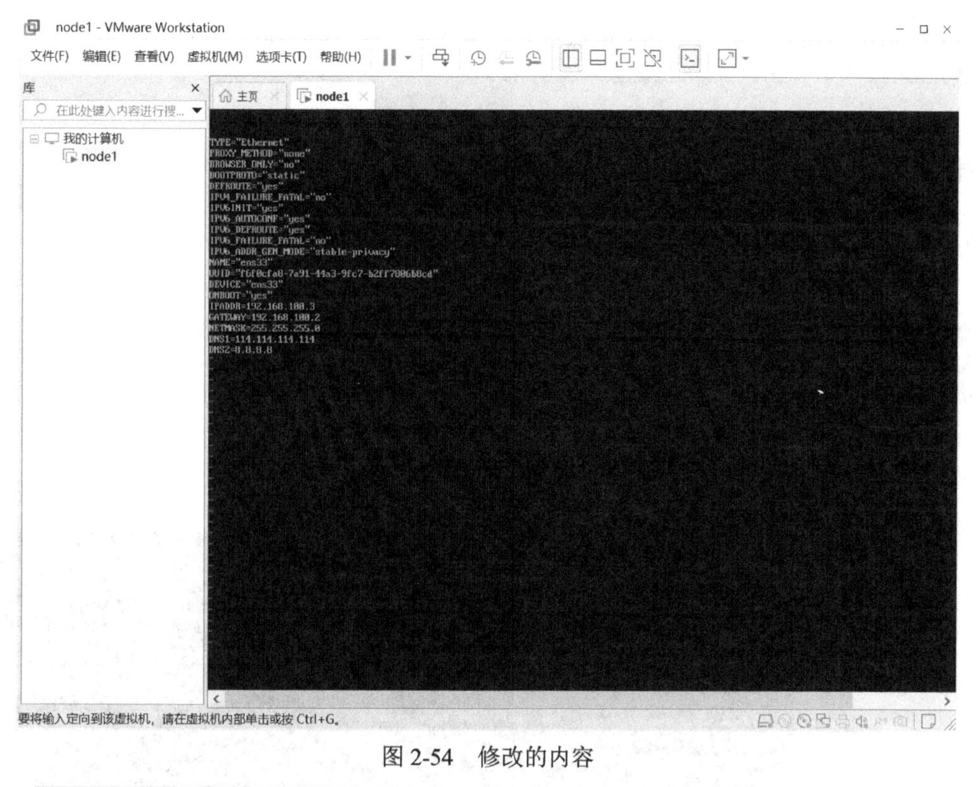

图 2-54　修改的内容

图 2-55　修改网络连接模式

（4）执行如下命令，重启 node1 虚拟机的网络环境，使网络环境生效。

```
[root@node1 ~]# service network restart
```

5. 防火墙相关操作

首先，关闭 node1 虚拟机的防火墙。

```
[root@node1 ~]# systemctl stop firewalld.service
```

然后，禁用 node1 虚拟机的防火墙。

```
[root@node1 ~]# systemctl disable firewalld.service
```

最后，通过命令查看防火墙的状态。

```
[root@node1 ~]# systemctl status firewalld.service
```

执行结果中出现“inactive（dead)”，说明防火墙关闭成功，如图 2-56 所示。

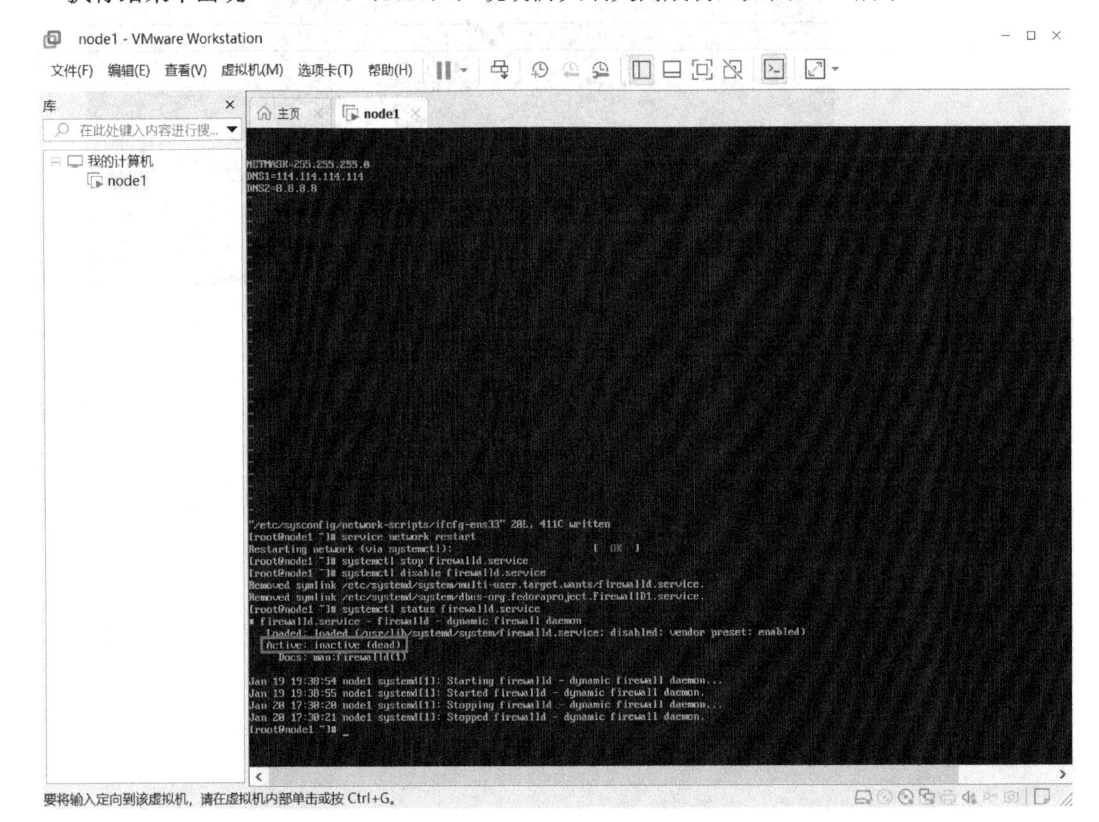

图 2-56　防火墙关闭成功

6. 下载 vim 文本编辑器

在后续操作中需要使用 vim 文本编辑器，此处使用 yum 命令进行下载。

```
[root@node1 ~]# yum -y install vim*
```

上述命令执行结束后看到“Complete!”，说明 vim 文本编辑器下载成功，如图 2-57 所示。

7. 配置 node1 虚拟机的映射关系

在 Windows 中打开 C 盘，进入 Windows\System32\drivers\etc 目录，右击“hosts”文件，在弹出的快捷菜单中选择“打开方式”→“记事本”命令，在文件末尾添加如下内容，即 node1 虚拟机的 IP 地址及虚拟机名称，添加后保存并退出，如图 2-58 所示。

```
192.168.100.3  node1
```

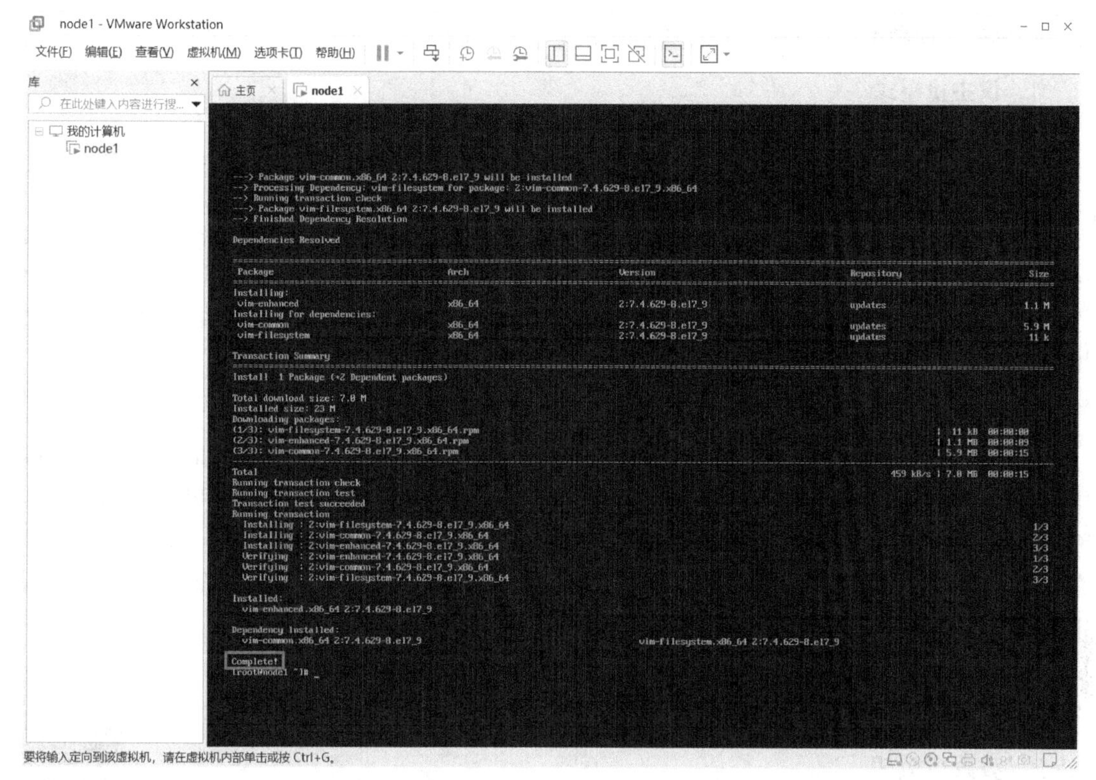

图 2-57　vim 文本编辑器下载成功

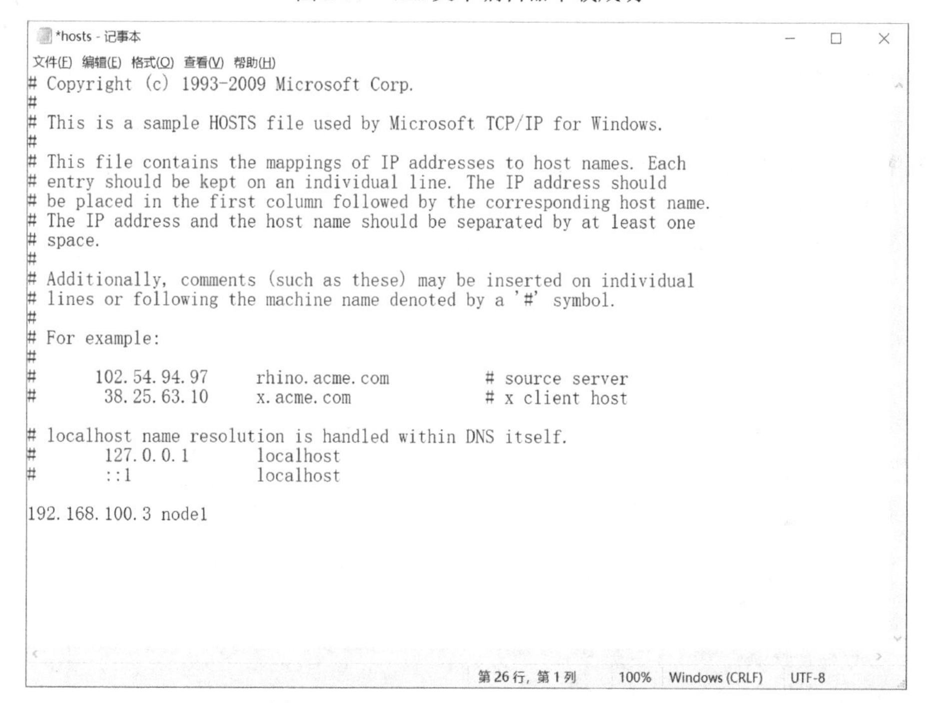

图 2-58　配置 node1 虚拟机的映射关系

拓展学习内容

VMware 虚拟机有 3 种网络模式：仅主机模式、NAT 模式、桥接模式。无论哪种网络配置方式，如果要实现虚拟机和主机之间的互联，都需要关闭防火墙。

1. 仅主机模式

仅主机模式指虚拟机只能与主机之间相互通信，虚拟机并不能上网。

2. NAT 模式

使用 NAT 模式，就是让虚拟系统借助 NAT 的功能，通过宿主机所在的网络访问公网。在这种模式下，宿主机成为双网卡主机，同时参与现有的宿主局域网和新建的虚拟局域网，但由于加设了一个虚拟的 NAT 服务器，使得虚拟局域网内的虚拟机在对外访问时，使用的是宿主机的 IP 地址，这样从外部网络来看，只能看到宿主机，而看不到新建的虚拟局域网。

3. 桥接模式

在这种模式下，VMware 虚拟出来的操作系统就像局域网中的一台独立主机，它可以访问网内任何一台机器。虚拟系统不但需要手工配置 IP 地址、子网掩码，而且需要和宿主机处于同一网段，这样才能和宿主机进行通信。虚拟系统和宿主机的关系，就像连接在同一个 HUB 上的两台计算机，从网络技术上理解，相当于在宿主机前端加设了一个虚拟交换机，而宿主机和所有虚拟机共享这个交换机。

如果需要虚拟机与主机之间联络，就要在 cmd 控制台界面中输入“ping”和客户机的 IP 地址。

2.2.2 克隆虚拟机

克隆虚拟机可分为两个步骤：克隆虚拟机、修改网络 IP 地址。

1. 克隆虚拟机

（1）启动 VMware 软件，可以看到创建好的 node1 虚拟机，选择 node1 虚拟机作为克隆源，在菜单栏中选择“虚拟机”→“管理”→“克隆”命令，如图 2-59 所示。

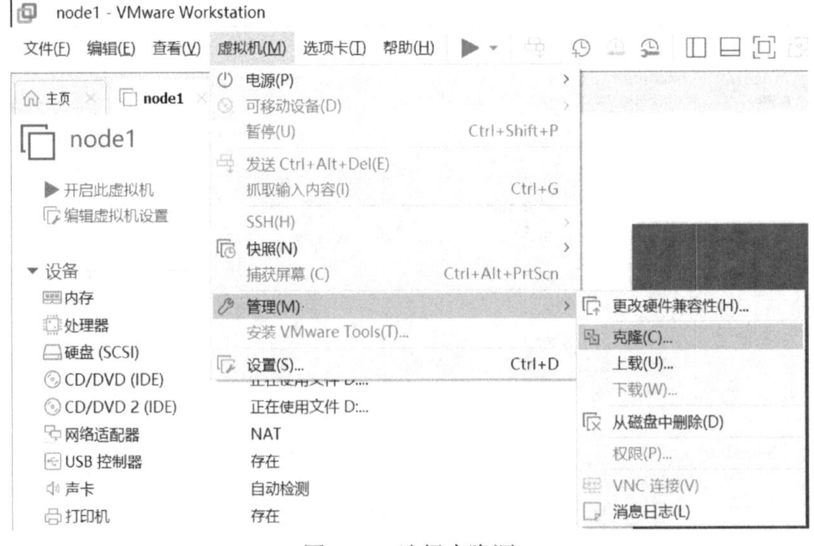

图 2-59 选择克隆源

（2）弹出“克隆虚拟机向导”界面，单击“下一步”按钮，如图 2-60 所示。

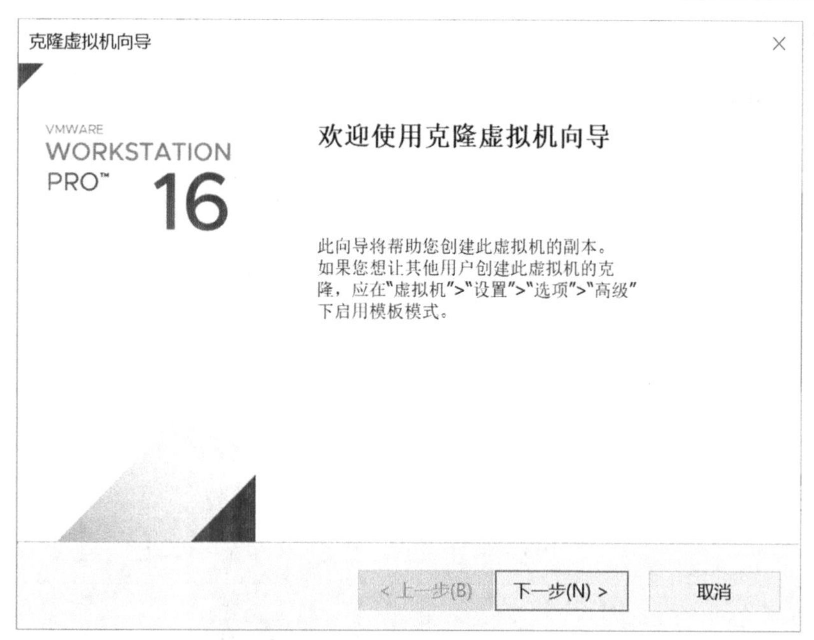

图 2-60　“克隆虚拟机向导”界面

（3）弹出“克隆源”界面，选中“虚拟机中的当前状态”单选按钮，单击“下一页”按钮，如图 2-61 所示。

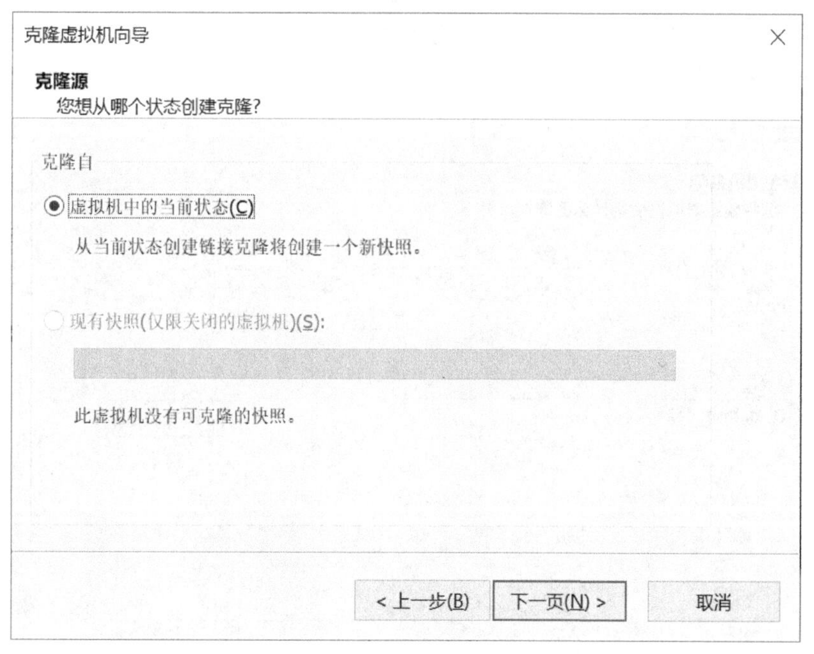

图 2-61　“克隆源”界面

（4）弹出“克隆类型”界面，选中“创建完整克隆”单选按钮，单击“下一页”按钮，如图 2-62 所示。

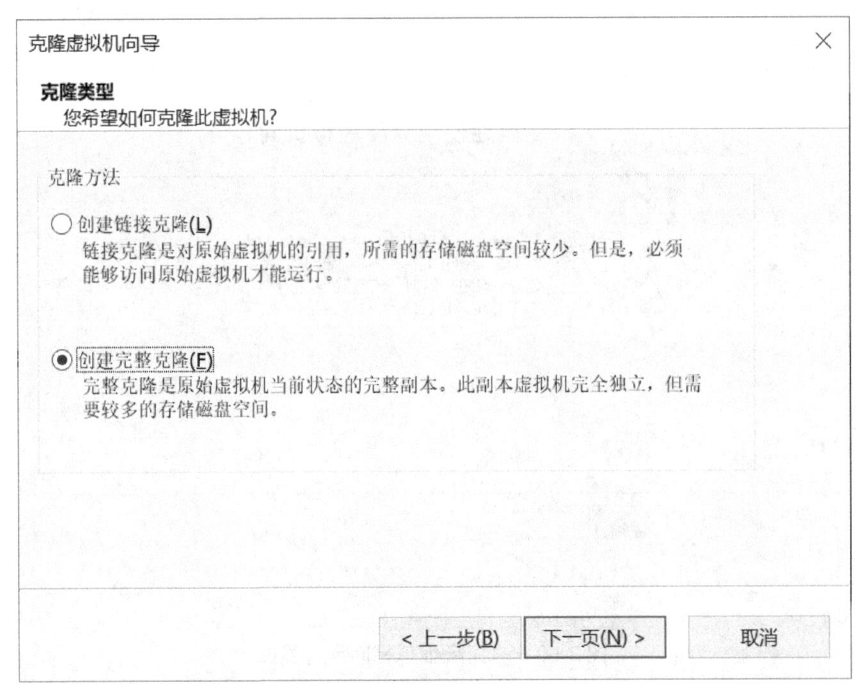

图 2-62 “克隆类型”界面

（5）弹出“新虚拟机名称”界面，将“虚拟机名称”修改为“node2”，单击“浏览”按钮，在自定义路径下单击“新建文件夹”按钮并将新文件夹命名为 node2，选中该文件夹，单击“完成”按钮，如图 2-63 所示。

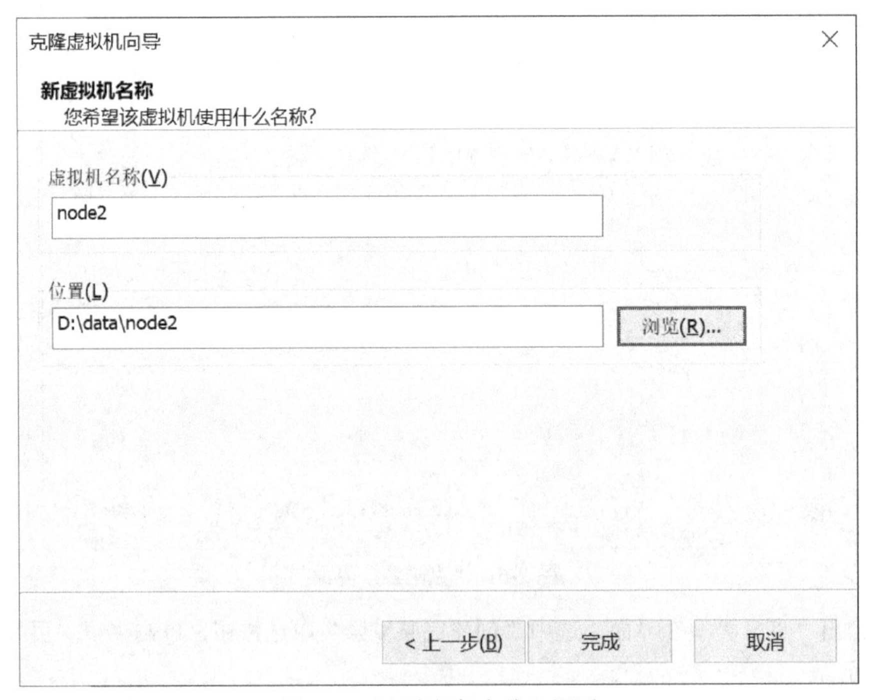

图 2-63 “新虚拟机名称”界面

（6）弹出“正在克隆虚拟机”界面，单击“关闭”按钮，如图 2-64 所示。node2 虚拟机克隆成功，如图 2-65 所示。

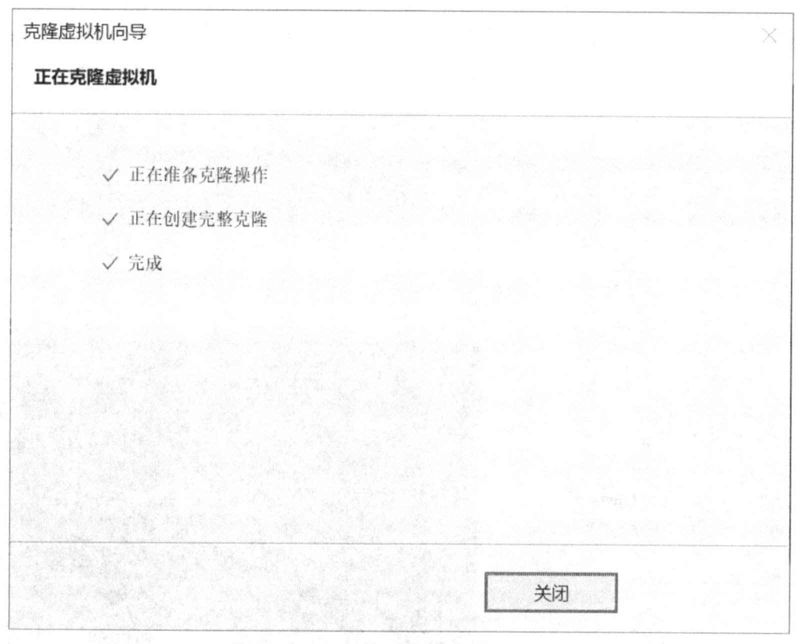

图 2-64　“正在克隆虚拟机”界面

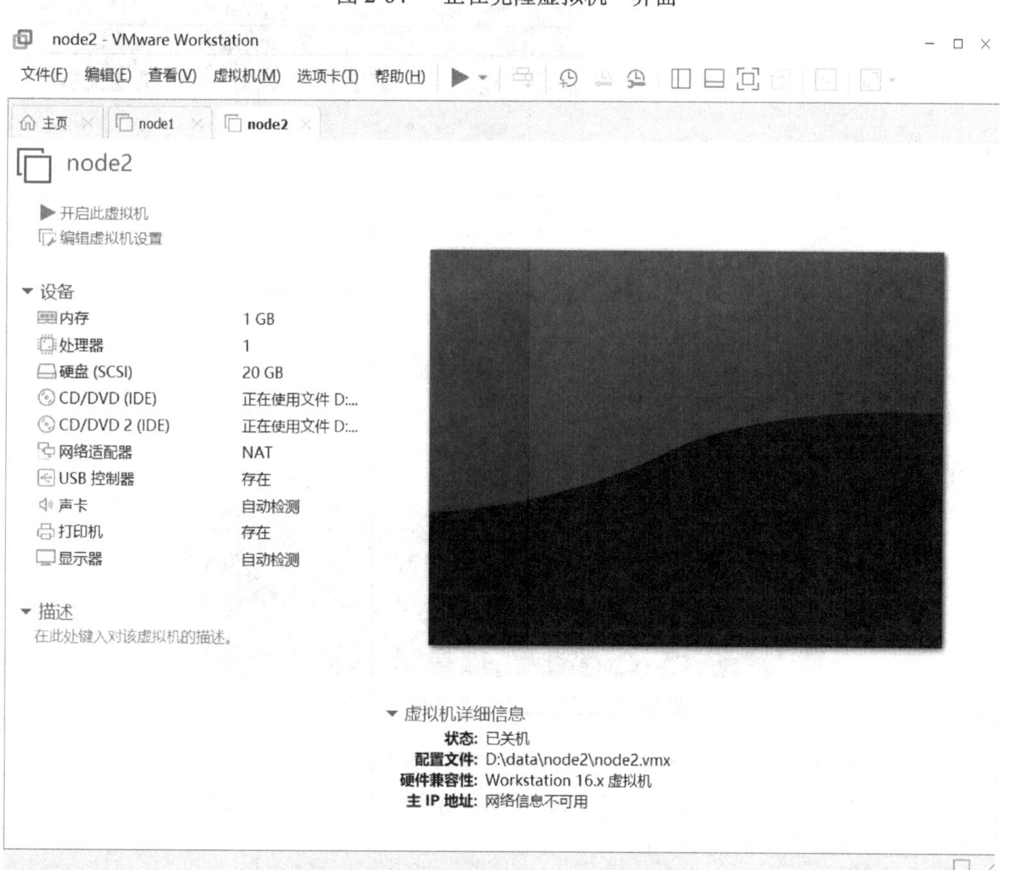

图 2-65　node2 虚拟机克隆成功

（7）以 node1 虚拟机为克隆源，重复执行步骤（1）~（6），克隆 node3 虚拟机，如图 2-66 所示。创建成功的 node1、node2、node3 三台虚拟机就是 Hadoop 集群中的 3 个节点。

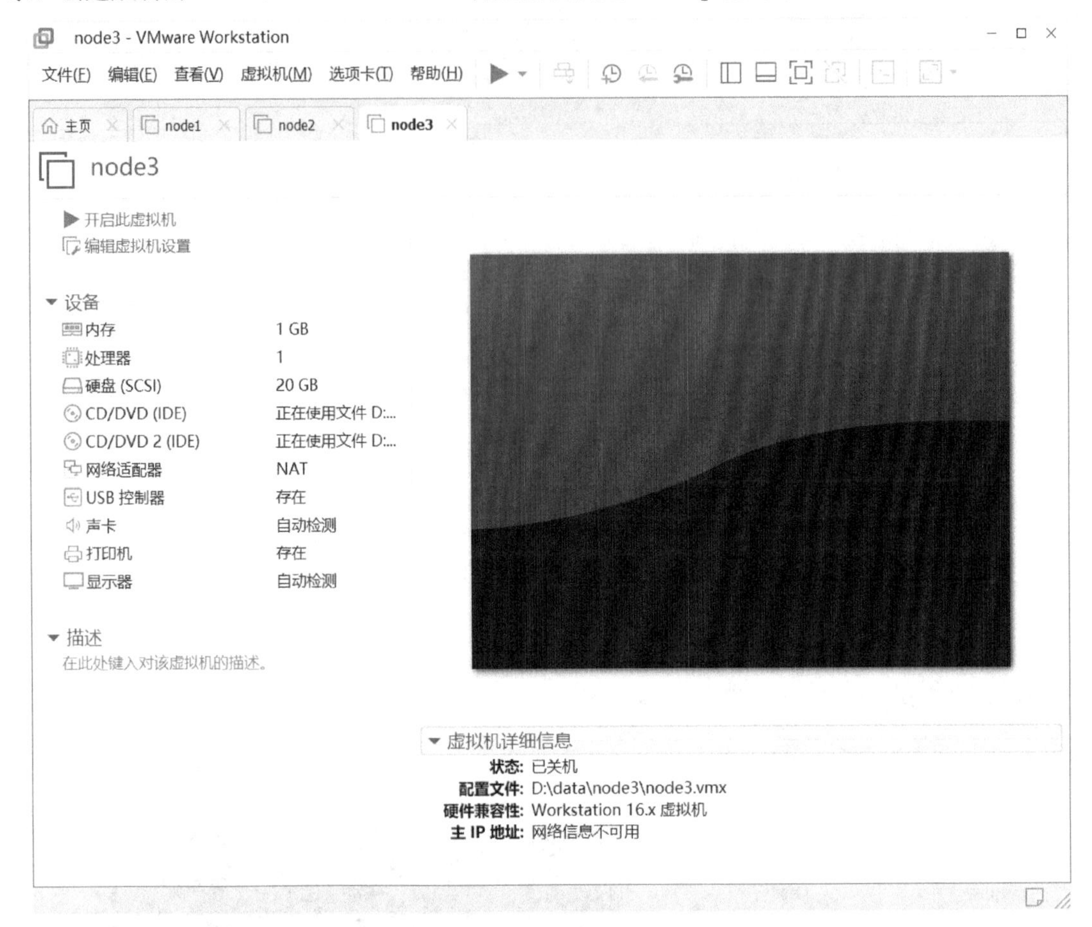

图 2-66 克隆 node3 虚拟机

2. 配置 node2 虚拟机网络环境

为了搭建分布式集群，需要对整个集群中每个节点的 IP 地址进行规划，如图 2-67 所示。

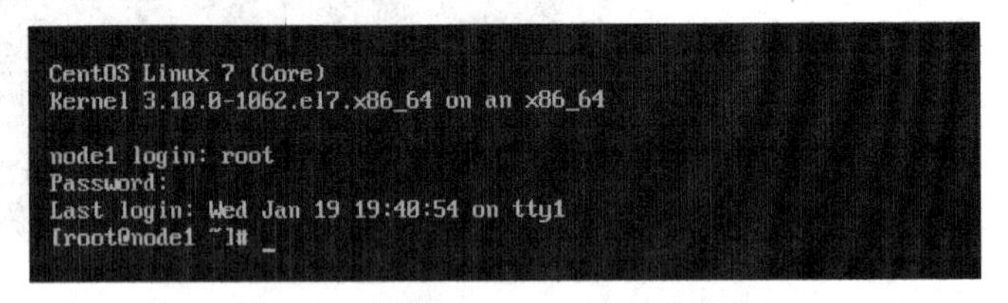

图 2-67 配置 node2 虚拟机网络环境

（1）切换到 node2 虚拟机，单击“开启此虚拟机”按钮。

（2）输入用户名“root”、密码“123456”，按回车键，登录 Linux 系统。

（3）配置 node2 虚拟机的 IP 地址。

```
[root@node1 ~]# vi /etc/sysconfig/network-scripts/ifcfg-ens33
```

（4）找到 IP 地址所在的位置，将 IP 地址“192.168.100.3”修改为“192.168.100.4”，按键盘上的“Esc”键退出到文件命令行模式，输入命令“:wq”，保存并退出，如图 2-68 所示。

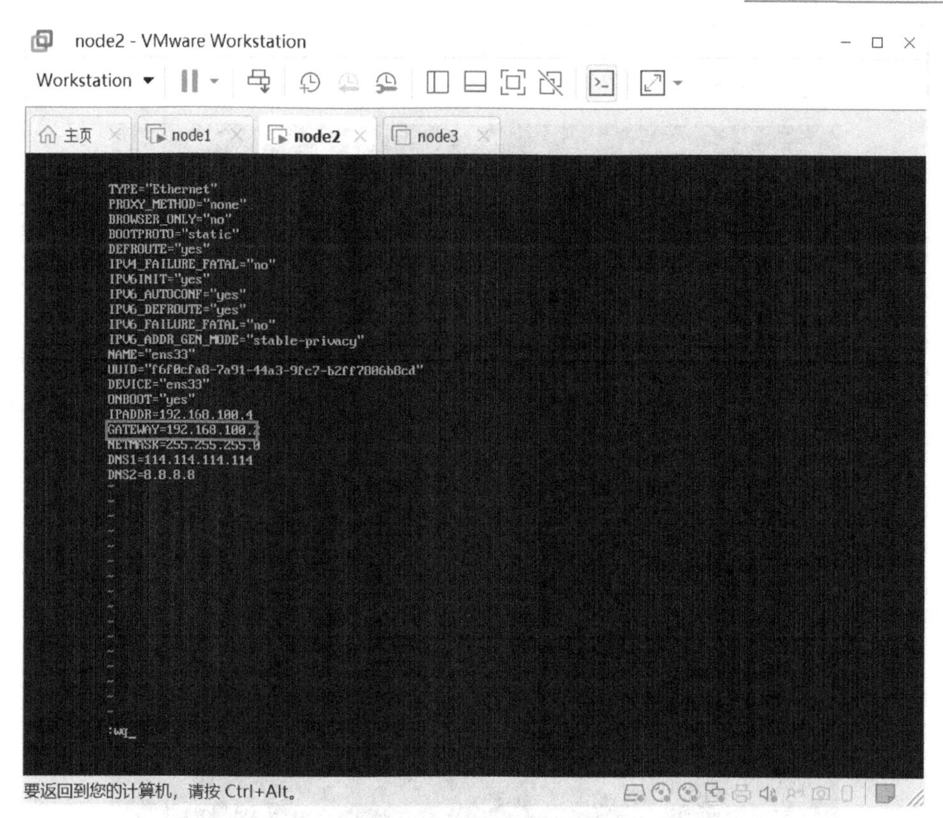

图 2-68　修改 IP 地址

（5）重启 node2 虚拟机的网络服务，如图 2-69 所示。

```
[root@node1 ~]# service network restart
```

```
BOOTPROTO="static"
DEFROUTE="yes"
IPV4_FAILURE_FATAL="no"
IPV6INIT="yes"
IPV6_AUTOCONF="yes"
IPV6_DEFROUTE="yes"
IPV6_FAILURE_FATAL="no"
IPV6_ADDR_GEN_MODE="stable-privacy"
NAME="ens33"
UUID="88bb1d10-144a-4975-acb2-1285471c336d"
DEVICE="ens33"
ONBOOT="yes"
IPADDR=192.168.100.4
GATEWAY=192.168.100.2
NETMASK=255.255.255.0
DNS1=114.114.114.114
DNS2=8.8.8.8
"/etc/sysconfig/network-scripts/ifcfg-ens33" 20L, 411C written
[root@node1 ~]# service network restart
Restarting network (via systemctl):                        [  OK  ]
[root@node1 ~]#
```

图 2-69　重启 node2 虚拟机的网络服务

（6）切换到 node3 虚拟机，单击“开启此虚拟机”按钮，重复执行步骤（2）~（5），重启 node3 虚拟机的网络服务，如图 2-70 所示。

```
BOOTPROTO="static"
DEFROUTE="yes"
IPV4_FAILURE_FATAL="no"
IPV6INIT="yes"
IPV6_AUTOCONF="yes"
IPV6_DEFROUTE="yes"
IPV6_FAILURE_FATAL="no"
IPV6_ADDR_GEN_MODE="stable-privacy"
NAME="ens33"
UUID="88bb1d10-144a-4975-acb2-1285471c336d"
DEVICE="ens33"
ONBOOT="yes"
IPADDR=192.168.100.5
GATEWAY=192.168.100.2
NETMASK=255.255.255.0
DNS1=114.114.114.114
DNS2=8.8.8.8
"/etc/sysconfig/network-scripts/ifcfg-ens33" 20L, 411C written
[root@node1 ~]# service network restart
Restarting network (via systemctl):                        [  OK  ]
[root@node1 ~]#
```

图 2-70　重启 node3 虚拟机的网络服务

3. 修改主机名

（1）在 node2 虚拟机上打开 hostname 文件，将 node1 修改为 node2。

```
[root@node1 ~]# vi /etc/hostname
```

（2）重启并登录 node2 虚拟机，使主机名生效。

```
[root@node1 ~]# init 6
```

node2 虚拟机重启后的界面如图 2-71 所示。

```
CentOS Linux 7 (Core)
Kernel 3.10.0-1062.el7.x86_64 on an x86_64

node2 login: root
Password:
Last login: Mon Jan 24 15:59:34 on tty1
[root@node2 ~]# _
```

图 2-71　node2 虚拟机重启后的界面

切换到 node3 虚拟机，重复执行步骤（1）～（2），修改 node3 虚拟机中的 hostname 文件，重启并登录 node3 虚拟机，使主机名生效。node3 虚拟机重启后的界面如图 2-72 所示。

```
CentOS Linux 7 (Core)
Kernel 3.10.0-1062.el7.x86_64 on an x86_64

node3 login: root
Password:
Last login: Mon Jan 24 16:34:29 on tty1
[root@node3 ~]# _
```

图 2-72　node3 虚拟机重启后的界面

4. 修改 hosts 文件

（1）修改 node1 虚拟机中的 hosts 文件。

在 node1 虚拟机中打开 hosts 文件。

```
[root@node1 ~]# vi /etc/hosts
```

在 hosts 文件内容末尾添加 3 台虚拟机的 IP 地址及对应的主机名，内容如下。

```
192.168.100.3 node1
192.168.100.4 node2
192.168.100.5 node3
```

（2）分别修改 node2、node3 虚拟机中的 hosts 文件。

分别在 node2、node3 虚拟机中修改 hosts 文件，操作步骤同上。

2.2.3　虚拟机免密码登录配置

为方便项目开发，分布式集群中的每个节点都需要创建一个普通用户，后期项目中所有的开发操作，都是使用这个普通用户来完成的。因此，需要先在 node1、node2、node3 虚拟机中分别创建一个普通用户 bigdata，并设置其权限，然后对 3 台虚拟机的免密码登录进行配置。

本节将先介绍创建普通用户的操作方法，然后介绍 SSH 免密码登录配置。

1. 使用 Xshell 软件连接虚拟机

（1）打开 Xshell 软件，单击“新建”按钮，如图 2-73 所示。

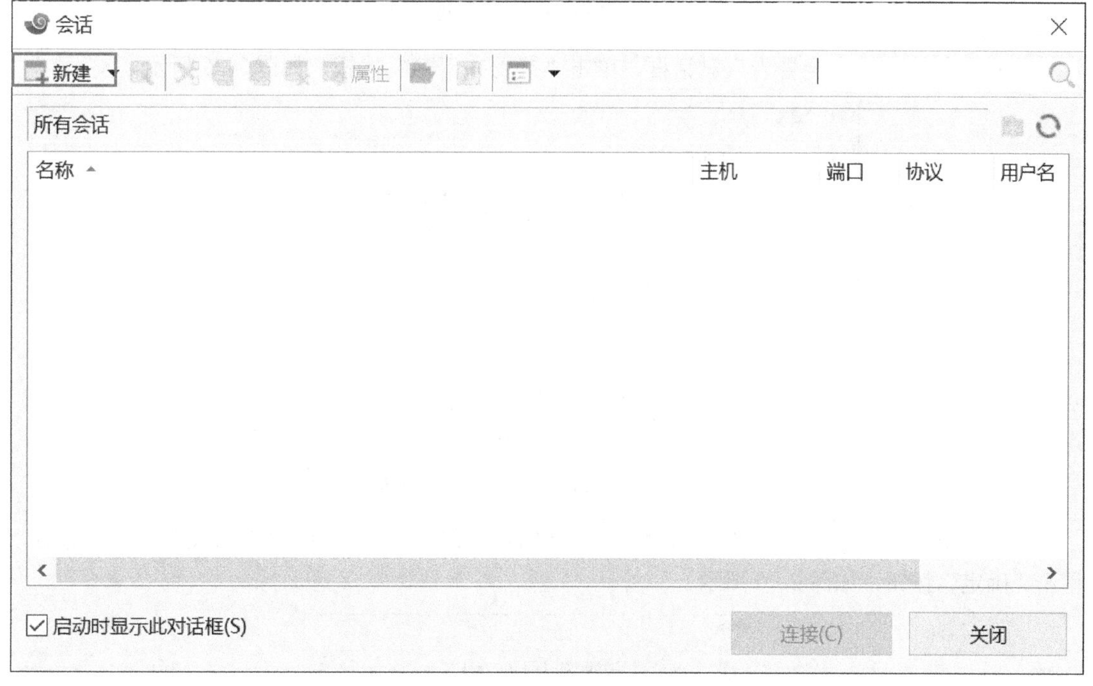

图 2-73　单击“新建”按钮

（2）弹出“node1 属性”对话框，将名称设置为“node1”，将主机的 IP 地址设置为“192.168.100.3”，单击“连接”按钮，如图 2-74 所示。

node1属性
类别(C):
连接
用户身份验证
登录提示符
登录脚本
SSH
安全性
隧道
SFTP
TELNET
RLOGIN
SERIAL
代理
保持活动状态
终端
键盘
VT 模式
高级
外观
窗口
突出
高级
跟踪
钟
日志记录
文件传输
X/YMODEM
ZMODEM
连接
常规
名称(N): node1
协议(P): SSH
主机(H): 192.168.100.3
端口号(O): 22
说明(D):
重新连接
连接异常关闭时自动重新连接(A)
间隔(V): 0 秒 限制(L): 0 分钟
TCP选项
使用Nagle算法(U)
连接 确定 取消

图 2-74 “node1 属性”对话框

（3）弹出“SSH 安全警告”对话框，单击“接受并保存”按钮，如图 2-75 所示。

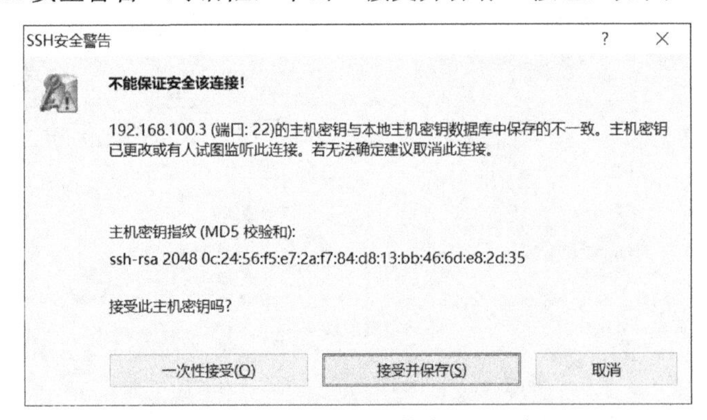

图 2-75 “SSH 安全警告”对话框

（4）弹出“SSH 用户名”对话框，输入 SSH 用户名称“root”，勾选“记住用户名”复选框，单击“确定”按钮，如图 2-76 所示。

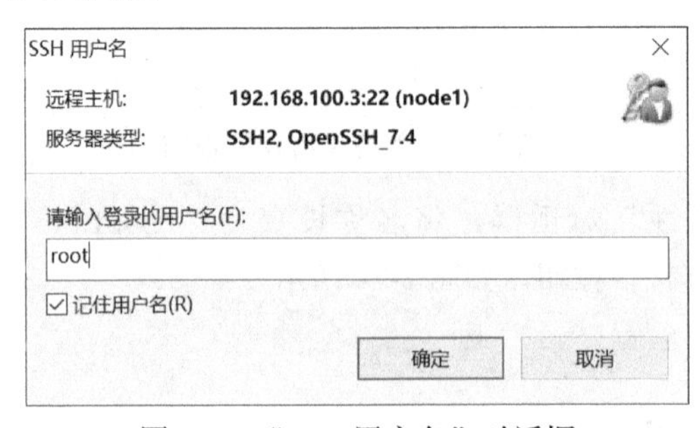

图 2-76 “SSH 用户名”对话框

（5）弹出“SSH 用户身份验证”对话框，输入 node1 的密码“123456”，勾选“记住密码”复选框，单击“确定”按钮，如图 2-77 所示。

SSH用户身份验证

远程主机: 192.168.100.3:22 (node1)
登录名: root
服务器类型: SSH2, OpenSSH_7.4

请在下面选择恰当的身份验证方法并提供登录所需的信息。

Password(P)
密码(W): ••••••

Public Key(U)
用户密钥(K):　浏览(B)...
密码(H):

Keyboard Interactive(I)
使用键盘输入用户身份验证。

记住密码(R)

确定　取消

图 2-77　“SSH 用户身份验证”对话框

（6）成功使用 Xshell 软件连接到 node1 虚拟机，如图 2-78 所示。

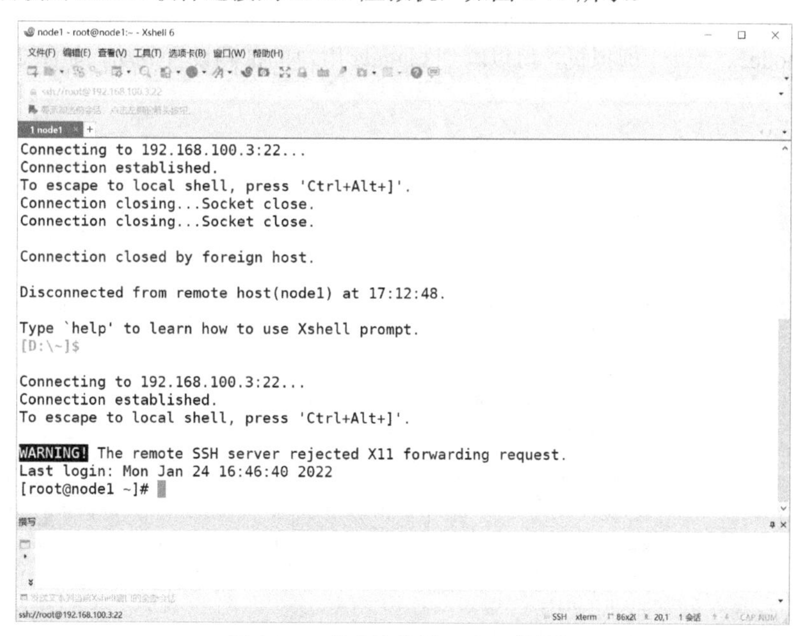

图 2-78　成功连接到 node1 虚拟机

重复使用 Xshell 软件连接 node1 虚拟机的步骤，连接 node2、node3 虚拟机。

2. 创建普通用户

（1）打开 Xshell 软件，在菜单栏中选择“查看”→“撰写”命令，单击撰写栏，并在底部单击图标，选择撰写栏中的全部会话。

（2）在撰写栏中输入命令“useradd bigdata”，按回车键后，node1、node2、node3 虚拟机中会创建 bigdata 用户，如图 2-79 所示。

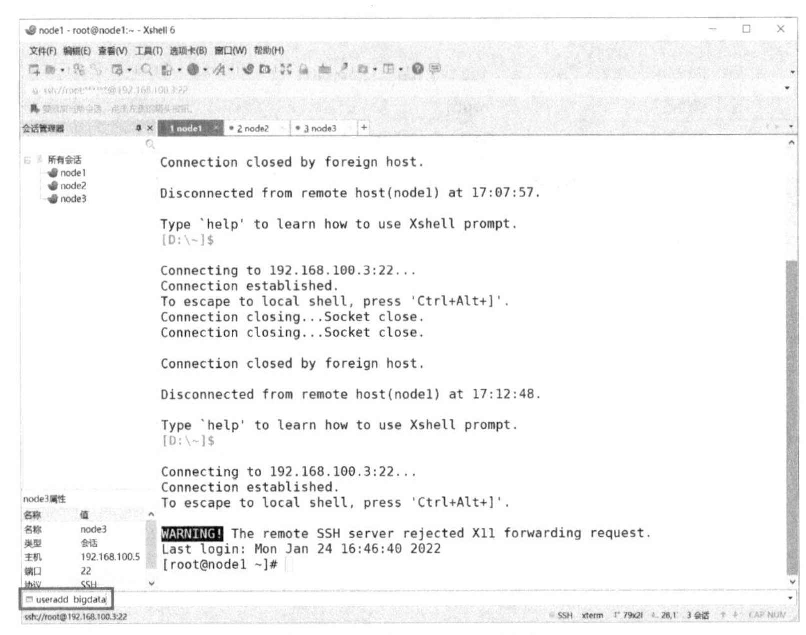

图 2-79 创建 bigdata 用户

（3）设置 node1、node2、node3 三台虚拟机 bigdata 用户的密码。在撰写栏中输入命令“passwd bigdata”，按回车键后，在撰写栏中输入密码“123456”，根据提示再次输入密码“123456”。分别单击 node1、node2、node3 虚拟机，可以看到 bigdata 用户的密码设置成功，如图 2-80、图 2-81、图 2-82 所示。

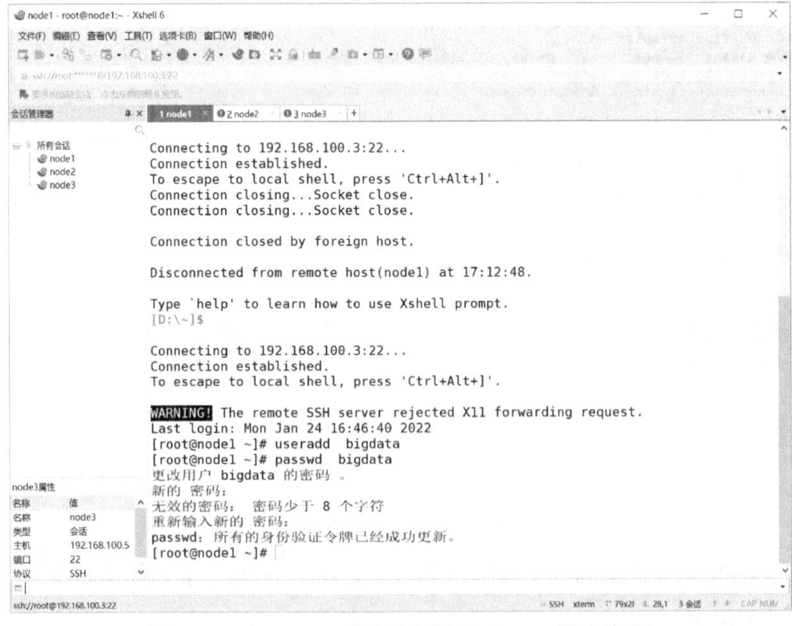

图 2-80 在 node1 虚拟机中创建 bigdata 用户密码

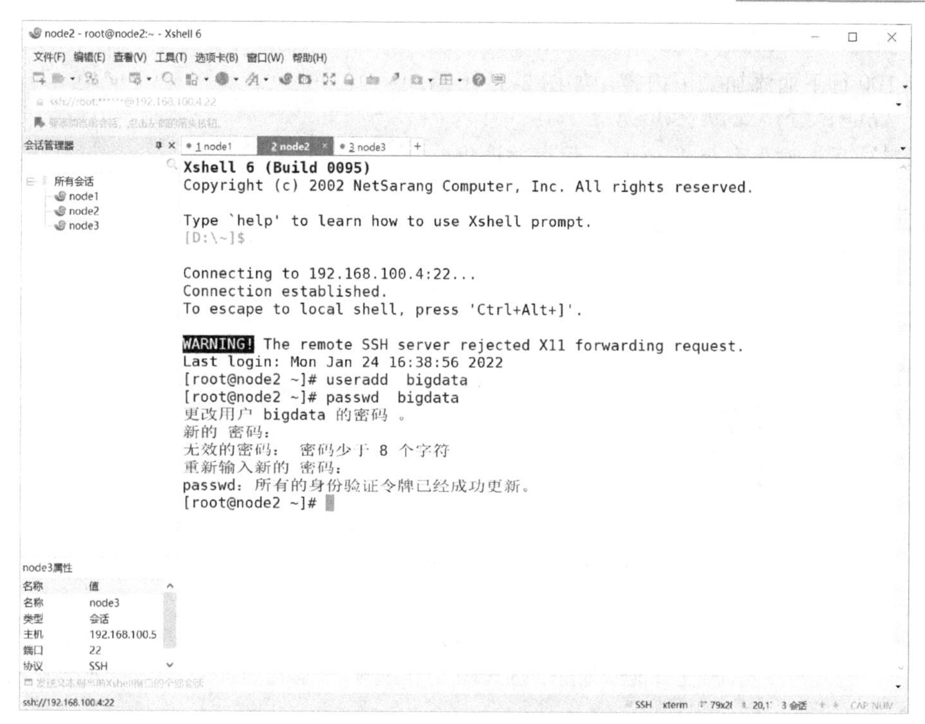

图 2-81　在 node2 虚拟机中创建 bigdata 用户密码

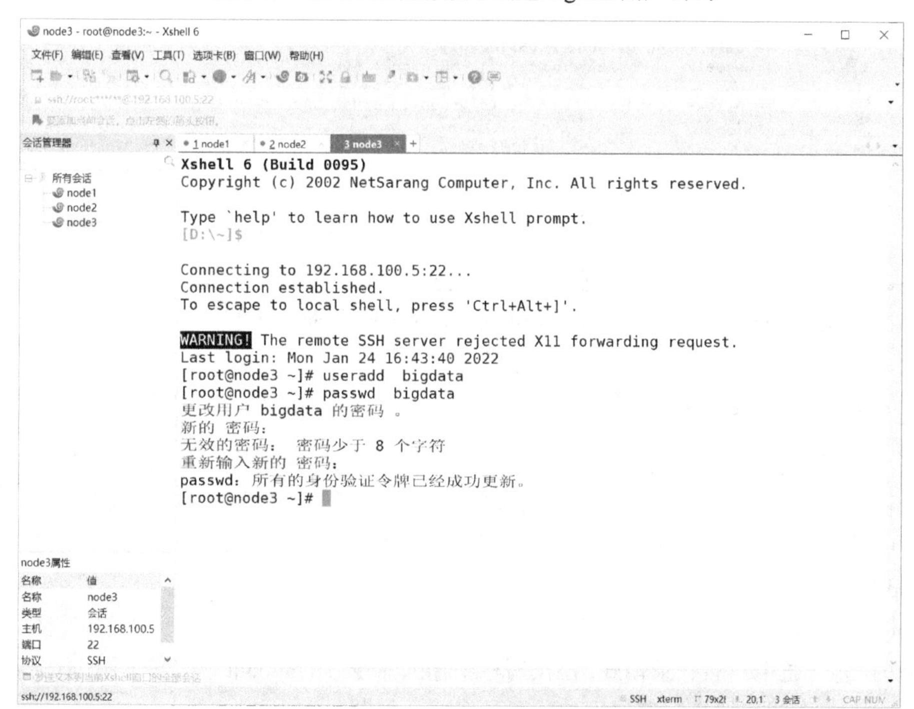

图 2-82　在 node3 虚拟机中创建 bigdata 用户密码

3. 对普通用户的权限进行设置

1）修改 node1 虚拟机中的 sudoers 文件

在 node1 虚拟机中打开 sudoers 文件。

```
[root@node1 ~]#  sudo vim /etc/sudoers
```

在第 100 行下面添加如下内容，如图 2-83 所示。

```
bigdata ALL=(ALL) NOPASSWD:ALL
```

编辑完成后，输入命令“:wq!”，保存并退出。

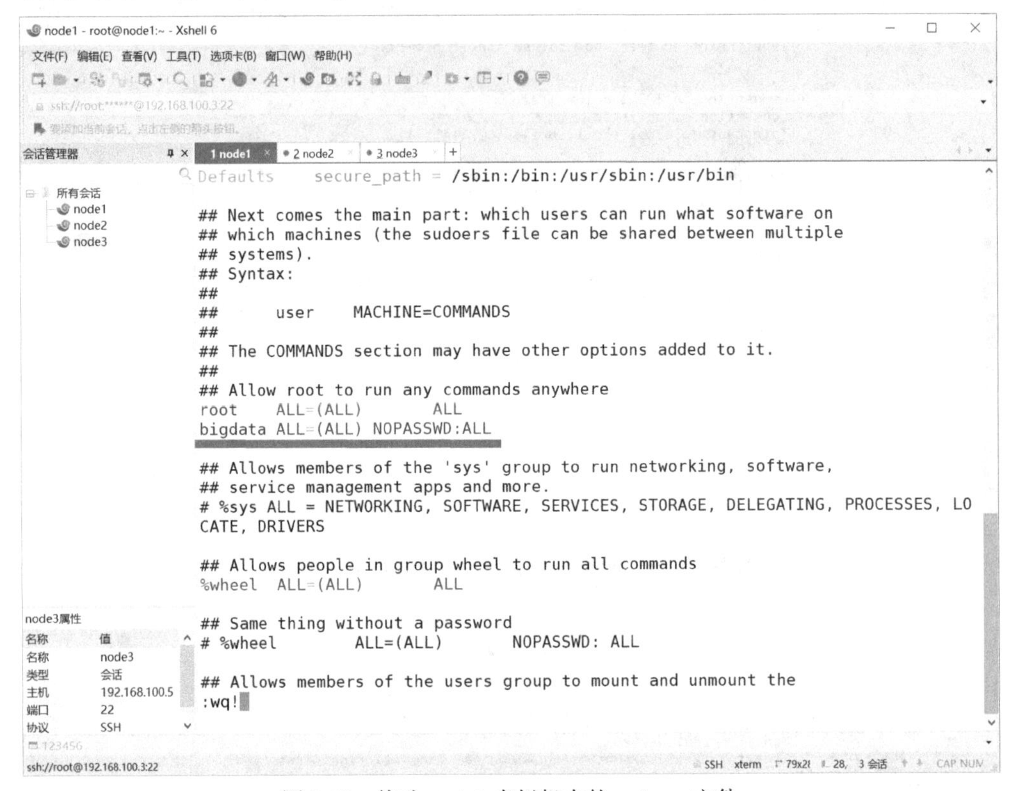

图 2-83　修改 node1 虚拟机中的 sudoers 文件

2）修改 node2、node3 虚拟机中的 sudoers 文件

分别在 node2、node3 虚拟机中修改 sudoers 文件，操作步骤同上。

至此，3 台虚拟机的 bigdata 用户权限设置完成。

4. SSH 免密码登录配置

在整个分布式集群中的每个节点上，都部署了很多大数据的相关服务，而在访问服务的过程中会有密码校验这样一个安全机制。为了避免频繁地输入密码，需要对分布式集群中的每个节点进行免密码登录配置。而前文提过，node1、node2、node3 三台虚拟机就是 Hadoop 集群中的 3 个节点。

1）bigdata 用户的免密码登录配置

（1）切换为普通用户的登录模式。在撰写栏中输入命令“su bigdata”，按回车键，就会将 node1、node2、node3 三个节点切换为普通用户的登录模式，如图 2-84 所示。

（2）产生公钥和私钥对。在撰写栏中输入命令“ssh-keygen -t rsa”，并按 4 次回车键，就会产生公钥和私钥，如图 2-85 所示。

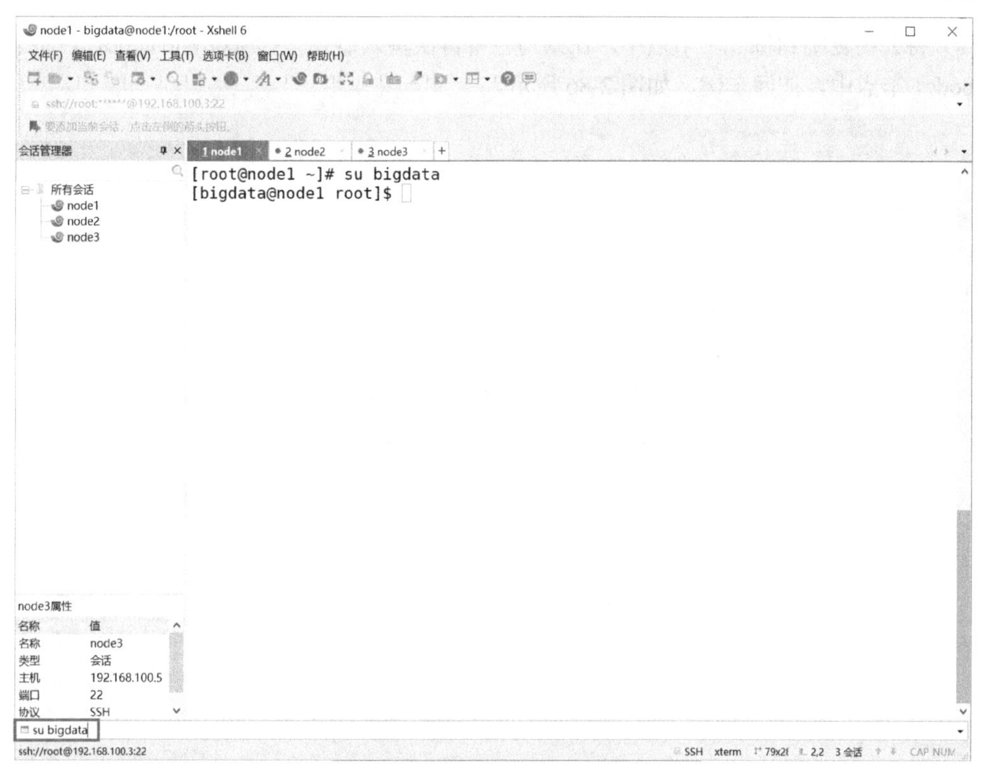

图 2-84　输入命令“su bigdata”

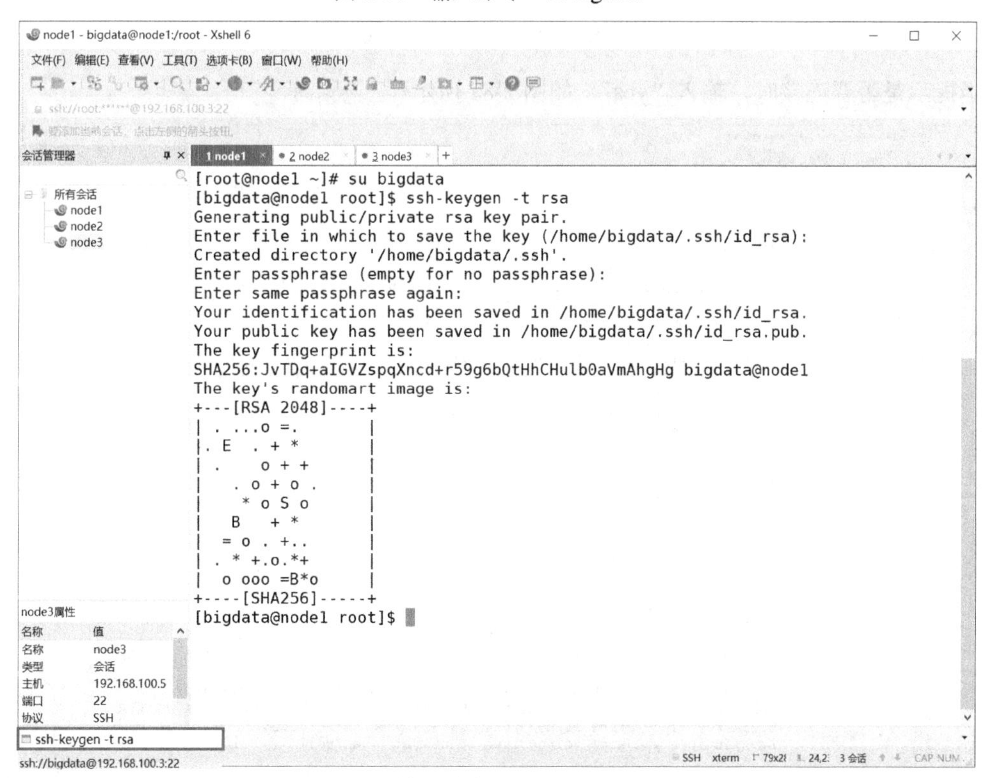

图 2-85　输入命令“ssh-keygen -t rsa”

（3）将公钥复制到每一个节点中。在撰写栏中再次输入命令“ssh-copy-id node1”，将公钥复制到 node1 节点中，按回车键，如图 2-86 所示。

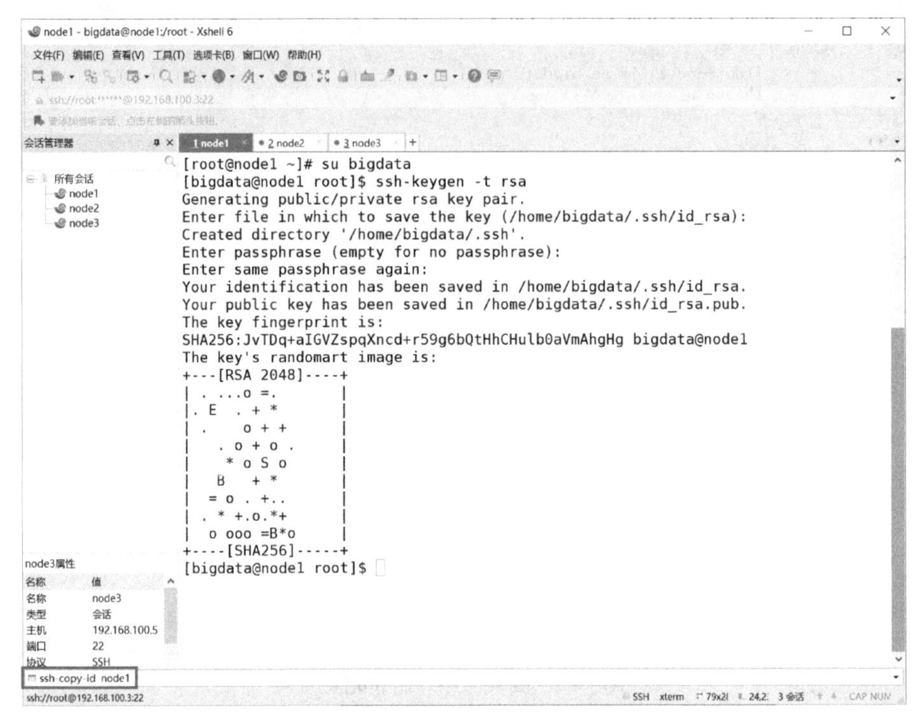

图 2-86　输入命令“ssh-copy-id node1”

当提示是否要连接时，输入“yes”，如图 2-87 所示。

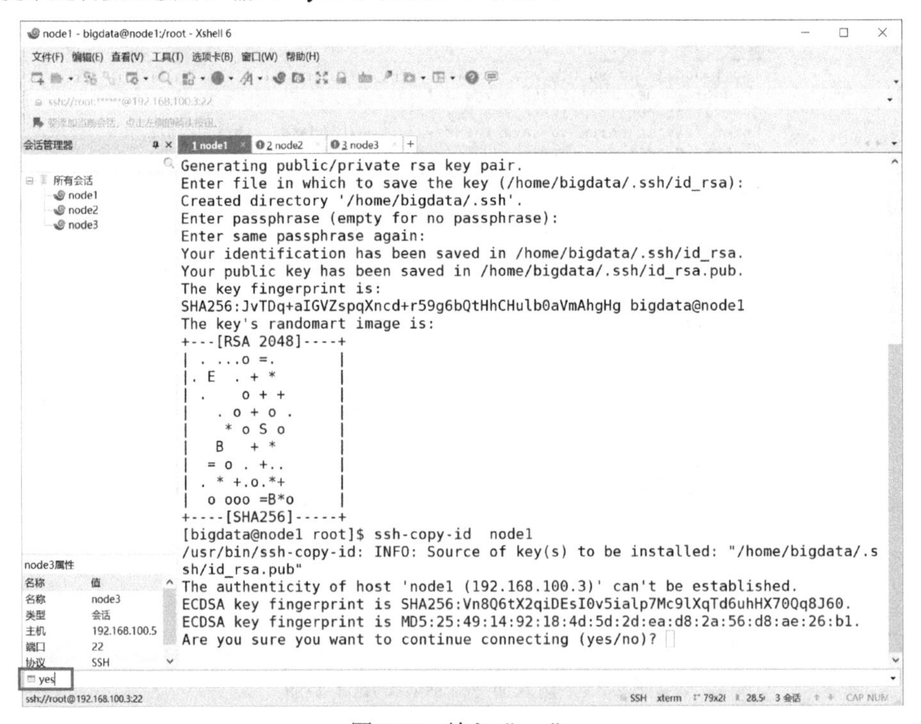

图 2-87　输入“yes”

当提示要输入密码时，输入“123456”，按回车键，如图 2-88 所示。

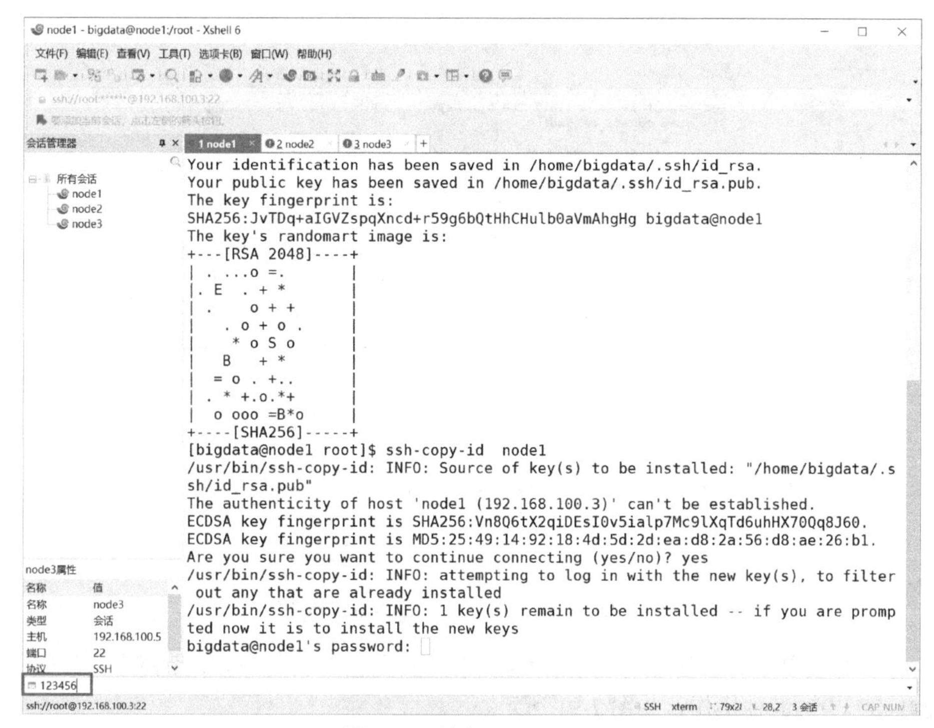

图 2-88　输入“123456”

此时提示免密关系添加成功，如图 2-89 所示。

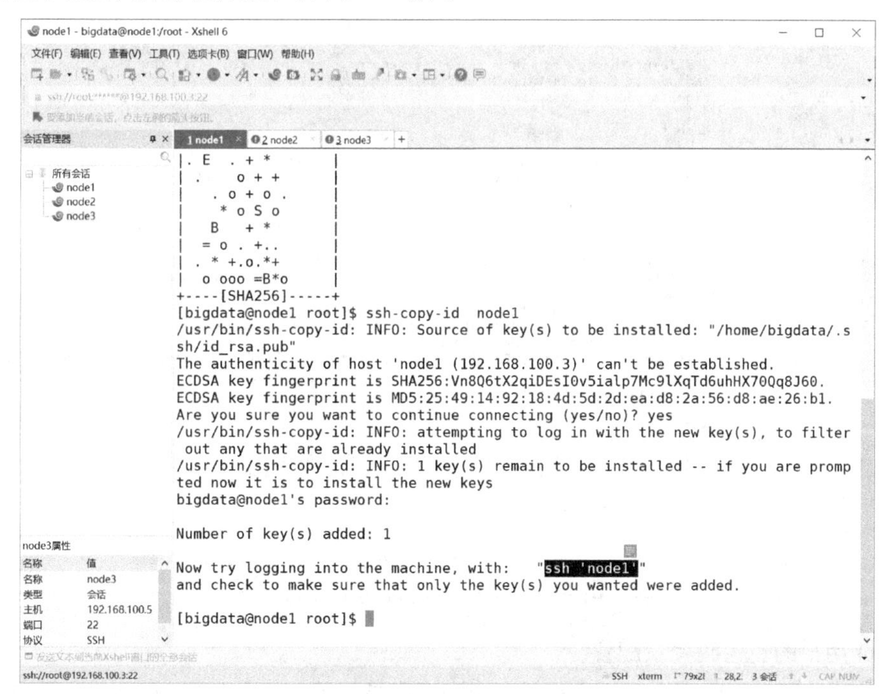

图 2-89　免密关系添加成功

（4）在撰写栏中输入命令“ssh-copy-id node2”，将公钥复制到 node2 节点中，按回车键，并重复步骤（3）中的其他操作，如图 2-90 所示。

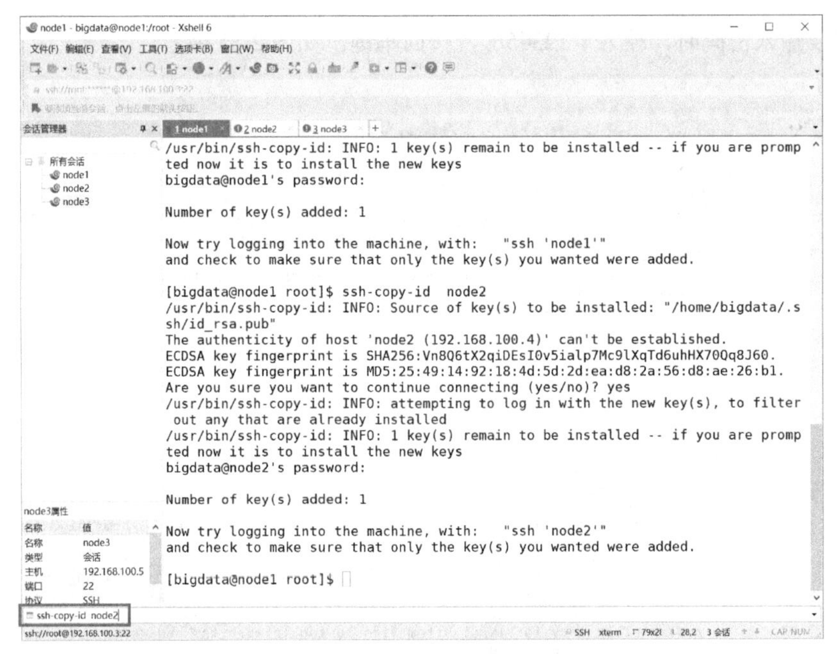

图 2-90　输入命令“ssh-copy-id node2”

（5）在撰写栏中输入命令“ssh-copy-id node3”，将公钥复制到 node3 节点中，按回车键，并重复步骤（3）中的其他操作，如图 2-91 所示。

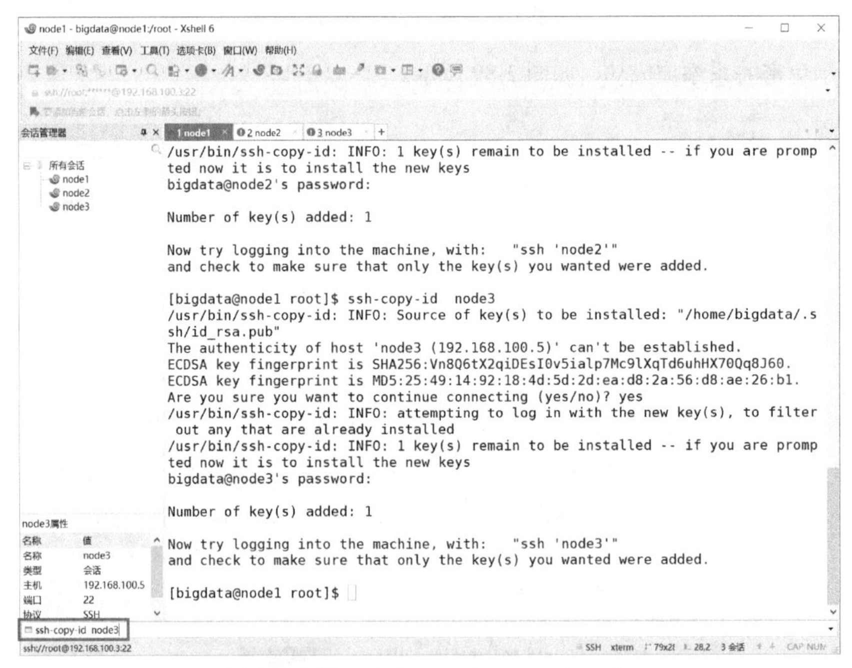

图 2-91　输入命令“ssh-copy-id node3”

2）root 用户的免密码登录配置

切换到 root 用户权限下，再次进行以上免密码登录配置，操作步骤与 bigdata 用户的免密码登录配置相同。

至此，node1、node2、node3 三个节点的免密码登录配置成功。

5．检验 node1 节点与 node2 节点和 node3 节点的免密关系是否成功建立

（1）切换到 bigdata 用户，如图 2-92 所示。

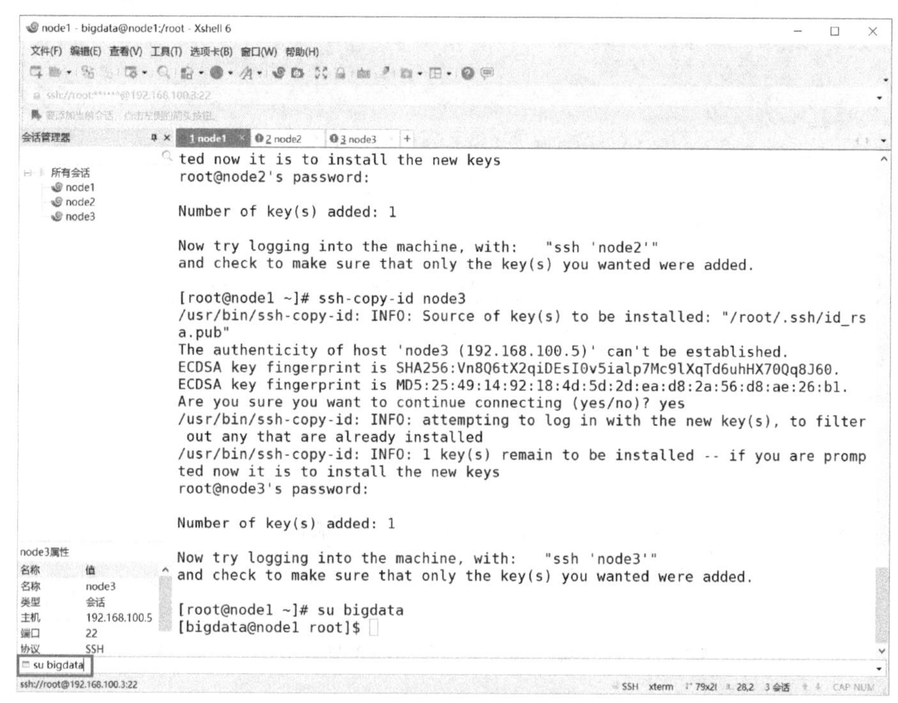

图 2-92　切换到 bigdata 用户

（2）使用 cd /opt 命令进入/opt 目录，使用 sudo touch hadoop.txt 命令创建 hadoop.txt 文件，使用发送文件命令 sudo scp hadoop.txt node2:$PWD 将 node1 节点的/opt 目录中的 hadoop.txt 文件发送到 node2 节点的/opt 目录中，如图 2-93 所示。

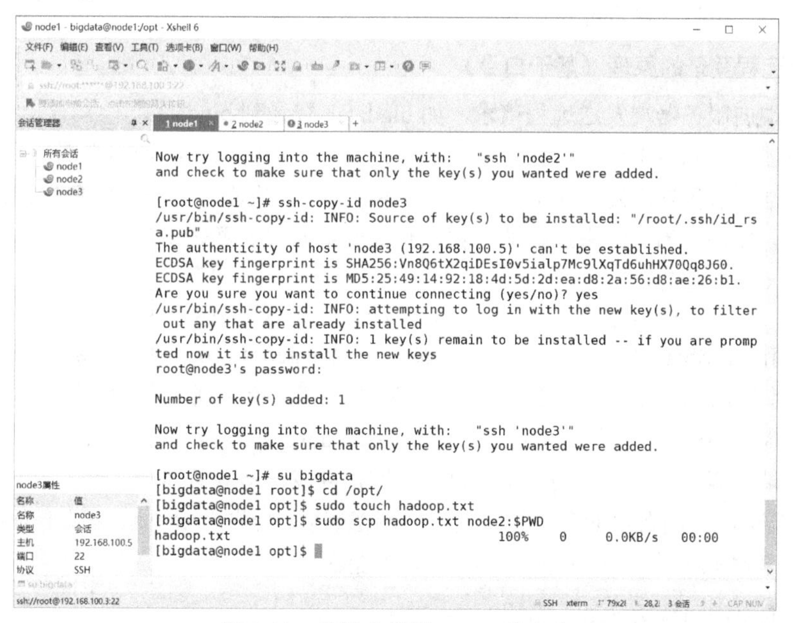

图 2-93　发送文件到 node2 节点中

可以看到无需密码，文件发送成功，说明 node1 节点与 node2 节点的免密关系建立成功。

（3）使用发送文件命令“sudo scp hadoop.txt node3:$PWD”将 node1 节点的“/opt”目录中的 hadoop.txt 文件发送到 node3 节点的“/opt”目录中，如图 2-94 所示。

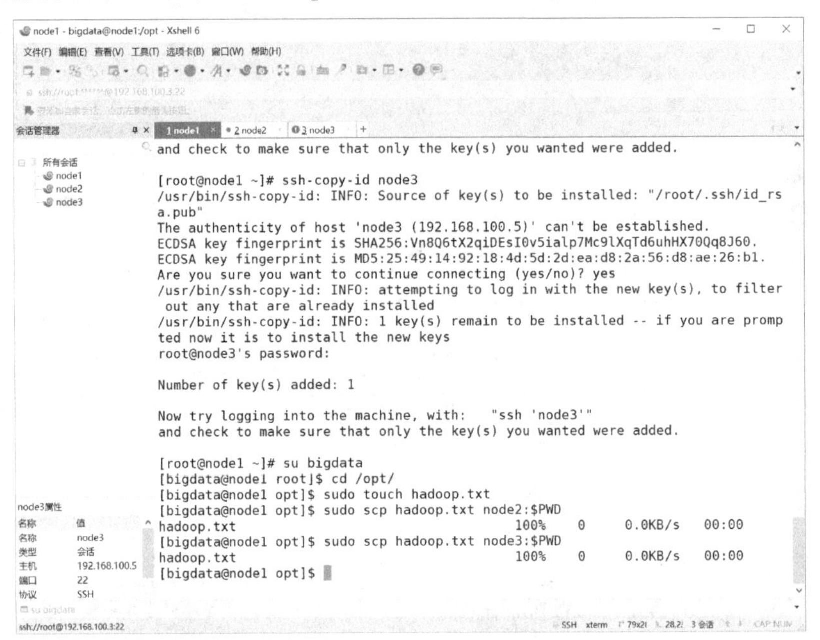

图 2-94　发送文件到 node3 节点中

可以看到无需密码，文件发送成功，说明 node1 与 node3 节点的免密关系建立成功。

拓展学习内容

SSH 是一种通信协议，可以实现远程安全登录。使用 PuTTY、MobaXterm 等工具通过 SSH 可以安全登录到虚拟机上进行操作。

1. SSH 远程登录的原理（基于口令）

（1）客户端向服务器端发送远程请求，如 bigdata3 登录到 bigdata4。

（2）服务器端收到请求后，将自己主机的公钥（用于加密）发送给客户端。

（3）客户端将服务器端发送来的公钥通过 hash 算法得出其主机公钥的公钥指纹，核对公钥指纹是否正确，以确认当前请求连接的是我们想要登录的服务器端。

在 bigdata4 上查看公钥：

```
ssh-keygen -lf /etc/ssh/ssh_host_ecdsa_key.pub
```

（若主机用的是 SSH 的 ECC 算法，可以通过 ssh-keygen -t ecdsa 生成密钥对。）

（4）核对公钥后，在人机交互界面输入“yes”，客户端会将服务器端的公钥保存 $HOME/.ssh/know_hosts 文件中，可通过 cat ～/.ssh/know_hosts 文件查看保存在客户端的公钥。

（5）客户端用服务器端的公钥将密码进行加密，并发送给服务器端。

（6）服务器端收到用自己的公钥加密的客户端密码后，会先用/etc/ssh 目录下对应的私钥进行解密（私钥用来解密），然后对比密码并返回登录结果。

2. SSH 的免密码登录（基于密钥）

在集群中，Hadoop 控制脚本依赖 SSH 来执行针对整个集群的操作。例如，某个脚本能够终止并重启集群中的所有守护进程。因此，需要安装 SSH。SSH 远程登录时，需要密码验证，集群中数千台计算机都需要手工输入密码，这是不太现实的，所以就需要配置 SSH 免密码登录。实现免密码登录的最简单的方法是创建一个公钥/私钥对，并存放到 NFS 中，让整个集群共享该密钥对。如果 home 目录没有通过 NFS 共享，则需要利用 ssh-copy-id 等方法共享该密钥对。

实现步骤如下。

（1）在客户端生成一对密钥（公钥/私钥）。

基于空口令生成一个新的 SSH 密钥，以实现无密码登录。

```
ssh-keygen -t rsa -P '' -f ~/.ssh/id_rsa
```

参数说明如下。

-t：加密算法类型，这里使用 rsa 算法。

-P：指定私钥的密码，不需要时可以不指定。

-f：指定生成密钥对保存的位置。

（2）将客户端公钥发送到服务器端或其他客户端。

```
ssh-copy-id root@bigdata2
```

注：经过 ssh-copy-id 后，接收公钥的服务器端会把公钥追加到服务器端对应用户的 $HOME/.ssh/authorized_keys 文件中。

（3）客户端请求（带有自己的用户名和主机名）。

（4）服务器端根据客户端的用户名和主机名查找对应的公钥，并将一个随机的字符串用该公钥加密后发送给客户端。

（5）客户端用自己的私钥对收到的字符串进行解密，并将解密后的字符串发送给服务器端。

（6）服务器端对比发送出去的字符串和收到的字符串是否相同，并返回登录结果。

（7）测试：登录成功。

3．远程复制命令 scp

scp 命令是基于 SSH 远程安全登录的，可以将主机 A 上的文件或目录复制给主机 B 并修改文件名，也可以将主机 B 上的文件或目录下载到主机 A 中，同时也支持修改文件名。

（1）远程复制文件。

```
scp 本机文件 user@host:路径/
```

注：将 bigdata1 上的/etc/profile 文件复制到 bigdata2 的根目录下。

```
scp /etc/profile root@bigdata2:/
```

注：将 bigdata1 上的/etc/profile 文件复制到 bigdata2 的根目录下，并修改文件名为 profile.txt。

```
scp /etc/profile root@bigdata2:/profile.txt
```

（2）远程复制目录。

```
scp -r 本机目录 user@host:路径/
```

注：将 bigdata1 上的/bin 目录复制到 bigdata2 的根目录下。

```
scp -r /bin root@bigdata1:/home/ (-r 表示递归)
```

（3）下载文件到本地。

```
scp user@host:文件名 本地目录
```

注：将 bigdata2 上的/profile 文件下载到本地，并修改文件名为 profile.txt。

```
scp root@bigdata2:/profile ./profile.txt
```

（4）下载目录到本地。

```
scp -r user@host:文件名 本地目录
```

注：将 bigdata2 上的/bin 目录下载到本地，并修改文件名为 bin.bak。

```
scp -r root@bigdata2:/home/bin ./bin.bak
```

2.2.4 Linux 项目路径规划

本节介绍 Linux 系统中几个常用的目录结构及功能，以及在后续项目开发过程中的 Linux 系统路径规划。

1．node1 节点的相关目录结构

使用 cd/命令进入 Linux 系统的根目录，使用 ll 命令查看根目录下的所有内容，如图 2-95 所示。

```
[bigdata@node1 ~]$ cd /
[bigdata@node1 /]$ ll
总用量 16
lrwxrwxrwx.   1 root root    7 1月  24 13:16 bin -> usr/bin
dr-xr-xr-x.   5 root root 4096 1月  24 13:20 boot
drwxr-xr-x.  20 root root 3280 1月  24 16:46 dev
drwxr-xr-x.  75 root root 8192 2月   8 16:57 etc
drwxr-xr-x.   3 root root   21 1月  24 17:34 home
lrwxrwxrwx.   1 root root    7 1月  24 13:16 lib -> usr/lib
lrwxrwxrwx.   1 root root    9 1月  24 13:16 lib64 -> usr/lib64
drwxr-xr-x.   2 root root    6 4月  11 2018 media
drwxr-xr-x.   2 root root    6 4月  11 2018 mnt
drwxr-xr-x.   2 root root   24 2月   7 11:59 opt
dr-xr-xr-x. 117 root root    0 1月  24 16:46 proc
dr-xr-x---.   3 root root  163 2月   7 11:48 root
drwxr-xr-x.  24 root root  660 1月  24 16:46 run
lrwxrwxrwx.   1 root root    8 1月  24 13:16 sbin -> usr/sbin
drwxr-xr-x.   2 root root    6 4月  11 2018 srv
dr-xr-xr-x.  13 root root    0 1月  24 16:46 sys
drwxrwxrwt.  10 root root  279 2月   7 11:49 tmp
drwxr-xr-x.  13 root root  155 1月  24 13:16 usr
drwxr-xr-x.  19 root root  267 1月  24 13:20 var
[bigdata@node1 /]$
```

图 2-95 查看根目录下的所有内容

部分重要目录详解如下。

第一个是 etc 目录，用来存放系统管理所需要的配置文件，如 profile、hosts 等文件。

第二个是 home 目录，用来存放普通用户的根目录，默认为空。在 Linux 系统中，每个用户都有一个自己的根目录，如创建了普通用户 bigdata，那么在 Linux 系统的 home 目录中，就存在 bigdata 目录。

第三个是 opt 目录，是给主机额外安装软件所设置的目录，默认为空。该目录是我们在后续开发项目过程中使用最多的目录，其下存放着项目所安装的全部软件及数据文件。

2．在后续项目开发过程中的 Linux 系统路径规划

在 opt 目录下创建 4 个子目录，分别是 software、module、project 和 testData。

1）software 目录

该目录用来存放各种软件安装包，在安装某款软件时，用户会通过 Xftp 工具把该软件对应版本的安装包上传到 software 目录中。在整个项目开发过程中，Hadoop、Flume、Kafka、Hive、Sqoop、MySQL、ZooKeeper、JDK 等安装包都被上传到该目录中。

2）module 目录

该目录是软件的安装目录，所有安装的大数据服务软件都被指定安装在 module 目录中，如 Hadoop、Flume、Kafka、Hive、Sqoop、ZooKeeper、JDK 等，均被安装在该目录中。

3）project 目录

在该目录下创建 offlineDataWarehouse 目录，offlineDataWarehouse 目录是本项目的操作目录，

用来存放项目开发过程中产生的所有文件。在 offlineDataWarehouse 目录中，再创建 4 个子目录，分别是 data_collection、jar、user_behavior_logs、logs。

data_collection 目录用来存放项目中 Flume 数据采集系统相关脚本文件。此处需要说明的是，在 node2 节点的相同目录下，会存放 Flume 数据消费脚本文件。

jar 目录用来存放生成数据源的 jar 包和运行该 jar 包的脚本文件。因为项目的源数据是通过运行一个给定的 jar 包模拟生成的，所以脚本文件就是运行该 jar 包的一个脚本文件。生成的模拟数据会被存放在 user_behavior_logs 目录中。

logs 目录用来存放整个项目运行过程中产生的所有日志文件。

4）testData 目录

该目录用来存放测试数据，用其他名字命名也可以。一些测试的脚本文件或数据文件都可以放在该目录中进行管理。

3．项目路径规划

当项目完成之后，目录的总体结构和其中的主要内容，如图 2-96 所示。

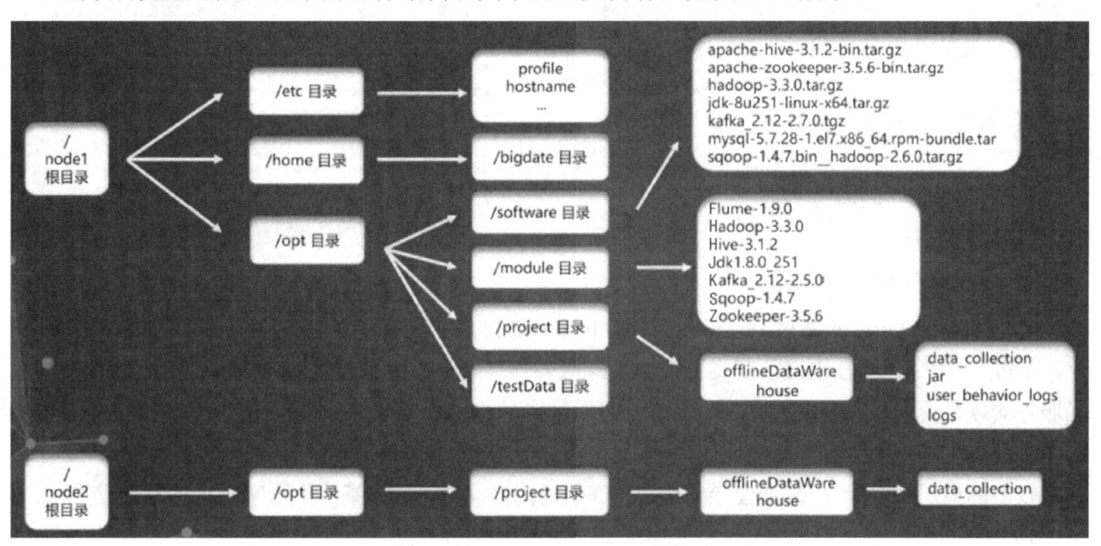

图 2-96　目录的总体结构和其中的主要内容

拓展学习内容

1．Linux 防火墙命令

1）firewalld 的基本使用

启动防火墙。

```
systemctl start firewalld
```

查看防火墙的状态。

```
systemctl status firewalld
```

停止防火墙。

```
systemctl stop firewalld
```

禁用防火墙。

```
systemctl disable firewalld
```

2）systemctl 的使用

systemctl 是 RHEL 7/CentOS 7 服务管理工具中的主要工具，它融合了 service 和 chkconfig 的功能。

启动防火墙服务。

```
systemctl start firewalld.service
```

关闭防火墙服务。

```
systemctl stop firewalld.service
```

重启防火墙服务。

```
systemctl restart firewalld.service
```

显示防火墙服务的状态。

```
systemctl status firewalld.service
```

在开机时启用防火墙服务。

```
systemctl enable firewalld.service
```

在开机时禁用防火墙服务。

```
systemctl disable firewalld.service
```

查看服务是否开机启动。

```
systemctl is-enabled firewalld.service
```

查看已启动的服务列表。

```
systemctl list-unit-files|grep enabled
```

查看启动失败的服务列表。

```
systemctl --failed
```

2. scp 命令的用法详解

scp 是 secure copy 的缩写，是 Linux 系统下远程复制文件的命令。与 scp 命令类似的命令是 cp 命令，不过 cp 命令只能在本机复制文件，不能跨服务器。scp 命令的传输是加密的，可能会影响速度。当服务器硬盘变为只读模式时，用 scp 命令可以把文件移出来。此外，scp 命令不占资源，不会增加系统负荷，在这一点上，rsync 命令远远不及它。虽然 rsync 命令比 scp 命令的传输速度快，但是在小文件较多的情况下，rsync 命令会导致硬盘 I/O 非常高，而 scp 命令基本不影响系统的正常使用。

1）命令格式

```
scp [参数] [原路径] [目标路径]
```

2）命令功能

scp 命令可以在 Linux 系统的服务器之间复制文件和目录。

3）命令参数

-1：强制 scp 命令使用 SSH1 协议。

-2：强制 scp 命令使用 SSH2 协议。

-4：强制 scp 命令只使用 IPv4 寻址。

-6：强制 scp 命令只使用 IPv6 寻址。

-B：使用批处理模式（传输过程中不询问传输口令或短语）。

-C：允许压缩（将-C 标志传递给 SSH，从而打开压缩功能）。

-p：保留源文件的修改时间、访问时间和访问权限。

-q：不显示传输进度条。

-r：递归复制整个目录。

-v：详细显示输出。scp 和 SSH1 会显示出整个过程的调试信息，这些信息用于调试连接，验证和配置问题。

-c cipher：用 cipher 对数据进行加密，该参数将会被直接传递给 SSH。

-F ssh_config：指定一个替代的 SSH 配置文件，该参数将会被直接传递给 SSH。

-i identity_file：从指定文件中读取传输时使用的密钥文件，该参数将会被直接传递给 SSH。

-l limit：限定用户使用的带宽，以 kbit/s 为单位。

-P port：注意是大写的 P。port 用于指定数据传输所使用的端口号。

-S program：用于指定加密传输时所使用的程序。此程序必须基于 SSH1 协议。

4）使用实例

（1）复制文件的命令格式：

```
scp local_file remote_username@remote_ip:remote_folder
```

或者

```
scp local_file remote_username@remote_ip:remote_file
```

或者

```
scp local_file remote_ip:remote_folder
```

或者

```
scp local_file remote_ip:remote_file
```

第 1、2 个命令格式都指定了用户名，命令执行后仅需要输入用户密码。除此之外，第 1 个命令格式仅指定了远程目录，文件名不变；第 2 个命令格式指定了文件名。

第 3、4 个命令格式没有指定用户名，命令执行后需要输入用户名和密码。除此之外，第 3 个命令格式仅指定了远程目录，文件名不变；第 4 个命令格式指定了文件名。

（2）复制目录的命令格式：

```
scp -r local_folder remote_username@remote_ip:remote_folder
```

或者

```
scp -r local_folder remote_ip:remote_folder
```

第 1 个命令格式指定了用户名，命令执行后仅需要输入用户密码；第 2 个命令格式没有指定用户名，命令执行后需要输入用户名和密码。

2.3 Hadoop 分布式集群环境搭建

2.3.1 JDK 安装配置

由于大数据的很多框架都是使用 Java 语言编写的，而 Java 语言编写的程序必须依赖于 JDK 环境，所以需要在 node1、node2、node3 三个节点中安装 JDK。JDK 是 Java 语言的开发环境，包含 JRE 和 JVM。JRE 是 Java 运行时的类库，而 Java 编程的核心是 JVM。JVM 是 JRE 的一部分，是一个虚拟出来的计算机。

Java 语言编写的程序是支持跨平台的，那么如何实现跨平台呢？关键在于它的整个编译过程，如图 2-97 所示。

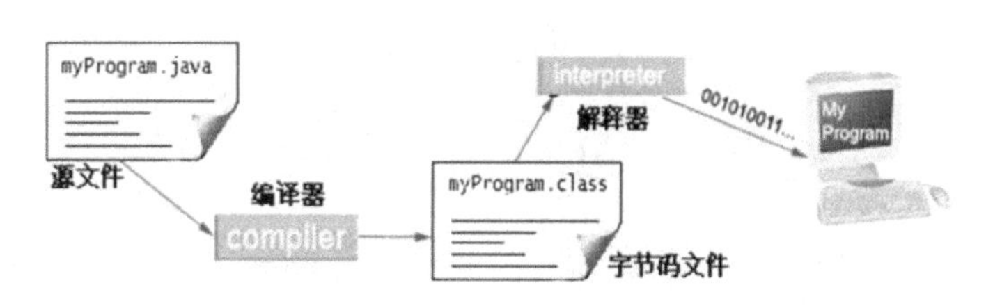

图 2-97 Java 编译过程

首先编写一个.java源文件，然后通过 Java 编译器——javac 命令，将编写好的.java 文件进行编译，变成一个字节码文件，即.class 文件，最后将.class 文件通过 Java 解释器的命令 java，提交到 JVM 虚拟机中运行。由于不同的系统适配不同的 JVM 虚拟机，所以只需把字节码文件提交给虚拟机即可实现跨平台操作。

了解了 Java 的编译原理，接下来在 node1、node2、node3 三个节点中分别安装 JDK，并部署集群 JDK。

1. 集群 JDK 环境部署

1）创建 software、module 目录

打开 Xshell 软件，切换到 node1 节点的 opt 目录。

```
[bigdata@node1 /]$ cd /opt/
```

创建 software 目录。

```
[bigdata@node1 opt]$ sudo mkdir software
```

创建 module 目录。

```
[bigdata@node1 opt]$ sudo mkdir module
```

查看创建好的两个目录：softwarc、module。

```
[bigdata@node1 opt]$ ll
总用量 0
drwxr-xr-x. 2 root root 6 2月   9 09:12 module
drwxr-xr-x. 2 root root 6 2月   9 09:12 software
```

2）修改 software、module 两个目录的用户名及用户所属组

将 node1 节点的 opt 目录中两个目录的所属用户修改为操作的普通用户。

```
[bigdata@node1 opt]$ sudo chown -R bigdata:bigdata ./*
```

3）使用 Xftp 软件将 JDK 安装包上传到 Linux 系统中。

打开 Xftp 软件，将 jdk-8u251-linux-x64.tar.gz 安装包上传到 node1 节点的/opt/software 目录中，如图 2-98 所示。

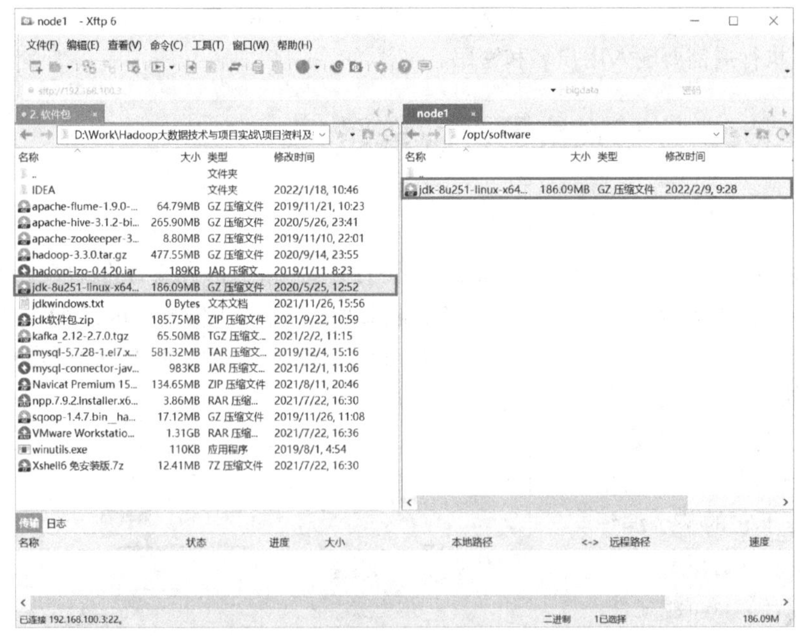

图 2-98　将 JDK 安装包上传到 Linux 系统中

4）解压缩 JDK 安装包

首先，切换到 node1 节点的/opt/software 目录，查看上传的 jdk-8u251-linux-x64.tar.gz 安装包。

```
[bigdata@node1 opt]$ cd software/
[bigdata@node1 software]$ ll
总用量 190560
-rw-rw-r--. 1 bigdata bigdata 195132576 2 月  9 09:28 jdk-8u251-linux-x64.tar.gz
```

然后，输入命令“tar -zxvf jdk-8u251-linux-x64.tar.gz -C /opt/module/”，将 jdk-8u251-linux-x64.tar.gz 解压缩到/opt/module 目录中。

```
[bigdata@node1 software]$ tar -zxvf jdk-8u251-linux-x64.tar.gz -C /opt/module/
```

接着，切换到 module 目录，查看解压缩后的 JDK 目录。

```
[bigdata@node1 software]$ cd /opt/module/
[bigdata@node1 module]$ ll
总用量 0
drwxr-xr-x. 7 bigdata bigdata 245 3 月  12  2020  jdk1.8.0_251
```

最后，切换到 JDK 的安装目录并查看，该安装目录包含 bin 目录、jre 目录、lib 目录。bin 目录用来存放 JDK 的二进制执行文件，jre 目录是 Java 运行时的类库，lib 目录是 JDK 的第三方 jar 包库。

```
[bigdata@node1 module]$ cd jdk1.8.0_251/
[bigdata@node1 jdk1.8.0_251]$ ll
总用量 25836
drwxr-xr-x. 2 bigdata bigdata     4096 3 月  12 2020 bin
-r--r--r--. 1 bigdata bigdata     3244 3 月  12 2020 COPYRIGHT
drwxr-xr-x. 3 bigdata bigdata      132 3 月  12 2020 include
-rw-r--r--. 1 bigdata bigdata  5217764 3 月  12 2020 javafx-src.zip
drwxr-xr-x. 5 bigdata bigdata      185 3 月  12 2020 jre
drwxr-xr-x. 5 bigdata bigdata      245 3 月  12 2020 lib
-r--r--r--. 1 bigdata bigdata       44 3 月  12 2020 LICENSE
drwxr-xr-x. 4 bigdata bigdata       47 3 月  12 2020 man
-r--r--r--. 1 bigdata bigdata      159 3 月  12 2020 README.html
-rw-r--r--. 1 bigdata bigdata      424 3 月  12 2020 release
-rw-r--r--. 1 bigdata bigdata 20923007 3 月  12 2020 src.zip
-rw-r--r--. 1 bigdata bigdata   117365 3 月  12 2020 THIRDPARTYLICENSEREADME-JAVAFX.txt
-r--r--r--. 1 bigdata bigdata   169571 3 月  12 2020 THIRDPARTYLICENSEREADME.txt
```

2. 对 JDK 进行环境变量配置

编辑系统环境变量配置文件，如图 2-99 所示。（说明：如果 vim 不能使用，则先使用 sudo yum -y install vim* 命令下载 vim 编辑器）

```
[bigdata@node1 jdk1.8.0_251]$ sudo vim /etc/profile
```

在文件最后输入以下内容。

```
export JAVA_HOME=/opt/module/jdk1.8.0_251
export PATH=$PATH:$JAVA_HOME/bin
```

其作用是先创建一个 JAVA_HOME 变量，并将 JAVA_HOME 变量路径下的 bin 目录赋值给 PATH 变量，然后保存并退出。

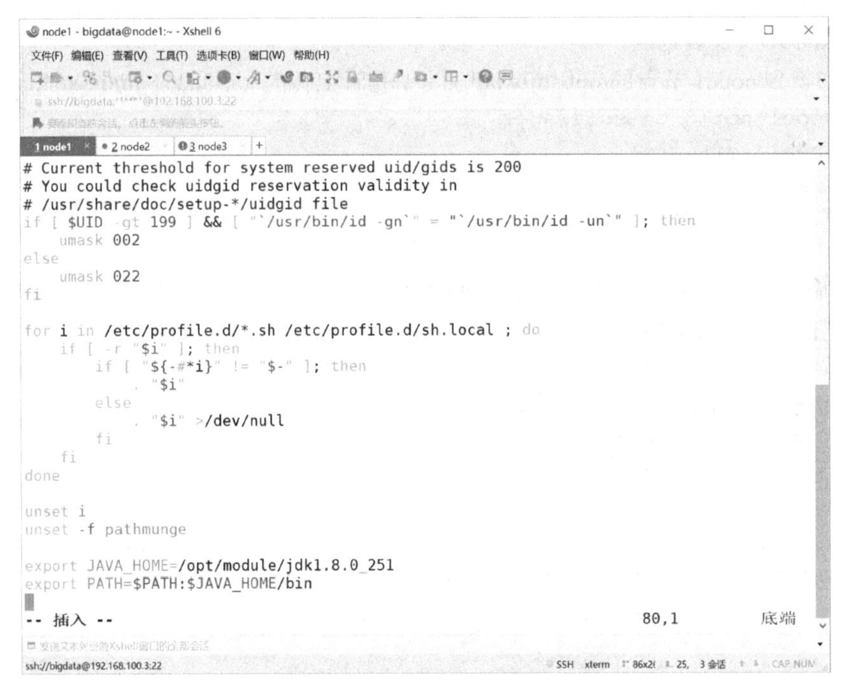

图 2-99　编辑系统环境变量配置文件

3. 配置 node2、node3 节点的 Java 环境

1）将 node1 节点中/opt 目录中的 software 和 module 目录复制到 node2 和 node3 节点中

将/opt 目录中的文件完整地复制到 node2 和 node3 节点的相同目录中，这样就不需要在 node2 和 node3 节点中重复上传及解压缩 JDK 了。

在 node1 节点中切换到 opt 目录。

```
[bigdata@node1 ~]$ cd /opt/
```

将/opt 目录中的文件完整地复制到 node2 节点中。

```
[bigdata@node1 opt]$ sudo scp -r ./* node2:`pwd`
```

同理，将/opt 目录中的文件完整地复制到 node3 节点中。

```
[bigdata@node1 opt]$ sudo scp -r ./* node3:`pwd`
```

2）给 node2 和 node3 节点分发环境变量配置，即/etc/profile 配置文件

将配置文件复制到 node2 节点的/etc 目录中。

```
[bigdata@node1 opt]$ sudo scp /etc/profile node2:/etc/
profile                                    100% 1896   602.1KB/s   00:00
```

将配置文件复制到 node3 节点的/etc 目录中。

```
[bigdata@node1 opt]$ sudo scp /etc/profile node3:/etc/
profile                                    100% 1896   814.8KB/s   00:00
```

3）使 node1、node2、node3 节点中的 JDK 环境变量生效

进入 node1、node2、node3 节点的命令行，执行使 JDK 环境变量生效的命令。

```
[bigdata@node1 opt]$ source /etc/profile
[bigdata@node2 ~]$ source /etc/profile
[bigdata@node3 ~]$ source /etc/profile
```

4. JDK 环境测试

在 node1、node2、node3 节点中分别输入命令“java -version”，检测 node1、node2、node3 节

点的 JDK 环境是否已经配置成功。

```
[bigdata@node1 opt]$ java -version
[bigdata@node2 ~]$ java -version
[bigdata@node3 ~]$ java -version
```

结果中显示 java version “1.8.0_251”，即 JDK 环境配置成功。至此，集群中 3 个节点的 JDK 环境配置完成。

拓展学习内容

JDK 是 Java Development Kit 的缩写，是 Java 语言的软件开发工具包，由 Sun 公司提供。它为 Java 程序开发提供了编译和运行环境，所有 Java 程序的编写都依赖它。使用 JDK 可以将 Java 程序编写为字节码文件，即.class 文件。

1．JDK 的 3 个版本

（1）J2SE：标准版，主要用于开发桌面应用程序。

（2）J2EE：企业版，主要用于开发企业级应用程序，如电子商务网站、ERP 系统等。

（3）J2ME：微缩版，主要用于开发移动设备、嵌入式设备上的 Java 应用程序。

2．JDK 安装后各个目录包含的具体内容

（1）bin：开发工具，包含了开发、执行、调试 Java 程序所使用的工具和实用程序，以及开发工具所需要的类库和支持文件。

（2）jre：运行环境，是运行 Java 程序所必需的环境。JRE 包含了 Java 虚拟机（Java Virtual Machine，JVM）、Java 核心类库和支持文件。如果仅运行 Java 程序，则只需要安装 JRE。如果要开发 Java 程序，则需要安装 JDK。JDK 中包含了 JRE。

（3）demo：演示程序，包含了 Java Swing 和 Java 基础类使用的演示程序。

（4）sample：示例代码，包含了 Java API 的示例源程序。

（5）include：存放调用系统资源的接口文件。

（6）src：构成 Java 核心 API 的所有类的源文件，包含了 java.*、javax.*和某些 org.*包中类的源文件，不包含 com.sun.*包中类的源文件。

2.3.2　Hadoop 框架介绍及组成

Hadoop 是 Apache 软件基金会（Apache Software Foundation，ASF）开发的一款分布式系统基础架构，主要用于解决海量数据存储和海量数据计算两大问题。从广义上来讲，Hadoop 通常指 Hadoop 生态圈。

在 Hadoop 整个发展过程中，不得不提到谷歌的 3 篇开源论文。

GFS：主要探讨如何采用分布式存储技术存储海量数据的问题，在 Hadoop 框架中对应的是分布式文件存储系统 HDFS。

MapReduce：主要论证的核心是如何采用分布式的架构对海量数据进行分布式计算，在 Hadoop 框架中对应的是分布式计算框架 MapReduce。

BigTable：主要解决如何采用分布式结构化数据的存储系统存储海量数据的问题，在 Hadoop 框架中对应的是分布式数据库系统 HBase。

在大数据领域中，谷歌于 2003 年至 2006 年之间发表的这 3 篇论文具有历史性的意义，它们直接推动了整个大数据技术的快速发展，对 Hadoop 的研发也具有巨大的推动作用。

在 Hadoop 的整个研发过程中，Doug Cutting 起着举足轻重的作用，是当之无愧的“Hadoop 之父”。在谷歌发表了 *GFS* 论文之后，Doug Cutting 根据 *GFS* 和 *MapReduce* 的思想创建了开源 Hadoop 框架。之后，Hadoop 被引入 Nutch。Nutch 是一个开源 Java 实现的搜索引擎，Hadoop 的引入使 Nutch 的性能得到提升。之后 Doug Cutting 把 Nutch 中 Hadoop 部分的代码免费提供给 Apache 软件基金会。在 Apache 软件基金会的积极运作下，Hadoop 于 2006 年成为基金会的顶级项目。

Hadoop 在多年的发展历程中推出了各种各样的发行版本。下面简要介绍 Hadoop 主流的三大发行版本。

第一个版本是 Apache 原生的发行版本，也是本书中介绍的版本，适合大数据爱好者入门学习；第二个版本是 Cloudera 公司封装的 CDH 版本，它比 Apache 版本在兼容性、安全性和稳定性上都有所增强，目前被广泛应用于国内的开发公司；第三个版本是 Hortonworks（HDP 版本），该版本最大的特点是提供了内容丰富的开源文件，便于开发人员使用，国外的开发公司应用该版本的居多。

本书将基于 Apache 公司开发的原生版本介绍 Hadoop，从学习的角度来说，选择 Apache 原生版本可以使读者更好地理解大数据技术的操作和底层原理。

那么，Hadoop 具有哪些优势呢？

- 高可靠性。Hadoop 在存储数据的过程中，每份数据都会在它的内部默认存储 3 个副本，如果某份数据的一个副本丢失，仍然可以通过当前数据的其他副本恢复数据。
- 高扩展性。当 Hadoop 集群在存储数据的过程中遇到存储空间较满的情况时，Hadoop 可以动态地实现集群扩容，并且可以在不关闭集群的情况下添加机器或删减机器。
- 高效性。主要体现在 Hadoop 中包含了 MapReduce 离线计算框架，通过 MapReduce，用户可以对海量的数据进行分布式离线计算。
- 高容错性。主要体现在数据有多个副本，与高可靠性有一些类似，一份数据有多个副本可以保证数据不丢失。

Hadoop 主要包含以下三大功能组件。

HDFS：Hadoop 分布式文件系统，主要以分布式的方式存储海量数据。在大数据技术中，实现分布式存储海量数据并不是最终目的，而从海量数据中分析、挖掘数据中所蕴含的巨大价值，才是大数据技术的核心。

MapReduce：分布式离线计算框架的计算组件。通过 MapReduce，用户可以对 HDFS 中的海量数据进行快速的处理和分析。

YARN：程序在运行过程中都会使用计算机的一部分资源，这部分资源可能是 CPU、网络、内存等。在一个分布式架构下，该如何管理这些资源呢？Hadoop 提供了一个被称为 YARN 的分布式资源调度平台，用户通过 MapReduce 编写好程序后，提交到 YARN 上运行，由 YARN 进行分布式资源调度，保证当前 MapReduce 程序能够进行分布式运行。

拓展学习内容

Hadoop 的三大发行版本：Apache、Cloudera、Hortonworks。其中，Apache 是最原始（最基础）的版本，利于入门学习；Cloudera 在大型互联网企业中被应用较多；Hortonworks 文件较好。

1）Cloudera Hadoop

（1）2008 年成立的 Cloudera 是最早将 Hadoop 商用的公司，该公司为合作伙伴提供了 Hadoop 的商用解决方案，主要包括支持、咨询服务、培训。

（2）CDH 是 Cloudera 的 Hadoop 发行版，完全开源，在兼容性、安全性、稳定性上比 Apache Hadoop 有所增强。

（3）Cloudera Manager 是集群的软件分发及管理监控平台，可以在几个小时内部署好一个 Hadoop 集群，并对集群的节点及服务进行实时监控。Cloudera Support 为对 Hadoop 的技术支持。

2）Hortonworks Hadoop

（1）Hortonworks 的主打产品是 Hortonworks Data Platform（HDP），同样是 100%开源的产品。HDP 除常见的项目外，还包括 Ambari，即一款开源的安装和管理系统。

（2）HCatalog 是一个元数据管理系统。Hortonworks 的 Stinger 极大地优化了 Hive 项目。Hortonworks 为入门学习提供了一个非常好的、易于使用的沙盒。

（3）Hortonworks 开发了很多增强特性，并将其提交到核心主干，这使得 Apache Hadoop 能够在包括 Window Server 和 Windows Azure 的 Microsoft Windows 平台上运行。

2.3.3　HDFS 集群配置

在分布式集群中，每个节点都会部署多个服务，所以需要对 3 个节点的 HDFS 集群服务进行规划。将 HDFS 集群配置完成后，启动 HDFS 集群，node1 节点运行 NameNode、DataNode 两个服务，node2 节点运行 DataNode 一个服务，node3 节点运行 SecondaryNameNode、DataNode 两个服务，如表 2-1 所示。

表 2-1　HDFS 集群规划

节点名称	node1	node2	node3
服务名称	NameNode DataNode	DataNode	SecondaryNameNode DataNode

1．安装 Hadoop

（1）将 node1 节点中/opt 目录的用户权限修改为 bigdata 用户。

```
[bigdata@node1 ~]$ cd /
[bigdata@node1 /]$ sudo chown -R bigdata:bigdata /opt
```

（2）在 node1 节点中切换到/opt/software 目录，使用 Xftp 软件将 Hadoop 安装包上传到 node1 节点的 software 目录中，并通过解压缩的方式安装 Hadoop。

```
[bigdata@node1 /]$ cd /opt/software/
[bigdata@node1 software]$ tar -zxvf hadoop-3.3.0.tar.gz -C /opt/module
```

（3）切换到 Hadoop 安装目录并查看，该安装目录包含 bin 目录、etc 目录、sbin 目录、share 目录。

```
[bigdata@node1 software]$ cd /opt/module/hadoop-3.3.0/
[bigdata@node1 hadoop-3.3.0]$ ll
```

bin 目录用于存放 Hadoop 集群可执行的二进制文件，etc 目录用于存放 Hadoop 的配置文件，sbin 目录用于存放 Hadoop 集群可执行的二进制文件，share 目录用于存放 Hadoop 配置第三方 jar 包的依赖，如图 2-100 所示。

```
hadoop-3.3.0/etc/hadoop/yarn-env.sh
hadoop-3.3.0/etc/hadoop/httpfs-site.xml
hadoop-3.3.0/etc/hadoop/kms-log4j.properties
hadoop-3.3.0/etc/hadoop/mapred-site.xml
hadoop-3.3.0/etc/hadoop/yarn-site.xml
hadoop-3.3.0/etc/hadoop/capacity-scheduler.xml
hadoop-3.3.0/etc/hadoop/hadoop-metrics2.properties
hadoop-3.3.0/etc/hadoop/user_ec_policies.xml.template
hadoop-3.3.0/etc/hadoop/mapred-env.sh
hadoop-3.3.0/etc/hadoop/kms-site.xml
hadoop-3.3.0/etc/hadoop/httpfs-log4j.properties
[bigdata@node1 software]$ cd /opt/module/hadoop-3.3.0/
[bigdata@node1 hadoop-3.3.0]$ ll
总用量 84
drwxr-xr-x. 2 bigdata bigdata   203 7月   7 2020 bin
drwxr-xr-x. 3 bigdata bigdata    20 7月   7 2020 etc
drwxr-xr-x. 2 bigdata bigdata   106 7月   7 2020 include
drwxr-xr-x. 3 bigdata bigdata    20 7月   7 2020 lib
drwxr-xr-x. 4 bigdata bigdata   288 7月   7 2020 libexec
-rw-rw-r--. 1 bigdata bigdata 22976 7月   5 2020 LICENSE-binary
drwxr-xr-x. 2 bigdata bigdata  4096 7月   7 2020 licenses-binary
-rw-rw-r--. 1 bigdata bigdata 15697 3月  25 2020 LICENSE.txt
-rw-rw-r--. 1 bigdata bigdata 27570 3月  25 2020 NOTICE-binary
-rw-rw-r--. 1 bigdata bigdata  1541 3月  25 2020 NOTICE.txt
-rw-rw-r--. 1 bigdata bigdata   175 3月  25 2020 README.txt
drwxr-xr-x. 3 bigdata bigdata  4096 7月   7 2020 sbin
drwxr-xr-x. 4 bigdata bigdata    31 7月   7 2020 share
[bigdata@node1 hadoop-3.3.0]$
```

图 2-100 安装 Hadoop

2. 配置 Hadoop 环境变量文件

（1）编辑系统环境变量配置文件。

```
[bigdata@node1 hadoop-3.3.0]$ sudo vim /etc/profile
```

创建一个 HADOOP_HOME 变量，并将 HADOOP_HOME 变量路径下的 bin 目录赋值给 PATH 变量，如图 2-101 所示。

```
export HADOOP_HOME=/opt/module/hadoop-3.3.0
export PATH=$PATH:$HADOOP_HOME/bin:$HADOOP_HOME/sbin
```

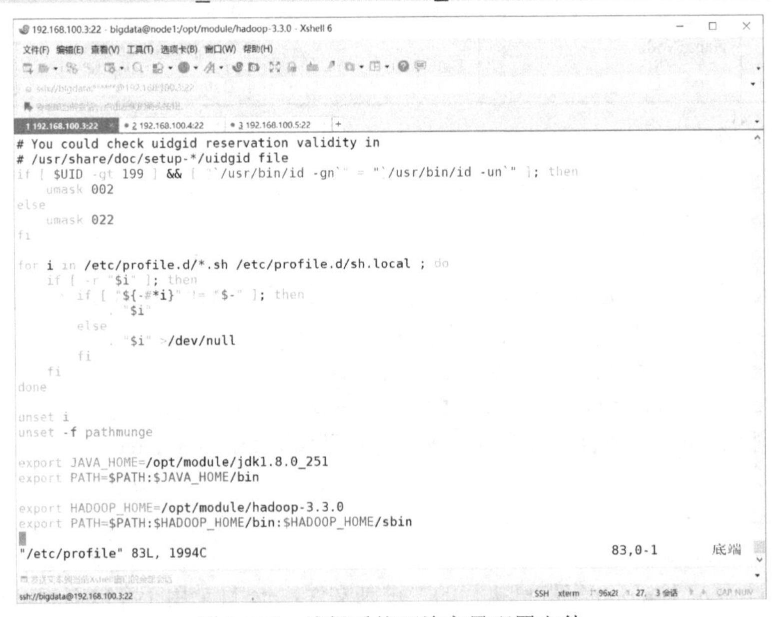

图 2-101 编辑系统环境变量配置文件

（2）使系统环境变量配置文件生效。

```
[bigdata@node1 hadoop-3.3.0]$ source /etc/profile
```

3. 对 Hadoop 的核心配置文件进行配置

进入 Hadoop 安装目录的配置文件目录。

```
[bigdata@node1 hadoop-3.3.0]$ cd /opt/module/hadoop-3.3.0/etc/hadoop/
```

1）配置 core-site.xml 文件

使用 vim core-site.xml 命令编辑该文件。该文件是 Hadoop 官方提供的配置模板，文件中没有相关配置，需要在这个模板中添加自定义配置内容。将内容添加到<configuration> 与 </configuration>标签之间，配置好后，保存并退出。

```
<property>
    <name>fs.defaultFS</name>
    <value>hdfs://node1:9000</value>
    <description>指定 HDFS 中 NameNode 的地址，9000：RPC 协议访问端口（远程调用）
</description>
</property>

<property>
    <name>hadoop.tmp.dir</name>
    <value>/opt/module/hadoop-3.3.0/metaData</value>
    <description>指定 Hadoop 运行时产生文件的存储目录，因为默认路径存在被删除的可能，所以
要求路径要么不存在，要么是空路径</description>
</property>

<property>
    <name>hadoop.proxyuser.bigdata.hosts</name>
    <value>*</value>
    <description>Hadoop 与 Hive 兼容性设置：
        Hadoop 2.0 版本支持 ProxyUser 的机制。该机制是使用 User A 的用户认证信息，以 User
B 的名义访问 Hadoop 集群。对服务端来说，会认为此时是 User B 在访问集群，相应地，也是使用 User
B 访问 HDFS 的权限和 YARN 提交任务队列的权限。User A 被认为是 super user（这里 super user
并不等同于 HDFS 中的超级用户，只是拥有代理某些用户的权限，对 HDFS 来说，创建 HDFS 时的用户是普
通用户），User B 被认为是 proxyuser。
    </description>
</property>

<property>
    <name>hadoop.proxyuser.bigdata.groups</name>
    <value>*</value>
</property>

<property>
    <name>hadoop.http.staticuser.user</name>
    <value>bigdata</value>
    <description>修改 HDFS，YARN 的默认操作用户为 bigdata(默认用户为
dr.who)</description>
</property>
```

2）配置 hadoop-env.sh 文件

使用 vim hadoop-env.sh 命令编辑该文件，首先在命令行模式下输入“:set nu”，使文件内容显示行号，然后进入编辑模式，对 JDK 的路径进行修改。在第 54 行的位置，需要取消注释，将行

首的“#”删除，在 JAVA_HOME 后面指定 JDK 安装路径。在 node2 节点的窗口中，使用 echo $JAVA_HOME 命令将 JDK 路径输出，并复制、粘贴到配置文件中。

```
export JAVA_HOME=/opt/module/jdk1.8.0_251
```

配置好后，保存并退出。

3）配置 hdfs-site.xml 文件

使用 vim hdfs-site.xml 命令编辑该文件。该文件是 Hadoop 官方提供的配置模板，文件中没有相关配置，需要在这个模板中添加自定义配置内容。将内容添加到<configuration> 与 </configuration>标签之间，配置好后，保存并退出。

```
<property>
    <name>dfs.replication</name>
    <value>3</value>
    <description>指定 HDFS 副本的数量</description>
</property>

<property>
<name>dfs.namenode.name.dir</name>
<value>file://${hadoop.tmp.dir}/name</value>
<description>namenode 存储元数据目录</description>
</property>

<property>
<name>dfs.datanode.data.dir</name>
<value>file://${hadoop.tmp.dir}/data</value>
<description>datanode 存储数据目录</description>
</property>

<property>
<name>dfs.namenode.checkpoint.dir</name>
<value>file://${hadoop.tmp.dir}/namesecondary</value>
<description>secondary 存储合并文件目录</description>
</property>

<property>
<name>dfs.namenode.secondary.http-address</name>
<value>node3:9868</value>
<description>secondary http 访问端口</description>
</property>

<property>
<name>dfs.client.datanode-restart.timeout</name>
<value>30</value>
<description>客户端访问 datanode 超时：30 秒</description>
</property>
```

4）配置 workers 文件

使用 vim workers 命令编辑该文件，删除源文件内容中的 localhost，新增 HDFS 的工作节点 node1、node2、node3，每个节点占一行。

至此，启动 HDFS 服务需要配置的文件就完成了。

4. 配置 node2 及 node3 节点的 Hadoop 环境

（1）在复制之前，需要修改 node2 和 node3 节点的/opt 目录权限。

切换到 node2 节点，进入/opt 目录，查看当前/opt 目录中所有文件的所属组。

```
[bigdata@node2 ~]$ cd /opt/
[bigdata@node2 opt]$ ll
总用量 0
drwxr-xr-x. 3 root root 26 2月  9 10:43 module
drwxr-xr-x. 2 root root 40 2月  9 10:44 software
```

将当前目录中所有的目录权限修改为普通用户，并对当前/opt 目录中所有文件的所属组进行查看。

```
[bigdata@node2 opt]$ sudo chown -R bigdata:bigdata  /opt
[bigdata@node2 opt]$ ll
总用量 0
drwxr-xr-x. 3 bigdata bigdata 26 2月  9 10:43 module
drwxr-xr-x. 2 bigdata bigdata 40 2月  9 10:44 software
```

切换到 node3 节点，执行以下命令。

```
[bigdata@node3 ~]$ cd /opt/
[bigdata@node3 opt]$ ll
总用量 0
drwxr-xr-x. 3 root root 26 2月  9 10:44 module
drwxr-xr-x. 2 root root 40 2月  9 10:44 software
[bigdata@node3 opt]$ sudo chown -R bigdata:bigdata /opt
[bigdata@node3 opt]$ ll
总用量 0
drwxr-xr-x. 3 bigdata bigdata 26 2月  9 10:44 module
drwxr-xr-x. 2 bigdata bigdata 40 2月  9 10:44 software
```

（2）切换到 node1 节点的 module 目录。

```
[bigdata@node3 opt]$ cd /opt/module/
```

将 Hadoop 安装目录复制到 node2 、node3 节点中。

```
[bigdata@node1 module]$ scp -r hadoop-3.3.0/ bigdata@node2:`pwd`
[bigdata@node1 module]$ scp -r hadoop-3.3.0/ bigdata@node3:`pwd`
```

（3）将 node1 节点的系统环境变量文件复制到 node2、node3 节点中。

```
[bigdata@node1 module]$ sudo scp /etc/profile node2:/etc/
[bigdata@node1 module]$ sudo scp /etc/profile node3:/etc/
```

（4）使 node2、node3 节点的系统环境变量生效。

```
[bigdata@node2 ~]$ source /etc/profile
[bigdata@node3 ~]$ source /etc/profile
```

5. 启动 HDFS 集群配置

现在，所有的准备工作已经做好，在 node1 节点中启动 HDFS 集群。

（1）对 HDFS 集群进行格式化，使前面所有配置文件生效。该命令可以在任意路径下执行。

```
[bigdata@node1 module]$ hdfs namenode -format
```

（2）格式化后，在 Hadoop 安装目录中会生成 metaData 目录和 logs 目录。执行以下命令查看生成的目录，如图 2-102 所示。

```
[bigdata@node1 module]$ cd /opt/module/hadoop-3.3.0/
[bigdata@node1 hadoop-3.3.0]$ ll
```

```
[bigdata@node1 hadoop-3.3.0]$ ll
总用量 84
drwxr-xr-x. 2 bigdata bigdata   203 2月  11 09:59 bin
drwxr-xr-x. 3 bigdata bigdata    20 2月  11 10:00 etc
drwxr-xr-x. 2 bigdata bigdata   106 2月  11 09:59 include
drwxr-xr-x. 3 bigdata bigdata    20 2月  11 10:00 lib
drwxr-xr-x. 4 bigdata bigdata   288 2月  11 09:59 libexec
-rw-rw-r--. 1 bigdata bigdata 22976 2月  11 09:59 LICENSE-binary
drwxr-xr-x. 2 bigdata bigdata  4096 2月  11 09:59 licenses-binary
-rw-rw-r--. 1 bigdata bigdata 15697 2月  11 09:59 LICENSE.txt
drwxrwxr-x. 2 bigdata bigdata    40 2月  11 10:05 logs
drwxrwxr-x. 3 bigdata bigdata    18 2月  11 10:05 metaData
-rw-rw-r--. 1 bigdata bigdata 27570 2月  11 09:59 NOTICE-binary
-rw-rw-r--. 1 bigdata bigdata  1541 2月  11 09:59 NOTICE.txt
-rw-rw-r--. 1 bigdata bigdata   175 2月  11 09:59 README.txt
drwxr-xr-x. 3 bigdata bigdata  4096 2月  11 09:59 sbin
drwxr-xr-x. 4 bigdata bigdata    31 2月  11 09:59 share
[bigdata@node1 hadoop-3.3.0]$
```

图 2-102　查看生成的目录

（3）启动 HDFS 集群，使用 jps 命令查看各个节点的进程，如果进程存在，说明 HDFS 集群配置成功。

```
[bigdata@node1 hadoop-3.3.0]$ start-dfs.sh
```

在 node1 节点中会存在 NameNode 和 DataNode 两个进程。

```
[bigdata@node1 hadoop-3.3.0]$ jps
8402 NameNode
8771 Jps
8556 DataNode
```

在 node2 节点中会存在 DataNode 进程。

```
[bigdata@node2 hadoop-3.3.0]$ jps
6536 Jps
6476 DataNode
```

在 node3 节点中会存在 SecondaryNameNode 和 DataNode 两个进程。

```
[bigdata@node3 hadoop-3.3.0]$ jps
6578 SecondaryNameNode
6469 DataNode
6613 Jps
```

至此，HDFS 集群配置完成并启动成功，如果需要关闭 HDFS 集群，则执行 stop-dfs.sh 命令即可。

拓展学习内容

HDFS 是 Hadoop 分布式文件系统，它的设计思想是分而治之，即将大文件、批量文件以分布式的方式存储在服务器上，以便采取分而治之的方式对海量数据进行运算分析。

HDFS 在大数据系统中的作用：为各类分布式运算框架（如 MapReduce、Spark、Tez 等）提供数据存储服务。

1. HDFS 概述

1）HDFS 简介

HDFS 集群分为两大角色：NameNode、DataNode 。其中，NameNode 负责管理整个文件系统的元数据，DataNode 负责管理用户的文件数据块 。文件按照固定的大小（blocksize）被切成若干块后，以分布式的方式存储在若干台 DataNode 上。每个文件块可以有多个副本，并且这些副本被存储在不同的 DataNode 上。DataNode 会定期向 NameNode 汇报其存储的 block 信息，同时，DataNode 会保持文件的副本数量。HDFS 的内部工作机制对客户端保持透明，客户端请求访问 HDFS 都是通过 DataNode 申请来进行的。

2）HDFS 的概念和特性

HDFS 采用了主从式（Master/Slave）的体系结构，其中，NameNode（NN）、DataNode（DN）和 Secondary NameNode（SNN）是 HDFS 中的 3 个重要角色。

在一个 HDFS 中，有一个 NN、一个 SNN 和众多的 DN。在大型的集群中，可能会有数以千计的 DN。Client（客户端）一般比数据节点的个数多。

NN 管理 HDFS 中两个最重要的关系：一个是目录文件树结构和文件与数据块的对应关系（这种映射关系会持久化到物理存储中，文件名叫作 fsimage）；另一个是 DN 与数据块的对应关系，即数据块存储在哪些 DN 中（这种映射关系由 DN 在启动时上报给 NN，它是动态建立的，不会持久化。因此，集群的启动可能需要较长的时间）。

总的来说，HDFS 是一个文件系统，用于存储文件，并且通过统一的命名空间——目录树来定位文件。其次，HDFS 是分布式的，由很多服务器联合起来实现其功能，集群中的服务器有各自的角色。

HDFS 的特性如下。

- HDFS 中的文件在物理上是分块（block）存储的，块的大小可以通过配置参数（dfs.blocksize）来规定。
- HDFS 会给客户端提供一个统一的抽象目录树，客户端通过路径来访问文件，形如 hdfs://namenode:port/dir-a/dir-b/dir-c/file.data。
- 目录结构及文件分块信息（元数据）的管理由 NameNode 节点承担。NameNode 是 HDFS 集群的主节点，负责维护整个 HDFS 的目录树及每个路径（文件）对应的 block 块信息（block 的 id 字段值，以及所在的 DataNode 服务器）。
- 文件的各个 block 的存储管理由 DataNode 节点承担，每个 block 都可以在多个 DataNode 上存储多个副本（副本参数可以通过配置文件 dfs.replication 属性设置）。
- HDFS 适应一次写入、多次读出的场景，并且不支持文件的修改。

注意：HDFS 适合用来做数据分析，但不适合用来做网盘应用（因为 HDFS 不支持文件的修改，并且延时高，网络开销大，成本太高）。

HDFS 架构如图 2-103 所示。

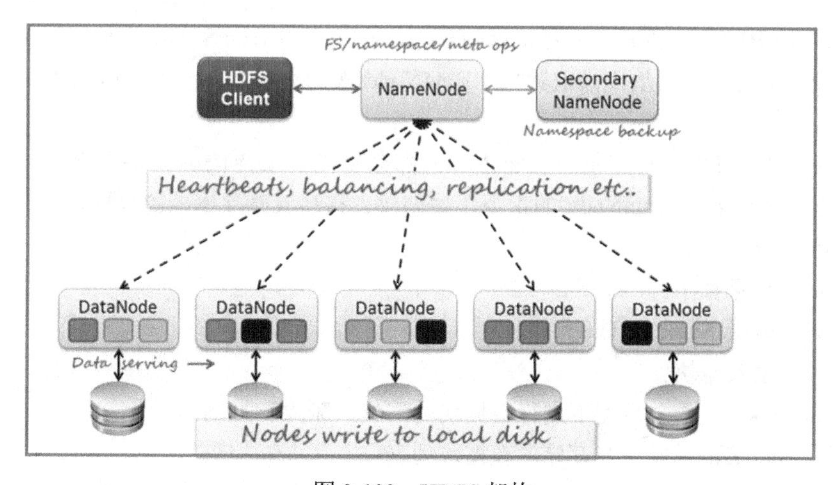

图 2-103 HDFS 架构

NameNode 是 HDFS 主从结构中主节点上运行的主要进程，它负责管理从节点 DataNode。NameNode 维护着整个文件系统的目录树、目录的元信息和文件数据块的索引。这些信息以两种形式被存储在文件系统中：一种是文件系统镜像（文件名为 fsimage），另一种是 fsimage 的编辑日志（文件名为 edits）。fsimage 中存储了某一特定时刻 HDFS 的目录树、目录的元信息和文件数据块的索引等信息，后续对这些信息的改动，则存储在编辑日志中，它们一起提供了一个完整的 NameNode 的第一关系。

通过 NameNode，Client 还可以了解到数据块所在的 DataNode 的信息。需要注意的是，NameNode 中关于 DataNode 的信息是不会被存储在 NN 的本地文件系统中的，即上面提到的 fsimage 和 edits 文件。

NameNode 每次启动时，都会通过每个 DataNode 发出的申请来动态地建立这些信息。这些信息也就构成了 NameNode 的第二关系。

NameNode 还能通过 DataNode 获取 HDFS 整体运行状态的一些信息，如系统的可用空间、已经使用的空间、各个 DataNode 的当前状态等。

NameNode 的作用是维护文件系统中所有文件和目录的元数据，协调客户端对文件的访问，如图 2-104 所示。

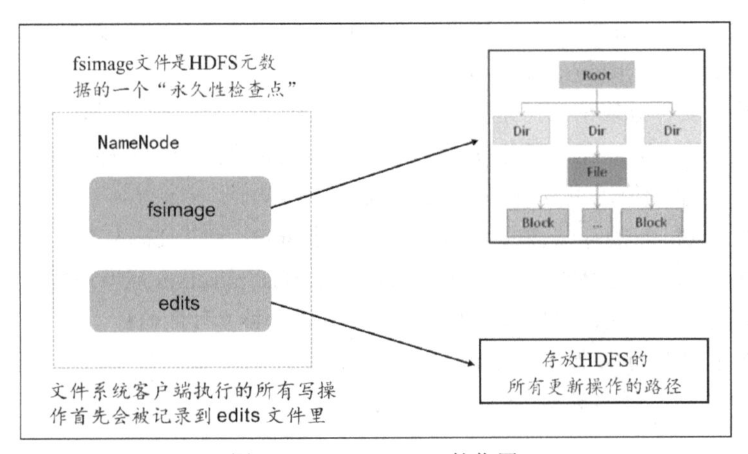

图 2-104 NameNode 的作用

DataNode 是 HDFS 中硬盘 I/O 最忙碌的部分，它负责将 HDFS 的数据块写到 Linux 本地文件系统中，或者从这些数据块中读取数据。DataNode 作为从节点，会不断地向 NameNode 发送心跳信息。

在 NameNode 初始化时，每个 DataNode 都会将当前节点的数据块上报给 NameNode。NameNode 也会接收来自 DataNode 的指令，如创建、移动或删除本地的数据块，并将本地的更新上报给 NameNode。

DataNode 的作用如下。

- 接受客户端或 NameNode 的调度。
- 存储和检索数据块。
- 在 NameNode 的统一调度下进行数据块的创建、删除和复制。
- 定期向 NameNode 发送其存储的数据块列表。

助手节点 Secondary NameNode 用于定期合并 fsimage 和 edits 文件。与 NameNode 一样，每个集群都有一个 Secondary NameNode，在大规模部署的条件下，一般 Secondary NameNode 会独

自占用一台服务器。Secondary NameNode 按照集群配置的时间间隔，不停地获取 HDFS 某个时间点的 fsimage 和 edits 文件的信息，并将它们合并成一个新的 fsimage 文件。该 fsimage 文件被上传至 NameNode 后会替换 NameNode 原来的 fsimage 文件。

从图 2-103 可以看出，Secondary NameNode 会配合 NameNode，为 NameNode 的第一关系提供一个简单的 CheckPoint 机制，避免出现因 edits 文件过大而导致 NameNode 启动时间过长的问题。

提供一个 NameNode 的 fsimage 文件的检查点，以实现 NameNode 故障恢复，如图 2-105 所示。

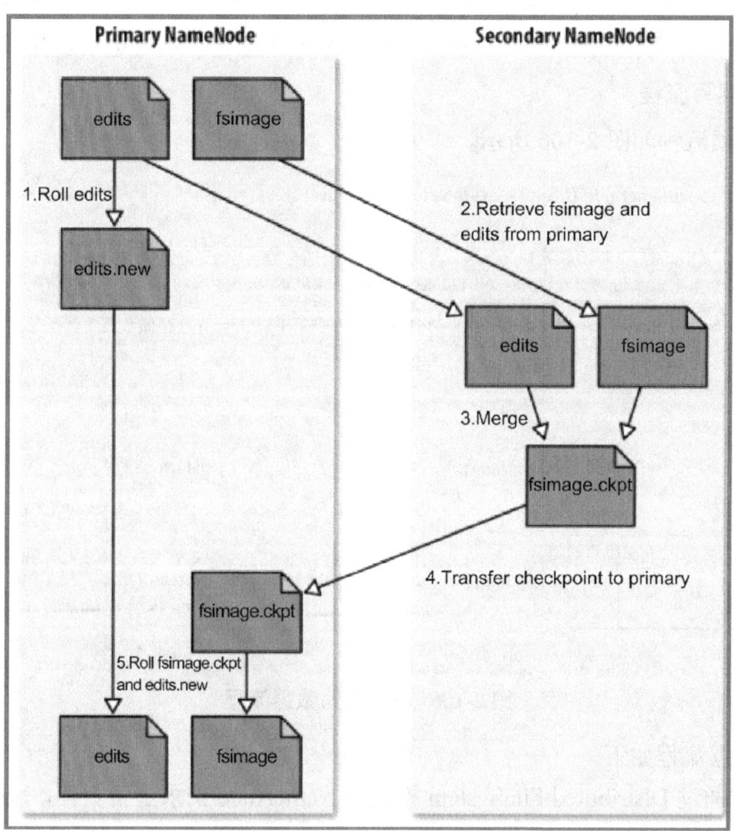

图 2-105　Secondary NameNode

3）HDFS 的局限性

- 高延时数据访问。在用户交互性的应用中，应用需要在几毫秒或几秒的时间内得到响应。由于 HDFS 为高吞吐率做了设计，牺牲了快速响应。对于要求低延时的应用，可以考虑使用 HBase 或 Cassandra。
- 大量的小文件。标准的 HDFS 数据块的大小是 64MB，存储小文件并不会浪费实际的存储空间，但是会增加在 NameNode 上的元数据，大量的小文件会影响整个集群的性能。
- 多用户写入，修改文件。HDFS 的文件只能有一个写入者，而且写操作只能在文件结尾以追加的方式进行。它既不支持多个写入者，也不支持在文件写入后，对文件的任意位置进行修改。

在大数据领域，分析的是已经存在的数据，这些数据一旦产生就不会被修改，因此，HDFS 的特性和设计局限也就很容易理解了。HDFS 为大数据领域的数据分析，提供了非常重要且十分基础的文件存储功能。

4）HDFS 保证可靠性的措施

- 冗余备份：每个文件都会被存储成一系列数据块（block），为了容错，文件的所有数据块都会有副本。
- 副本存放：采用机架感知的策略来改进数据的可靠性。
- 心跳检测：NameNode 周期性地从集群中的每个 DataNode 接收心跳包和块报告，收到心跳包说明该 DataNode 工作正常。
- 安全模式：系统启动时，NameNode 会进入一个安全模式，此时不会出现数据块的写操作。
- 数据完整性检测：HDFS 客户端软件实现了对 HDFS 文件内容的校验和检查。

2. HDFS 读写流程

HDFS 写数据流程如图 2-106 所示。

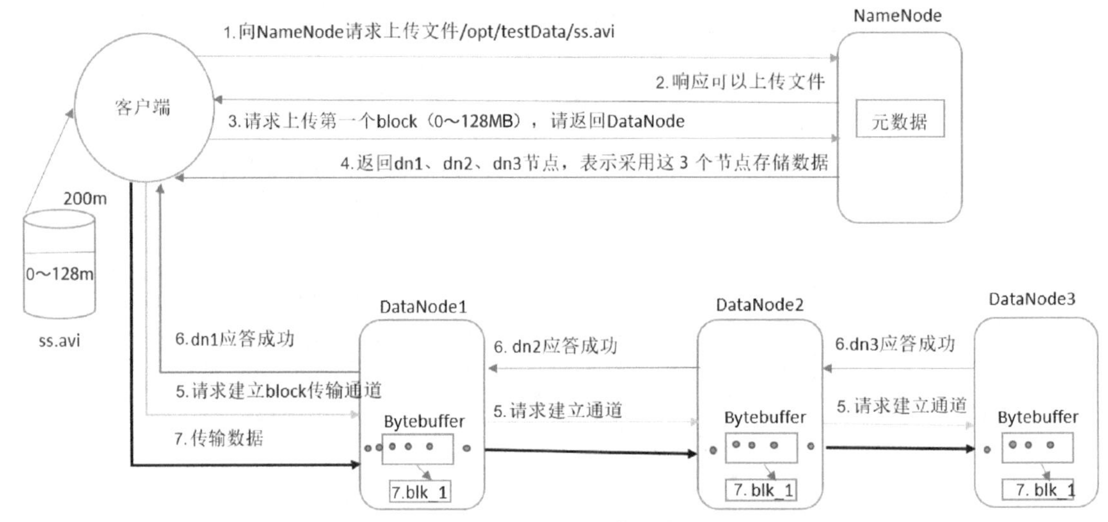

图 2-106 HDFS 写数据流程

HDFS 写数据流程如下。

（1）客户端通过 Distributed FileSystem 模块向 NameNode 请求上传文件，NameNode 检查目标文件和父目录是否已存在。

（2）NameNode 返回是否可以上传。

（3）客户端请求将第一个 block 上传到哪几个 DataNode 服务器上。

（4）NameNode 返回 3 个 DataNode 节点，分别为 dn1、dn2、dn3。

（5）客户端通过 FSDataOutputStream 模块请求 dn1 节点上传数据，dn1 节点收到请求会继续调用 dn2 节点，然后 dn2 节点调用 dn3 节点，将这个通信管道建立完成。

（6）dn1、dn2、dn3 节点逐级应答客户端。

（7）客户端开始向 dn1 节点上传第一个 block（先从磁盘读取数据放到一个本地内存缓存），以 packet 为单位，dn1 节点收到一个 packet 就会传给 dn2 节点，再由 dn2 节点传给 dn3 节点。dn1 节点每上传一个 packet，该 packet 就会被放入一个应答队列等待应答。

（8）当一个 block 传输完成之后，客户端会再次请求上传第二个 block 的 NameNode 服务器[重复执行步骤（3）～（7）]。

HDFS 读数据流程如图 2-107 所示。

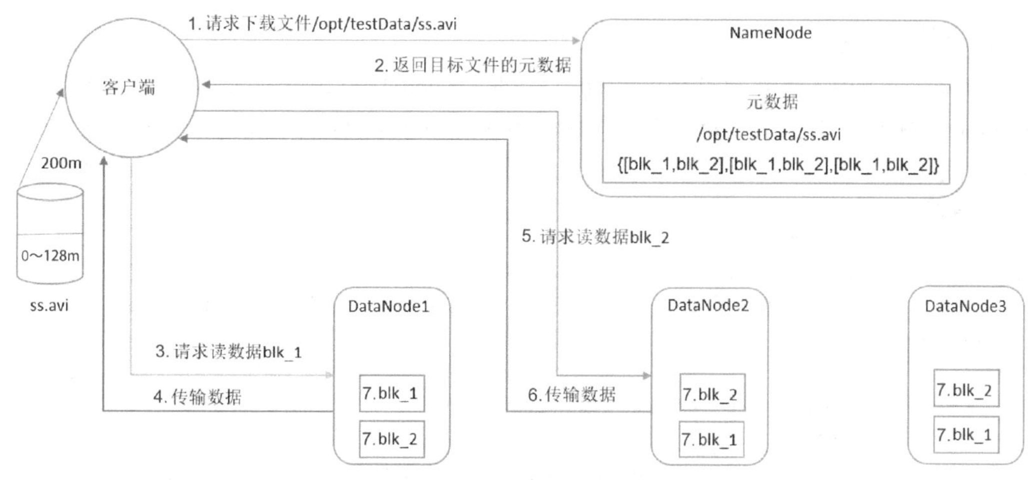

图 2-107　HDFS 读数据流程

HDFS 读数据流程如下。

（1）客户端通过 Distributed FileSystem 向 NameNode 请求下载文件，NameNode 通过查询元数据，找到文件块所在的 DataNode 地址。

（2）挑选一台 DataNode 服务器（就近原则），请求读取数据。

（3）DataNode 开始传输数据给客户端（从磁盘里面读取数据输入流，以 packet 为单位来做校验）。

（4）客户端以 packet 为单位接收数据，先在本地缓存数据，然后将数据写入目标文件。

3．单点故障（单点失效）问题

1）单点故障问题

如果 NameNode 失效，那么客户端或 MapReduce 作业均无法读写和查看文件。

2）解决方案

- 启动一个拥有文件系统元数据的新 NameNode（这个一般不采用，因为复制元数据非常耗费时间）。
- 配置一对活动-备用（Active-Standby）NameNode，当活动 NameNode 失效时，备用 NameNode 立即接管，用户不会有明显的中断感觉。

2.3.4　YARN 集群配置

本节介绍配置 YARN 集群核心文件的操作方法。启动 YARN 集群后各个节点的服务如表 2-2 所示。

表 2-2　启动 YARN 集群后各个节点的服务

节点名称	node1	node2	node3
服务名称	ResourceManager NodeManager	NodeManager	NodeManager

从表 2-2 中可以看到，如果 YARN 集群配置成功，在 node1 节点中将运行 ResourceManager、NodeManager 服务，在 node2 节点中将运行 NodeManager 服务，在 node3 节点中将运行 NodeManager 服务。

1. 配置 YARN 相关文件

在 node1 节点中，使用 cd 命令进入/opt/module/hadoop-3.3.0/etc/hadoop 目录。使用 vim yarn-site.xml 命令编辑该文件，并将以下内容添加到<configuration> 与</configuration>标签之间，配置好后，保存并退出。

```
<property>
    <name>yarn.nodemanager.aux-services</name>
    <value>mapreduce_shuffle</value>
    <description>需要被设置 Shuffle 服务的 MapReduce 应用程序</description>
</property>
<property>
    <name>yarn.resourcemanager.hostname</name>
    <value>node1</value>
    <description>resourcemanager 服务运行节点</description>
</property>
<property>
    <name>yarn.nodemanager.env-whitelist</name>
    <value>JAVA_HOME,HADOOP_COMMON_HOME,HADOOP_HDFS_HOME,HADOOP_CONF_DIR,CLAS
SPATH_PREPEND_DISTCACHE,HADOOP_YARN_HOME,HADOOP_MAPRED_HOME</value>
    <description>NodeManagers 中容器继承的环境属性：
    对于 MapReduce 应用程序，除了默认值 hadoop op_mapred_home 应该被添加，还有属性值
JAVA_HOME、HADOOP_COMMON_HOME、HADOOP_HDFS_HOME HADOOP_CONF_DIR、CLASSPATH_
PREPEND_DISTCACHE、HADOOP_YARN_HOME HADOOP_MAPRED_HOME
    </description>
</property>
<property>
    <name>yarn.nodemanager.pmem-check-enabled</name>
    <value>false</value>
    <description>是否启动一个线程，检查每个任务正使用的物理内存量，如果任务超出分配值，则
直接将其终止，默认为 true</description>
</property>
<property>
    <name>yarn.nodemanager.vmem-check-enabled</name>
    <value>false</value>
    <description>是否启动一个线程，检查每个任务正使用的虚拟内存量，如果任务超出分配值，则
直接将其终止，默认为 true</description>
</property>
<property>
    <name>yarn.application.classpath</name>
    <value>/opt/module/hadoop-3.3.0/etc/hadoop:/opt/module/hadoop-
3.3.0/share/hadoop/common/lib/*:/opt/module/hadoop-
3.3.0/share/hadoop/common/*:/opt/module/hadoop-
3.3.0/share/hadoop/hdfs:/opt/module/hadoop-
3.3.0/share/hadoop/hdfs/lib/*:/opt/module/hadoop-
3.3.0/share/hadoop/hdfs/*:/opt/module/hadoop-
3.3.0/share/hadoop/mapreduce/lib/*:/opt/module/hadoop-
3.3.0/share/hadoop/mapreduce/*:/opt/module/hadoop-
3.3.0/share/hadoop/yarn:/opt/module/hadoop-
3.3.0/share/hadoop/yarn/lib/*:/opt/module/hadoop-
3.3.0/share/hadoop/yarn/*</value>
```

```
    <description>防止报如下错误：Container exited with a non-zero exit code 1.
Error file: prelaunch.err.org.apache.hadoop.mapreduce.</description>
</property>
<!--新版本指定端口-->
<property>
    <name>yarn.resourcemanager.webapp.address</name>
    <value>node1:8088</value>
</property>
<property>
    <name>yarn.resourcemanager.scheduler.address</name>
    <value>node1:8030</value>
</property>
<property>
    <name>yarn.resourcemanager.address</name>
    <value>node1:8032</value>
</property>
<property>
    <name>yarn.resourcemanager.resource-tracker.address</name>
    <value>node1:8031</value>
</property>
<property>
    <name>yarn.resourcemanager.admin.address</name>
    <value>node1:8033</value>
</property>
<property>
<name>yarn.log.server.url</name>
<value>http://node1:19888/jobhistory/logs</value>
<description>spark on yarn 配置：spark history server 可以通过以上访问地址访问在 YARN
上运行的程序日志，并将日志保存到 spark history server 中。</description>
</property>
<property>
    <name>yarn.log-aggregation-enable</name>
    <value>true</value>
    <description>日志聚集功能开启</description>
</property>
<property>
    <name>yarn.log-aggregation.retain-seconds</name>
    <value>3600</value>
    <description>日志保留时间</description>
</property>
<property>
    <name>yarn.timeline-service.enabled</name>
    <value>true</value>
    <description>时间轴服务开启</description>
</property>
<property>
    <name>yarn.timeline-service.hostname</name>
    <value>${yarn.resourcemanager.hostname}</value>
    <description>时间轴服务访问 IP</description>
</property>
```

```
<property>
   <name>yarn.timeline-service.http-cross-origin.enabled</name>
   <value>true</value>
    <description></description>
</property>
<property>
   <name>yarn.resourcemanager.system-metrics-publisher.enabled</name>
   <value>true</value>
    <description></description>
</property>
```

使用 vim mapred-site.xml 命令编辑该文件，并将以下内容添加到<configuration>与</configuration>标签之间，配置好后，保存并退出。

```
<property>
    <name>mapreduce.framework.name</name>
    <value>yarn</value>
</property>

<property>
<name>mapreduce.jobhistory.address</name>
<value>node1:10020</value>
<description>历史服务地址，RPC 协议</description>
</property>

<property>
   <name>mapreduce.jobhistory.webapp.address</name>
<value>node1:19888</value>
<description>历史服务地址，http 协议</description>
</property>
```

2. 分发 YARN 配置文件

在 node1 节点中，切换到/opt/module/hadoop-3.3.0/etc/hadoop/目录，将上述配置好的文件分别发送到 node2、node3 节点中。

```
[bigdata@node1 ~]$ cd /opt/module/hadoop-3.3.0/etc/hadoop/
[bigdata@node1 hadoop]$ scp -r yarn-site.xml mapred-site.xml node2:`pwd`
[bigdata@node1 hadoop]$ scp -r yarn-site.xml mapred-site.xml node3:`pwd`
```

3. 启动 YARN 集群

在 node1 节点的命令行中输入启动 YARN 集群的命令。

```
[bigdata@node1 hadoop]$ start-yarn.sh
```

在 node1、node2、node3 节点的命令行中输入命令“jps”，查看 YARN 集群进程。

（1）node1 节点在 YARN 集群启动后会显示 ResourceManager、NodeManager 进程，如下所示。

```
[bigdata@node1 hadoop]$ jps
2016 ResourceManager
2466 Jps
2131 NodeManager
1669 DataNode
1549 NameNode
```

（2）node2 节点在 YARN 集群启动后会显示 NodeManager 进程，如下所示。

```
[bigdata@node2 ~]$ jps
```

```
1376 DataNode
1592 Jps
1487 NodeManager
```

（3）node3 节点在 YARN 集群启动后会显示 NodeManager 进程，如下所示。

```
[bigdata@node3 ~]$ jps
1649 Jps
1461 SecondaryNameNode
1542 NodeManager
1351 DataNode
```

如果需要关闭 YARN 集群，则执行 stop-yarn.sh 命令。

4．Hadoop 集群测试

至此，HDFS 集群和 YARN 集群配置完成，接下来测试 Hadoop 集群，查看当前 Hadoop 集群是否能够正常运行。

1）测试文件准备

首先切换到/opt 目录，在 node1 节点的命令行中创建 testData 目录。

```
[bigdata@node1 hadoop]$ cd /opt/
[bigdata@node1 opt]$ mkdir testData
```

然后切换到 testData 目录，创建并编辑 data.txt 文件。

```
[bigdata@node1 opt]$ cd testData/
[bigdata@node1 testData]$ vim data.txt
```

最后在 data.txt 文件中输入以下内容，保存并退出。

```
hadoop spark
hadoop spark
```

2）测试 HDFS 功能

将创建好的 data.txt 文件上传到 HDFS 集群的根目录中。

```
[bigdata@node1 testData]$ hdfs dfs -put data.txt /
```

在浏览器地址栏中输入“192.168.100.3:9870/”，即可通过 HDFS 的 Web UI 界面查询文件上传后的结果。在菜单栏中选择“Utilities”→“Browse the file system”命令，即可看到 data.txt 文件上传成功，如图 2-108 所示。

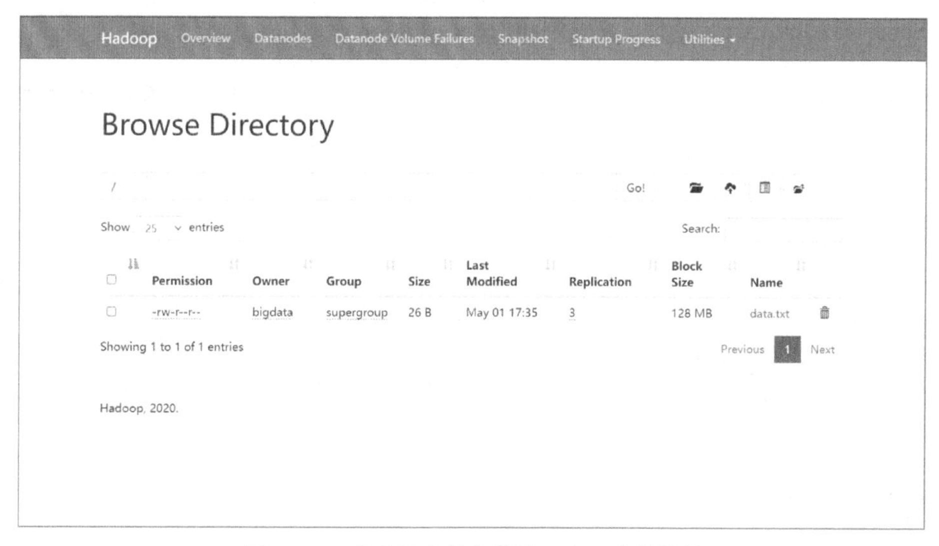

图 2-108　将本地文件上传到 HDFS 中的结果

3）测试 YARN 功能

将 Hadoop 内部提供的 MapReduce 词频统计程序提交到 YARN 集群上执行，在 node1 节点的命令行中输入以下命令，并将程序执行的结果输出到 HDFS 的/output 目录中。

```
[bigdata@node1 testData]$ hadoop jar /opt/module/hadoop-3.3.0/share/hadoop/
mapreduce/hadoop-mapreduce-examples-3.3.0.jar wordcount /data.txt /output
```

程序运行完成后，打开 HDFS 的 Web UI 界面，并刷新页面，即可看到 output 目录。打开 output 目录，会显示两个文件，第一个文件存储的是提交 MapReduce 程序的任务状态，第二个文件是 MapReduce 程序运行后的结果。先单击“part-r-00000”文件，再选择“Head the file (first 32K)”选项，即可查看 MapReduce 程序运行后的结果，如图 2-109 所示。

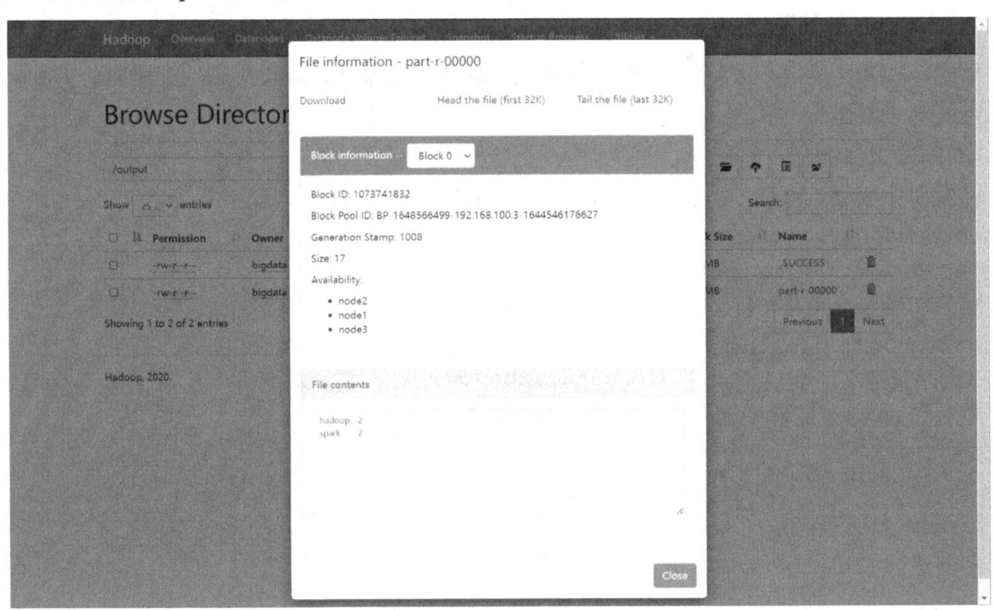

图 2-109　MapReduce 程序运行后的结果

在 HDFS 中查看了 MapReduce 程序运行的结果后，打开 YARN 的 Web UI 界面（http://192.168.100.3:8088），查看 MapReduce 程序运行的信息。如图 2-110 所示，第一条记录中的 FinalStatus 显示 SUCCEEDED，说明 MapReduce 程序运行成功。

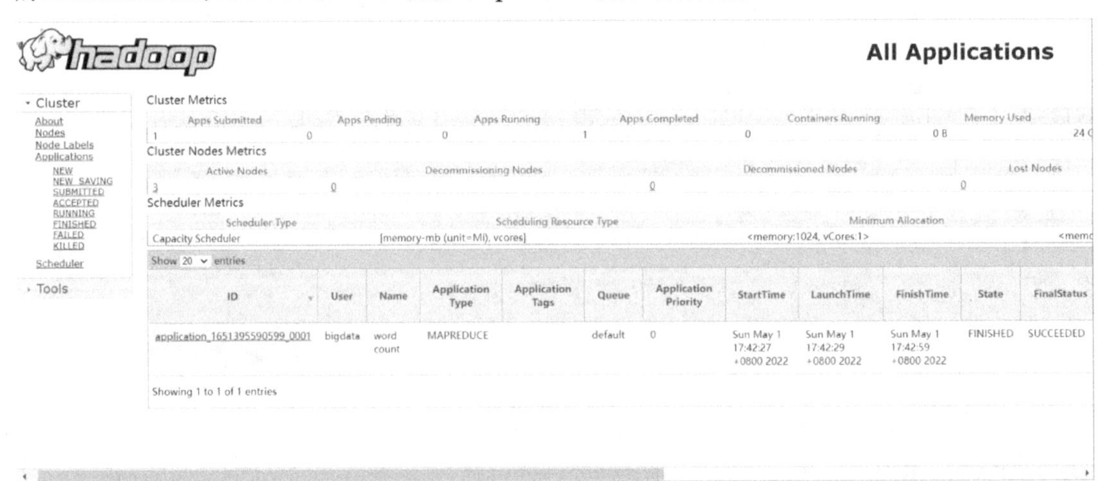

图 2-110　MapReduce 程序运行成功

拓展学习内容

1. YARN 介绍

Apache Hadoop YARN 是 Apache Software Foundation Hadoop 的子项目，为分离 Hadoop 2.0 资源管理和计算组件而引入。YARN 的诞生缘于存储于 HDFS 的数据需要更多的交互模式，而不单单是 MapReduce 模式。

YARN 提供了什么？YARN 从以下几个方面提升了 Hadoop 的计算能力：

- 可扩展性。数据中心处理数据的能力继续快速增长，因为 YARN ResourceManager 仅仅专注于调度，能将大集群的管理变得更加简单。
- 兼容 MapReduce。现存的 MapReduce 应用程序无须更改就能直接在 YARN 中运行。
- 提高集群使用率。ResourceManager 是一个纯粹的调度系统，根据 capacity、fair 或 SlAs 等原则对集群进行优化利用。与之前不同的是，再也没有 map slot 和 reduce slot，而没有这两类资源的划分，有助于提高集群资源的利用率。
- 支持 MapReduce 以外的计算框架。数据处理除了图形处理和迭代处理，还为企业添加了一些实时处理模型，从而提升企业对 Hadoop 的投资回报率。
- 灵活性。随着 MapReduce 成为用户端库，它的发展独立于底层的资源管理层，从而可以有多种灵活应用的方式。

2. YARN 应用状态

在 YARN 的 Web UI 界面上，可以看到 YARN 应用程序分为如下几个状态：

```
NEW -----新建状态
NEW_SAVING-----新建保存状态
SUBMITTED-----提交状态
ACCEPTED-----接受状态
RUNNING-----运行状态
FINISHED-----完成状态
FAILED-----失败状态
KILLED-----杀掉状态
```

2.3.5 HDFS Shell 命令行操作

Hadoop 分布式文件系统用来存储海量数据。HDFS 采用分而治之的设计思想，将文件切分成文件块进行存储。在前面的几节中，已经安装好了 Hadoop 集群环境，本节在此基础上通过命令行和 HDFS 进行交互，通过执行 HDFS Shell 命令对 HDFS 的空间进行操作，从而使读者进一步增加对 HDFS 的认识。

HDFS 中提供了两种操作命令：一种是 hadoop fs，另一种是 hdfs dfs。这两种命令都被存放在 Hadoop 安装目录的 bin 目录中，使用这两种命令都可以对 HDFS 进行操作。不同的是，除了 HDFS，hadoop fs 还可以操作其他文件系统；而 hdfs fs 只能操作 HDFS 设计的命令接口。

HDFS 的相关操作命令有很多，下面简要介绍 HDFS 常用的 8 个命令。

1. 查看 HDFS 帮助

两个查看 HDFS 帮助的命令。

```
[bigdata@node1 ~]$ hadoop fs
[bigdata@node1 ~]$ hdfs dfs
```

2. 查看 HDFS 根目录的列表信息

```
[bigdata@node1 ~]$ hdfs dfs -ls /
```

运行结果如下所示。

```
Found 3 items
-rw-r--r--   3 bigdata supergroup         26 2021-05-01 17:35 /data.txt
drwxr-xr-x   - bigdata supergroup          0 2021-05-01 17:42 /output
drwx------   - bigdata supergroup          0 2021-05-01 17:42 /tmp
```

3. 创建 HDFS 目录

例如，在 HDFS 根目录中创建 input 目录。

```
[bigdata@node1 ~]$ hdfs dfs -mkdir /input
```

在浏览器地址栏中输入“192.168.100.3:9870”，即可在 Web UI 界面中查看 HDFS 根目录，如图 2-111 所示。

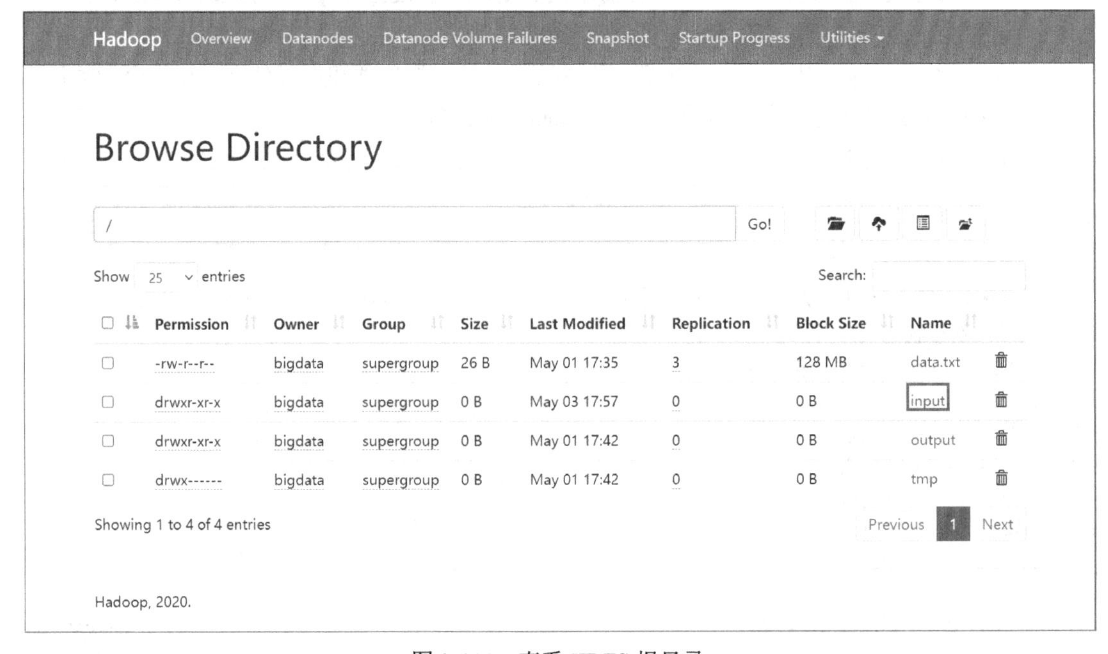

图 2-111　查看 HDFS 根目录

4. 将本地的数据文件上传到 HDFS 中

将 node1 节点/opt/testData 目录中的 data.txt 文件，移动并上传到 HDFS 的/input 目录中。

```
[bigdata@node1 ~]$ cd /opt/testData/
[bigdata@node1 testData]$ hdfs dfs -moveFromLocal data.txt /input
```

在 Web UI 界面中查看 HDFS 的/input 目录中的内容，data.txt 文件上传成功，如图 2-112 所示。

5. 查看 HDFS 中的文件内容

查看 HDFS 中/input/data.txt 文件的内容。

```
[bigdata@node1 testData]$ hdfs dfs -cat /input/data.txt
hadoop spark
hadoop spark
```

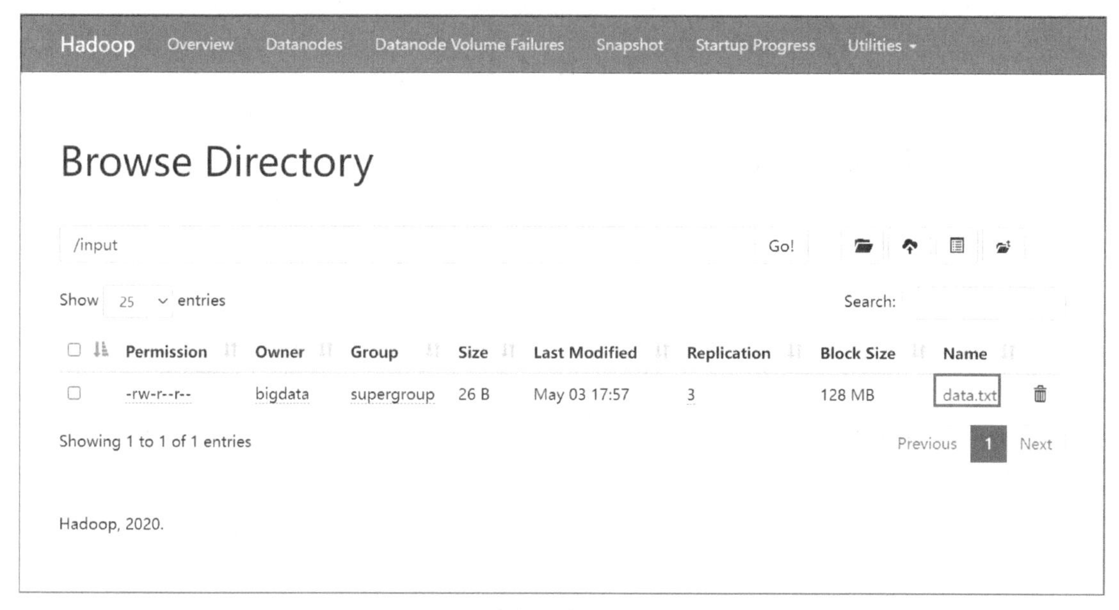

图 2-112　data.txt 文件上传成功

6. 修改 HDFS 中的文件或目录的所属用户及权限

例如，将 HDFS 中/input/data.txt 文件的所属用户修改为 root 用户。

```
[bigdata@node1 testData]$ hdfs dfs -chown root /input/data.txt
```

执行命令后，在 HDFS 的 Web UI 界面中查看，文件的所属用户已经由 bigdata 修改为 root，如图 2-113 所示。

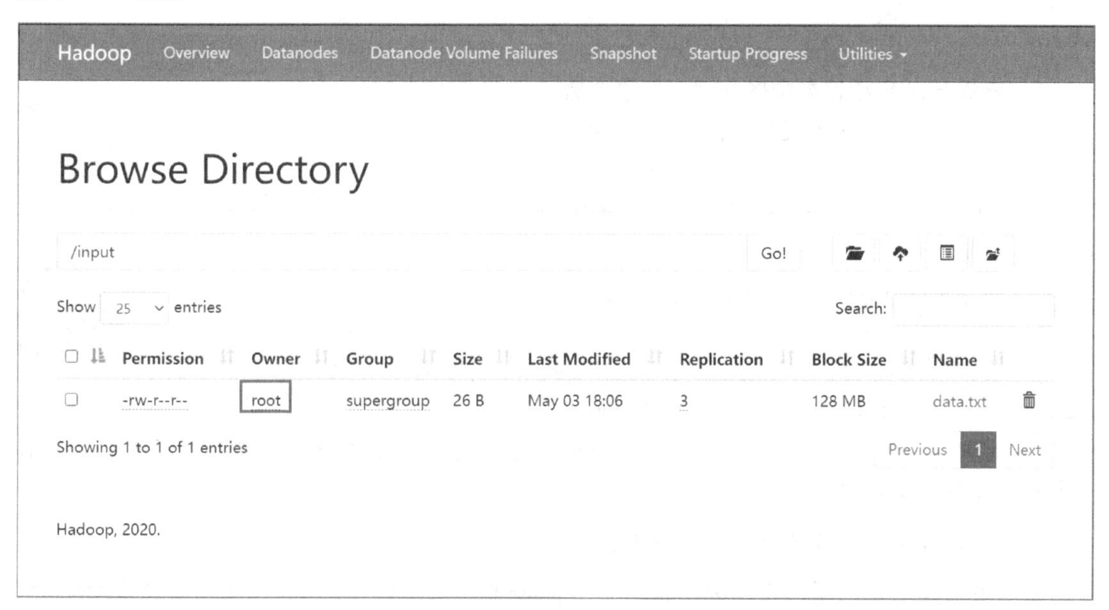

图 2-113　修改所属用户

将 HDFS 中/input/data.txt 文件的权限设为最大权限。

```
[bigdata@node1 testData]$ hdfs dfs -chmod 777 /input/data.txt
```

执行命令后，在 HDFS 的 Web UI 界面中查看，文件的权限已经做了相应修改，如图 2-114 所示。

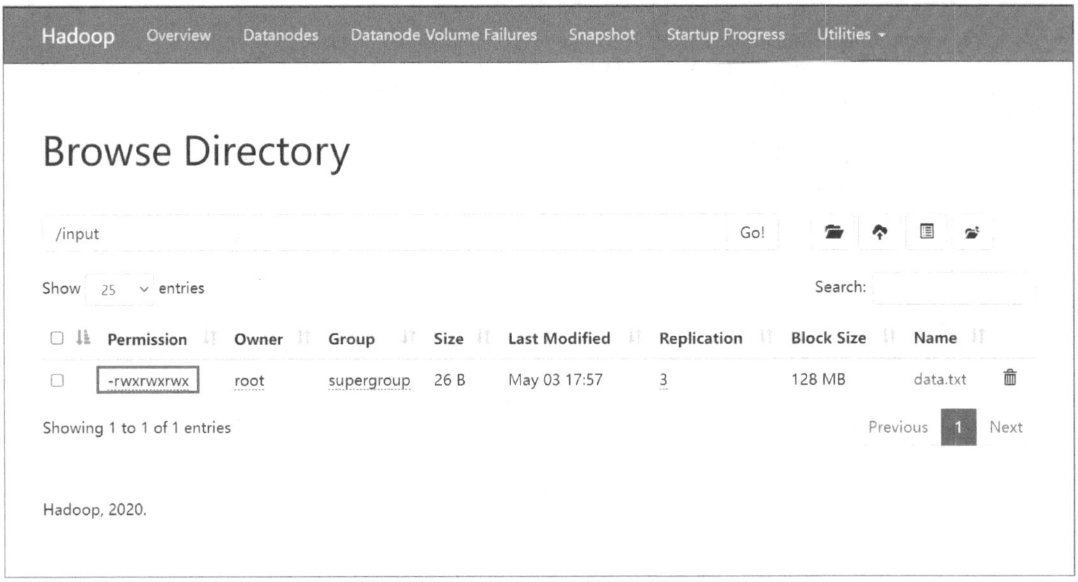

Hadoop Overview Datanodes Datanode Volume Failures Snapshot Startup Progress Utilities

Browse Directory

/input Go!

Show 25 entries Search:

Permission	Owner	Group	Size	Last Modified	Replication	Block Size	Name
-rwxrwxrwx	root	supergroup	26 B	May 03 17:57	3	128 MB	data.txt

Showing 1 to 1 of 1 entries Previous 1 Next

Hadoop, 2020.

图 2-114 修改文件的权限

7. 将 HDFS 中的文件下载到本地

将 HDFS 中 input 目录中的 data.txt 文件下载到/opt/testData 目录中。

```
[bigdata@node1 testData]$ hdfs dfs -get /input/data.txt /opt/testData
```

执行命令后查看 testData 目录，data.txt 文件已经被成功复制到当前目录中。

```
[bigdata@node1 testData]$ ll
总用量 4
-rw-r--r--. 1 bigdata bigdata 26 5月  3 18:10 data.txt
```

8. 查看 HDFS 根目录中的文件、目录个数

```
[bigdata@node1 testData]$ hdfs dfs -count /
   16          10              429427 /
```

运行结果中的数字 16 表示 HDFS 根目录中的目录总数，10 表示文件总数，429427 表示字节总数。

2.3.6 HDFS 客户端开发环境配置及测试

本节介绍 HDFS 客户端开发环境配置及测试，将 Windows 系统中的文件上传到 HDFS 中。首先配置 Hadoop 和 Java 的 Windows 环境变量，配置好后，打开 IDEA 编辑工具，创建 Maven 项目，然后编写 Java 程序代码，代码功能是实现访问 Hadoop 集群，最后把 Windows 系统中的文件上传到 HDFS 中。

1. Windows 系统的 Hadoop 环境配置

在 Windows 系统中准备好 Hadoop 压缩包 hadoop-3.3.0.tar.gz。右击 Windows 中已安装的解压缩软件（此处以 WinRAR 软件为例），在快捷菜单中选择“以管理员身份运行（A）”命令，在弹出的窗口中找到 Hadoop 压缩包，然后单击“解压到”按钮，在弹出的“解压路径和选项”对话框中，设置解压缩位置，此处设置为 D:\hadoop，如图 2-115 所示。

图 2-115　设置解压缩位置

解压缩结束后，会生成 hadoop-3.3.0 文件夹，如图 2-116 所示。

图 2-116　生成 hadoop-3.3.0 文件夹

进入 hadoop-3.3.0 文件夹，复制路径 D:\hadoop\hadoop-3.3.0，如图 2-117 所示。

图 2-117　复制路径 D:\hadoop\hadoop-3.3.0

在Windows系统界面右击“此电脑”，在弹出的快捷菜单中选择“属性”命令，在“设置”界面中选择“高级系统设置”选项，弹出“系统属性”对话框，如图2-118所示，单击“环境变量”按钮。

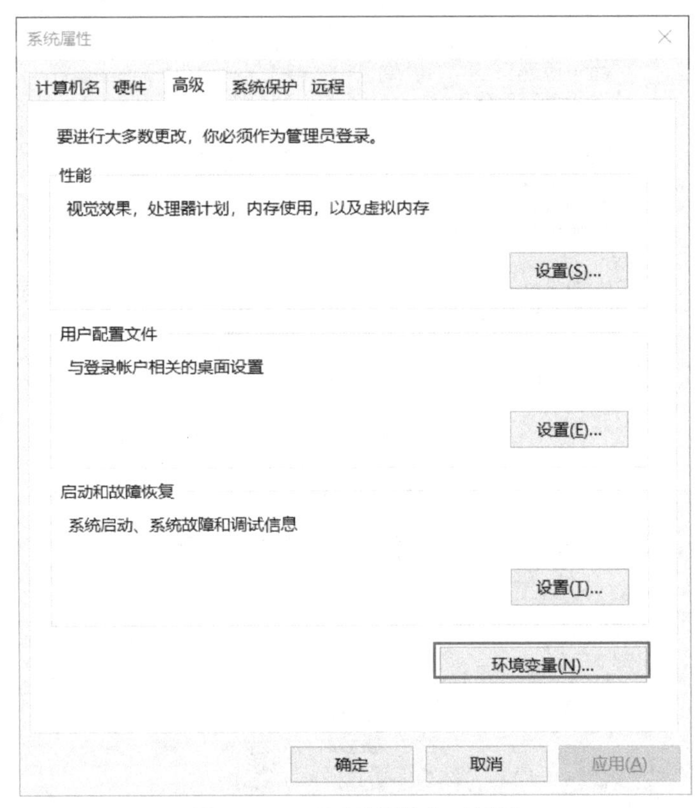

图2-118　“系统属性”对话框

在弹出的“环境变量”对话框中，单击“系统变量”选区中的“新建”按钮，在弹出的“新建系统变量”对话框中的“变量名”文本框中输入“HADOOP_HOME”，在“变量值”文本框中输入“D:\hadoop\hadoop-3.3.0”，如图2-119所示，单击“确定”按钮。

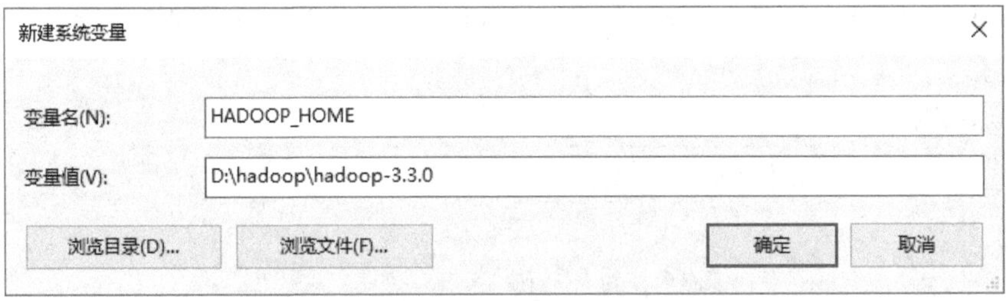

新建系统变量
变量名(N): HADOOP_HOME
变量值(V): D:\hadoop\hadoop-3.3.0
浏览目录(D)... 浏览文件(F)... 确定 取消

图2-119　“编辑系统变量”对话框

在“系统变量”选区的列表框中双击“Path”选项，弹出“编辑环境变量”对话框，单击“新建”按钮，弹出“新建系统变量”对话框，在“变量名”文本框中输入“%HADOOP_HOME%\bin”，单击“确定”按钮，返回“编辑环境变量”对话框，如图2-120所示。再次单击“确定”按钮，关闭“编辑环境变量”对话框。

进入D:\hadoop\hadoop-3.3.0\bin目录，将本书资源中提供的winutils.exe和hadoop.dll两个插件复制到bin目录中，如图2-121所示。

图 2-120　“编辑环境变量”对话框

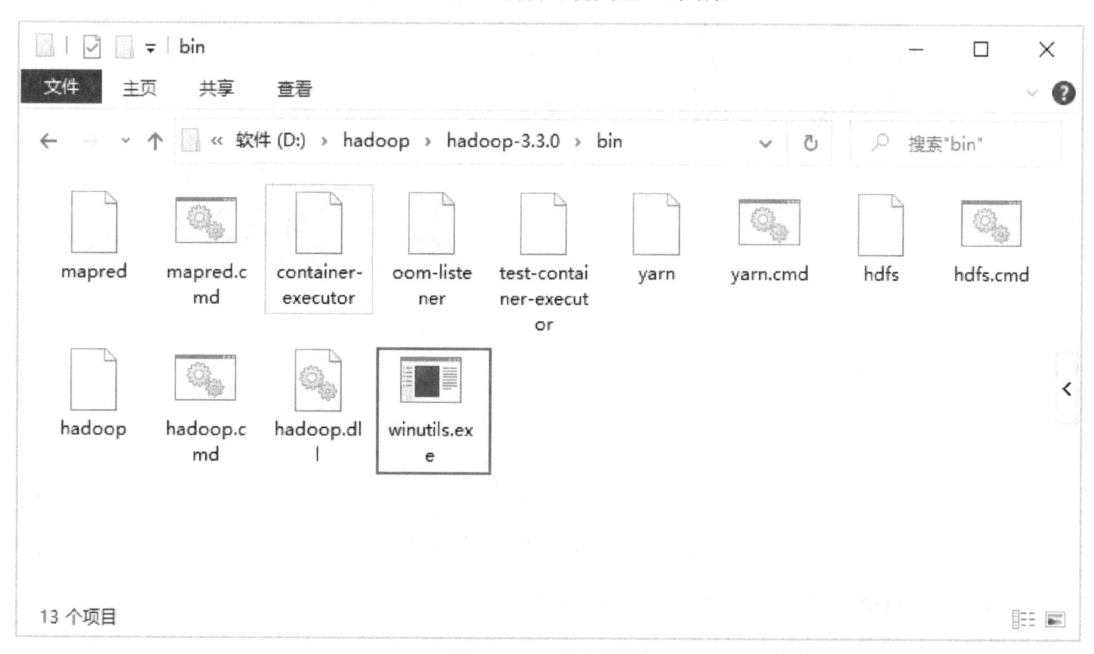

图 2-121　复制插件

至此，Windows 系统的 Hadoop 环境配置就完成了。

2. Windows 系统的 Java 环境配置

1）安装 JDK 和 JRE

在 Windows 系统中安装 JDK，安装位置可以根据自己的需要设定，此处设置为 D:\hadoop\Java\

jdk1.8.0_201。双击“jdk-8u201-windows-x64.exe”安装包，打开其安装程序，如图 2-122 所示。

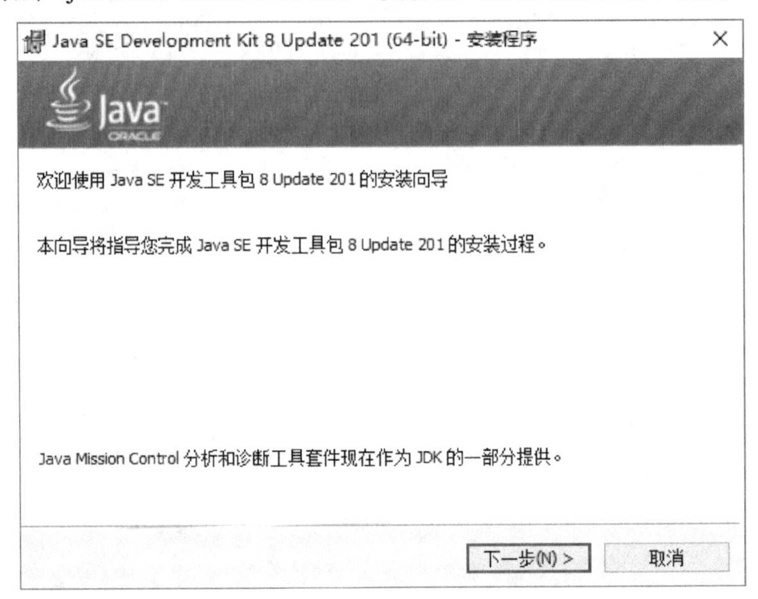

图 2-122　jdk-8u201-windows-x64.exe 安装程序

单击“下一步”按钮，在弹出的对话框中，单击“更改”按钮，如图 2-123 所示。

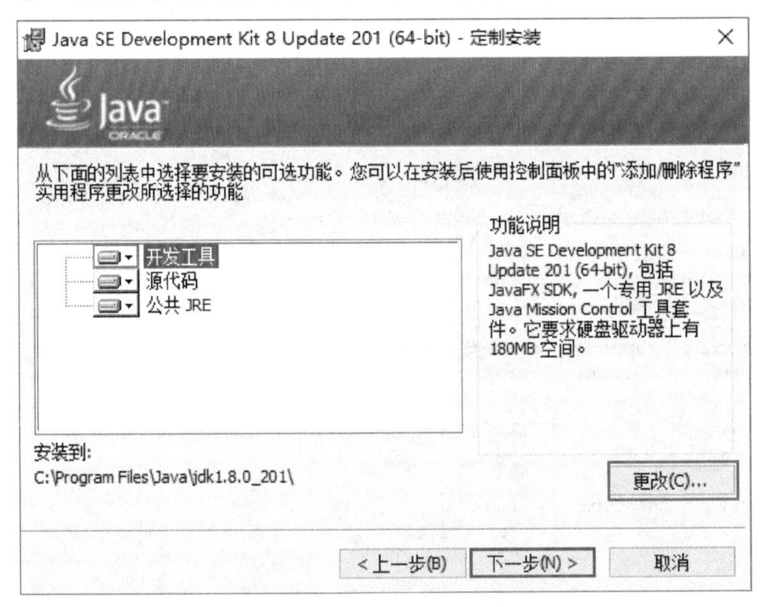

图 2-123　单击“更改”按钮

在弹出的对话框中的“文件夹名”文本框中输入安装路径“D:\hadoop\Java\jdk1.8.0_201\”，并单击“确定”按钮，如图 2-124 所示。

在弹出的对话框中单击“下一步”按钮，如图 2-125 所示。

在安装过程中弹出的“许可证条款中的变更”对话框中单击“确定”按钮，如图 2-126 所示。

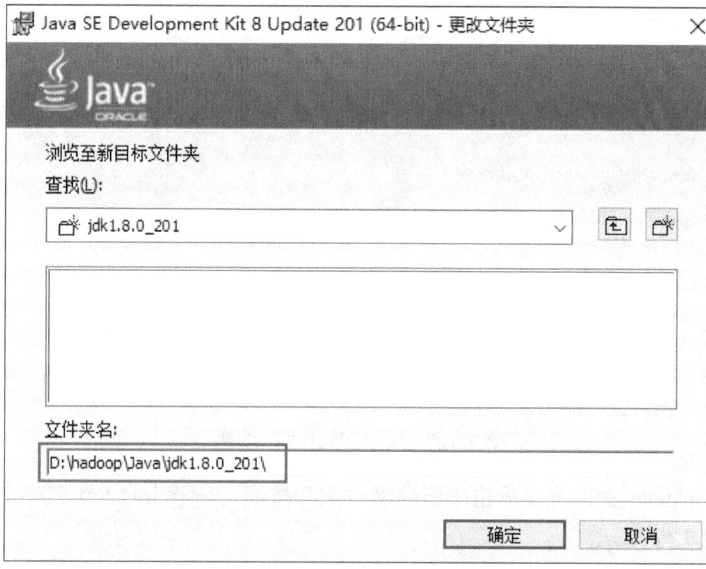

图 2-124　输入安装路径并单击“确定”按钮

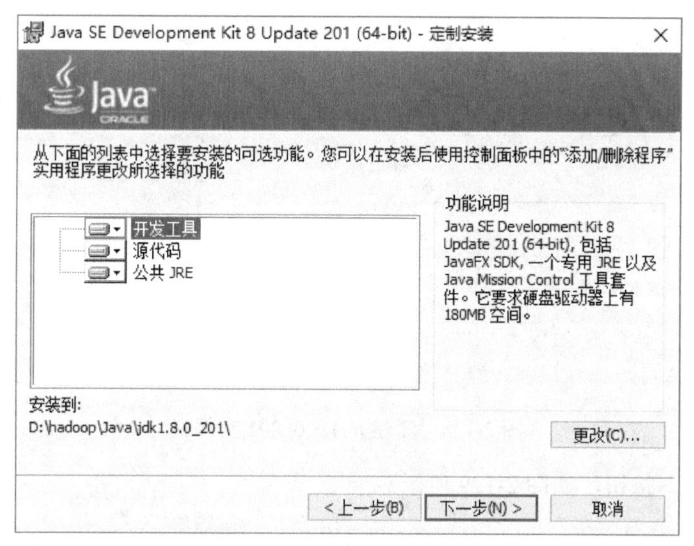

图 2-125　单击“下一步”按钮

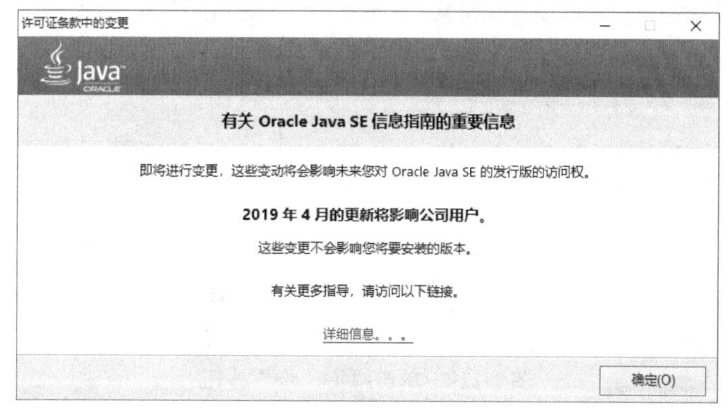

图 2-126　单击“确定”按钮

在弹出的对话框中单击“更改”按钮，如图 2-127 所示。

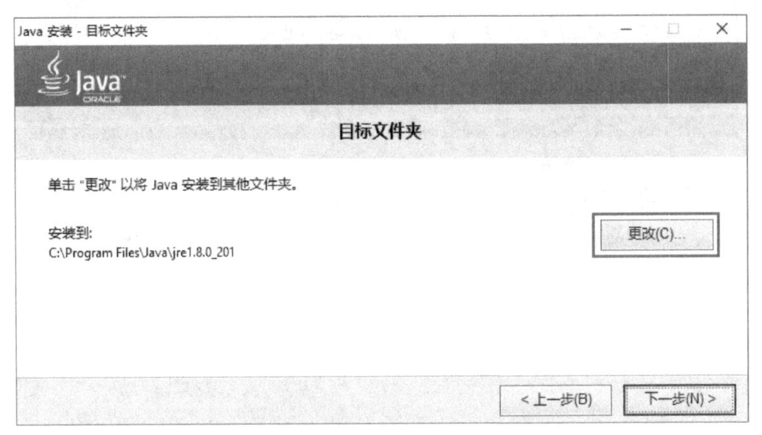

图 2-127　单击“更改”按钮

选择 D:\hadoop\Java 文件夹，单击“新建文件夹”按钮，新建 jre1.8.0_201 文件夹，单击“确定”按钮，如图 2-128 所示。

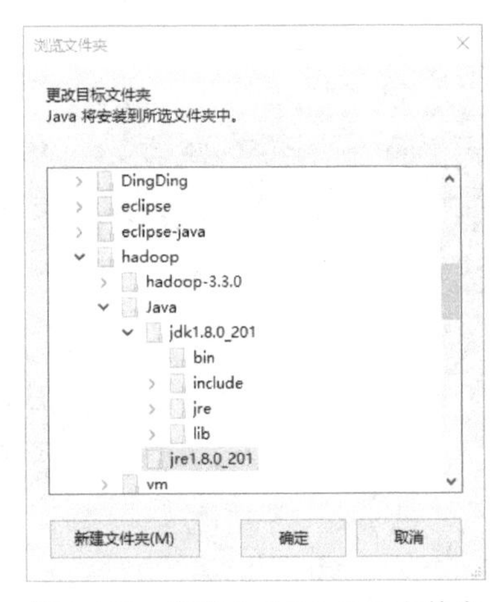

图 2-128　新建 jre1.8.0_201 文件夹

单击“下一步”按钮，如图 2-129 所示。

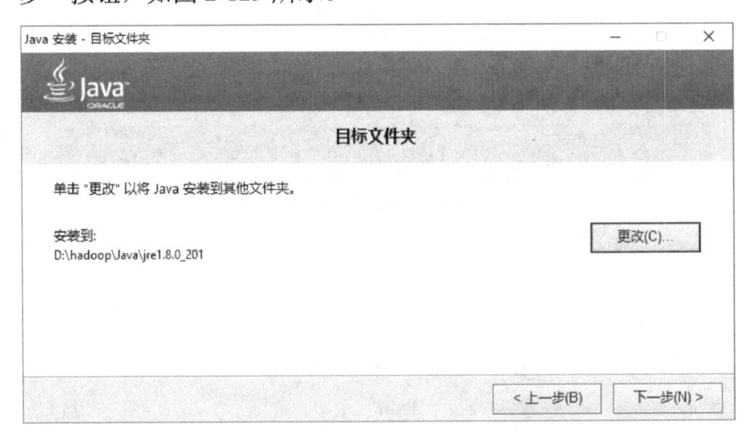

图 2-129　单击“下一步”按钮

安装进度如图 2-130 所示。

等待安装完毕，单击“关闭”按钮，如图 2-131 所示，Java 环境安装完成。

图 2-130　安装进度

图 2-131　安装完毕

2）Java 环境变量配置

打开“系统属性”对话框，在“高级”选项卡中单击“环境变量”按钮，如图 2-132 所示。

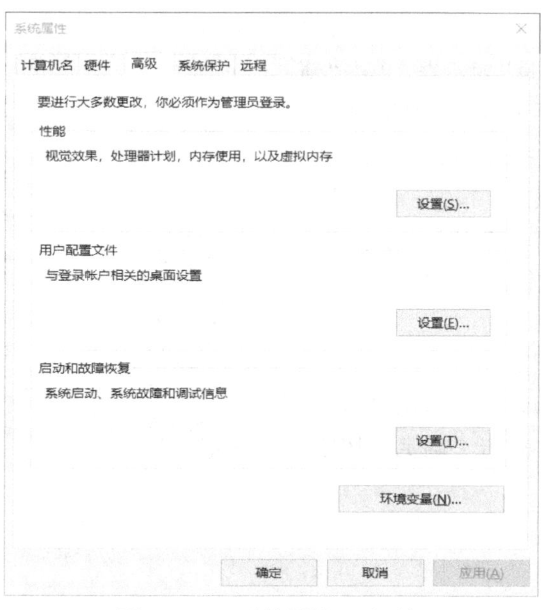

图 2-132　“系统属性”对话框

弹出“环境变量”对话框，在“系统变量”选区中单击“新建”按钮，如图2-133所示。

图2-133 “环境变量”对话框

弹出“新建系统变量”对话框，在“变量名”文本框中输入“JAVA_HOME”，在“变量值”文本框中输入“D:\hadoop\Java\jdk1.8.0_201”，单击“确定”按钮，如图2-134所示。

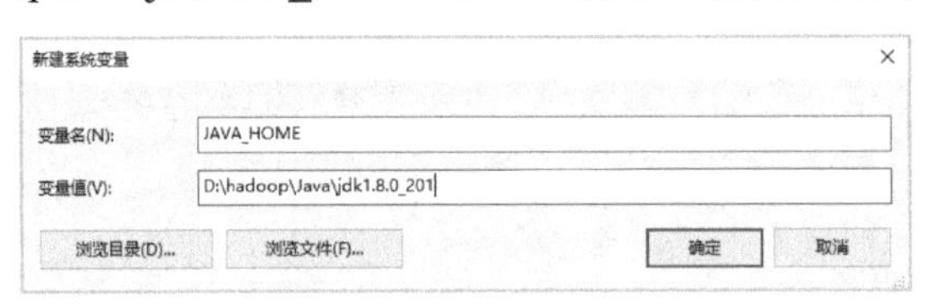

图2-134 “新建系统变量”对话框

在“系统变量”选区的列表框中双击“Path”选项，弹出“编辑环境变量”对话框，单击“新建”按钮，弹出“新建系统变量”对话框，在“变量名”文本框中输入“%JAVA_HOME%\bin”，单击“确定”按钮，返回“编辑环境变量”对话框，如图2-135所示。

图2-135 “编辑环境变量”对话框

依次单击“确定”按钮，关闭“系统属性”对话框，完成JDK配置。

3）测试Java环境配置

按组合键“Windows+R”，弹出“运行”对话框，输入“cmd”，单击“确定”按钮，如图2-136所示。

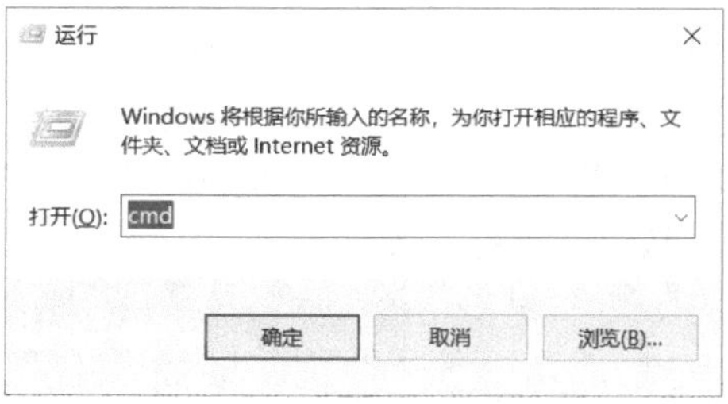

运行
Windows 将根据你所输入的名称，为你打开相应的程序、文件夹、文档或 Internet 资源。
打开(O):
cmd
确定
取消
浏览(B)...

图 2-136　“运行”对话框

在弹出的 Windows 命令行窗口中执行 java -version 命令，如有反馈信息即配置成功，如图 2-137 所示。

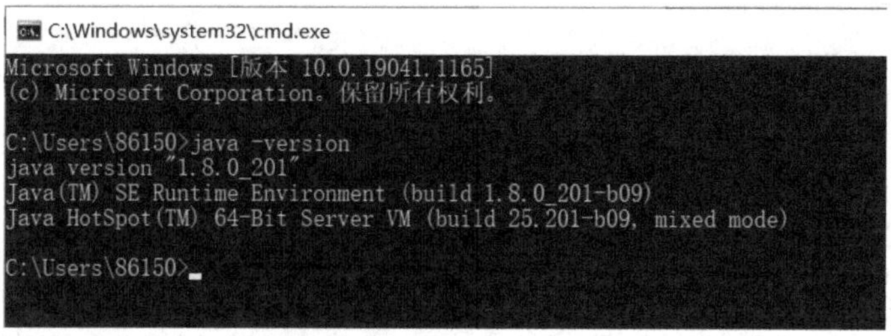

C:\Windows\system32\cmd.exe
Microsoft Windows [版本 10.0.19041.1165]
(c) Microsoft Corporation。保留所有权利。
C:\Users\86150>java -version
java version "1.8.0_201"
Java(TM) SE Runtime Environment (build 1.8.0_201-b09)
Java HotSpot(TM) 64-Bit Server VM (build 25.201-b09, mixed mode)
C:\Users\86150>

图 2-137　执行 java -version 命令

3. 创建 Maven 工程

在 C:\Windows\System32\drivers\etc 目录中打开 hosts 文件，在其中添加一行信息，内容为 127.0.0.1 localhost，添加完成之后，保存并关闭该文件。

下面创建一个新的 Maven 工程项目。

打开 IDEA 软件，弹出 IDEA 欢迎界面，单击“New Project”按钮，如图 2-138 所示。

Welcome to IntelliJ IDEA
IntelliJ IDEA
2021.1
Projects
Customize
Plugins
2
Learn IntelliJ IDEA
Welcome to IntelliJ IDEA
Create a new project to start from scratch.
Open existing project from disk or version control.
New Project
Open
Get from VCS

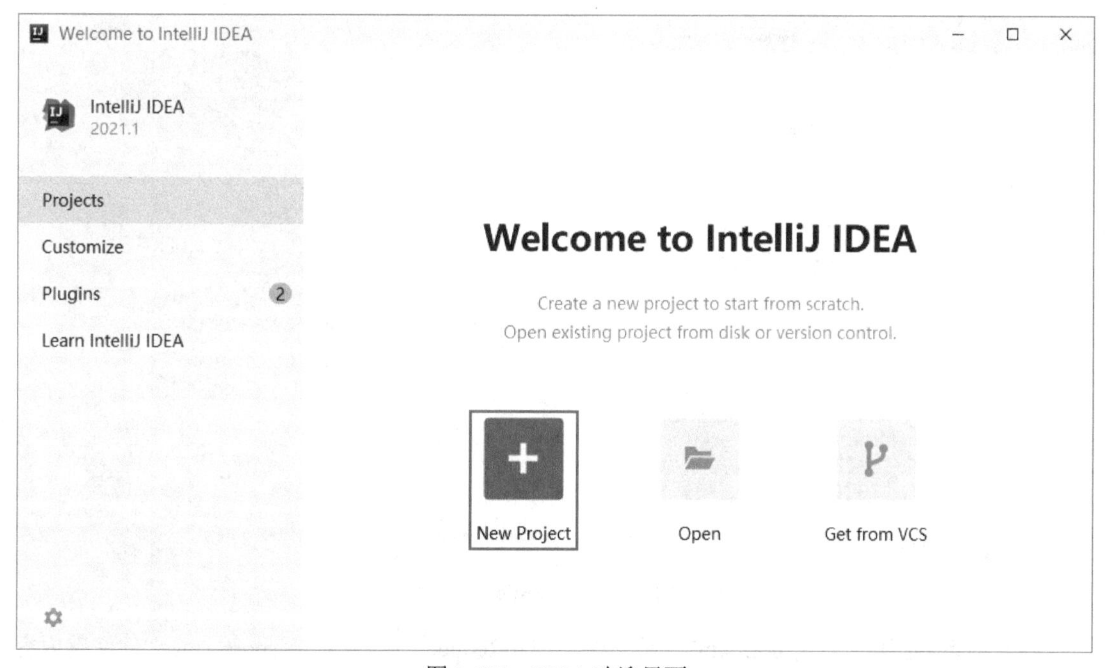

图 2-138　IDEA 欢迎界面

在弹出的“New Project”对话框中，选择“Maven”选项，在“Project SDK”下拉列表中选择安装 JDK 的路径 D:\hadoop\Java\jdk1.8.0_201，单击“Next”按钮，如图 2-139 所示。

弹出“New Project”对话框，在“Name”文本框中输入“HadoopClientTest”，在“Location”文本框中输入“D:\Project\HadoopClientTest”，将“GroupId”指定为“com.bigdata”，将“Version”修改为“1.0”，单击“Finish”按钮，如图 2-140 所示。

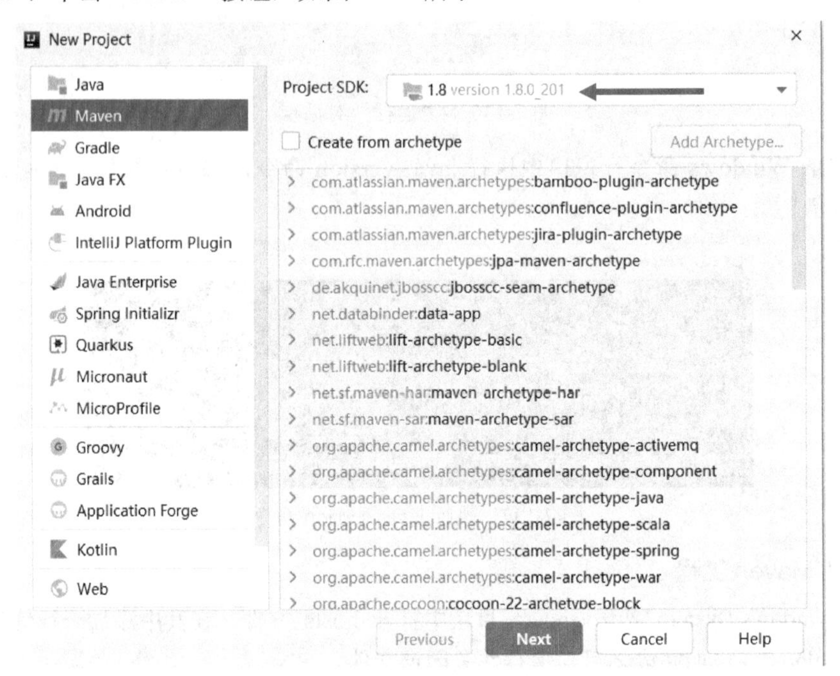

图 2-139　“New Project”对话框

New Project

Name: HadoopClientTest

Location: D:\Project\HadoopClientTest

Artifact Coordinates

GroupId: com.bigdata

The name of the artifact group, usually a company domain

ArtifactId: HadoopClientTest

The name of the artifact within the group, usually a project name

Version: 1.0

Previous　Finish　Cancel　Help

图 2-140　“New Project”对话框

打开项目界面后，双击 pom.xml 文件，导入 MapReduce 的相关依赖，pom.xml 文件完整内容如下。

```
<?xml version="1.0" encoding="UTF-8"?>
```

```
<project xmlns="http://maven.apache.org/POM/4.0.0"
        xmlns:xsi="http://www.w3.org/2001/XMLSchema-instance"
        xsi:schemaLocation="http://maven.apache.org/POM/4.0.0
http://maven.apache.org/xsd/maven-4.0.0.xsd">
    <modelVersion>4.0.0</modelVersion>

    <groupId>com.bigdata</groupId>
    <artifactId>HadoopClientTest</artifactId>
    <version>1.0</version>

    <properties>
        <maven.compiler.source>8</maven.compiler.source>
        <maven.compiler.target>8</maven.compiler.target>
        <project.build.sourceEncoding>UTF-8</project.build.sourceEncoding>
        <hadoop.version>3.3.0</hadoop.version>
    </properties>

    <dependencies>
        <dependency>
            <groupId>org.apache.hadoop</groupId>
            <artifactId>hadoop-common</artifactId>
            <version>${hadoop.version}</version>
        </dependency>
        <dependency>
            <groupId>org.apache.hadoop</groupId>
            <artifactId>hadoop-client</artifactId>
            <version>${hadoop.version}</version>
        </dependency>
        <dependency>
            <groupId>org.apache.hadoop</groupId>
            <artifactId>hadoop-hdfs</artifactId>
            <version>${hadoop.version}</version>
        </dependency>

        <dependency>
            <groupId>junit</groupId>
            <artifactId>junit</artifactId>
            <version>4.13</version>
            <scope>compile</scope>
        </dependency>
    </dependencies>

    <build>
        <plugins>
            <!-- 设置项目的编译版本 -->
            <plugin>
                <groupId>org.apache.maven.plugins</groupId>
                <artifactId>maven-compiler-plugin</artifactId>
                <version>3.8.1</version>
                <configuration>
```

```
                <source>1.8</source>
                <target>1.8</target>
            </configuration>
        </plugin>
        <!--打包插件-->
        <plugin>
            <groupId>org.apache.maven.plugins</groupId>
            <artifactId>maven-assembly-plugin</artifactId>
            <version>3.0.0</version>
            <executions>
                <execution>
                    <id>make-assembly</id>
                    <phase>package</phase>
                    <goals>
                        <goal>single</goal>
                    </goals>
                </execution>
            </executions>
            <configuration>
                <descriptorRefs>
                    <descriptorRef>jar-with-dependencies</descriptorRef>
                </descriptorRefs>
            </configuration>
        </plugin>
    </plugins>
</build>

</project>
```

单击 pom.xml 文件的加载按钮，开始加载所有依赖。在加载过程中，窗口下方会显示每个依赖的加载进度，当文件右上方出现“√”标记时，说明所有依赖加载完成，如图 2-141 所示。

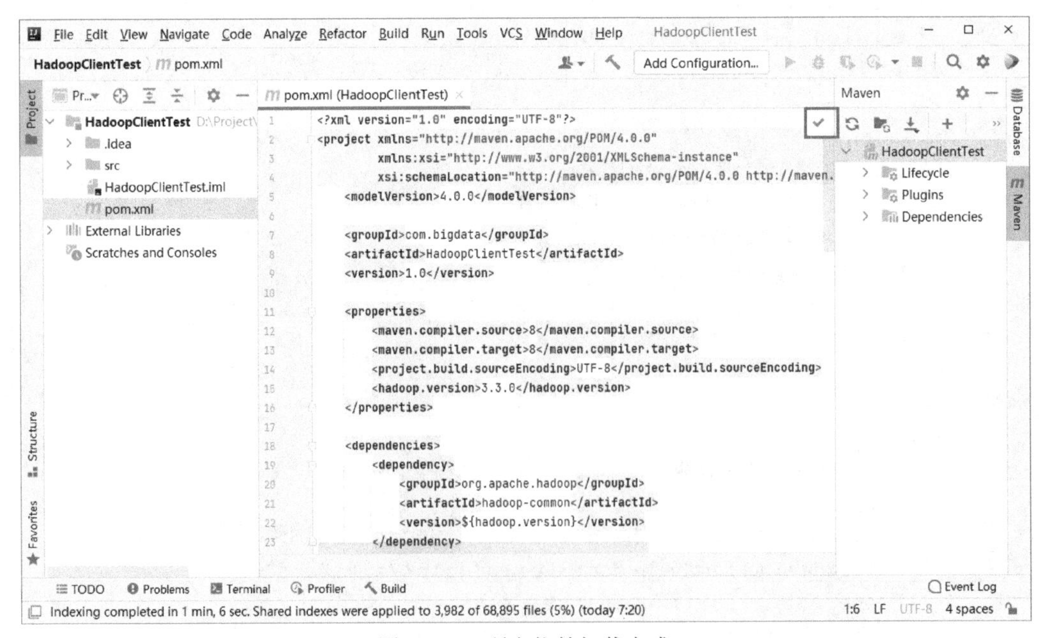

图 2-141 所有依赖加载完成

4. 创建并编写 HdfsClientTest 类

在窗口左侧项目架构中右击“java”目录，在弹出的快捷菜单中选择“New”→“Package”命令，如图 2-142 所示。

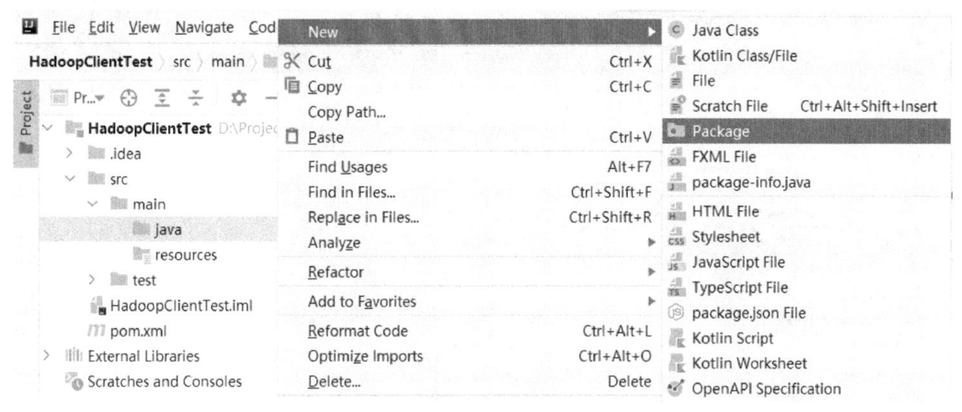

图 2-142　右击“java”目录

在弹出的“New Package”对话框中输入“com.bigdata”，按回车键，如图 2-143 所示。

图 2-143　“New Package”对话框

在窗口左侧项目架构中的 java 目录中出现了“com.bigdata”目录，右击此目录，选择“New”→“Java Class”命令，如图 2-144 所示。

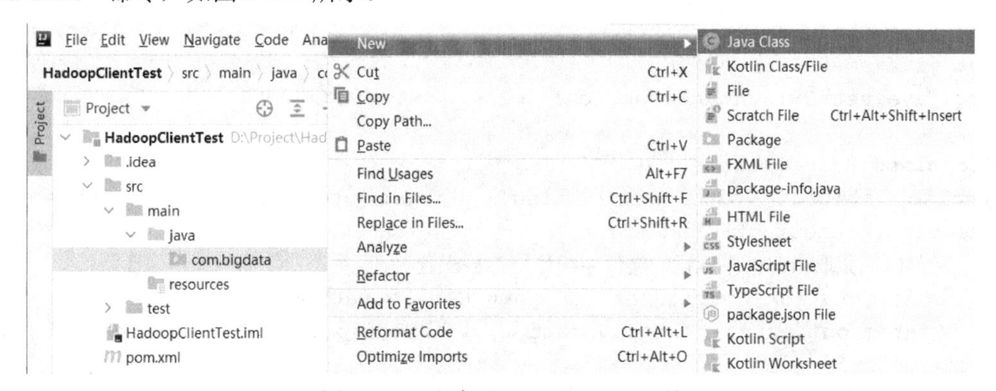

图 2-144　右击“com.bigdata”目录

在弹出的“New Java Class”对话框中输入类名“HdfsClientTest”，如图 2-145 所示。

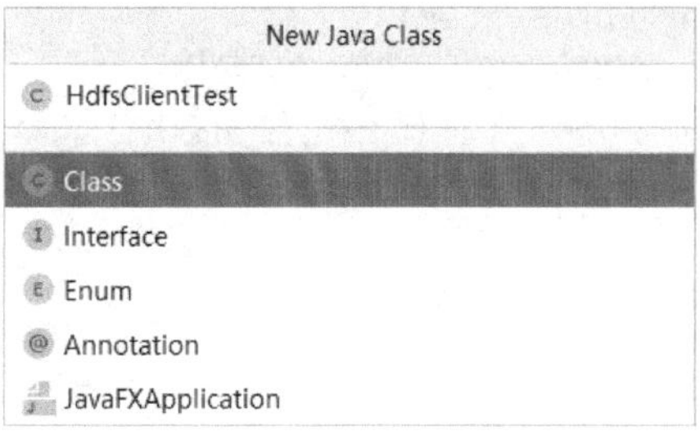

New Java Class
HdfsClientTest
Class
Interface
Enum
Annotation
JavaFXApplication

图 2-145　“New Java Class”对话框

按回车键，创建 HDFS 客户端类，在窗口在侧项目架构中的 com.bigdata 目录中出现了 HdfsClientTest 类，如图 2-146 所示。

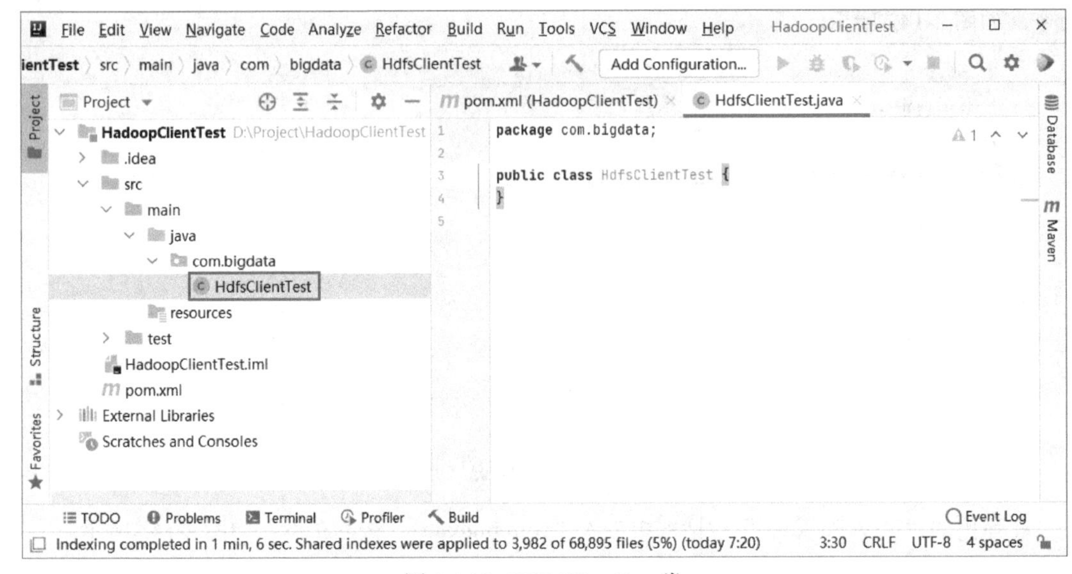

图 2-146 HdfsClientTest 类

HdfsClientTest 类中的代码如下所示。

```
package com.bigdata;
import org.apache.hadoop.conf.Configuration;
import org.apache.hadoop.fs.FileSystem;
import org.apache.hadoop.fs.Path;
import java.io.IOException;
import java.net.URI;
import java.net.URISyntaxException;

public class HdfsClientTest {
    public static void main(String[] args) throws URISyntaxException,
IOException, InterruptedException {
        // (1) 获取当前程序运行的文件系统环境参数配置
        Configuration configuration = new Configuration();
        System.out.println(configuration); //Configuration: core-default.xml,
core-site.xml
        // (2) 配置访问集群的路径和访问集群的用户名称
        FileSystem fileSystem = FileSystem.get(new URI("hdfs://node1:9000"),
configuration, "bigdata");
        System.out.println(fileSystem);
        // (3) 业务逻辑操作：把本地文件上传到文件系统中
        fileSystem.copyFromLocalFile(new Path("testData/test.txt"), new
Path("/inpath"));
        // (4) 关闭资源
        fileSystem.close();
    }
}
```

在窗口左侧项目架构中右击“HadoopClientTest”目录，在弹出的快捷菜单中选择“New”→

“Directory”命令，如图 2-147 所示。

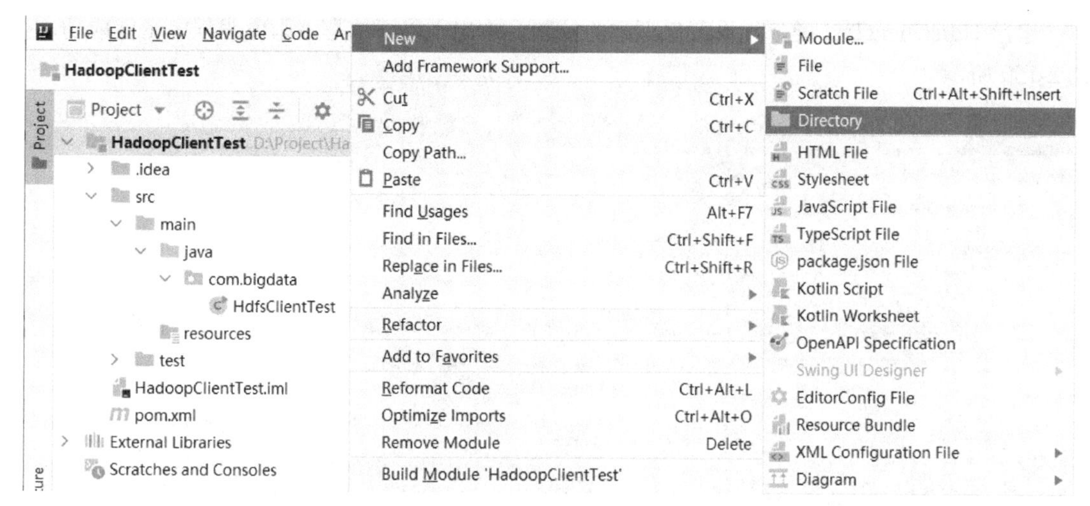

图 2-147　右击“HadoopClientTest”目录

在弹出的“New Directory”对话框中输入目录名“testData”，按回车键。创建 testData 目录后，该目录就会出现在窗口左侧的项目架构中，如图 2-148 所示。

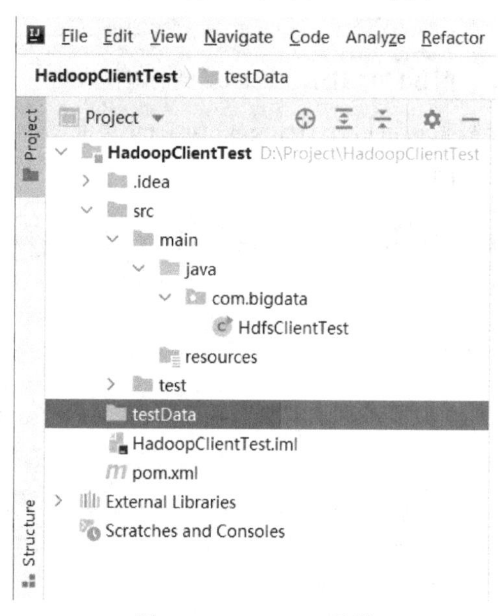

图 2-148　testData 目录

右击“testData”目录，在弹出的快捷菜单中选择“New”→“File”命令，在弹出的“New File”对话框中输入“test.txt”，创建 test.txt 文件，如图 2-149 所示。

图 2-149　创建 test.txt 文件

双击项目架构中的 test.txt 文件，在该文件中输入下面的内容。

```
hadoop spark
hadoop spark
```

5．运行 HdfsClientTest 类，实现文件上传功能

运行 HdfsClientTest 类，如果窗口下方的控制台中出现以下信息，则说明程序运行成功，如图 2-150 所示。

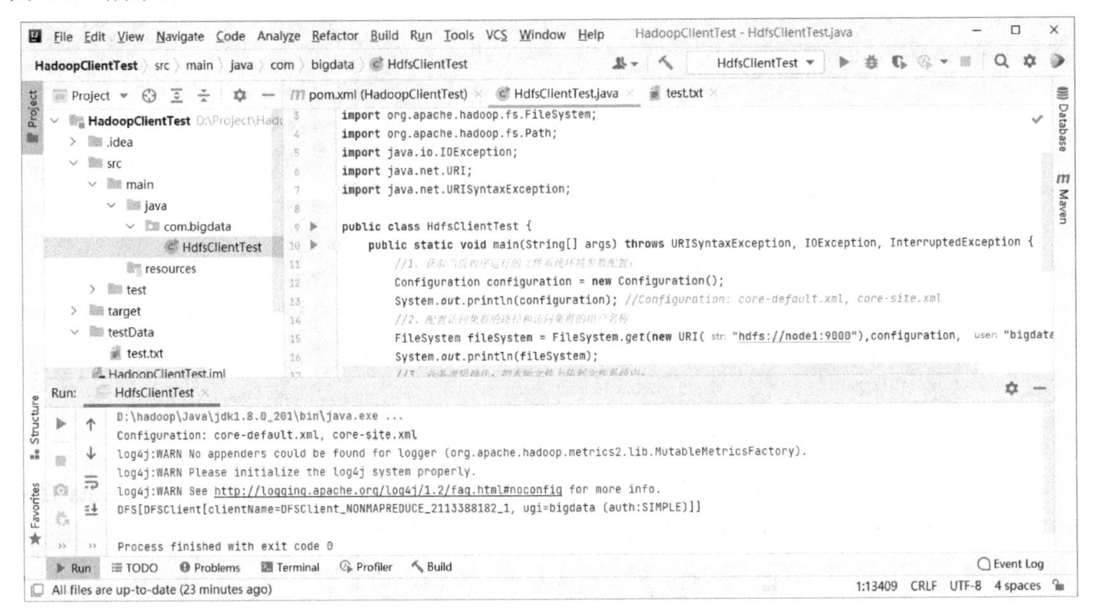

图 2-150　HdfsClientTest 类的运行结果

HdfsClientTest 类的运行结果也可以在 HDFS 的 Web UI 界面中查看。进入 HDFS 根目录，可以看到 inpath 文件，如图 2-151 所示。

Hadoop　Overview　Datanodes　Datanode Volume Failures　Snapshot　Startup Progress　Utilities

Browse Directory

/　Go!

Show 25 entries　Search:

Permission	Owner	Group	Size	Last Modified	Replication	Block Size	Name
-rw-r--r--	bigdata	supergroup	26 B	May 01 17:35	3	128 MB	data.txt
-rw-r--r--	bigdata	supergroup	25 B	May 16 18:27	3	128 MB	inpath
drwxr-xr-x	bigdata	supergroup	0 B	May 16 18:18	0	0 B	input
drwxr-xr-x	bigdata	supergroup	0 B	May 01 17:42	0	0 B	output
drwx------	bigdata	supergroup	0 B	May 01 17:42	0	0 B	tmp

Showing 1 to 5 of 5 entries　Previous 1 Next

Hadoop, 2020.

图 2-151　在 HDFS 中查看文件上传结果

选择“Head the file (first 32K)”选项来查看内容，可以看到 inpath 文件内容与上传的 test.txt 文件内容相同，如图 2-152 所示。

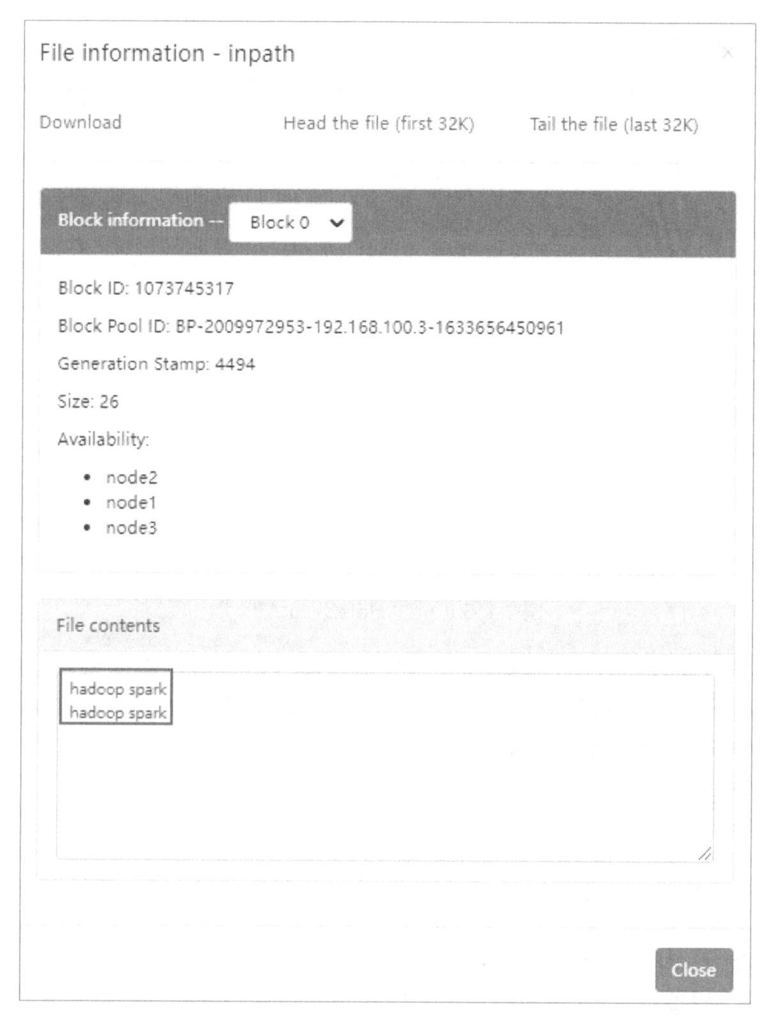

图 2-152　HDFS 中的 inpath 文件内容

小贴士：

如果 HDFS 路径中的目录存在，文件就会被上传到该目录中；如果该目录不存在，文件在上传时就会被重命名。

2.3.7　HDFS API 基本操作

HDFS API 的操作有很多，本节主要介绍以封装和流的方式将文件从 Windows 上传到 HDFS 中，以封装和流的方式将文件从 HDFS 下载到 Windows 中，需要上传的文件以 2.3.6 节在 HadoopClientTest 工程中创建的 test.txt 文件为例。

在执行上述 4 个任务之前，首先要配置 HDFS 客户端的执行环境参数。

1. 编写获取及释放 HDFS 客户端对象的方法

先打开 IDEA 软件，再打开 HadoopClientTest 工程，右击“com.bigdata”目录，选择“New”→“Java Class”命令，在弹出的“New Java Class”对话框中输入“HdfsClientAPI”，并按回车键，即可新建 HdfsClientAPI 类，如图 2-153 所示。

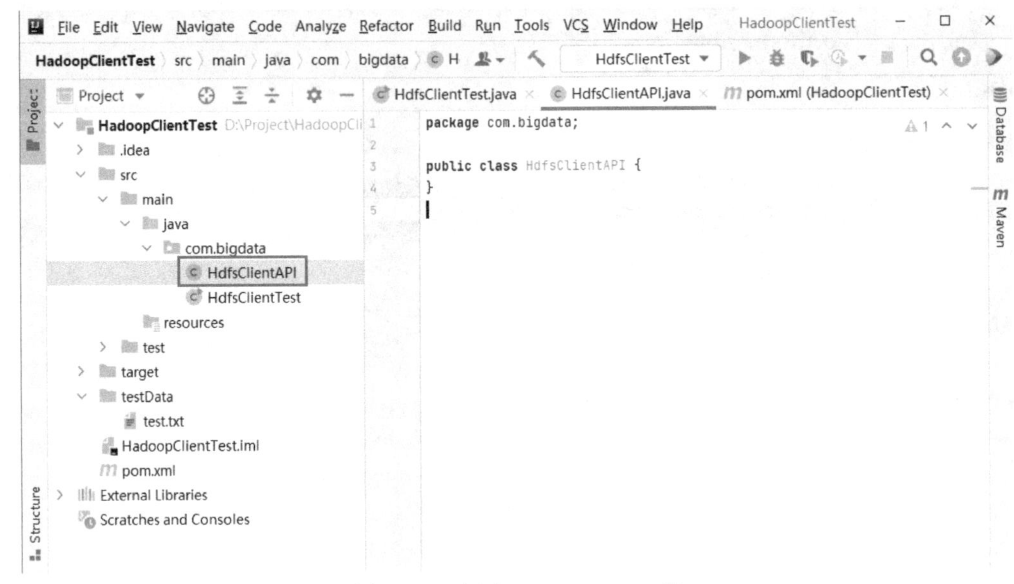

图 2-153 新建 HdfsClientAPI 类

为了实现文件的上传、下载功能，需要在 HdfsClientAPI 类中创建 getFileSystem()和 closeFileSystem()方法。getFileSystem()方法的功能是获取 HDFS 客户端对象，closeFileSystem()方法的功能是释放 HDFS 客户端对象资源。

getFileSystem()方法的代码如下。

```
//获取 HDFS 客户端对象
public static FileSystem getFileSystem() {
    FileSystem fs = null;
    try {
        Configuration conf = new Configuration();
        fs = FileSystem.get(new URI("hdfs://node1:9000"), conf, "bigdata");
    } catch (IOException e) {
        e.printStackTrace();
    } catch (InterruptedException e) {
        e.printStackTrace();
    } catch (URISyntaxException e) {
        e.printStackTrace();
    }
    return fs;
}
```

closeFileSystem()方法的代码如下。

```
//释放 HDFS 客户端对象资源
public static void closeFileSystem() {
    try {
        FileSystem fs = getFileSystem();
        fs.close();
    } catch (IOException e) {
        e.printStackTrace();
    }
}
```

2. 以封装的方式将本地文件 test.txt 上传到 HDFS 中

在 HdfsClientAPI 类中添加 putFileToHdfs( )方法的代码如下。

```
@Test
public void putFileToHdfs() {
    try {
        FileSystem fs = getFileSystem();
        //以封装的方式实现文件上传
        fs.copyFromLocalFile(new Path("testData/test.txt") , new
Path("/input"));
        closeFileSystem();
    } catch (IOException e) {
        e.printStackTrace();
    }
}
```

在上述代码中，首先获取 HDFS 客户端对象，然后调用 copyFromLocalFile()方法，把工程目录 testData 中的 test.txt 文件上传到 HDFS 根目录下的 input 目录中，最后释放系统资源。

注意：如果 HDFS 中存在 input 目录，test.txt 文件就会被上传到 input 目录中；如果 HDFS 中没有 input 目录，则自动创建 input 目录，并将 test.txt 中的内容上传到该 input 目录中。

当 putFileToHdfs()方法执行结束后，在 HDFS 的 Web UI 界面中查看上传的文件，如图 2-154 所示。

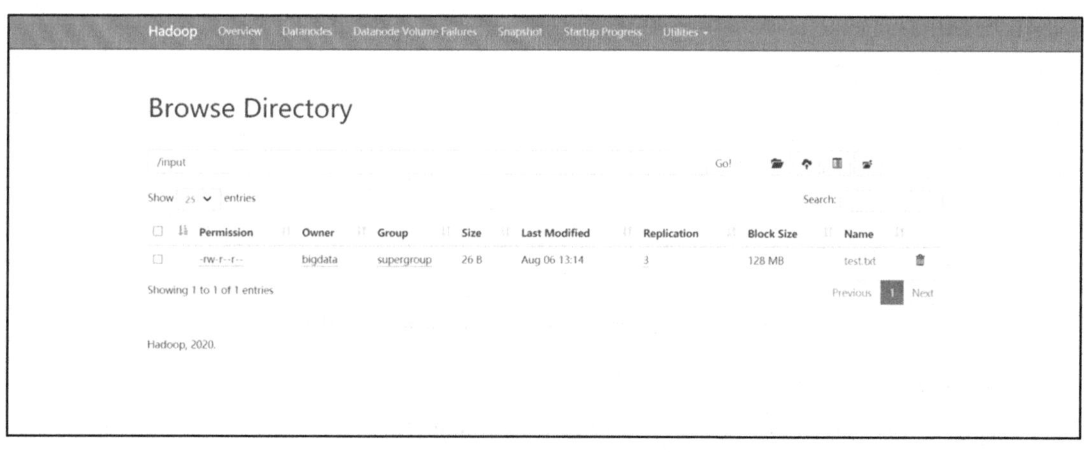

图 2-154　查看上传的文件

3. 以封装的方式将文件从 HDFS 下载到本地系统中

在 HdfsClientAPI 类中，添加 getFileFromHDFS()方法。该方法的功能是将前面上传到 HDFS 中的 test.txt 文件下载到本地系统中，并将其命名为 test2.txt，代码如下。

```
@Test
public void getFileFromHDFS() {
  //以封装的方式实现文件下载
    try {
        FileSystem fs = getFileSystem();
        fs.copyToLocalFile(false    ,    new    Path("/input/test.txt")    ,    new
Path("testData/test2.txt") , true);
        closeFileSystem();
```

```
    } catch (IOException e) {
        e.printStackTrace();
    }
}
```

在上述代码中，首先获取 HDFS 客户端对象，然后调用 copyToLocalFile()方法实现文件下载功能。该方法有 4 个参数：第 1 个参数用于设置是否删除源文件，此处设置为 false；第 2 个参数用于指定 HDFS 中的文件路径，此处为/input/test.txt；第 3 个参数用于指定文件下载到本地的路径，此处为 testData/test2.txt；第 4 个参数用于设置是否开启文件校验，此处设置为 true。最后调用 closeFileSystem()方法关闭系统资源。

运行 copyToLocalFile()方法后，文件会被下载到本地的 testData 目录中，文件名为 test2.txt，如图 2-155 所示。

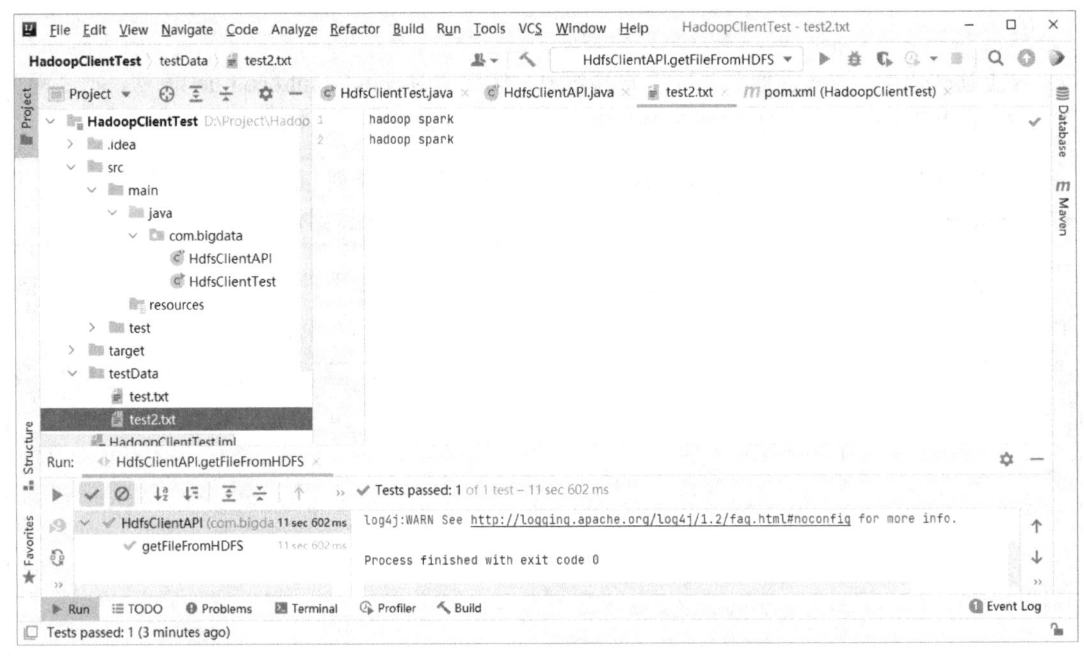

图 2-155　文件被下载到本地的 testData 目录中

4. 以流的方式将文件上传到 HDFS 中

将 test.txt 文件上传到 HDFS 中，并将其命名为 output.txt。

在 HdfsClientAPI 类中，添加 putFileToHdfsByStream()方法，代码如下。

```
@Test
public void putFileToHdfsByStream() {
    //以流的方式将文件上传到 HDFS 中
    try {
        FileSystem fs = getFileSystem();
        //构建输入流
        FileInputStream fis = new FileInputStream(new File("testData/test.txt"));
        //构建输出流
        FSDataOutputStream fos = fs.create(new Path("/output.txt"));
        //流对接
        IOUtils.copyBytes(fis , fos , 4096 , false);
```

```
        IOUtils.closeStream(fis);
        IOUtils.closeStream(fos);
        closeFileSystem();
    } catch (IOException e) {
        e.printStackTrace();
    }
}
```

在上述代码中，首先获取 HDFS 客户端对象，构建输入流并获取工程中的 testData/test.txt 文件内容，然后构建输出流并将获取的文件内容存放到 HDFS 的 /output.txt 文件中。当输入流和输出流构建完成后，调用流对接方法 copyBytes()实现文件上传功能。copyBytes()方法有 4 个参数：第 1 个参数用于指定输入流；第 2 个参数用于指定输出流；第 3 个参数用于设置缓存大小；第 4 个参数用于设置是否自动关闭流，此处设置为 false。最后调用 closeStream()方法依次关闭输入流和输出流，调用 closeFileSystem()方法关闭系统资源。

运行 putFileToHdfsByStream()方法后，在 HDFS 的根目录中可以看到上传的 output.txt 文件，选择“Head the file(first 32k)”选项，可以看到文件内容，如图 2-156 所示。

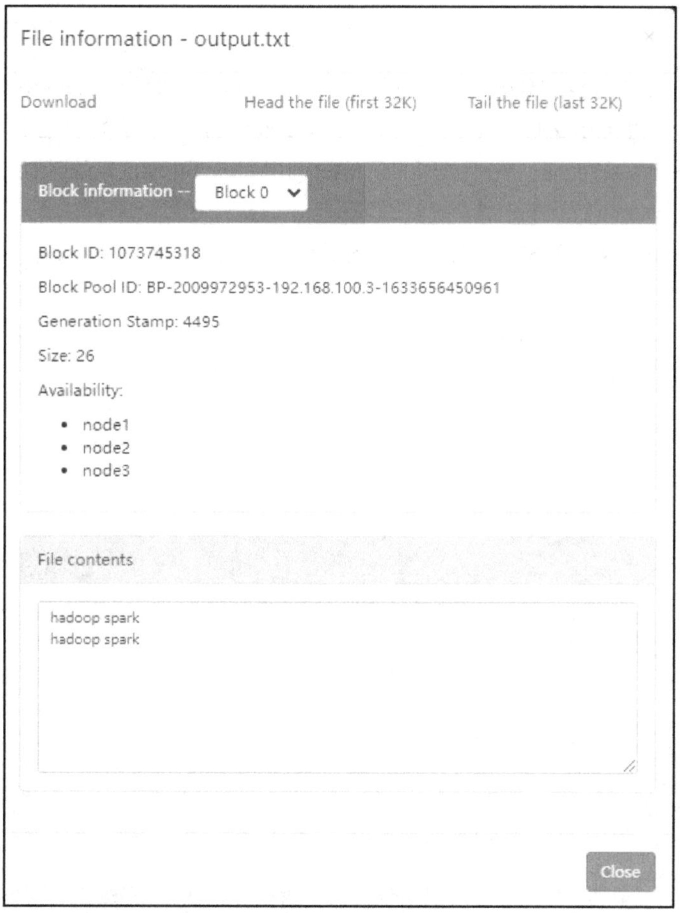

图 2-156　output.txt 文件内容

5. 以流的方式将 output.txt 文件从 HDFS 下载到本地

将 HDFS 根目录中的 output.txt 文件下载到本地的 testData 目录中。

在 HdfsClientAPI 类中，添加 getFileFromHDFSByStream()方法，代码如下。

```
@Test
public void getFileFromHDFSByStream() {
    //以流的方式将文件从 HDFS 下载到本地
    try {
        FileSystem fs = getFileSystem();
        //构建输入流
        FSDataInputStream fis = fs.open(new Path("/output.txt"));
        //构建输出流
        FileOutputStream fos = new FileOutputStream("testData/test3.txt");
        //流对接
        IOUtils.copyBytes(fis , fos , 4096 , false);
        IOUtils.closeStream(fis);
        IOUtils.closeStream(fos);
        closeFileSystem();
    } catch (IOException e) {
        e.printStackTrace();
    }
}
```

在上述代码中，首先获取 HDFS 客户端对象，然后构建输入流获取 HDFS 根目录下的 data.txt 文件内容，构建输出流将该文件下载到工程目录 testData 中，当输入流和输出流构建完成后，调用流对接方法 copyBytes()实现文件下载功能，最后调用 closeStream()方法依次关闭输入流和输出流，调用 closeFileSystem()方法关闭系统资源。

运行 getFileFromHDFSByStream()方法，在工程目录 testData 中可以看到下载的 test3.txt 文件，如图 2-157 所示。

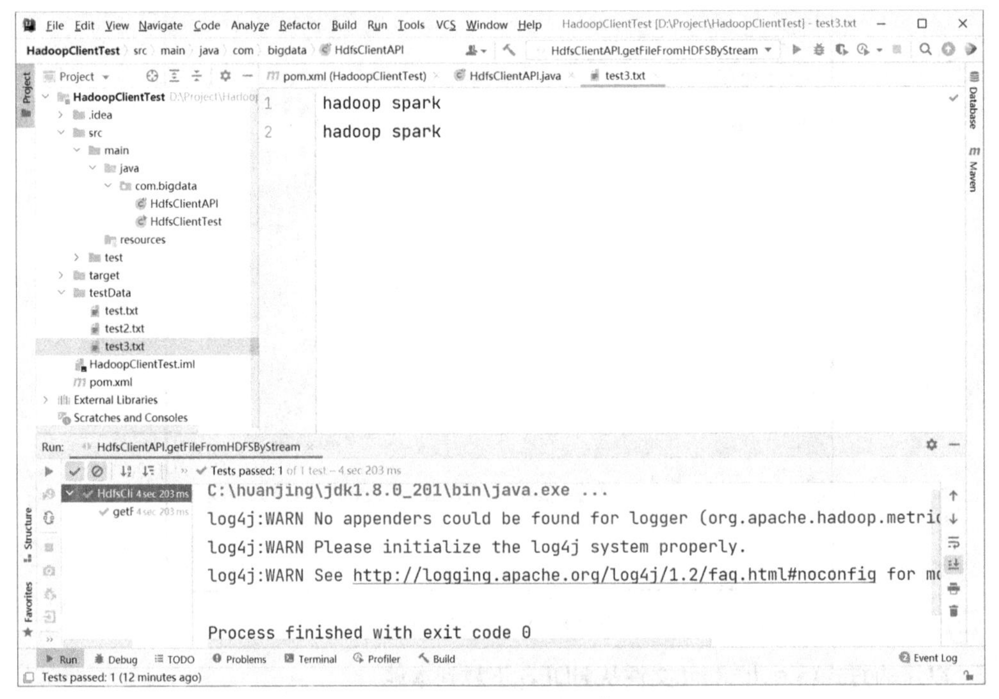

图 2-157 test3.txt 文件

2.3.8 MapReduce 原理

MapReduce 是 Hadoop 进行离线数据处理的计算框架。MapReduce 采用“分而治之”的思想，把对大规模数据集的操作，分发给多个节点共同完成，并将各个节点的中间结果整合，从而得到最终的计算结果。本节从 MapReduce 的执行阶段和工作流程两方面介绍 MapReduce 的工作原理。

1. MapReduce 的执行阶段

MapReduce 的执行阶段如图 2-158 所示。

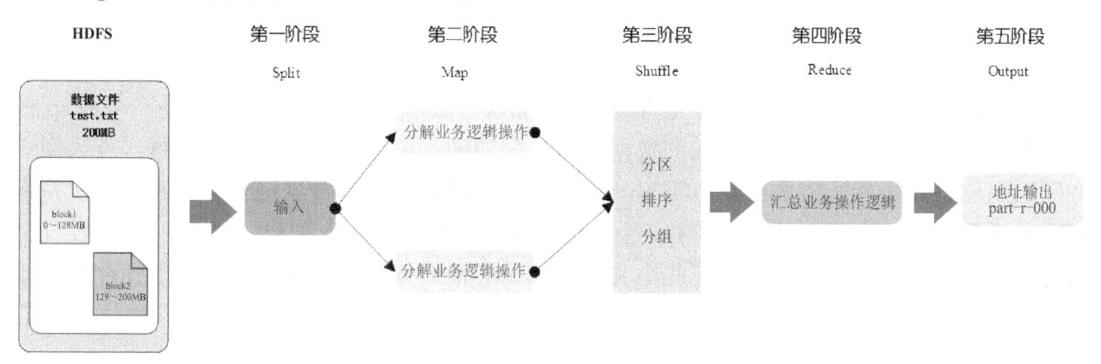

图 2-158 MapReduce 的执行阶段

从图 2-158 中可以看出，整个 MapReduce 的执行过程可以分为五个执行阶段。

第一阶段：Split，即切分。此阶段将一个大的计算任务分解成多个小任务。具体来说，MapReduce 会根据数据文件的大小将其切分成多个分片，每个分片的大小与 HDFS 中的 block 相等。如果设定 HDFS 块的大小是 128MB，那么一个大小为 200MB 的数据文件，将会被切分成两个分片。

第二阶段：Map 阶段。上述两个切片由两个 Map 任务分别进行数据处理和分析。由于每个 Map 任务所获取的只是数据集的一部分数据，所以 Map 是基于局部数据的并行操作。

第三阶段：Shuffle 阶段。Map 阶段产生的数据会通过 Shuffle 阶段，在其内存缓冲区中进行数据的分区、排序、分组处理。该阶段既是整个 MapReduce 执行过程中最复杂的一个阶段，也是 MapReduce 进行优化时需要重点关注的一个阶段。由于分区、排序及分组操作的算法复杂度相对较高，执行效率有进一步提高的空间。

第四阶段：Reduce 阶段。将 Shuffle 阶段的输出，按照不同的分区，通过网络复制到不同的 Reduce 节点中，并按照业务逻辑进行汇总。该阶段的操作是基于全量数据的聚合操作。

第五阶段：Output 阶段。此时，MapReduce 程序运行的最终结果已经产生，Output 阶段会将计算结果输出，并默认存储到 HDFS 中。

以上五个执行阶段，简而言之，就是分解任务、汇总结果，并在执行 MapReduce 程序后将结果存储到 HDFS 中。

2. MapReduce 的工作流程

MapReduce 的工作流程如图 2-159 所示。

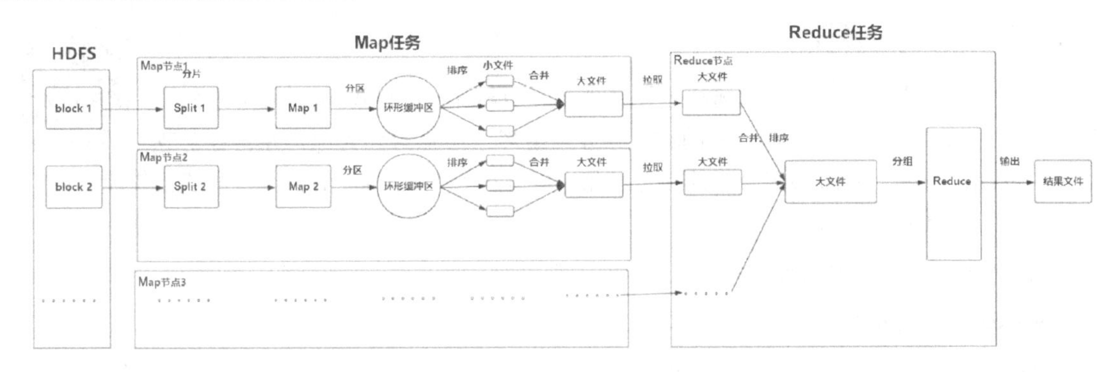

图 2-159　MapReduce 的工作流程

首先，执行 Map 任务。执行时先将数据切分成多个分片，每个分片需要启动一个 Map 任务，对分片数据进行处理，处理完的数据被写入缓冲区。由于缓冲区有容量限制，当达到缓冲区的阈值时，缓冲区的数据就会溢出，Map 任务不断对溢出的数据进行分区和排序，并将其写入磁盘。在 Map 任务的最后阶段，会将缓冲区的数据全部写入磁盘。由于数据不断溢出、被写入磁盘，磁盘中会不断生成一些小文件，系统会根据分区号对这些小文件进行合并，即将若干个小文件中的数据合并到一个大文件中。如此，Map 任务的结果会以若干个大文件的形式被保存。

然后，执行 Reduce 任务。由于整个 MapReduce 是一个离线的分布式体系架构，所以每个 Reduce 节点需要的数据可能并不在本地存储中。所有 Reduce 运行节点通过网络从 Map 阶段合并后的大文件中进行远程拉取操作，将数据从多个 Map 任务节点拉取到当前 Reduce 节点中。接着，Reduce 节点会对数据进行最终的合并和排序操作，从而生成一个大文件，并对该文件的数据进行分组操作，提交给 Reduce 程序，通过 Reduce 程序的聚合逻辑实现相关的业务逻辑操作。

最后，Reduce 处理完数据之后，根据程序指定的目的地将结果写入 HDFS。

虽然 MapReduce 的执行阶段与工作流程有相似之处，但是 MapReduce 的执行阶段更侧重整体的执行过程，而工作流程更侧重执行过程中具体细节的介绍。

2.3.9　MapReduce 案例——词频统计

本节将从案例需求、解决方案、程序编写、集群测试、本地测试 5 个方面介绍 MapReduce 技术的应用，实现词频统计。

1. 案例需求

本案例要求根据文本文件中的内容，统计并输出每个单词出现的总次数。

2. 解决方案

根据需求提供解决方案。解决方案分为 5 部分：①准备好输入数据；②明确输出结果；③编写 Mapper 业务类程序，获取文本内容，并按照要求的格式进行切分，输出 key 和 value，此处，key 为每一个单词，对应的 value 均为 1；④编写 Reducer 业务类程序，汇总、输出每个 key（每个单词）出现的总次数；⑤编写 Driver 驱动类程序，获取配置信息，指定相应的输入、输出类型，以及数据的输入、输出路径，并提交给程序运行。

下面根据解决方案实现需求。首先，构建 Maven 项目。

（1）打开 IDEA，在菜单栏中选择“File”→“New”→“Project”命令，在弹出的“New Project”对话框中选择“Maven”选项，单击“Next”按钮。

（2）弹出“New Project”对话框，在“Name”文本框中输入项目名称“JavaMRTest”，“ArtifactId”文本框中会同步出现项目标识符“JavaMRTest”，在“Location”文本框中输入项目存放路径，该路径可自定义设置，此处设置为“D:\oftenSoftWare\IdeaProject\JavaMRTest”，在“GroupId”文本框中输入反写的域名及业务模块名称，此处设置为“com.data.hadoop”，单击“Finish”按钮，如图 2-160 所示。

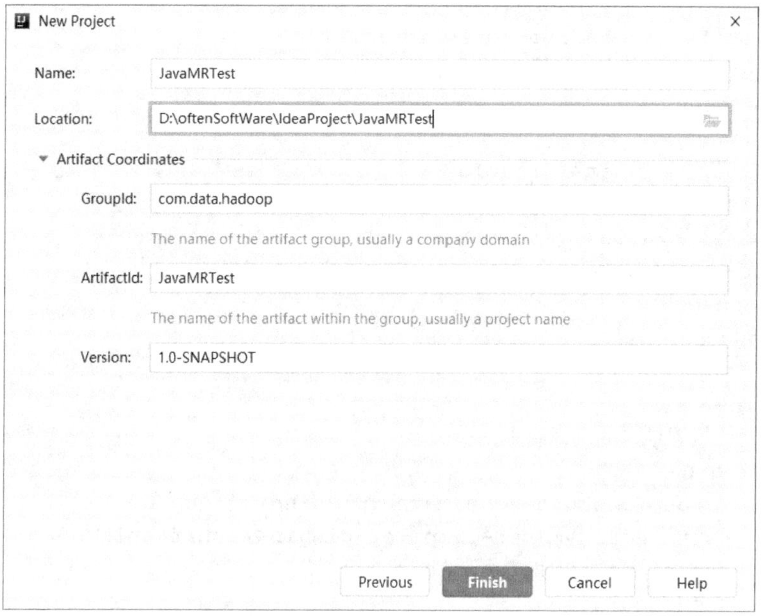

图 2-160　设置项目信息

（3）打开 pom.xml 文件，导入 MapReduce 相关依赖，pom.xml 文件的完整内容如下。

```
<?xml version="1.0" encoding="UTF-8"?>
<project xmlns="http://maven.apache.org/POM/4.0.0"
       xmlns:xsi="http://www.w3.org/2001/XMLSchema-instance"
       xsi:schemaLocation="http://maven.apache.org/POM/4.0.0
http://maven.apache.org/xsd/maven-4.0.0.xsd">
   <modelVersion>4.0.0</modelVersion>

   <groupId>com.data.hadoop</groupId>
   <artifactId>JavaMRTest</artifactId>
   <version>1.0-SNAPSHOT</version>
   <properties>
      <project.build.sourceEncoding>UTF-8</project.build.sourceEncoding>
      <hadoop.version>3.3.0</hadoop.version>
   </properties>
   <dependencies>
      <dependency>
         <groupId>org.apache.hadoop</groupId>
         <artifactId>hadoop-common</artifactId>
         <version>${hadoop.version}</version>
      </dependency>
```

```
    <dependency>
        <groupId>org.apache.hadoop</groupId>
        <artifactId>hadoop-client</artifactId>
        <version>${hadoop.version}</version>
    </dependency>
    <dependency>
        <groupId>org.apache.hadoop</groupId>
        <artifactId>hadoop-hdfs</artifactId>
        <version>${hadoop.version}</version>
    </dependency>
    <dependency>
        <groupId>junit</groupId>
        <artifactId>junit</artifactId>
        <version>4.13</version>
        <scope>compile</scope>
    </dependency>
</dependencies>
<build>
    <plugins>
        <!-- 设置项目的编译版本 -->
        <plugin>
            <groupId>org.apache.maven.plugins</groupId>
            <artifactId>maven-compiler-plugin</artifactId>
            <version>3.8.1</version>
            <configuration>
                <source>1.8</source>
                <target>1.8</target>
            </configuration>
        </plugin>
        <!--打包插件-->
        <plugin>
            <groupId>org.apache.maven.plugins</groupId>
            <artifactId>maven-assembly-plugin</artifactId>
            <version>3.0.0</version>
            <executions>
                <execution>
                    <id>make-assembly</id>
                    <phase>package</phase>
                    <goals>
                        <goal>single</goal>
                    </goals>
                </execution>
            </executions>
            <configuration>
                <descriptorRefs>
                    <descriptorRef>jar-with-dependencies</descriptorRef>
                </descriptorRefs>
            </configuration>
        </plugin>
```

```
    </plugins>
</build>
</project>
```

（4）单击窗口右侧的“Load Maven Changes”按钮，等待所有相关依赖的 jar 包下载完成，展开 src 目录，找到 main 目录，右击“main”→“java”目录，在弹出的快捷菜单中选择“New”→“Package”命令，在弹出的“New Package”对话框中输入“com.data.hadoop”，如图 2-161 所示。按回车键确认，在窗口左侧项目架构中的 Java 目录中会出现 com.data.hadoop 的层级。

New Package

com.data.hadoop

图 2-161　“New Package”对话框

然后，准备需要统计的文件。

（5）在项目架构中右击“resources”目录，在弹出的快捷菜单中选择“New”→“File”命令，新建一个名为 WordCount.txt 的文件。双击该文件，写入如下数据并保存。

```
Hadoop Hadoop
BigData BigData
Hello MapReduce
Hello HDFS
```

接着，在 hadoop 目录中编写 MapReduce 程序，创建 3 个类。

（6）右击“hadoop”目录，在弹出的快捷菜单中选择“New”→“Java Class”命令，在弹出的对话框中输入“WordCountMap”，并按回车键，即可创建 WordCountMap 业务类。该类的作用是将获取的数据按要求切分。

（7）向 WordCountMap 类文件中导入如下代码。

```
package com.data.hadoop;
import org.apache.hadoop.io.IntWritable;
import org.apache.hadoop.io.LongWritable;
import org.apache.hadoop.io.Text;
import org.apache.hadoop.mapreduce.Mapper;
import java.io.IOException;

public class WordCountMap extends Mapper<LongWritable, Text, Text, IntWritable>
{
   //继承 Mapper 父类，重写父类的 Map 方法
   @Override
   protected void map(LongWritable key,Text value,Context context) throws
   IOException, InterruptedException {
      //按行读取数据
      String line = value.toString();
      //数据按空格切分
      String [] word = line.split(" ");
      //循环遍历每个 key 值，并将数据输出为<单词，1>的形式，便于 ReduceTask 后续处理
      for (String words : word) {
         context.write(new Text(words),new IntWritable(1));
      }
```

```
    }
}
```

WordCountMap 类继承了 Mapper 父类，重写了 Map 方法，并规定了 KEYIN 输入类型为 LongWritable，VALUEIN 输入类型为 Text，KEYOUT 输出类型为 Text，VALUEOUT 输出类型为 IntWritable。首先将 MapTask 传过来的文本内容转换为 String 类型，数据的切分格式为" "（空格），然后将每一行内容切分成多个单词，最后使用增强 for 循环遍历每一个切分好的单词，并将数据输出为<key，value>的形式，key 为每一个单词，value 均为 1。

（8）先按照步骤（6）的方法创建 WordCountReduce 业务类，该类的作用是根据要求聚合数据。然后导入如下代码。

```
package com.data.hadoop;

import org.apache.hadoop.io.IntWritable;
import org.apache.hadoop.io.Text;
import org.apache.hadoop.mapreduce.Reducer;

import java.io.IOException;

public class WordCountReduce extends Reducer<Text, IntWritable, Text,
IntWritable> {
    @Override
    protected void reduce(Text key, Iterable<IntWritable> values, Context
context) throws IOException, InterruptedException {
        //将 Map 阶段输出的<单词，1>转换为<单词，总个数>
        //定义一个总变量并初始化
        int count = 0;
        //使用 for 循环汇总每个单词的总个数
        for (IntWritable value : values) {
            count = count + value.get();
        }
    //输出每个单词及出现的总次数
    context.write(key, new IntWritable(count));
    }
}
```

WordCountReduce 类继承了 Reducer 父类，重写了 Reduce 方法，并规定了 KEYIN 输入类型为 Text，VALUEIN 输入类型为 IntWritable，KEYOUT 输出类型为 Text，VALUEOUT 输出类型为 IntWritable。将 Map 阶段输出的数据进行聚合操作，使用 for 循环汇总 key 总个数，将<单词，1>的形式转换为<单词，总个数>的形式，输出汇总结果。

（9）先按照步骤（6）的方法创建 WordCountDriver 驱动类，该类的作用是获取配置信息，指定相应的输入、输出类型，以及数据的输入、输出路径。然后导入如下代码。

```
package com.data.hadoop;

import org.apache.hadoop.conf.Configuration;
import org.apache.hadoop.fs.Path;
import org.apache.hadoop.io.IntWritable;
import org.apache.hadoop.io.Text;
import org.apache.hadoop.mapreduce.Job;
```

```
import org.apache.hadoop.mapreduce.lib.input.FileInputFormat;
import org.apache.hadoop.mapreduce.lib.output.FileOutputFormat;

import java.io.IOException;

public class WordCountDriver {
   public static void main(String[] args) throws IOException,
   ClassNotFoundException, InterruptedException {
    //获取 Hadoop 配置信息，新建 job 对象
    Job job = Job.getInstance(new Configuration());
       //指定程序主方法所在的类为 WordCountDriver.class
       job.setJarByClass(WordCountDriver.class);

       //指定 Mapper 所在的业务类及 Reducer 所在的业务类
       job.setMapperClass(WordCountMap.class);
       job.setReducerClass(WordCountReduce.class);
       //指定 Map 阶段的输出类型
       job.setMapOutputKeyClass(Text.class);
       job.setMapOutputValueClass(IntWritable.class);
       //指定最终结果的输出类型
       job.setOutputKeyClass(Text.class);
       job.setOutputValueClass(IntWritable.class);
       //指定数据的输入路径，以及 WordCount.txt 文件的存放路径
      FileInputFormat.setInputPaths(job, new Path("D:\\oftenSoftWare\\IdeaProject\\
      JavaMRTest\\src\\main\\resources\\WordCount.txt"));
       //指定结果的输出路径 ，out 目录会自动创建
       FileOutputFormat.setOutputPath(job, new Path("D:\\oftenSoftWare\\
       IdeaProject\\ JavaMRTest\\src\\main\\resources\\out"));
    //将程序的运行状态（0 或 1）输出到控制台中
    Boolean result = job.waitForCompletion(true);
    System.exit(result ? 0 : 1);
    }
}
```

在 main()方法中，首先获取 Configuration 的配置信息，新建 job 对象，指定主方法所在的类为 WordCountDriver.class，指定 Mapper 所在的业务类为 WordCountMap.class，指定 Reducer 所在的业务类为 WordCountReduce.class，指定 Map 阶段的输出类型为 Text 及 IntWritable，指定程序的输出结果类型为 Text 及 IntWritable。然后指定要统计的文件 WordCount.txt 的存放路径，指定运行结果的存放路径，out 目录会在程序运行结束后自动创建，运行结果会被存放在 out 目录的 part-r-00000 文件中。最后将程序的运行状态输出到控制台中，若程序运行正确，则显示“Process finished with exit code 0”，否则输出错误提示信息，并显示“Process finished with exit code 1”。

准备工作完成后，分别在本地和集群环境中进行测试。

（10）运行 WordCountDriver 类，运行结束后，在 out 目录中会生成 part-r-00000 文件，打开该文件，可以看到词频统计的结果，如图 2-162 所示。

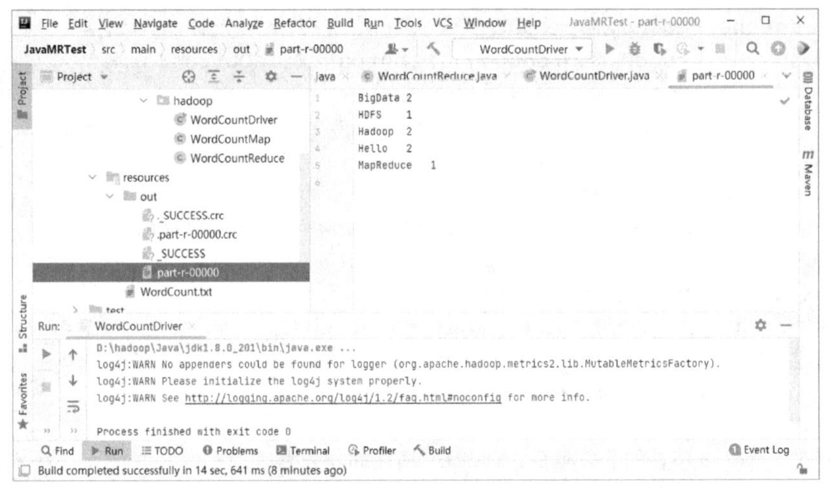

图 2-162　词频统计的结果

（11）在 WordCountDriver 类中，更改下面的两行代码。

```
FileInputFormat.setInputPaths(job,new Path("D:\idea
Project\JavaMRText\src\main\resources\WordCount.txt"));
FileOutputFormat.setOutputPath(job,new Path("D:\idea
Project\JavaMRText\src\main\resources\out"));
```

更改如下。

```
FileInputFormat.setInputPaths(job,new Path(args[0]));
FileOutputFormat.setOutputPath(job,new Path(args[1]));
```

（12）在 IDEA 编辑窗口的右侧，单击“Maven”按钮，选择“JavaMRTest”→“Lifecycle”选项，双击“package”选项，此时控制台会有打包过程的日志信息，当看到 BUILD SUCCESS 的提示时，即打包成功，打包好的 jar 包 JavaMRTest-1.0-SNAPSHOT.jar 会被存放在 target 目录中，如图 2-163 所示。

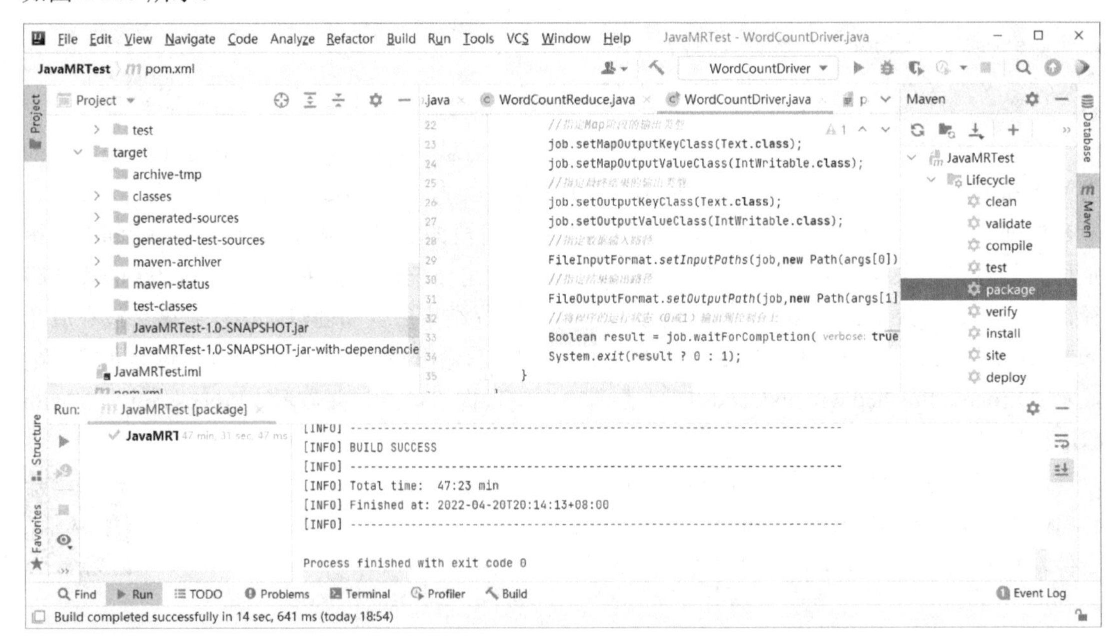

图 2-163　打包成功

（13）打包完成后，开启 node1、node2、node3 节点，使用 Xshell 软件连接这 3 个节点。启动 Hadoop 集群，在 node1 节点的/opt 目录下执行 mkdir -p /opt/MRtest 命令，创建 MRtest 目录。执行 sudo chown -R bigdata:bigdata /opt/MRtest 命令，修改目录所属用户为 bigdata 用户，并赋予其操作权限。

（14）执行 cd /opt/MRtest 命令，进入 MRtest 目录。首先单击 Xshell 软件上方的 Xftp 图标，将 JavaMRTest-1.0-SNAPSHOT.jar 上传到 node1 节点的 MRtest 目录中，如图 2-164 所示，然后关闭 Xftp 窗口。

（15）在 node1、node2、node3 节点中分别执行 jps 命令，检查 Hadoop 集群的启动状态。启动 Hadoop 集群后，使用 cd 命令进入/opt/testData 目录，执行 vim 命令，创建一个名为 WordCount.txt 的文本文件。在该文本文件中输入以下内容，数据格式按照空格来切分。输入完成之后，保存并退出。

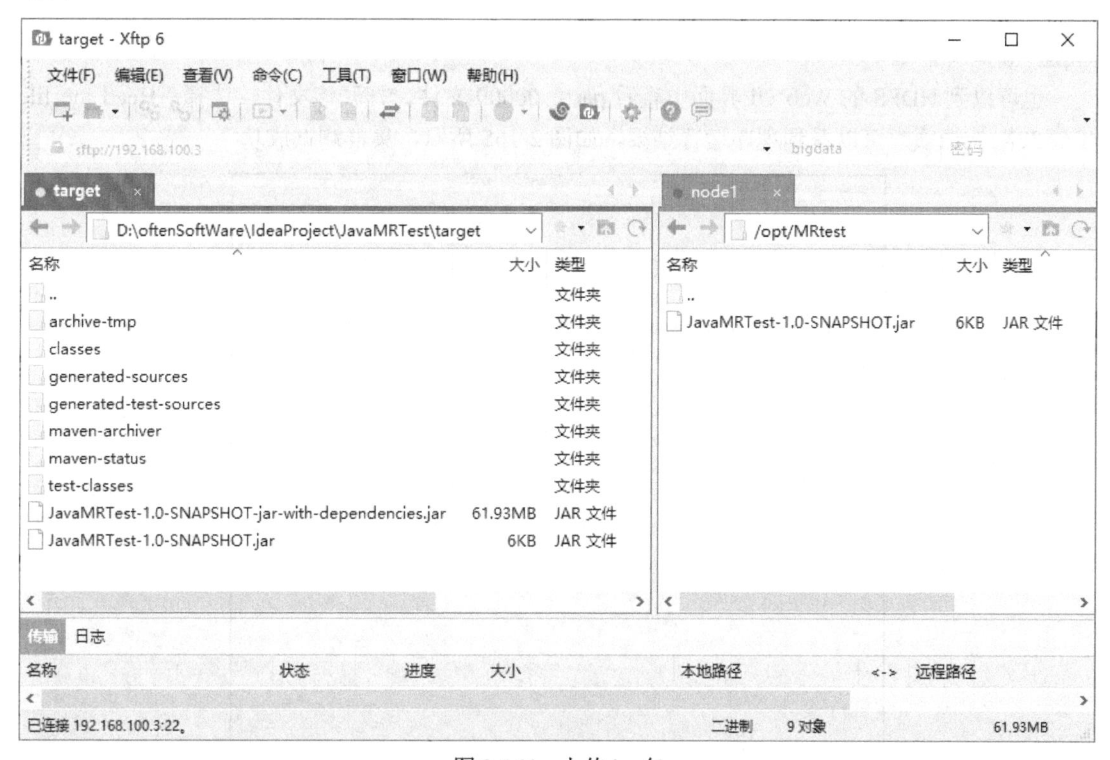

图 2-164　上传 jar 包

```
Hadoop Hadoop
BigData BigData
Hello MapReduce
Hello HDFS
```

（16）在 HDFS 中创建存放 WordCount.txt 文件的目录，即数据输入路径。目录名可自定义设置，此处将其命名为 input，如果该目录已经存在，先手动删除它。

```
[bigdata@node1 testData]$ hdfs dfs -mkdir /input
```

（17）上传 WordCount.txt 文件到 HDFS 的 /input 目录中。

```
[bigdata@node1 testData]$ hdfs dfs -put /opt/testData/WordCount.txt /input
```

最后，运行 WordCount 程序。

（18）切换到 MRtest 目录，执行如下命令。

```
[bigdata@node1 MRtest]$ hadoop jar JavaMRTest-1.0-SNAPSHOT.jar com.data.hadoop.
WordCountDriver /input/WordCount.txt /out
```

（19）运行结束后，使用 HDFS 命令查看运行结果。可以在 out 目录中查看程序运行后生成的文件，运行结果被存放在 part-r-00000 文件中。

```
[bigdata@node1 MRtest]$ hdfs dfs -ls /out
Found 2 items
-rw-r--r--   3 bigdata supergroup    0  2021-04-20 20:25 /out/_SUCCESS
-rw-r--r--   3 bigdata supergroup   46  2021-04-20 20:25 /out/part-r-00000
```

（20）使用 HDFS 命令查看 part-r-00000 文件中的运行结果。

```
[bigdata@node1 MRtest]$ hdfs dfs -cat /out/part-r-00000
BigData 2
HDFS    1
Hadoop  2
Hello   2
MapReduce   1
```

也可以到 HDFS 的 Web UI 界面中查看 part-r-00000 文件。打开该文件，选择“Head the file (first 32K)”选项，可以看到程序运行结果，如图 2-165 所示，集群测试成功。

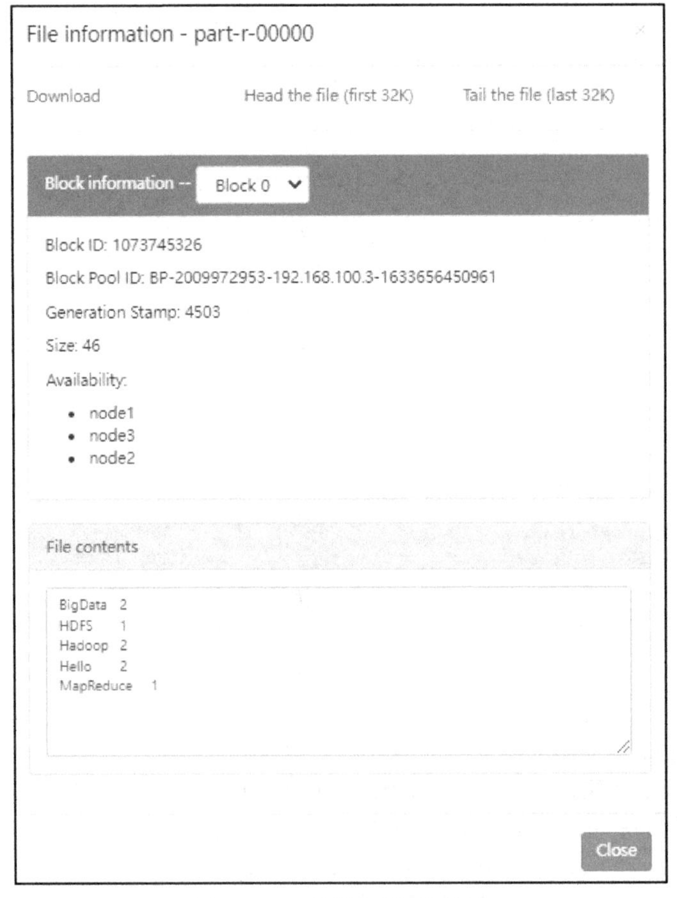

图 2-165　查看程序运行结果

至此，词频统计案例操作完成。

2.4　Hive 数据仓库服务配置

2.4.1　MySQL 环境配置

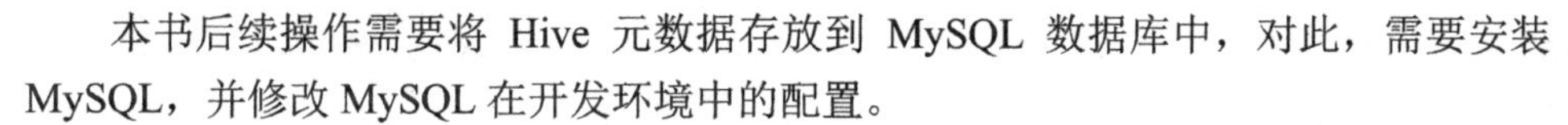

本书后续操作需要将 Hive 元数据存放到 MySQL 数据库中，对此，需要安装 MySQL，并修改 MySQL 在开发环境中的配置。

MySQL 数据库是一款关系型数据库，在 Web 及大数据应用开发中，有着非常广泛的应用。因为在后续项目中需要将 Hive 元数据存放到 MySQL 数据库中，所以本节先介绍 MySQL 的安装及环境配置，然后使用 Navicat 软件远程访问 MySQL。

1．卸载 CentOS 7 系统自带的 MariaDB 数据库

由于 CentOS 7 系统中自带一个免费的 MariaDB 数据库，并且该数据库的驱动和 MySQL 的驱动是有冲突的，所以如果存在 MariaDB 数据库，则必须先卸载它。

使用 rpm 命令查看 node1 节点中是否存在 MariaDB 数据库。

```
[bigdata@node1 ~]$ sudo rpm -qa | grep -i mariadb
[sudo] bigdata 的密码：
mariadb-libs-5.5.64-1.el7.x86_64
```

命令执行结果显示，存在 MariaDB 数据库，用 rpm 命令删除该数据库。

```
[bigdata@node1 ~]$ sudo rpm -e --nodeps  mariadb-libs-5.5.64-1.el7.x86_64
```

命令执行完成后，再次使用 rpm 命令查看，MariaDB 数据库已经不存在。

```
[bigdata@node1 ~]$ sudo rpm -qa | grep -i mariadb
[bigdata@node1 ~]$
```

由于要安装的 mysql-community-server-5.7.28-1.el7.x86_64.rpm 需要依赖 libaio.so.1、net-tools 和 perl，所以使用以下命令下载。

```
[bigdata@node1 ~]$sudo yum -y install libaio.so.1*
[bigdata@node1 ~]$sudo yum -y install net-tools
[bigdata@node1 ~]$sudo yum -y install perl
```

2．上传、解压缩 MySQL 压缩包

进入 node1 节点的/opt/software 目录。

```
[bigdata@node1 ~]cd /opt/software/
```

使用 Xftp 软件将 mysql-5.7.28-1.el7.x86_64.rpm-bundle.tar 上传到/opt/software 目录中。

将 mysql-5.7.28-1.el7.x86_64.rpm-bundle.tar 解压缩到当前目录中。

```
[bigdata@node2 software]$ tar -xvf mysql-5.7.28-1.el7.x86_64.rpm-bundle.tar
[bigdata@node1 software]$ ll
```

查看解压缩后的内容，如图 2-166 所示。

```
-rw-rw-r--. 1 bigdata bigdata 609556480 12月  1 13:21 mysql-5.7.28-1.el7.x86_64.rpm-bundle.tar
-rw-r--r--. 1 bigdata bigdata  45109364 9月  30 2019 mysql-community-client-5.7.28-1.el7.x86_64.rpm
-rw-r--r--. 1 bigdata bigdata    318768 9月  30 2019 mysql-community-common-5.7.28-1.el7.x86_64.rpm
-rw-r--r--. 1 bigdata bigdata   7037096 9月  30 2019 mysql-community-devel-5.7.28-1.el7.x86_64.rpm
-rw-r--r--. 1 bigdata bigdata  49329100 9月  30 2019 mysql-community-embedded-5.7.28-1.el7.x86_64.rpm
-rw-r--r--. 1 bigdata bigdata  23354908 9月  30 2019 mysql-community-embedded-compat-5.7.28-1.el7.x86_64.rpm
-rw-r--r--. 1 bigdata bigdata 136837816 9月  30 2019 mysql-community-embedded-devel-5.7.28-1.el7.x86_64.rpm
-rw-r--r--. 1 bigdata bigdata   4374364 9月  30 2019 mysql-community-libs-5.7.28-1.el7.x86_64.rpm
-rw-r--r--. 1 bigdata bigdata   1353312 9月  30 2019 mysql-community-libs-compat-5.7.28-1.el7.x86_64.rpm
-rw-r--r--. 1 bigdata bigdata 208694824 9月  30 2019 mysql-community-server-5.7.28-1.el7.x86_64.rpm
-rw-r--r--. 1 bigdata bigdata 133129992 9月  30 2019 mysql-community-test-5.7.28-1.el7.x86_64.rpm
```

图 2-166　查看解压缩后的内容

3. 安装 MySQL 服务

依次输入以下命令，安装 MySQL 相关服务。

```
[bigdata@node1 software]$ sudo rpm -ivh mysql-community-common-5.7.28-1.el7.x86_64.rpm
[bigdata@node1 software]$sudo rpm -ivh mysql-community-libs-5.7.28-1.el7.x86_64.rpm
[bigdata@node1 software]$ sudo rpm -ivh mysql-community-client-5.7.28-1.el7.x86_64.rpm
[bigdata@node1 software]$ sudo rpm -ivh mysql-community-server-5.7.28-1.el7.x86_64.rpm
```

4. 登录 MySQL，创建 MySQL 密码

1）启动 MySQL 服务

使用下面的命令启动 MySQL 服务。

```
[bigdata@node1 software]$ systemctl start mysqld.service
==== AUTHENTICATING FOR org.freedesktop.systemd1.manage-units ===
Authentication is required to manage system services or units.
Authenticating as: root
Password:
```

输入 root 用户密码“123456”，并按回车键。

2）查看 MySQL 服务状态

使用下面的命令查看 MySQL 服务状态。

```
[bigdata@node1 software]$ systemctl status mysqld.service
● mysqld.service - MySQL Server
  Loaded: loaded (/usr/lib/systemd/system/mysqld.service; enabled; vendor preset: disabled)
  Active: active (running) since 五 2021-04-23 10:50:19 CST; 3min 14s ago
    Docs: man:mysqld(8)
          http://dev.mysql.com/doc/refman/en/using-systemd.html
 Process: 82399 ExecStart=/usr/sbin/mysqld --daemonize --pid-file=/var/run/mysqld/mysqld.pid $MYSQLD_OPTS (code=exited, status=0/SUCCESS)
 Process: 82342 ExecStartPre=/usr/bin/mysqld_pre_systemd (code=exited, status=0/SUCCESS)
 Main PID: 82402 (mysqld)
  CGroup: /system.slice/mysqld.service
          └─ 82402 /usr/sbin/mysqld --daemonize --pid-file=/var/run/mysqld/mysqld.pid
```

从上述运行结果中可以看到，MySQL 状态为“active (running)”，说明 MySQL 启动成功。

3）查看临时密码

在 Linux 系统中安装好 MySQL 后，为了增加数据库的安全性，该系统会为 root 用户生成一个临时的随机密码，用户第一次登录时就使用这个密码。可以使用下面的命令查看该临时密码。

```
[bigdata@node1 software]$ sudo grep "temporary password" /var/log/mysqld.log
[sudo] bigdata 的密码:
2021-04-23T02:50:12.920359Z 1 [Note] A temporary password is generated for root@localhost: yAmef?>r:8<j
```

命令执行过程中，输入 bigdata 用户密码“123456”，按回车键。在上述运行结果中，“yAmef?>r:8<j”即 MySQL 的临时密码。

4）使用临时密码登录 MySQL

使用如下命令登录 MySQL。

```
[bigdata@node1 software]$ mysql -u root -p
Enter password:
```

复制并粘贴产生的临时密码“yAmef?>r:8<j”，按回车键，成功登录 MySQL，如下所示。

```
[bigdata@node1 software]$ mysql -u root -p
Enter password:
Welcome to the MySQL monitor.  Commands end with ; or \g.
Your MySQL connection id is 114
Server version: 5.7.28 MySQL Community Server (GPL)
Copyright (c) 2000, 2019, Oracle and/or its affiliates. All rights reserved.
Oracle is a registered trademark of Oracle Corporation and/or its
affiliates. Other names may be trademarks of their respective
owners.
Type 'help;' or '\h' for help. Type '\c' to clear the current input statement.
mysql>
```

5）设置新密码

此时还不能执行 SQL 命令，需要重新设置密码。

修改 global validate_password_policy 值，降低密码的安全程度，此处设置为 0。

```
mysql> set global validate_password_policy=0;
Query OK, 0 rows affected (0.00 sec)
```

修改 global validate_password_length 值，设置密码长度，此处设置为 1。

```
mysql> set global validate_password_length=1;
Query OK, 0 rows affected (0.00 sec)
```

设置 MySQL 新密码，密码可自定义设置，此处设置为 123456。

```
mysql> set password for root@localhost=password('123456');
Query OK, 0 rows affected, 1 warning (0.01 sec)
```

刷新修改过的配置信息。

```
mysql> flush privileges;
Query OK, 0 rows affected (0.00 sec)
```

6）退出 MySQL

```
mysql> exit;
Bye
[bigdata@node1 software]$
```

5. MySQL 环境配置

使用新密码登录 MySQL。

```
[bigdata@node1 software]$ mysql -uroot -p123456
```

因为需要开启 MySQL 远程模式，所以使用如下命令修改 root 用户的 host 字段值为%，为 root 用户开启远程访问模式。

```
mysql> update mysql.user set host=('%')where user='root';
Query OK, 1 row affected (0.00 sec)
Rows matched: 1  Changed: 1  Warnings: 0
```

查询所有 MySQL 用户。

```
mysql> select * from mysql.user;
```

执行命令后，在 User 字段下显示 root、mysql.session、mysql.sys 三个 MySQL 用户。将 mysql.session 和 mysql.sys 两个用户删除。

```
mysql> delete from mysql.user where user="mysql.session";
Query OK, 1 row affected (0.00 sec)
mysql> delete from mysql.user where user="mysql.sys";
Query OK, 1 row affected (0.00 sec)
```

刷新修改过的配置信息，退出 MySQL。

```
mysql> flush privileges;
Query OK, 0 rows affected (0.00 sec)
mysql> exit;
Bye
[bigdata@node1 software]$
```

6. 远程连接 MySQL

远程连接 MySQL 之前，需要保证 Linux 系统的防火墙处于关闭状态，可使用如下命令检查其状态。

```
[bigdata@node1 software]$ systemctl status firewalld.service
● firewalld.service - firewalld - dynamic firewall daemon
   Loaded: loaded (/usr/lib/systemd/system/firewalld.service; disabled; vendor
preset: enabled)
   Active: inactive (dead)
     Docs: man:firewalld(1)
```

上述运行结果显示“inactive (dead)”，说明防火墙处于关闭状态。

打开 Navicat 软件，单击“连接”下拉按钮，在弹出的下拉菜单中选择“MySQL”命令，如图 2-167 所示。

图 2-167 选择“MySQL”命令

在弹出的“MySQL-新建连接”对话框中输入信息，如图 2-168 所示。

图 2-168　“MySQL-新建连接”对话框

输入完成后，单击“确定”按钮，登录 node1 节点。

双击导航窗格中的连接名“node1”，若出现如下结构，则说明 MySQL 远程连接成功，如图 2-169 所示。

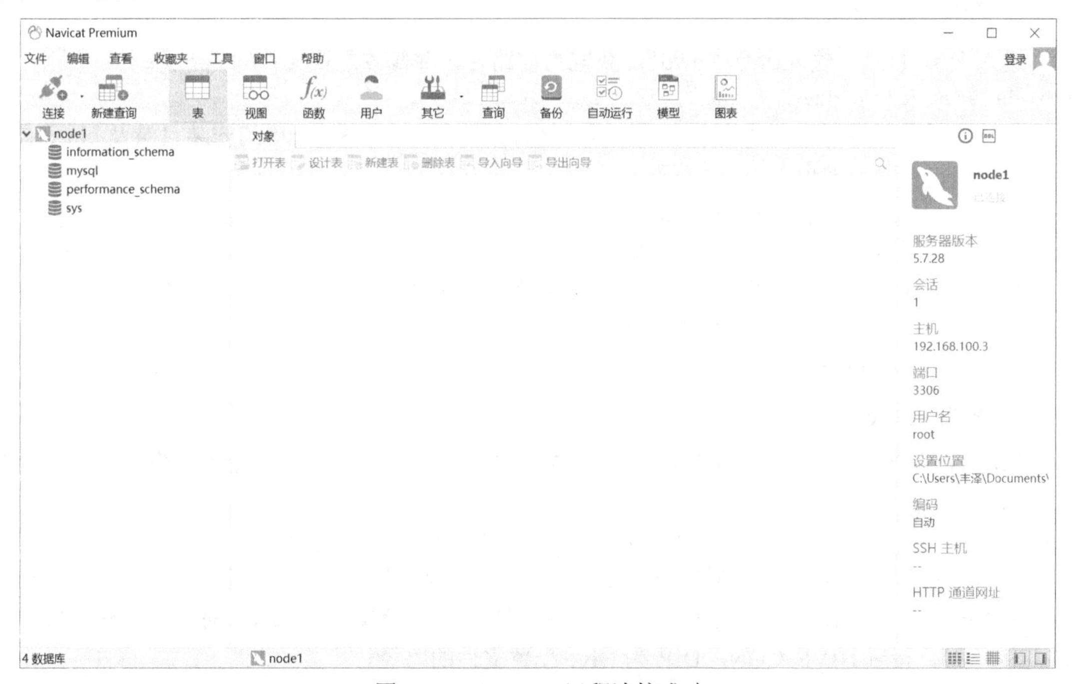

图 2-169　MySQL 远程连接成功

2.4.2　Hive 环境配置

由于 Hive 不是集群架构，所以只需在一个节点中安装 Hive，并进行配置即可。在本项目中，将 Hive 安装在 node1 节点中。

Hive 是基于 Hadoop 技术的数据仓库工具，用来对数据进行提取、转换和加载操作。通过 Hive 可以实现数据仓库的分层设计，因此它被广泛应用于大数据系统。此外，Hive 定义了类似 SQL 语言的 HQL 语言，使用该语言便于数据开发和分析人员完成海量数据的统计和分析工作。

事实上，Hive 并不是一款数据库产品，它本身没有底层的执行引擎，需要依赖 MapReduce 进行数据操作，并且 Hive 本身没有存储功能，其数据需要基于 HDFS 来存储。

在 Hive 的本地模式中，Hive 依赖于 MySQL，Hive 会将所有表的元数据信息提交给 MySQL 进行托管与维护。客户端操作 Hive 时，需要先访问 MySQL 获取元数据，然后才能对 Hive 表中的数据进行操作。

由于 Hive 依赖于 MySQL 和 Hadoop 集群，所以必须保证 MySQL 服务和 Hadoop 进程为启动状态。

1. Hive 安装包的上传及解压缩

首先使用 cd 命令进入 node1 节点的/opt/software 目录，然后使用 Xftp 软件将 Hive 安装包 apache-hive-3.1.2-bin.tar.gz 上传到/opt/software 目录中，最后将 apache-hive-3.1.2-bin.tar.gz 安装包解压缩到/opt/module 目录中。

```
[bigdata@node1 software]$ tar -zxvf apache-hive-3.1.2-bin.tar.gz -C
/opt/module/
```

切换到 module 目录，将 apache-hive-3.1.2-bin 文件更名为 hive-3.1.2。

```
[bigdata@node1 software]$ cd /opt/module/
[bigdata@node1 module]$ mv apache-hive-3.1.2-bin hive-3.1.2
```

2. 配置 Hive 环境变量

进入 Hive 目录，输入命令“pwd”，获取当前路径，并修改配置文件/etc/profile。

```
[bigdata@node1 module]$ sudo vim /etc/profile
```

对该文件进行编辑，在文件末尾添加以下两行配置信息，配置 Hive 的安装目录及 bin 目录，添加完成后，保存并退出。

```
export HIVE_HOME=/opt/module/hive-3.1.2
export PATH=$PATH:$HIVE_HOME/bin
```

执行 source 命令，初始化系统环境变量，使配置内容生效。

```
[bigdata@node1 module]$ source /etc/profile
```

3. 修改 Hive 配置文件

1）配置 hive-env.sh 文件

使用 cd 命令进入/opt/module/hive-3.1.2/conf 目录，将 conf 目录中的 hive-env.sh.template 文件更名为 hive-env.sh。

```
 [bigdata@node1 conf]$ mv hive-env.sh.template hive-env.sh
```

使用 vim hive-env.sh 命令编辑该文件，在命令行模式下输入“:set nu”，使文件内容显示行号。进入编辑模式，删除第 48 行的“#”，设置 HADOOP_HOME 为 Hadoop 的安装路径，删除第 51 行的“#”，设置 HIVE_CONF_DIR 为 Hive 配置文件的路径。

```
HADOOP_HOME=/opt/module/hadoop-3.3.0
export HIVE_CONF_DIR=/opt/module/hive-3.1.2/conf
```

配置好后，保存并退出。

2）配置 hive-site.xml 文件

将 conf 目录中的 hive-default.xml.template 文件更名为 hive-site.xml。

```
[bigdata@node1 conf]$ mv hive-default.xml.template hive-site.xml
```

使用 vim hive-site.xml 命令编辑该文件，在命令行模式下输入“:%d”。清楚文件中的内容后，进入编辑模式，添加如下配置信息，配置好后，保存并退出。

```
<?xml version="1.0" encoding="UTF-8" standalone="no"?>
<?xml-stylesheet type="text/xsl" href="configuration.xsl"?>
<configuration>

<!-- 数据库所在的节点名称、数据库名，要求该数据库不存在-->
<property>
<name>javax.jdo.option.ConnectionURL</name>
<value>jdbc:mysql://node1:3306/hiveMetaStore?createDatabaseIfNotExist=true&amp;serverTimezone=UTC&amp;characterEncoding=utf8&amp;useUnicode=true&amp;useSSL=false</value>
</property>

<!--数据库驱动-->
<property>
<name>javax.jdo.option.ConnectionDriverName</name>
<value>com.mysql.jdbc.Driver</value>
</property>

<!--数据库用户名-->
<property>
<name>javax.jdo.option.ConnectionUserName</name>
<value>root</value>
</property>

<!--数据库密码-->
<property>
<name>javax.jdo.option.ConnectionPassword</name>
<value>123456</value>
</property>

<!--关闭元数据检查-->
<property>
<name>hive.metastore.schema.verification</name>
<value>false</value>
</property>

<!--Hive 在 HDFS 中的工作目录空间，即 HDFS 路径-->
<property>
    <name>hive.metastore.warehouse.dir</name>
    <value>/user/hive/warehouse</value>
</property>

<!--客户端显示字段名及数据库名-->
<property>
   <name>hive.cli.print.header</name>
   <value>true</value>
</property>
```

```
<property>
    <name>hive.cli.print.current.db</name>
    <value>true</value>
</property>

<!--客户端访问 metastore 服务地址-->
<property>
    <name>hive.metastore.uris</name>
    <value>thrift://node1:9083</value>
</property>

<property>
    <name>hive.metastore.event.db.notification.api.auth</name>
    <value>false</value>
</property>

<!--hiveserver2 服务所占端口-->
<property>
<name>hive.server2.thrift.port</name>
<value>10000</value>
</property>

<!--hiveserver2 服务运行节点-->
<property>
    <name>hive.server2.thrift.bind.host</name>
    <value>node1</value>
</property>

<!--指定 HQL 语句的执行引擎-->
<property>
    <name>hive.execution.engine</name>
    <value>mr</value>
</property>

</configuration>
```

第一项是 Hive 与 MySQL 之间交互配置的 URL 链接，之所以配置这一项，是因为在运行过程中，Hive 的客户端要通过访问 MySQL 来获取 Hive 的元数据信息，这些元数据信息会由 MySQL 指定的数据库来存储和维护，Hive 与 MySQL 之间存在着频繁的互动；第二项是数据库驱动设置；第三项是数据库用户名设置；第四项是数据库密码设置。接下来是 Hive 在操作过程中对元数据的检查，以及 Hive 在 HDFS 中存储数据的工作目录空间，其他配置项无须修改。

至此，Hive 环境配置完成。

2.4.3 Hive 与 MySQL 整合操作及 Hive 服务启动

2.4.2 节对 Hive 的两个配置文件进行了修改，本节将介绍 Hive 与 MySQL 整合操作及 Hive 服务启动。所谓 Hive 与 MySQL 整合操作，是指存储在 MySQL 中的 Hive 元数据对应数据库的初始化操作。先创建 Hive 元数据库，然后对数据库进行初始化操作，步骤如下。

1. 创建 Hive 元数据库

使用如下命令登录 MySQL，并在 MySQL 中创建元数据库 hiveMetaStore，该元数据库用来存储 Hive 元数据信息。创建 Hive 元数据库后，退出 MySQL。

```
[bigdata@node1 module]$ mysql -uroot -p123456
mysql> create database hiveMetaStore;
mysql> exit;
```

2. 统一 guava jar 包版本

通过查看得知，hive-3.1.2 中的 guava jar 包版本为 guava-19.0.jar，hadoop-3.3.0 中的 guava jar 包版本为 guava-27.0-jre.jar。因为二者版本不一致，会导致后续元数据库初始化操作失败，所以需要将二者统一为较高版本的 guava-27.0-jre.jar。

首先切换到 node1 节点的/opt/module/ hive-3.1.2/lib 目录，删除 guava-19.0.jar，然后将 Hadoop 的 guava-27.0-jre.jar 复制到当前路径/opt/module/hive-3.1.2/lib/中。

```
[bigdata@node1 module]$ cd /opt/module/hive-3.1.2/lib/
[bigdata@node1 lib]$ rm -rf guava-19.0.jar
[bigdata@node1  lib]$  cp  /opt/module/hadoop-3.3.0/share/hadoop/common/lib/
guava-27.0-jre.jar ./
```

3. 上传 MySQL 与 Hive 的连接驱动包

要使 MySQL 与 Hive 关联，需要连接驱动包 mysql-connector-java-5.1.48.jar。因此，使用 Xftp 软件将该驱动包上传到/opt/module/hive-3.1.2/lib 目录中，如图 2-170 所示。

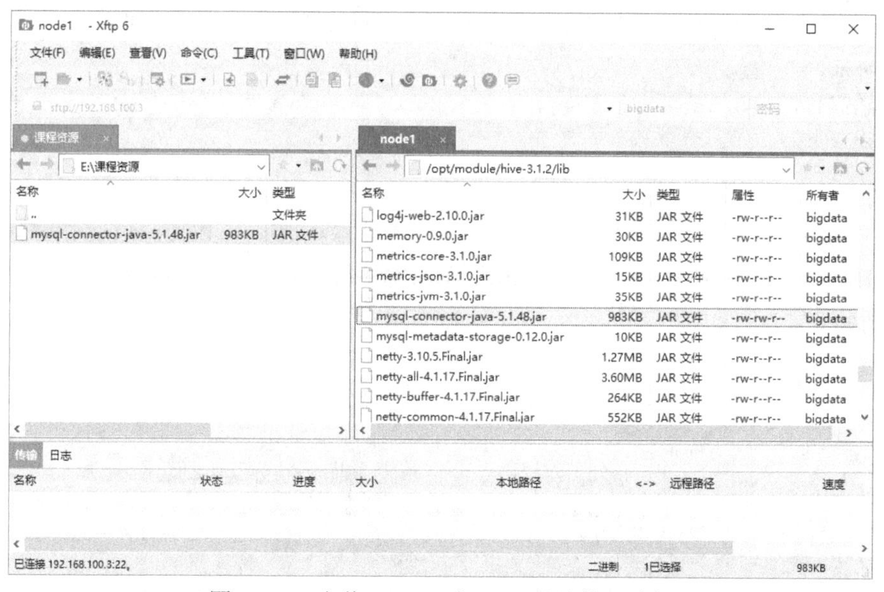

图 2-170　上传 MySQL 与 Hive 的连接驱动包

4. 格式化 Hive 元数据库

执行以下命令，格式化元数据库 hiveMetaStore。

```
[bigdata@node1 lib]$ schematool -initSchema -dbType mysql -verbose
```

登录 MySQL。

```
[bigdata@node2 ~]$ mysql -uroot -p123456
```

查看初始化后的元数据库中的表信息。

```
mysql> use hiveMetaStore;
```

```
mysql> show tables;
```

执行命令后，显示 hiveMetaStore 元数据库中的所有表信息，说明元数据库初始化成功，退出 MySQL。

```
mysql> exit;
```

5. 启动 Hive 服务

在 node1 节点的命令行中执行如下命令，启动 Hive 元数据服务。

```
[bigdata@node1 lib]$ hive --service metastore
```

因为该命令是前台启动命令，所以执行后，命令行会进入阻塞状态，如图 2-171 所示。

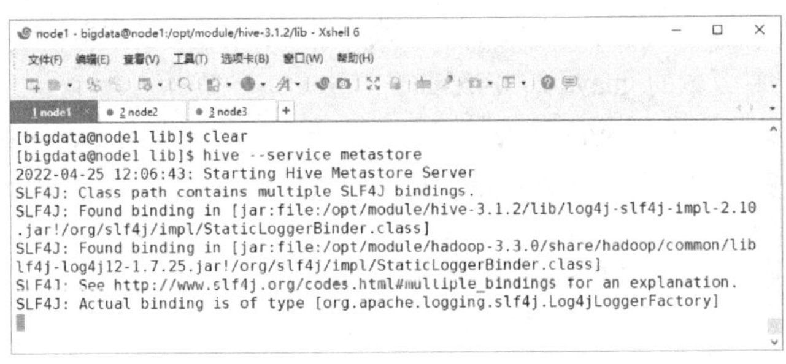

图 2-171 命令行进入阻塞状态

> 注意：这个命令是在前台执行的进程命令，在此服务开启过程中，当前控制台不能进行任何操作。

复制一个 node1 会话窗口，使用 jps 命令查看启动的服务进程，RunJar 进程代表 metastore 服务，如下所示。

```
[bigdata@node1 ~]$ jps
87107 Jps
86358 RunJar
14061 NameNode
14189 DataNode
```

执行 Hive 命令，登录 Hive 客户端，出现 Hive 命令提示符，说明 Hive 客户端登录成功，如图 2-172 所示。

图 2-172 Hive 客户端登录成功

执行 HQL 命令，若无报错信息，则说明 Hive 服务运行正常。如果需要关闭 Hive，执行 exit

命令即可。

```
hive (default)> show databases;
OK
database_name
default
Time taken: 0.399 seconds, Fetched: 1 row(s)
```

2.4.4 HQL 语句基本操作

2.4.3 节搭建好了 Hive 所需的环境，本节将介绍 HQL 语句的基本操作，主要内容包括数据库基本操作、Hive 数据类型、数据表基本操作。

1. 数据库基本操作

创建 test 数据库。

```
hive (default)> create database test;
```

切换到 test 数据库，查看有哪些表，命令执行结果显示库中不存在数据表。

```
hive (default)> use test;
hive (test)> show tables;
```

切换到 default 数据库，删除 test 数据库。

```
hive (test)> use default;
hive (default)> drop database test;
```

小贴士：

如果要删除的数据库中存在数据表，则需要在命令末尾加 cascade 关键字来强制删除。如果 test 数据库中存在数据表，则强制删除语句为 drop database test cascade;。

2. Hive 数据类型

Hive 支持关系型数据库中的大部分数据类型，Hive 数据类型分为基本数据类型和集合数据类型。

基本数据类型-整数类型如表 2-3 所示。

表 2-3　基本数据类型-整数类型

数据类型	描　述	后　缀	举　例
tinyint	1 字节有符号整数（-128~+127）	Y	1 Y 或 1y
smallint	2 字节有符号整数（-32768~+32767）	S	1 S 或 1s
int（默认）	4 字节有符号整数（-2 147 483 648 ~+2 147 483 647）		1
bigint	8 字节有符号整数（-263~+（263-1））	L	1 L

其他基本数据类型如表 2-4 所示。

表 2-4　其他基本数据类型

数据类型	描　述	数据类型	描　述
float	4 字节单精度浮点数	boolean	布尔值，true 或 false
double	8 字节双精度浮点数，浮点型常量默认为 double 型	binary	字节数组
string	字符串，没有长度限制	timestamp	精确到纳秒的 UNIX 时间戳

集合数据类型如表2-5所示。

表2-5 集合数据类型

数据类型	描 述	举 例
array	相同类型的数据集合	['a','b']
map	键-值对形式的集合，键（key）可以是基本数据类型，值（value）可以是任意数据类型	{1:'first',2:'second'}
struct	字段集合，元素数据类型可以不同	{'Apple',200,30.5}

3. 数据表基本操作

创建db_test数据库并切换到该数据库。

```
hive (default)> create database db_test;
hive (default)> use db_test;
```

1）创建数据表

创建t_test数据表，字段为id（int类型）、name（string类型），查看该表。

```
hive (db_test)> create table t_test(id int,name string);
hive (db_test)> show tables;
```

2）向数据表中插入数据

（1）使用insert into命令向t_test数据表中插入数据。

```
hive (db_test)> insert into table t_test values(1,"bigdata");
```

执行该命令是通过调用MapReduce程序来完成的，命令执行结束后，查看t_test数据表中的数据。

```
hive (db_test)> select * from t_test;
OK
t_test.id       t_test.name
1    bigdata
```

（2）使用load命令向t_test数据表中插入数据。

复制一个node1会话窗口，切换到/opt/testData目录。

```
[bigdata@node1 ~]$ cd /opt/testData/
[bigdata@node1 testData]$ vim data.txt
```

在data.txt中输入如下两行内容，输入完成后，保存并退出。

```
1,bigdata
2,java
```

接下来，使用pwd命令显示当前路径，并复制该路径。

```
[bigdata@node1 testData]$ pwd
/opt/testData
```

返回Hive命令行窗口，将data.txt 中的内容加载到t_test数据表中，加载完成后查询该数据表，HQL语句如下。

```
hive (db_test)> load data local inpath '/opt/testData/data.txt' into table
t_test;
hive (db_test)> select * from t_test;
OK
t_test.id       t_test.name
1    bigdata
NULL    NULL
NULL    NULL
Time taken: 0.677 seconds, Fetched: 3 row(s)
```

从运行结果看，data.txt 的数据加载进来之后，值显示为 NULL，这是因为创建数据表时没有指定数据的间隔格式。解决办法：删除该数据表，在创建数据表时指定数据的分隔符。

删除 t_test 数据表。

```
hive (db_test)> drop table t_test;
```

重建 t_test 数据表，此处指定数据的分隔符为逗号“,”。

```
hive (db_test)> create table t_test(id int,name string) row format delimited
fields terminated by',';
```

将/opt/testData/data.txt 中的数据加载到 t_test 数据表中。

```
hive (db_test)> load data local inpath '/opt/testData/data.txt' into table
t_test;
```

查看加载结果。

```
hive (db_test)> select * from t_test;
OK
t_test.id        t_test.name
1       bigdata
2       java
Time taken: 0.472 seconds, Fetched: 2 row(s)
```

2.4.5 HQL 统计分析案例

2.4.4 节介绍了 HQL 语句的基本操作，本节将通过一个案例演示使用 HQL 语句进行数据统计和分析的方法。

使用 HQL 语句统计和分析的过程中，包含业务数据表与统计结果数据表，需要对业务数据表中的数据进行统计和分析，并将统计和分析的结果插入统计结果数据表，之后做数据可视化展示，这就是 HQL 语句在数据分析过程中的应用场景。

（1）执行 use db_test;命令，切换到 db_test 数据库，并输入如下建表语句，在 db_test 数据库中创建业务数据表 t_stu。

```
hive (db_test)> create table t_stu(
              > id int,
              > name string,
              > sex string,
              > age int,
              > score int,
              > class string
              > )
              > row format delimited fields terminated by ',';
```

该数据表中有学号、姓名、年龄、分数、班级等信息，并且在创建该数据表时，指定了字段的数据格式。本案例统计该数据表中每个班级分数在 95 分及以上的学生人数，并将其插入另一个数据表，进行结果查询。

（2）复制新的 node1 会话窗口，使用 cd 命令切换到/opt/testData 目录，执行 vim data.txt 命令，输入如下测试数据，输入完成后，保存并退出。

```
1,zhangsan,man,20,95,java
2,lisi,man,22,90,java
3,wangwu,man,22,98,java
```

（3）切换到 Hive 命令行窗口，将 data.txt 中的数据加载到 t_stu 数据表中。

```
hive (db_test)> load data local inpath '/opt/testData/data.txt' into table
```

```
t_stu;
```

查看 t_stu 数据表中的数据。

```
hive (db_test)> select * from t_stu;
OK
t_stu.id    t_stu.name  t_stu.sex   t_stu.age   t_stu.score t_stu.class
1   zhangsan    man 20  95  java
2   lisi    man 22  90  java
3   wangwu  man 22  98  java
```

接下来创建统计结果数据表 t_result，用于存放分数在 95 分及以上的学生人数。

（4）在 Hive 命令行中输入如下建表语句，创建 t_result 数据表。

```
hive (db_test)> create table t_result(
              > class string,
              > cnt int
              > )
              > row format delimited fields terminated by ',';
```

（5）在 Hive 命令行中输入如下语句，统计 t_stu 数据表中分数在 95 分及以上的学生人数与其所在班级，并将其插入 t_result 数据表。

```
hive (db_test)> insert into t_result
              > select class,count(*)
              > from t_stu
              > where score>=95
              > group by class;
```

首先使用 select 语句从数据表中查询当前分数在 95 分及以上的学生人数，因为查询条件为分数在 95 分及以上，所以需要设置 where 过滤条件为 score>=95。因为要统计每个班级分数在 95 分及以上的学生人数，所以将 class 班级信息指定为分组的条件，然后使用 count()函数聚合累加即可。最后使用 insert into 语句插入数据。

（6）上述命令运行结束后，查看 t_result 数据表中的数据。

```
hive (db_test)> select * from t_result;
```

查询结果显示，java 班级中 95 分及以上的学生人数为 2，如下所示。

```
hive (db_test)> select * from t_result;
OK
t_result.class  t_result.cnt
java            2
Time taken: 1.28 seconds, Fetched: 3 row(s)
```

在本案例的 HQL 语句实现过程中，一个语句里执行两部分操作：查询业务数据表中的数据；将查询结果直接保存到对应的统计结果数据表中。这是在 Hive 统计和分析中使用最频繁的操作，请读者务必掌握。

2.5 Flume 原理及安装部署

本项目使用 Flume 作为数据采集的核心组件，本节主要介绍 Flume 原理及安装部署。

Flume 是 Cloudera 公司提供的一款高可用、高可靠、分布式的系统，可用于海量日志采集、聚合和传输。Flume 数据采集的全流程如图 2-173 所示。

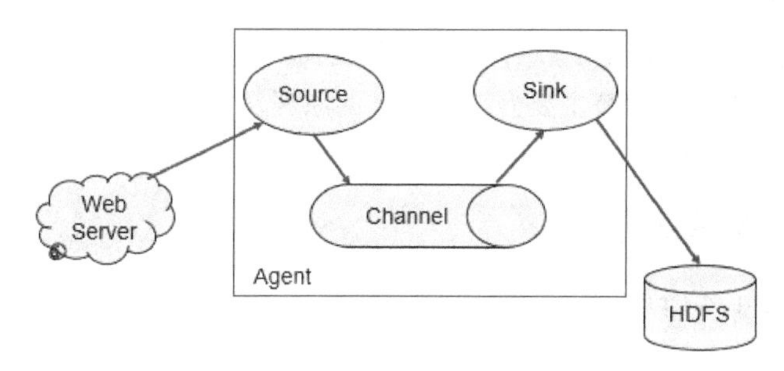

图 2-173　Flume 数据采集的全流程

从图 2-173 中可以看到，Flume 对应在程序中是一个 Agent 实例。Agent 实例包含 3 部分，即 Source、Channel 和 Sink。Source 的主要功能是和外部数据源对接，负责数据的采集，并将采集的数据传递给 Channel；Channel 是数据传输管道，通过 Channel 将数据缓存，并传递给 Sink；Sink 的主要功能是将 Channel 管道中的数据发送到数据采集的下游。

1. 安装部署 Flume 的操作步骤

（1）使用 Xftp 软件，将 Flume 安装包 apache-flume-1.9.0-bin.tar.gz 上传到 node1 节点的/opt/software 目录中。

（2）将 Flume 安装包解压缩到 node1 节点的/opt/module 目录中。

```
[bigdata@node1  software]$  tar  -zxvf  apache-flume-1.9.0-bin.tar.gz  -C
/opt/module/
```

（3）切换到 node1 节点/opt/module 目录，将 apache-flume-1.9.0-bin 文件更名为 flume-1.9.0。

```
[bigdata@node1 module]$ mv apache-flume-1.9.0-bin flume-1.9.0
```

（4）设置环境变量，打开根目录 etc 中的 profile 文件。

```
[bigdata@node1 module]$ sudo vim /etc/profile
```

在 profile 文件中添加以下两行内容，添加完成后，保存并退出该文件。

```
export FLUME_HOME=/opt/module/flume-1.9.0
export PATH=$PATH:$FLUME_HOME/bin
```

（5）使用 source 命令使环境变量配置生效。

```
[bigdata@node1 module]$ source /etc/profile
```

2. 修改配置文件

切换到/opt/module/flume-1.9.0/conf 目录，将 conf 目录中的 flume-env.sh.template 文件更名为 flume-env.sh。

```
[bigdata@node1 conf]$ mv flume-env.sh.template flume-env.sh
```

使用 vim flume-env.sh 命令编辑该文件，在命令行模式下输入“:set nu”，使文件内容显示行号。进入编辑模式，在第 22 行位置，去掉行首的“#”，指定 JAVA_HOME 路径为/opt/module/jdk1.8.0_251，修改完成后，保存并退出。

在 node1 节点的命令行窗口中输入命令“flume-ng”，进行安装测试。

```
[bigdata@node1 conf]$ flume-ng
```

命令执行结束后，显示 flume 命令的可选参数，说明 Flume 配置成功。

2.6　Sqoop 原理及应用

在本项目中，主要使用 Sqoop，将 Hive 所统计的指标数据从 HDFS 迁移到关系型数据库中，并进行数据可视化展示。Sqoop 是一款开源的 ETL 工具，使用 Sqoop 可以完成 Hadoop 与关系型数据库之间的数据迁移操作。本节主要介绍 Sqoop 的原理及安装部署，并通过一个实例帮助读者掌握使用 Sqoop 进行数据迁移的方法。

2.6.1 Sqoop 原理及安装部署

Sqoop 原理如图 2-174 所示。

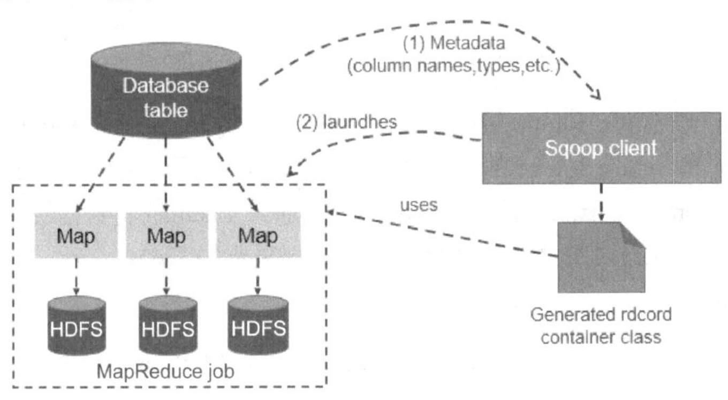

图 2-174 Sqoop 原理

从图 2-174 中可以看到，通过 Sqoop 可以将关系型数据库的数据迁移到 Hadoop 平台，同时也可以将 Hadoop 平台的数据迁移到关系型数据库中。Sqoop 底层其实是基于 MapReduce 程序封装的，由于在数据迁移的过程中并不需要做任何的聚合操作，所以在 Sqoop 执行数据迁移的过程中，只需要执行 MapReduce 程序中的 Map 阶段。

1. 上传 Sqoop 安装包

使用 Xftp 软件，将 Sqoop 安装包 sqoop-1.4.7.bin__hadoop-2.6.0.tar.gz 上传到 node1 节点的 /opt/software/目录中。

2. 安装 Sqoop

通过解压缩的方式安装 Sqoop，将 Sqoop 安装到/opt/module/目录中，命令如下。

```
[bigdata@node1 software]$ tar -zxvf sqoop-1.4.7.bin__hadoop-2.6.0.tar.gz -C
/opt/module/
```

上述命令执行结束后，进入/opt/module 目录，使用 mv 命令将 sqoop-1.4.7.bin__hadoop-2.6.0 文件更名为 sqoop-1.4.7。

```
[bigdata@node1 software]$ cd /opt/module/
[bigdata@node1 module]$ mv sqoop-1.4.7.bin__hadoop-2.6.0/ sqoop-1.4.7
```

3. 配置 Sqoop 环境变量

执行以下命令，打开系统环境变量文件 profile。

```
[bigdata@node1 module]$ sudo vim /etc/profile
```

对该文件进行编辑，在文件末尾添加以下两行配置信息，配置 Sqoop 的安装目录及 bin 目录，添加完成后，保存并退出。

```
export SQOOP_HOME=/opt/module/sqoop-1.4.7
export PATH=$PATH:$SQOOP_HOME/bin
```

执行 source 命令，初始化系统环境变量，使配置内容生效。

```
[bigdata@node1 module]$ source /etc/profile
```

4．修改 Sqoop 配置文件

切换到/opt/module/sqoop-1.4.7/conf 目录，将 conf 目录中的 sqoop-env-template.sh 文件更名为 sqoop-env.sh。

```
[bigdata@node1 conf]$ mv sqoop-env-template.sh sqoop-env.sh
```

使用 vim sqoop-env.sh 命令编辑该文件，在命令行模式下输入“:set nu”，使文件内容显示行号。进入编辑模式，删除第 23 行、第 26 行、第 32 行中的“#”，这 3 行对应的配置内容如下。

```
export HADOOP_COMMON_HOME=/opt/module/hadoop-3.3.0
export HADOOP_MAPRED_HOME=/opt/module/hadoop-3.3.0
export HIVE_HOME=/opt/module/hive-3.1.2
```

5．上传 MySQL 与 Hive 连接的驱动包及 Sqoop 依赖包

因为 Sqoop 在导入 Hive 元数据信息时，需要访问 MySQL 数据库，所以需要将 MySQL 与 Hive 连接的驱动包 mysql-connector-java-5.1.48.jar 上传到 sqoop-1.4.7/lib 目录中。另外，Sqoop 运行时需要依赖 commons-lang-2.6.jar，因此也需要将该依赖包上传到 sqoop-1.4.7/lib 目录中。

6．验证 Sqoop

1）验证 Sqoop 环境

在 node1 节点命令行中输入命令“sqoop help”，若控制台输出 Sqoop 的帮助信息，则说明 Sqoop 环境安装成功。

```
[bigdata@node1 module]$ sqoop help
```

2）验证 Sqoop 远程连接数据库

在 node1 节点命令行中执行如下 Sqoop 命令，远程连接 MySQL 数据库，查看数据库列表信息。

```
[bigdata@node1 module]$ sqoop list-databases --connect jdbc:mysql://node1:
3306/ --username root --password 123456
```

若命令执行结果能显示 MySQL 中的数据库列表，则说明 Sqoop 成功连接 MySQL。

2.6.2　Sqoop 数据迁移案例

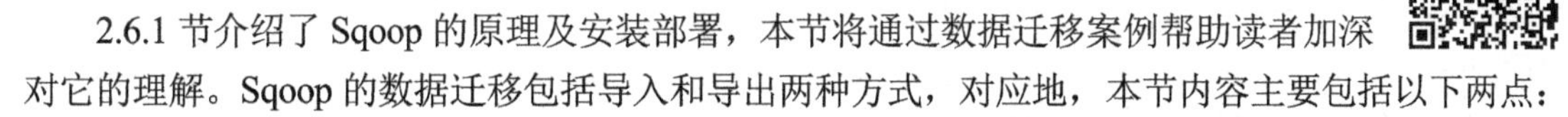

2.6.1 节介绍了 Sqoop 的原理及安装部署，本节将通过数据迁移案例帮助读者加深对它的理解。Sqoop 的数据迁移包括导入和导出两种方式，对应地，本节内容主要包括以下两点：

- 将 MySQL 数据表中的数据导入 HDFS。
- 将 HDFS 中的数据导出到 MySQL 数据表中。

1．数据迁移准备

进行数据迁移准备，在 node1 节点中登录 MySQL。

```
[bigdata@node1 ~]$ mysql -u root -p123456
```

成功登录 MySQL 后，创建一个新的数据库 company，并在该数据库中新建数据表 staff。

```
mysql> create database company;
mysql> create table company.staff(id int(4) primary key not null auto_increment,
name varchar(255), sex varchar(255));
```

注意：建表语句中的 primary key not null auto_increment 表示 id 字段值不能为空且自增长。

使用 insert into 命令向 staff 数据表中插入数据，并将 staff 数据表作为数据源。

```
mysql> insert into company.staff(name, sex) values('Thomas', 'Male');
mysql> insert into company.staff(name, sex) values('Catalina', 'FeMale');
```

查看 staff 数据表中的数据，如下所示。

```
mysql> select * from company.staff;
+----+----------+--------+
| id | name     | sex    |
+----+----------+--------+
| 1  | Thomas   | Male   |
| 2  | Catalina   | FeMale |
+----+----------+--------+
2 rows in set (0.03 sec)
```

执行 exit 命令，退出 MySQL。

```
mysql> exit;
```

2. 修改本地映射

在 Windows 系统中修改 C:\Windows\System32\drivers\etc 中的 hosts 文件，在文件末尾添加如下内容。

```
192.168.100.3  node1
192.168.100.4  node2
192.168.100.5  node3
```

3. 数据导入

数据导入是指将数据从 MySQL 数据表迁移到 HDFS 中。本任务涉及数据迁移中的两种数据导入方式：第一种为全部导入，第二种为查询导入。

1）全部导入

在 node1 节点命令行中输入如下命令。

```
[bigdata@node1 ~]$ sqoop import \
> --connect jdbc:mysql://node1:3306/company \
> --username root \
> --password 123456 \
> --table staff \
> --target-dir /user/company \
> --delete-target-dir \
> --num-mappers 1 \
> --fields-terminated-by "\t"
```

参数说明如下。

sqoop import \：代表导入。

--connect jdbc:mysql://node1:3306/company \：Sqoop 连接 MySQL 的 company 数据库。

--username root \：MySQL 用户名为 root。

--password 123456 \：MySQL 用户密码为 123456。

--table staff \：将 staff 数据表中的数据导入 HDFS。

--target-dir /user/company \：指定数据导入的 HDFS 目录为 /user/company。

--delete-target-dir \：如果 company 目录存在，则删除该目录。

--num-mappers 1 \：指定 1 个 Map 任务，执行导入操作。

--fields-terminated-by "\t"：导入数据的切分格式为\t。

按回车键执行上述命令，执行完成后，在 node1 节点命令行中使用如下命令查看文件内容，显示导入结果，如下所示。

```
[bigdata@node1 ~]$ hdfs dfs -cat /user/company/part-m-00000
```

```
1    Thomas   Male
2    Catalina    FeMale
```

也可以打开 HDFS 的 Web UI 界面查看数据导入结果，在/user/company 目录中存在_SUCCESS 和 part-m-00000 两个文件：_SUCCESS 文件为执行状态文件，说明执行成功；part-m-00000 文件为数据导入的结果文件，如图 2-175 所示。

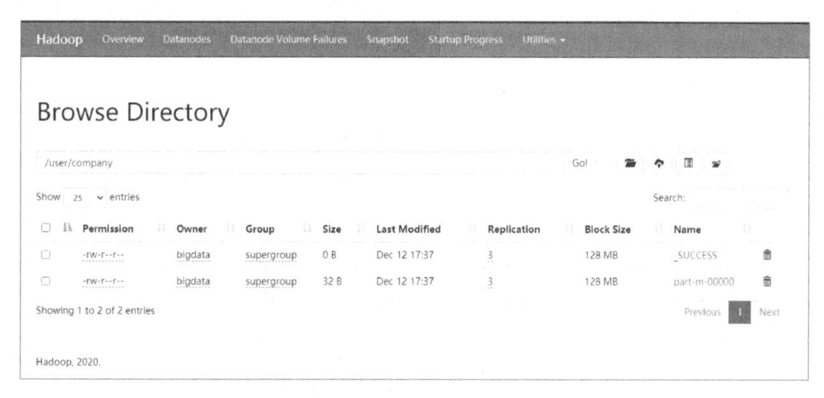

图 2-175　查看数据导入结果

先打开 part-m-00000 文件，再选择“Head the file (first 32K)”选项，可以看到该文件的内容与 staff 数据表中的数据相同，说明数据导入成功，如图 2-176 所示。

图 2-176　全部导入的数据内容展示

2）查询导入

查询导入是指将指定查询语句的数据导入 HDFS 的指定目录。此处先查询出 staff 数据表中

id<=1 的记录，再将结果上传到 HDFS 的/user/company 目录中。

在 node1 节点命令行中输入如下命令。

```
[bigdata@node1 ~]$ sqoop import \
> --connect jdbc:mysql://node1:3306/company \
> --username root \
> --password 123456 \
> --target-dir /user/company \
> --delete-target-dir \
> --num-mappers 1 \
> --fields-terminated-by "\t" \
> --query 'select id,name,sex from staff where id <=1 and $CONDITIONS;'
```

参数说明如下。

--query：该参数后面为指定的查询条件。

按回车键执行上述命令，执行完成后，在 node1 节点命令行中使用如下命令查看文件内容，显示导入结果，如下所示。

```
[bigdata@node1 ~]$ hdfs dfs -cat /user/company/part-m-00000
1   Thomas  Male
```

也可以打开 HDFS 的 Web UI 界面查看数据导入结果，/user/company 目录中的 part-m-00000 文件为数据导入的结果文件，选择“Head the file (first 32K)”选项，可以看到查询结果数据被成功导入该文件，如图 2-177 所示。

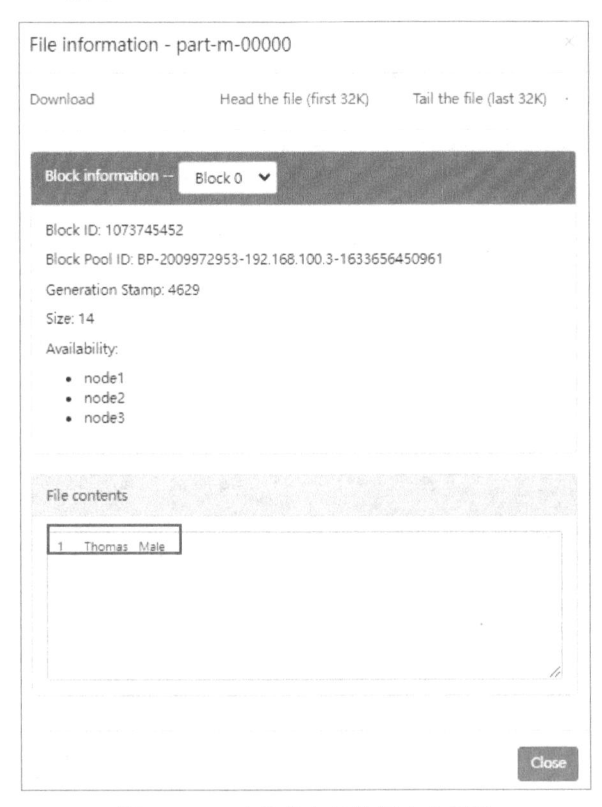

图 2-177 查询导入的数据内容展示

4. 数据导出

数据导出是指将数据从 HDFS 迁移到 MySQL 数据表中。

在 node1 节点中登录 MySQL。

```
[bigdata@node1 ~]$ mysql -u root -p123456
```

成功登录 MySQL 后，在 company 数据库中创建 staff2 数据表。

```
mysql> create table company.staff2(id int(4) primary key not null
auto_increment, name varchar(255), sex varchar(255));
```

执行 exit 命令，退出 MySQL。

```
mysql> exit;
```

下面执行数据导出操作，在 node1 节点命令行中执行如下命令，将 HDFS 中/user/company 目录的 part-m-00000 文件中的数据导出到 staff2 数据表中。

```
[bigdata@node1 ~]$ sqoop export \
> --connect jdbc:mysql://node1:3306/company \
> --username root \
> --password 123456 \
> --table staff2 \
> --num-mappers 1 \
> --export-dir /user/company \
> --input-fields-terminated-by "\t"
```

小贴士：

即使导出的 MySQL 数据表不存在，MySQL 也不会自动创建，因此在执行数据导出命令之前，必须创建好数据表。

登录 MySQL，查看 staff2 数据表中的内容，可以看到数据被成功导出到该表中，如下所示。

```
mysql> select * from company.staff2;
+----+-------+------+
| id | name   | sex  |
+----+-------+------+
|  1 | Thomas | Male |
+----+-------+------+
```

2.7 ZooKeeper 集群环境搭建

由于本项目中需要使用 Kafka 消息队列进行数据传输，而 Kafka 需要将元数据存储在 ZooKeeper 中进行管理，所以本项目中还需要部署 ZooKeeper 集群。

1. 上传 ZooKeeper 安装包

使用 Xftp 软件将 ZooKeeper 安装包 apache-zookeeper-3.5.6-bin.tar.gz 上传到 node1 节点的/opt/software 目录中。

2. 安装 ZooKeeper

通过解压缩的方式安装 ZooKeeper，使用如下命令将 ZooKeeper 安装到/opt/module 目录中。

```
[bigdata@node1 software]$ tar -zxvf apache-zookeeper-3.5.6-bin.tar.gz -C
/opt/module/
```

上述命令执行结束后，进入/opt/module 目录，使用 mv 命令，将 apache-zookeeper-3.5.6-bin 文件更名为 zookeeper-3.5.6。

```
[bigdata@node1 software]$ cd /opt/module/
```

```
[bigdata@node1 module]$ mv apache-zookeeper-3.5.6-bin/ zookeeper-3.5.6
```

3. 配置 ZooKeeper 环境变量

执行以下命令，打开系统环境变量文件 profile。

```
[bigdata@node1 module]$ sudo vim /etc/profile
```

对该文件进行编辑，在文件末尾添加以下两行配置信息，配置 ZooKeeper 的安装目录及 bin 目录，添加完成后，保存并退出。

```
export ZOOKEEPER_HOME=/opt/module/zookeeper-3.5.6
export PATH=$PATH:$ZOOKEEPER_HOME/bin
```

执行 source 命令，初始化系统环境变量，使配置内容生效。

```
[bigdata@node1 module]$ source /etc/profile
```

4. 修改 ZooKeeper 配置文件

在 node1 节点的/opt/module/zookeeper-3.5.6 目录中，创建 zkData 目录，该目录用来存放每个节点的 myid 文件。

```
[bigdata@node1 ~]$ cd /opt/module/zookeeper-3.5.6/
[bigdata@node1 zookeeper-3.5.6]$ mkdir zkData
```

进入 zkData 目录，执行 pwd 命令，之后复制完整路径/opt/module/zookeeper-3.5.6/zkData。

```
[bigdata@node1 zookeeper-3.5.6]$ cd zkData/
[bigdata@node1 zkData]$ pwd
/opt/module/zookeeper-3.5.6/zkData
```

切换到/opt/module/zookeeper-3.5.6/conf 目录，将 conf 目录中的 zoo_sample.cfg 文件更名为 zoo.cfg。

```
[bigdata@node1 conf]$ mv zoo_sample.cfg zoo.cfg
```

使用 vim zoo.cfg 命令编辑该文件，在命令行模式下输入“:set nu”，使文件内容显示行号。进入编辑模式，设置第 12 行 dataDir 参数的值为复制的路径/opt/module/zookeeper-3.5.6/zkData。在 zoo.cfg 配置文件末尾添加如下 ZooKeeper 集群的映射信息。

```
server.1=node1:2888:3888
server.2=node2:2888:3888
server.3=node3:2888:3888
```

进入 node1 节点 /opt/module/zookeeper-3.5.6/zkData 目录，使用 vim myid 命令创建 myid 文件，该文件内容是 ZooKeeper 服务器的编号，node1 节点对应编号 1，node2 节点对应编号 2，node3 节点对应编号 3。

```
[bigdata@node1 zkData]$ vim myid
```

打开 myid 文件，添加数字 1，保存并退出。

5. 配置 node2、node3 节点的 ZooKeeper 环境

1）分发 ZooKeeper 相关文件

为了快速配置 Hadoop 集群中的 node2 和 node3 节点，可以将 node1 节点中的 ZooKeeper 安装目录分发到 node2 和 node3 节点中，操作如下。

切换到 node1 节点的/opt/module 目录，执行如下命令，完成发送。

```
[bigdata@node1 module]$ scp -r zookeeper-3.5.6/ node2:`pwd`
[bigdata@node1 module]$ scp -r zookeeper-3.5.6/ node3:`pwd`
```

2）配置 ZooKeeper 环境变量

在 node2 节点中打开系统环境变量文件 profile。

```
[bigdata@node2 ~]$ sudo vim /etc/profile
```

在该文件末尾添加以下两行配置信息，配置 ZooKeeper 的安装目录及 bin 目录，添加完成后，保存并退出。

```
export ZOOKEEPER_HOME=/opt/module/zookeeper-3.5.6
export PATH=$PATH:$ZOOKEEPER_HOME/bin
```

执行 source 命令，初始化系统环境变量，使配置内容生效。

```
[bigdata@node2 ~]$ source /etc/profile
```

node2 节点的 ZooKeeper 环境变量配置结束后，需要在 node3 节点中执行同样的操作，完成 node3 节点的 ZooKeeper 环境变量配置。

3）修改 myid 文件内容

在 node2 节点中打开 myid 文件，修改文件内容为 2。

```
[bigdata@node2 ~]$ vim /opt/module/zookeeper-3.5.6/zkData/myid
```

在 node3 节点中打开 myid 文件，修改文件内容为 3。

```
[bigdata@node3 ~]$ vim /opt/module/zookeeper-3.5.6/zkData/myid
```

6．测试 ZooKeeper 集群

1）启动 ZooKeeper 集群

分别在 node1、node2、node3 三个节点中执行如下命令，启动 ZooKeeper 服务。

```
[bigdata@node1 module]$ zkServer.sh start
[bigdata@node2 ~]$ zkServer.sh start
[bigdata@node3~]$ zkServer.sh start
```

分别在 node1、node2、node3 三个节点中执行 jps 命令，可以看到三个节点关于 ZooKeeper 服务的 QuorumPeerMain 进程均已启动。

在 node1 节点中执行 jps 命令，结果如下。

```
[bigdata@node1 module]$ jps
91105 Jps
65780 QuorumPeerMain
```

在 node2 节点中执行 jps 命令，结果如下。

```
[bigdata@node2 ~]$ jps
53536 Jps
32340 QuorumPeerMain
```

在 node3 节点中执行 jps 命令，结果如下。

```
[bigdata@node3 ~]$ jps
25360 Jps
4696 QuorumPeerMain
```

2）查看 ZooKeeper 服务状态

分别在 node1、node2、node3 三个节点中执行如下命令，查看各节点的 ZooKeeper 服务状态及角色信息。

```
[bigdata@node1 module]$ zkServer.sh status
[bigdata@node2 ~]$ zkServer.sh status
[bigdata@node3 ~]$ zkServer.sh status
```

node1 节点的运行结果如图 2-178 所示。

node2 节点的运行结果如图 2-179 所示。

node3 节点的运行结果如图 2-180 所示。

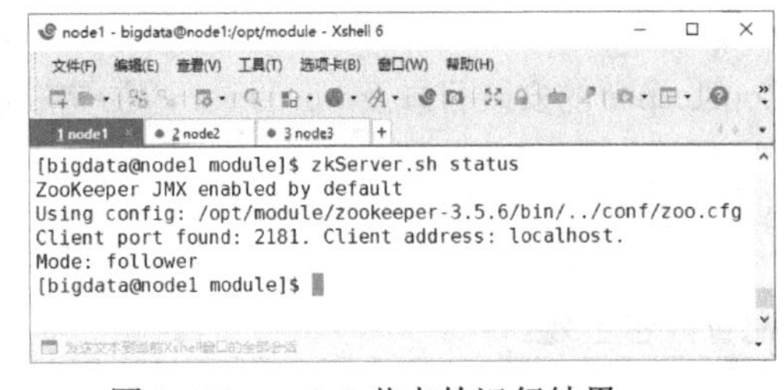

图 2-178 node1 节点的运行结果

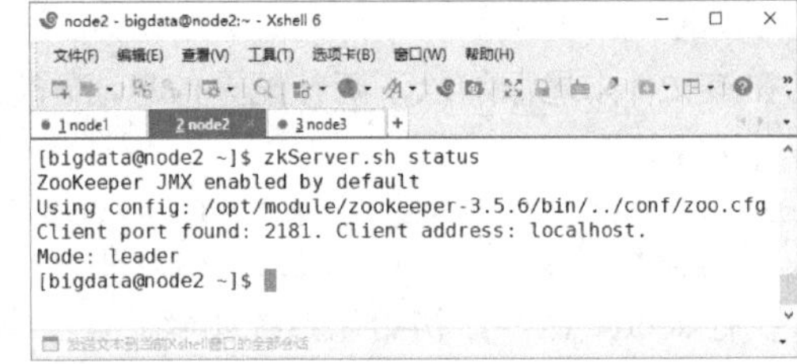

图 2-179 node2 节点的运行结果

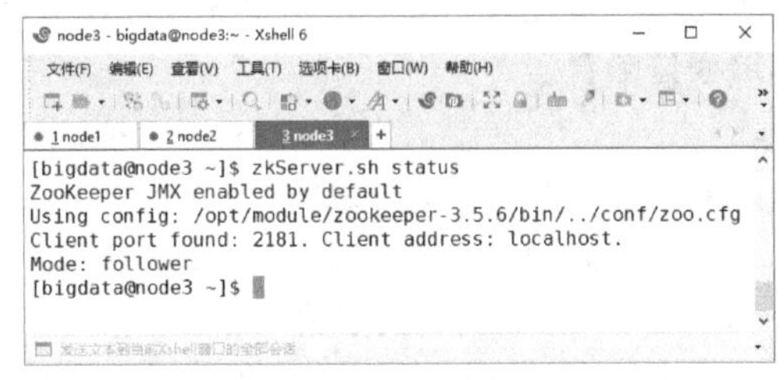

图 2-180 node3 节点的运行结果

从 node1、node2、node3 三个节点的运行结果可以看出，ZooKeeper 服务均成功启动。集群选举 node2 节点为 leader，其他两个节点为 follower。

小贴士：

各节点的角色是根据 ZooKeeper 的选举机制产生的，每次启动 ZooKeeper 集群，各节点的角色可能会不同。

3）关闭 ZooKeeper 集群

分别在 node1、node2、node3 三个节点中执行 zkServer.sh stop 命令，关闭 ZooKeeper 集群。

```
[bigdata@node1 module]$ zkServer.sh stop
[bigdata@node2 ~]$  zkServer.sh stop
[bigdata@node3~]$  zkServer.sh stop
```

分别在 node1、node2、node3 三个节点中执行 jps 命令，当 ZooKeeper 进程 QuorumPeerMain 不存在时，说明 ZooKeeper 集群关闭成功。

2.8 Kafka 集群环境搭建及应用

Kafka 是一种高吞吐量的分布式发布订阅消息系统，是 Apache 软件基金会开源的消息队列。Kafka 由 Java 和 Scala 编写而成，主要对大数据平台起到缓冲和消除数据高峰的作用。通过 Kafka 能够保障实时数据采集平台稳定运行。

本项目需要在 node1、node2、node3 节点中分别安装部署 Kafka 集群。本节将介绍 Kafka 集群环境的搭建和常用命令的使用方法。

2.8.1 Kafka 集群环境搭建

1. 上传 Kafka 安装包

使用 Xftp 软件将 Kafka 安装包 kafka_2.12-2.7.0.tgz 上传到 node1 节点的 /opt/software 目录中。

2. 安装 Kafka

通过解压缩的方式安装 Kafka，使用如下命令将 Kafka 安装到/opt/module 目录中。

```
[bigdata@node1 software]$ tar -zxvf kafka_2.12-2.7.0.tgz -C /opt/module/
```

3. 配置 Kafka 环境变量

执行以下命令，打开系统环境变量文件 profile。

```
[bigdata@node1 module]$ sudo vim /etc/profile
```

对该文件进行编辑，在文件末尾添加以下两行配置信息，配置 Kafka 的安装目录及 bin 目录，添加完成后，保存并退出。

```
export KAFKA_HOME=/opt/module/kafka_2.12-2.7.0
export PATH=$PATH:$KAFKA_HOME/bin
```

执行 source 命令，初始化系统环境变量，使配置内容生效。

```
[bigdata@node1 module]$ source /etc/profile
```

4. 修改 Kafka 配置文件

在 node1 节点的/opt/module/kafka_2.12-2.7.0 目录中创建 logs 目录，该目录用来存放 Kafka 运行过程的日志信息。

```
[bigdata@node1 software]$ cd /opt/module/kafka_2.12-2.7.0/
[bigdata@node1 kafka_2.12-2.7.0]$ mkdir logs
```

切换到/opt/module/kafka_2.12-2.7.0/config 目录，使用 vim server.properties 命令编辑该文件，在命令行模式下输入“:set nu”，使文件内容显示行号。进入编辑模式，按照以下要求修改文件，修改完成后，保存并退出。

在第 21 行修改配置信息如下。

```
broker.id=0
```

在第 24 行添加配置信息如下。

```
delete.topic.enable=true
```

在第 60 行修改配置信息如下。

```
log.dirs=/opt/module/kafka_2.12-2.7.0/logs
```

在第 123 行修改配置信息如下。

```
zookeeper.connect=node1:2181,node2:2181,node3:2181
```

5. 配置 node2、node3 节点的 Kafka 环境

1）分发 Kafka 相关文件

为了快速搭建 Kafka 集群，可以将 node1 节点中的 Kafka 安装目录发送到 node2 和 node3 节点中，操作如下。

切换到 node1 节点的/opt/module 目录，将 Kafka_2.12-2.7.0 目录发送到 node2 和 node3 节点的相同路径中，执行如下命令，完成发送。

```
[bigdata@node1 module]$ scp -r kafka_2.12-2.7.0/ node2:`pwd`
[bigdata@node1 module]$ scp -r kafka_2.12-2.7.0/ node3:`pwd`
```

2）修改 server.properties 配置文件

分别切换到 node2 及 node3 节点的/opt/module/kafka_2.12-2.7.0/config 目录，修改 server.properties 配置文件。因为每个节点的 broker.id（节点序号）不允许重复，所以需要修改两个节点的 broker.id 值。

在 node2 节点命令行中执行如下命令，打开 server.properties 配置文件，将 broker.id 值修改为 1，修改后，保存并退出。

```
[bigdata@node2 ~]$ cd /opt/module/kafka_2.12-2.7.0/config/
[bigdata@node2 config]$ vim server.properties
```

在 node3 节点命令行中执行如下命令，打开 server.properties 配置文件，将 broker.id 值修改为 2，修改后，保存并退出。

```
[bigdata@node3 ~]$ cd /opt/module/kafka_2.12-2.7.0/config/
[bigdata@node3 config]$ vim server.properties
```

3）配置 Kafka 环境变量

在 node2 节点中打开系统环境变量文件 profile。

```
[bigdata@node2 config]$ sudo vim /etc/profile
```

在文件末尾添加以下两行配置信息，配置 Kafka 的安装目录及 bin 目录，添加完成后，保存并退出。

```
export KAFKA_HOME=/opt/module/kafka_2.12-2.7.0
export PATH=$PATH:$KAFKA_HOME/bin
```

执行 source 命令，初始化系统环境变量，使配置内容生效。

```
[bigdata@node2 config]$ source /etc/profile
```

node2 节点的 Kafka 环境变量配置结束后，需要在 node3 节点中执行相同的操作，完成 node3 节点的 Kafka 环境变量配置。

6．测试 Kafka 集群

1）查看 ZooKeeper 服务状态

因为 Kafka 的元数据被存放在 ZooKeeper 中，由 ZooKeeper 进行维护，所以启动 Kafka 集群之前，必须启动 ZooKeeper 集群。

在 node1、node2、node3 三个节点中，均使用 jps 命令查看 ZooKeeper 服务的进程。如果 QuorumPeerMain 进程存在，则说明 ZooKeeper 集群已经被启动，否则需要使用 zkServer.sh start 命令启动 ZooKeeper 集群，并使用 zkServer.sh status 命令查看每个节点的 ZooKeeper 角色是否启动成功。

2）启动 Kafka 集群

启动 Kafka 集群有两种方式：第一种是前台启动，前台启动会独占一个会话，启动时使用 kafka-server-start 命令；第二种是后台启动，后台启动相对比较方便，启动之后就可以把进程变为后台运行状态。下面使用后台启动的方式启动 Kafka 集群。

在后台启动 Kafka 集群之前，node1、node2、node3 三个节点均切换到 kafka_2.12-2.7.0 目录。

```
[bigdata@node1 module]$ cd /opt/module/kafka_2.12-2.7.0/
[bigdata@node2 config]$ cd /opt/module/kafka_2.12-2.7.0/
[bigdata@node3 config]$ cd /opt/module/kafka_2.12-2.7.0/
```

分别在 node1、node2、node3 三个节点中执行 nohup kafka-server-start 命令，启动 Kafka 集群。

```
[bigdata@node1 kafka_2.12-2.7.0]$ nohup kafka-server-start.sh
config/server.properties > ./logs/start.log 2>&1 &
[bigdata@node2 kafka_2.12-2.7.0]$ nohup kafka-server-start.sh
config/server.properties > ./logs/start.log 2>&1 &
[bigdata@node3 kafka_2.12-2.7.0]$ nohup kafka-server-start.sh
config/server.properties > ./logs/start.log 2>&1 &
```

小贴士：

在 Xshell 窗口下方的撰写栏中输入命令“nohup kafka-server-start”，也可以启动 node1、node2、node3 三个节点的 Kafka 集群。

在 node1、node2、node3 三个节点中执行 jps 命令，查看进程信息。若出现 Kafka 进程，则说明 Kafka 集群启动成功。

2.8.2　Kafka 常用命令及使用方法

Kafka 在保存消息时会根据 topic 进行归类，消息发送者称为 Producer，消息接收者称为 Consumer。此外，Kafka 集群由多个 Kafka 实例（server）组成，每个实例称为一个 broker。

2.8.1 节对 Kafka 集群进行了安装配置，本节在 Kafka 集群环境的基础上，介绍 Kafka 的 8 个常用命令及使用方法。

因为 Kafka 依赖于 ZooKeeper，当 Kafka 启动之后，会把一些元数据存储到 ZooKeeper 中，从而保证系统的可用性，所以在实施本任务之前，需要先启动 ZooKeeper 服务，查看 ZooKeeper 的角色信息，保证 ZooKeeper 服务处于正常运行状态。

1. 启动 ZooKeeper 客户端

在 node1 节点中启动 ZooKeeper 客户端。

```
[bigdata@node1 ~]$ zkCli.sh -server node1:2181
```

查看 ZooKeeper 中已经存在的数据信息，如下所示。

```
[zk: node1:2181(CONNECTED) 0] ls /
```

查看完成后，不要关闭此窗口，再复制一个 node1 会话窗口。

2. 启动 Kafka 集群

在 node1、node2、node3 三个节点中分别启动 Kafka 集群。

```
[bigdata@node1  ~]$  kafka-server-start.sh  -daemon  /opt/module/kafka_2.12-
2.7.0/config/server.properties
[bigdata@node2  ~]$  kafka-server-start.sh  -daemon  /opt/module/kafka_2.12-
2.7.0/config/server.properties
[bigdata@node3  ~]$  kafka-server-start.sh  -daemon  /opt/module/kafka_2.12-
2.7.0/config/server.properties
```

启动命令执行完成后，使用 jps 命令看 node1、node2、node3 三个节点的 Kafka 服务进程，若进程均已启动，则说明 Kafka 集群启动成功。node1 节点的启动状态如下所示，node2 和 node3 节点的启动状态与 node1 节点的启动状态相同，此处不再赘述。

```
[bigdata@node1 ~]$ jps
67317 Kafka
65780 QuorumPeerMain
26363 ResourceManager
67389 Jps
14061 NameNode
14189 DataNode
66012 ZooKeeperMain
26479 NodeManager
```

此时返回启动了 ZooKeeper 客户端的 node1 节点窗口，再次查看 ZooKeeper 客户端的数据信息，可以发现增加了一些目录，如下所示。

```
[zk: node1:2181(CONNECTED) 6] ls /
[admin, brokers, cluster, config, consumers, controller, controller_epoch,
feature,  isr_change_notification,  latest_producer_id_block,
log_dir_event_notification, zookeeper]
```

brokers 是 Kafka 启动后存放在 ZooKeeper 中的一个元数据目录，查看 brokers 的内容，如下所示。

```
[zk: node1:2181(CONNECTED) 7] ls /brokers
```

```
[ids, seqid, topics]
```

brokers 中的 ids 保存了 Kafka 集群的实例 id 信息，即集群中每个节点的 broker.id，查看 ids 中的内容，如下所示。

```
[zk: node1:2181(CONNECTED) 8] ls /brokers/ids
[0, 1, 2]
```

说明 Kafka 将元数据保存到了 ZooKeeper 中。

3. Kafka 常用命令

1）查看 topic 列表

查看 Kafka 服务器中所有的 topic（主题），结果显示目前没有 topic 信息，如下所示。

```
[bigdata@node1 ~]$ kafka-topics.sh --zookeeper node1:2181 -list
[bigdata@node1 ~]$
```

2）创建 topic

执行如下命令，创建名为 first 的 topic。

```
[bigdata@node1 ~]$ kafka-topics.sh --zookeeper node1:2181 --create --
partitions 3 --replication-factor 1 --topic first
```

命令解释如下。

kafka-topics.sh：Kafka 操作 topic 的关键命令。

--zookeeper node1:2181：指定 Kafka 连接的 ZooKeeper 服务地址。

--create：创建主题的动作指令。

--partitions 3：创建 3 个分区。

--replication-factor 1：指定 1 个副本因子。

--topic first：创建的 topic 的名称为 first。

3）删除 topic

查看创建的 topic。

```
[bigdata@node1 ~]$ kafka-topics.sh --zookeeper node1:2181 -list
__consumer_offsets
first
```

从上述运行结果中可以看到创建的 first 主题，下面删除该主题。

```
[bigdata@node1 ~]$ kafka-topics.sh --zookeeper node1:2181 --delete --topic
first
Topic first is marked for deletion.
Note: This will have no impact if delete.topic.enable is not set to true.
[bigdata@node1 ~]$
```

上述运行结果中两行提示信息的含义：如果要在此服务器中完全删除 topic，则需要在 kafka_2.12-2.7.0/config/server.properties 文件中配置 delete.topic.enable=true。因为在 Kafka 集群环境搭建时已经做过此项配置，所以 first 主题被彻底删除，而非标记删除。

4）使用 Kafka 发送消息

（1）再次创建 first 主题。

```
[bigdata@node1 ~]$ kafka-topics.sh --zookeeper node1:2181 --create --
partitions 3 --replication-factor 1 --topic first
```

（2）进入生产消息命令行。

在 node1 节点命令行中执行如下命令，进入 first 主题的生产消息命令行，准备生产消息。

```
[bigdata@node1 ~]$ kafka-console-producer.sh --topic first --broker-list
```

```
node1:9092
>
```

（3）进入数据消费界面

切换到 node2 节点命令行，执行如下命令，进入 first 主题的数据消费界面。此时，node2 节点处于监听状态，准备消费 first 主题中的数据。

```
[bigdata@node2 ~]$ kafka-console-consumer.sh --topic first --bootstrap-server
node1:9092
```

（4）生产消息及消费消息。

在 node1 节点的 first 主题中生产消息，输入如下两行信息。

```
[bigdata@node1  ~]$  kafka-console-producer.sh  --topic  first  --broker-list
node1:9092
>hello word
>bigdata
```

输入完成后，在 node2 节点可以看到已经消费的数据。

```
hello word
bigdata
```

当生产和消费数据操作结束后，使用组合键“Ctrl+C”终止 node1 节点的生产消息命令行及 node2 节点的消费监听状态。

5）查看指定的 topic 详情

切换到 node1 节点，执行以下命令，查看 first 主题的详情信息。

```
[bigdata@node1 ~]$ kafka-topics.sh --zookeeper node1:2181 --describe --topic
first
Topic: first        PartitionCount: 3       ReplicationFactor: 1
    Configs:
Topic: first        Partition: 0      Leader: 0      Replicas: 0     Isr: 0
Topic: first        Partition: 1      Leader: 1      Replicas: 1     Isr: 1
Topic: first        Partition: 2      Leader: 2      Replicas: 2     Isr: 2
```

6）关闭 Kafka 集群

在 node1、node2、node3 三个节点中分别关闭 Kafka 集群，命令如下。

```
[bigdata@node1 ~]$ kafka-server-stop.sh
[bigdata@node2 ~]$ kafka-server-stop.sh
[bigdata@node3 ~]$ kafka-server-stop.sh
```

在 node1、node2、node3 三个节点中分别使用 jps 命令查看进程，若 Kafka 进程不存在，则说明 Kafka 集群已被关闭。

4. 关闭 ZooKeeper 客户端

在 node1 节点的 ZooKeeper 客户端窗口中执行 quit 命令，退出 ZooKeeper 客户端。

```
[zk: node1:2181(CLOSED) 2] quit
[bigdata@node1 ~]$
```

素养园地

大学生是国家的未来和希望，拥有着丰富的知识和无尽的可能性，在大学的学习生活中，更要将工匠精神融入学习过程中。大学生只有具备了追求卓越、注重细节、耐心坚持的精神，才能在工作和生活中创造出令人瞩目的成果。学习工匠精神，不仅是自我提升的过程，更能为未来的职业发展和人生道路奠定坚实的基础。

请同学们自主学习工匠精神的内涵，查阅大国工匠的榜样事迹，谈一谈自己该如何以工匠精神为引领，不断追求卓越，为国家繁荣发展贡献自己的力量。

项目总结

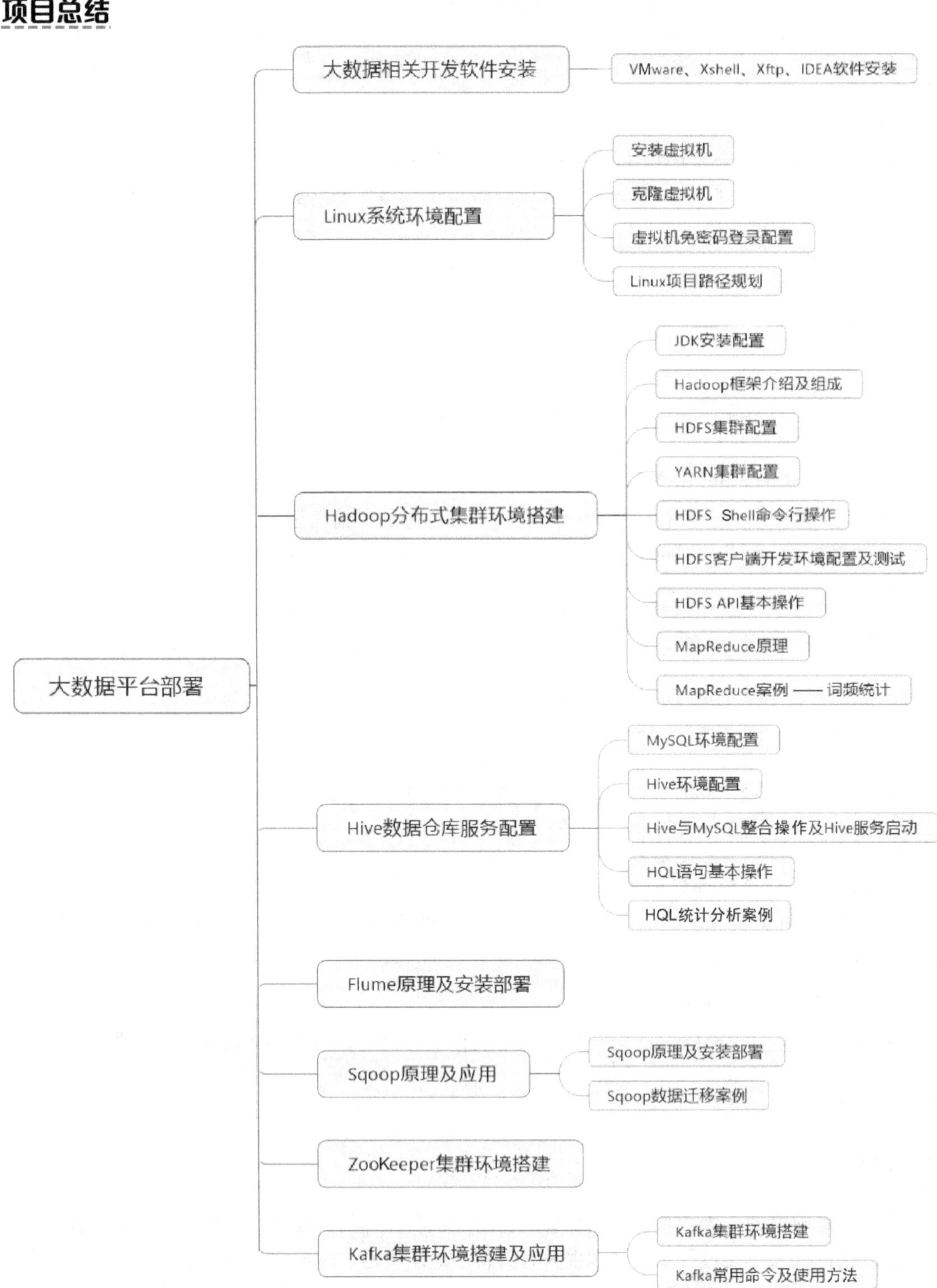

思考与练习

一、判断题

1．Hadoop 是一种分布式系统基础架构，主要解决海量数据存储和海量数据计算两大问题。（　　）

2．在 HDFS 配置文件中，主要配置的是 hdfs-site.xml 配置文件。（　　）

3．在 Hadoop 分布式集群中，不需要对集群中的每个节点都进行 IP 规划。（　　）

4．利用 HDFS 操作命令可以将数据文件从本地上传到 HDFS，也可以将数据文件从 HDFS 下载到本地。（　　）

5．在 HDFS API 操作中，closeFileSystem()方法的功能是释放文件系统对象的资源。（　　）

6．在 MapReduce 词频统计案例中，执行 Map 任务的最后阶段，会将缓冲区的数据全部写入磁盘。（　　）

7．Flume 是 Cloudera 公司提供的一款高可用、高可靠、分布式的系统，可用于海量日志的采集、聚合和传输。（　　）

二、单选题

1．能在网络中安全传输文件的软件是（　　）。

A．VMware　　B．Xshell
C．IDEA　　D．Xftp

2．创建 bigdata 用户的命令是（　　）。

A．su bigdata　　B．bigdata ALL
C．useradd bigdata　　D．sudoers

3．论文（　　），主要论证的核心是如何采用分布式的架构对海量数据进行分布式计算。

A．*GFS*　　B．*BigTable*
C．*MapReduce*　　D．*HDFS*

4．如果设定 HDFS 块的大小是 128MB，那么一个大小为 500MB 的数据文件，将会被切分成（　　）个分片。

A．2　　B．3
C．4　　D．5

5．在 Linux 命令行中，使用（　　）命令格式化 Hive 元数据库。

A．format　　B．schematool
C．clear　　D．del

6．在 Hive 中给数据表添加数据，使用（　　）命令效率更高。

A．insert into　　B．load
C．append　　D．add

7．使关系型数据库与 HDFS 之间相互迁移数据的命令是（　　）。

A．distcp　　B．fsck
C．fastcopy　　D．sqoop

三、多选题

1. Hadoop 主要包含（　　）三大功能组件。

A. YARN　　B. Hadoop

C. MapReduce　　D. HDFS

2. Hadoop 具有（　　）优势。

A. 高可靠性　　B. 高效性

C. 高容错性　　D. 高扩展性

3. 下面说法正确的是（　　）。

A. JDK 是 Java 语言的开发环境

B. JDK 包含 JRE 和 JVM

C. JRE 是 Java 运行时的类库

D. Java 编程的核心是 JVM，JVM 是 JRE 的一部分，是一个虚拟出来的计算机

4. HDFS 中提供了两种操作命令，是（　　）。

A. hadoop fs　　B. Hadoop dfs

C. hdfs dfs　　D. hdfs fs

5. Hive 是基于 Hadoop 技术的数据仓库工具，用来对数据进行（　　）。

A. 提取　　B. 转换

C. 加载　　D. 分析

6. 使用 beeline 客户端远程访问 Hive 之前，需要启动的两个服务是（　　）。

A. hive --service metastore　　B. hive --server metastore

C. hive --service hiveserver2　　D. hive --service hiveserver

7. Hive 的集合数据类型有（　　）三种。

A. array　　B. map

C. struct　　D. char

8. 成功安装 ZooKeeper 集群后，查看各节点的角色信息时，会看到一个（　　）、多个（　　）。

A. leader　　B. follower

C. ZooKeeper　　D. zkServer

9. Kafka 是一种高吞吐量的分布式发布订阅消息系统，是 Apache 软件基金会开源的消息队列，由（　　）编写而成。

A. C++　　B. Java

C. Scala　　D. Python

学习成果评价

1. 评价分值及等级

分值	90～100	80～89	70～79	60～69	<60
等级	优秀	良好	中等	及格	不及格

2．评价标准

评价内容	赋分	序号	考核指标	分值	得分		
					自评	组评	师评
大数据相关开发软件安装	4 分	1	正确安装 VMware 软件	1 分			
		2	正确安装 Xshell 软件	1 分			
		3	正确安装 Xftp 软件	1 分			
		4	正确安装 IDEA 软件	1 分			
Linux 操作系统环境配置	10 分	1	正确安装虚拟机	2 分			
		2	正确克隆虚拟机	2 分			
		3	虚拟机免密码登录配置合合理	5 分			
		4	Linux 项目路径规划合理	1 分			
Hadoop 分布式集群环境搭建	40 分	1	正确安装配置 JDK	2 分			
		2	掌握 Hadoop 技术架构	2 分			
		3	正确配置 HDFS 集群	8 分			
		4	正确配置 YARN 集群	5 分			
		5	熟悉 HDFS Shell 命令	3 分			
		6	正确配置 HDFS 客户端开发环境并进行测试	5 分			
		7	掌握 HDFS API 基本操作	8 分			
		8	掌握 MapReduce 原理	2 分			
		9	正确完成 MapReduce 词频统计案例	5 分			
Hive 数据仓库服务配置	5 分	1	正确配置 MySQL 环境	1 分			
		2	正确配置 Hive 环境	1 分			
		3	按照规范将 Hive 与 MySQL 整合	1 分			
		4	完成 HQL 语句基本操作	1 分			
		5	完成 HQL 统计分析案例	1 分			
Flume 原理及安装部署	3 分	1	正确安装并配置 Flume	3 分			
Sqoop 原理及应用	4 分	1	Sqoop 安装部署合理	2 分			
		2	完成 Sqoop 数据迁移案例	2 分			
ZooKeeper 集群环境搭建	6 分	1	正确搭建 ZooKeeper 集群	6 分			
Kafka 集群环境搭建及应用	8 分	1	正确搭建 Kafka 集群环境	2 分			
		2	掌握 Kafka 常用命令的使用	6 分			
劳动素养	10 分	1	按时完成，认真填写记录	5 分			
		2	小组分工合理性	5 分			
思政素养	10 分	1	完成思政素材学习	5 分			
		2	观看思政视频	5 分			
总分				100 分			

【学习笔记】

我的学习笔记：

____

____

____

【反思提高】

我在学习方法、能力提升等方面的进步：

____

____

____

模块 3

数据采集

学习目标

知识目标

- 掌握构建项目数据采集系统的方法
- 掌握 Flume 采集原理及流程

技能目标

- 能正确定义 ETL 拦截器及分流标记拦截器，实现数据清洗和数据分流
- 能采用 Flume-Kafka-Flume 架构实现数据采集及数据消费

素养目标

- 具备规范的数据采集能力
- 具备程序编写能力
- 具备精益求精的工匠精神

项目概述

在模块 2 中，我们搭建好了 Hadoop 集群，也完成了 Hive、Flume 等相关组件的安装部署，为项目开发做好了准备工作。本模块介绍如何构建项目数据采集系统，对用户行为日志的磁盘文件数据进行采集并传输到 HDFS 中。项目中采用 Flume-Kafka-Flume 的架构实现采集功能，同时自定义了 ETL 拦截器及分流标记拦截器，用于实现数据清洗和数据分流，为后续项目的分析环节提供数据支撑。

3.1 项目数据源及产生方法

在采集数据之前，首先介绍项目数据源及产生方法，将产生数据源的 jar 包上传到 Hadoop 集群中，并通过命令运行该 jar 包，从而产生项目所需要的数据。

1. 创建项目数据存放目录

在 opt 目录中创建 project 目录。

```
[bigdata@node1 ~]$ cd /opt
[bigdata@node1 opt]$ mkdir project
```

在 project 目录中创建 offlineDataWarehouse 目录。

```
[bigdata@node1 opt]$ cd project/
[bigdata@node1 project]$ mkdir offlineDataWarehouse
```

在 offlineDataWarehouse 目录中创建 logs 及 jar 目录。

```
[bigdata@node1 project]$ cd offlineDataWarehouse/
[bigdata@node1 offlineDataWarehouse]$ mkdir logs
[bigdata@node1 offlineDataWarehouse]$ mkdir jar
```

2. 上传产生数据的 jar 包

使用 Xftp 软件将模拟产生数据的程序 jar 包 OfflineDataWarehouse_DataSource-1.0-jar-with-dependencies.jar 以拖曳的方式上传到/opt/project/offlineDataWarehouse/jar 目录中。

使用 ll 命令可以查看 jar 目录中已经上传的 jar 包，该 jar 包的作用是生成模拟项目源数据。

```
[bigdata@node1 jar]$ ll
总用量 3128
-rw-rw-r--. 1 bigdata bigdata 3200110 1月 OfflineDataWarehouse_DataSource-1.0-
jar-with-dependencies.jar
```

3. 生成一天的模拟数据

本项目数据为 2021 年 4 月 1 日到 2021 年 4 月 30 日共 30 天的模拟数据，本节以产生 2021 年 4 月 30 日一天的数据为例，阐述生成数据的具体方法。

1）修改集群日期

在产生模拟数据之前，应将当前集群日期修改为模拟数据的日期，此处以修改为 2021 年 4 月 30 日为例，操作方法如下。

（1）在 Xshell 撰写栏中输入修改集群日期的命令“sudo date -s 2021-04-30”。

（2）在 Xshell 撰写栏中输入 bigdata 用户密码“123456”。

在 node1、node2、node3 三个节点中分别可以看到集群日期被修改成功。

```
[bigdata@node1 offline]$ sudo date -s 2021-04-30
[sudo] bigdata 的密码:
2021 年 04 月 30 日 星期五 00:00:00 CST
```

2）运行 jar 包，生成数据

在 node1 节点的/opt/project/offlineDataWarehouse/jar 目录中，执行生成模拟数据的命令。

```
[bigdata@node1 jar]$ java -classpath OfflineDataWarehouse_DataSource-1.0-jar-
with-dependencies.jar com.bigdata.AppMain >
/opt/project/offlineDataWarehouse/logs/mockData.log
```

上述命令执行完成后，根据程序设定，产生的模拟数据被存放到 /opt/project/offlineDataWarehouse/user_behavior_logs/offline 目录中，数据文件以 userBehavior-yyyy-mm-dd.log 格式命名，即此处产生的数据文件名为 userBehavior-2021-04-30.log。

```
[bigdata@node1 jar]$ cd ../user_behavior_logs/offline/
[bigdata@node1 offline]$ ll
总用量 672
-rw-rw-r--. 1 bigdata bigdata 686265 4月  30 00:21 userBehavior-2021-04-30.log
```

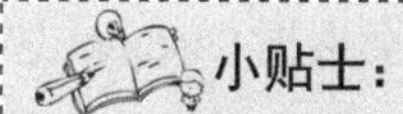小贴士：

数据源的产生还可以使用另外一种方法，该方法在后续“Flume 数据消费执行脚本及实现”一节中使用。具体方法是使用 Xftp 软件将脚本文件 mockData.sh 上传到/opt/project/offlineDataWarehouse/jar 目录中，且赋予执行权限后，运行该脚本也会产生模拟数据。

3.2 Flume 脚本设计

3.2.1 Flume 采集原理及流程

本节介绍 Flume 采集原理及数据传输流程，包含以下 3 部分内容。

- Flume-agent 数据传输流程。
- Flume 中不同类型的 Source、Channel 和 Sink 的特点及在本项目中的选择。
- 本项目中 Flume-agent 数据传输的设计流程。

本项目设计的 Flume 数据传输流程可以帮助读者对项目中产生的数据及将数据传输到 HDFS 中有一个整体的认识。

Flume-agent 的具体传输流程如图 3-1 所示。

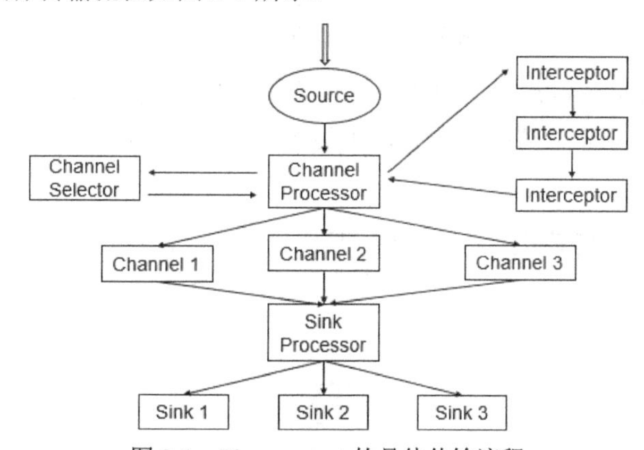

图 3-1 Flume-agent 的具体传输流程

首先，Source 将接收的数据封装成事件（Event）。在事件进入 Channel 之前，可以通过编写程序让事件进入 Channel Processor ，即 Channel 处理器。该处理器将数据发送到事件拦截器链中。事件拦截器链根据需要可以由多个拦截器组成，其主要作用是在拦截器中对传输过来的事件进行判断，如果不符合设定要求，则该事件将被过滤掉，如果符合设定要求，则进入下一个拦截器继续进行判断，直到事件符合我们设定的全部要求，才会从拦截器链中返回到 Channel 处理器中。

事件从拦截器链中返回到 Channel 处理器中之后，会被传输给 Channel Selector ，即 Channel 选择器，它的作用是在事件中写入将下一步事件传输给哪个或哪些 Channel。传输方式有两种：第一种是 Replicating Channel Selector（default）类型，该类型为默认类型，表示可以将事件复制多份，并传输给所有的 Channel，且每个 Channel 收到的数据都是相同的；第二种是 Multiplexing Channel Selector 类型，可以通过在代码中配置事件 header 的 key 值，决定将事件传输给哪一个 Channel。

然后，把事件从 Channel 选择器返回到 Channel 处理器中。Channel 处理器会根据 Channel 选择器的选择结果，将事件写入相应的 Channel，进行缓存。

当事件达到一定阈值时，会通过 Sink Processor（Sink 处理器）被传输给 Sink。Sink 处理器决定了数据流向哪个 Sink。对于 Sink 处理器，我们考虑更多的是可靠性和性能，即故障转移与负载均衡的设置。

Sink 处理器有三种类型。第一种为 DeafultSinkProcessor，如图 3-2 所示，表示多个或一个 Channel 只对接一个 Sink。如果 Channel 需要对接多个 Sink，如图 3-3 所示，则可以在配置消费脚本时选择以下两种类型。

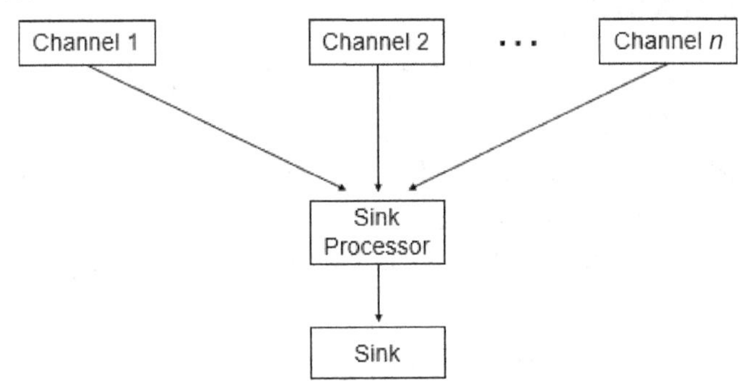

图 3-2 DeafultSinkProcessor

- LoadBalancingSinkProcessor：使 Sink 之间实现负载均衡的功能。
- FailoverSinkProcessor：在失败的情况下能够进行故障转移，从一个 Sink 转移到另一个 Sink。

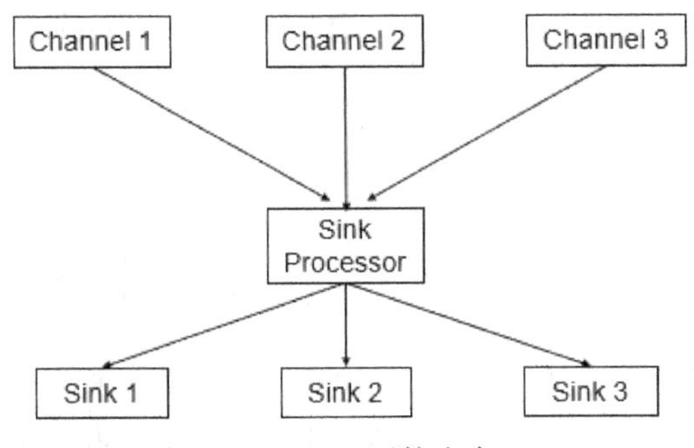

图 3-3 Channel 对接多个 Sink

在 Flume 中，常用的 Source 类型和特点及本项目中使用的 Source 类型有如下几种。

- Netcat Tcp Source：监听端口数据。
- Exec Source：监听单个追加文件。
- Spooling Directory Source：监听目录中的新增文件。
- Avro Source：Flume 之间传递数据时使用。
- TAILDIR Source：监听目录中的新增文件及追加文件。即使 agent 宕机，也可以在重启后，在上次记录的位置继续执行监控操作。
- Kafka Source：从 Kafka 集群中读取数据。

在本项目中，我们会使用 TAILDIR Source 和 Kafka Source 两种类型。

在 Flume 中，常用的 Channel 类型和特点及本项目中使用的 Channel 类型有如下几种。

- Memory Channel：完全在内存中运行，速度很快。其优点也是缺点，即不能持久化，如果机器发生宕机或断电，数据就会丢失。
- File Channel：用本地文件作为 Channel，优点是可靠性较高，数据都被存储在磁盘文件中，进程意外中断、重启后还会断点续传；缺点是速度较慢。
- Kafka Channel：使用 Kafka 作为 Channel，吞吐量大，数据不易丢失。

在本项目中，我们会使用 Kafka Channel 和 Memory Channel 两种类型。

在 Flume 中，常用的 Sink 类型和特点及本项目中使用的 Sink 类型有如下几种。

- HDFS Sink：接收事件并写入 HDFS。
- Hive Sink：接收器将 JSON 格式的数据事件直接传输给 Hive 表或分区。
- HBase Sink：把数据写入 HBase 数据库，做实时处理。
- Avro Sink：充当数据源连接到下一台 Flume。
- Kafka Sink：把数据写入 Kafka 对应的 topic。

在本项目中，我们会使用 HDFS Sink，通过 Flume 把数据写入 HDFS，以供进一步分析、使用。

本项目中设计的 Flume 数据传输流程如图 3-4 所示。

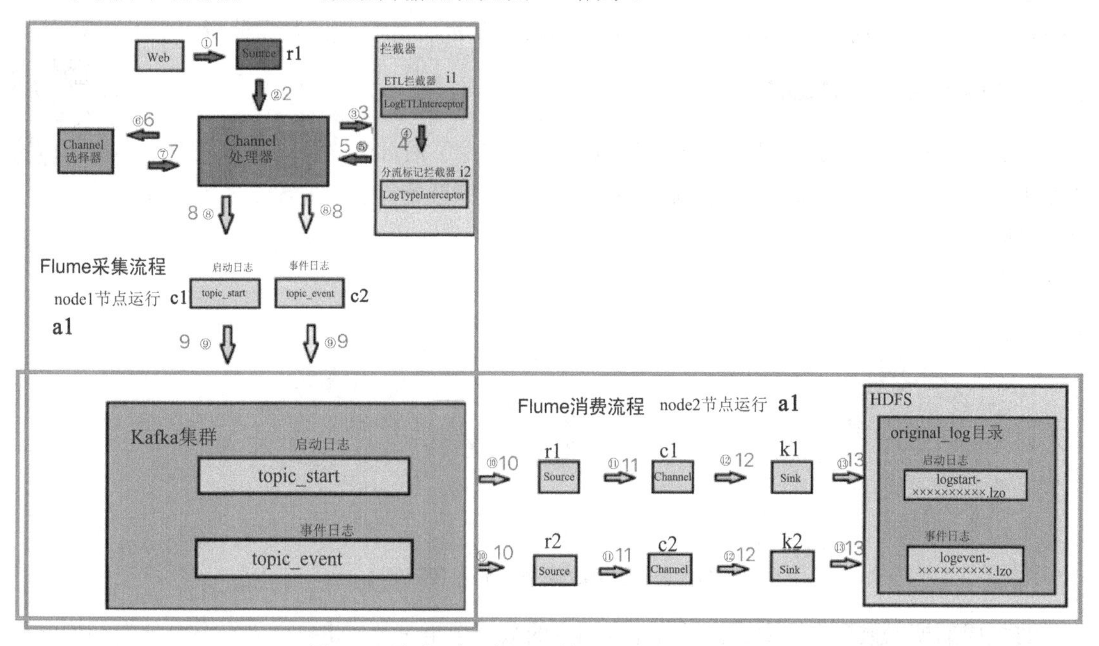

图 3-4　在本项目中设计的 Flume 数据传输流程

本项目中以 Flume-agent 的传输流程为基础，设计了符合项目需求的 Flume 传输流程。首先使用 Java 编写的脚本，模拟生成源数据。源数据生成后，Flume 中的 Source 就会对生成的模拟源数据进行采集，采集脚本会在 node1 节点中配置。把读取本地模拟源数据的 Source 命名为 r1。r1 在本地读取源数据以后，会把数据封装成事件，传输给 Channel 处理器。然后 Channel 处理器会把收到的事件传输给由 ETL 拦截器和分流标记拦截器组成的拦截器链。事件是由 header 和 body 组成的。header 中默认是空值，body 中是传输的具体事件信息。事件需要先经过 ETL 拦截器，判断是否为合格事件，如果不是合格事件，则会被过滤掉，如果是合格事件，则会进入分流标记拦截器并继续判断。如果判断的事件为启动日志，那么会在 header 中加入 topic_start，标记为启动日志；如果判断的事件为事件日志，那么会在 header 中加入 topic_event，标记为事件日志，以此区分事件的信息。区分后的事件会返回到 Channel 处理器中。Channel 处理器会将每个事件传输给 Channel 选择器，在项目中选用的是 Multiplexing Channel Selector。事件经过 Channel 选择器返回到 Channel 处理器中，可以确定当前事件应该进入哪个 Channel。由于有启动日志和事件日志这两种不同类型的日志，启动日志会被传输给名称为 r1 的 Channel，事件日志会被传输给名称为 r2 的 Channel，并在其中做短暂的停留，之后被传输给 Kafka 集群。Kafka 集群中有两个主题，分别对应启动日志和事件日志，Kafka 集群会根据不同的主题对其进行消费。

在 node2 节点中配置 Flume 的消费脚本。此时名称为 r1 的 Source 会消费 Kafka 集群中的启动日志，之后将启动日志传输给名称为 c1 的 Channel 进行缓存。名称为 k1 的 Sink 从 c1 中拉取数据，写入 HDFS 集群 original_log 目录中的 logstart.lzo 文件。

名称为 r2 的 Source 会消费 Kafka 集群中的事件日志，之后将事件日志传输给名称为 c2 的 Channel 进行缓存。名称为 k2 的 Sink 从 c2 中拉取数据，写入 HDFS 集群 original_log 目录中的 logevent.lzo 文件。

至此，设计的 Flume-agent 的传输流程就结束了。

图 3-4 完整地描述了本项目中的数据采集系统，从图 3-4 中可以很清楚地看到，项目采用了 Flume-Kafka-Flume 的设计思路，最终将数据传输给 HDFS，为后续的数据分析提供了数据源。

3.2.2 Flume 数据采集脚本设计

在 3.2.1 节中，我们基于程序生成了模拟数据，产生了项目所需要的用户行为日志数据，并将其存储在 Linux 系统的磁盘文件中。从本节开始，进入大数据平台的数据处理阶段。

整个数据采集的业务流程如图 3-5 所示。

图 3-5　整个数据采集的业务流程

将生成的模拟数据作为数据源，搭建本项目的数据采集系统。此数据采集系统分为 Flume 和 Kafka 两大部分。在 Flume 过程中，Flume 对接本地磁盘文件，通过 TAILDIR 类型实时监控当前数据文件中数据内容的变化。TAILDIR 类型的特点是支持断点续传，也就是说，当 Flume 程序在运行过程中发生了某种异常，需要再次启动 Flume 任务采集数据源的数据时，可以接着上一次采集的位置进行采集，避免数据丢失。

当 Source 采集到数据之后，会将数据传输给 Channel，传输数据的过程中会进行相关的业务逻辑操作。设计思路是设置 ETL 拦截器和用于数据分流的选择器。通过 ETL 拦截器对数据进行初步的清洗，并且通过对日志进行简单的分析来判断当前日志类型是启动日志还是事件日志。当数据进入 Channel 时，便已经按照选择器的标志进行了不同流的输出。Channel 将分流后的日志数据传输给 Kafka。Kafka 内部有两个 topic，分别用来接收 Flume 传输过来的数据，其中，topic_start 用来接收启动日志数据，topic_event 用来接收事件日志数据。最终数据会按照事件日志、启动日志两种类型分别被存储在 Kafka 中。

接下来进行用户行为日志 Flume 数据采集脚本的配置，将产生的数据从本地传输到 Kafka 集群中。

在/opt/project/offlineDataWarehouse 目录中，创建 data_collection 目录，并进入该目录。

```
[bigdata@node1 offlineDataWarehouse]$ mkdir data_collection
[bigdata@node1 offlineDataWarehouse]$ cd data_collection/
```

创建并打开 Flume 数据采集脚本文件 file-flume-kafka.conf。

```
[bigdata@node1 data_collection]$ vim file-flume-kafka.conf
```

在 file-flume-kafka.conf 文件中添加以下内容后，保存并退出。

```
a1.sources=r1
a1.channels=c1 c2

# configure source
a1.sources.r1.type = TAILDIR
a1.sources.r1.positionFile =
/opt/project/offlineDataWarehouse/data_collection/log_position.json
a1.sources.r1.filegroups = f1
a1.sources.r1.filegroups.f1 =
/opt/project/offlineDataWarehouse/user_behavior_logs/offline/userBehavior.+
a1.sources.r1.fileHeader = true
a1.sources.r1.channels = c1 c2

#interceptor 拦截器
a1.sources.r1.interceptors =  i1 i2
a1.sources.r1.interceptors.i1.type = com.bigdata.LogETLInterceptor$Builder
a1.sources.r1.interceptors.i2.type = com.bigdata.LogTypeInterceptor$Builder

#selector 选择器，multiplexing ：分流
a1.sources.r1.selector.type = multiplexing
a1.sources.r1.selector.header = topic
a1.sources.r1.selector.mapping.topic_start = c1
a1.sources.r1.selector.mapping.topic_event = c2

# configure channel
a1.channels.c1.type = org.apache.flume.channel.kafka.KafkaChannel
a1.channels.c1.kafka.bootstrap.servers = node1:9092,node2:9092,node3:9092
a1.channels.c1.kafka.topic = topic_start
a1.channels.c1.parseAsFlumeEvent = false
a1.channels.c1.kafka.consumer.group.id = flume-consumer

a1.channels.c2.type = org.apache.flume.channel.kafka.KafkaChannel
a1.channels.c2.kafka.bootstrap.servers = node1:9092,node2:9092,node3:9092
a1.channels.c2.kafka.topic = topic_event
a1.channels.c2.parseAsFlumeEvent = false
a1.channels.c2.kafka.consumer.group.id = flume-consumer
```

上述内容第一部分是 Flume 脚本的别名配置。

上述内容第二部分是当前 Flume 脚本的 Source 相关参数配置。将 Source 的类型设置为 TAILDIR，该类型用来支持断点续传；将 positionFile 设置为 log_position.json 所在的路径，用来

专门记录 Flume 在采集数据过程中的数据偏移量；将 filegroups.f1 设置为 Flume 要监听的数据文件所在的路径，确定采集数据的源头，当有新数据生成时，Flume 便通过 Source 进行数据采集；将 channels 设置为 c1、c2，下面配置 Channel 时就可以使用 c1、c2 别名来进行设置。

上述内容第三部分是自定义两个拦截器，分别是 LogETLInterceptor（ETL 拦截器）和 LogTypeInterceptor（分流标记拦截器）。

上述内容第四部分是选择器的配置。把启动日志的数据交给 c1 传输管道，把事件日志的数据交给 c2 传输管道，同时进行数据传输。

上述内容第五部分是两个 Channel 的配置。将 Channel 的类型设置为 KafkaChannel，为了保证 Flume 和 Kafka 的顺利通信，将 servers 设置为 3 个节点的 Kafka 相关服务的端口号，端口号为 9092。将 topic 设置为相应的日志类型，c1 对应启动日志，c2 对应事件日志。

至此，完成了用户行为日志 Flume 数据采集脚本的配置。

3.2.3 拦截器链的创建流程

本节创建如图 3-6 所示的 Flume 拦截器链。

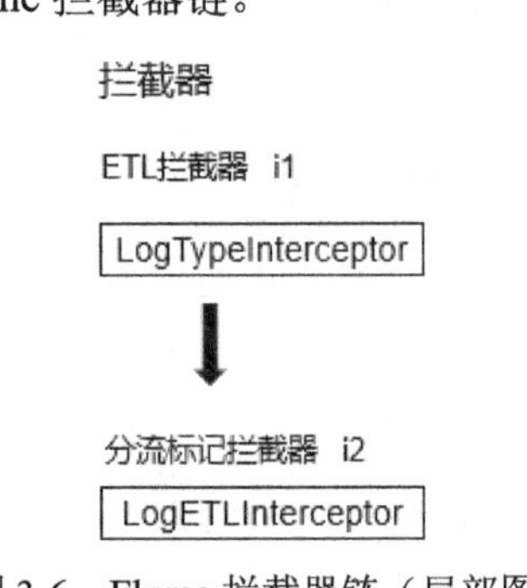

图 3-6 Flume 拦截器链（局部图）

1. 创建项目

启动 IDEA 软件，启动成功后的界面如图 3-7 所示，单击“New Project”按钮，创建新项目。

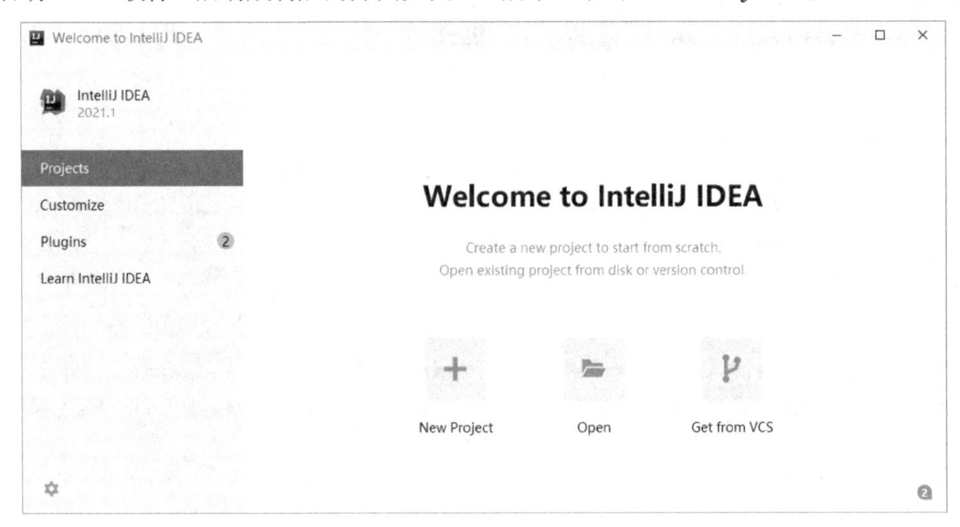

图 3-7 IDEA 软件启动成功后的界面

在弹出的“New Project”对话框中，选择“Maven”选项，单击“Next”按钮，如图 3-8 所示。

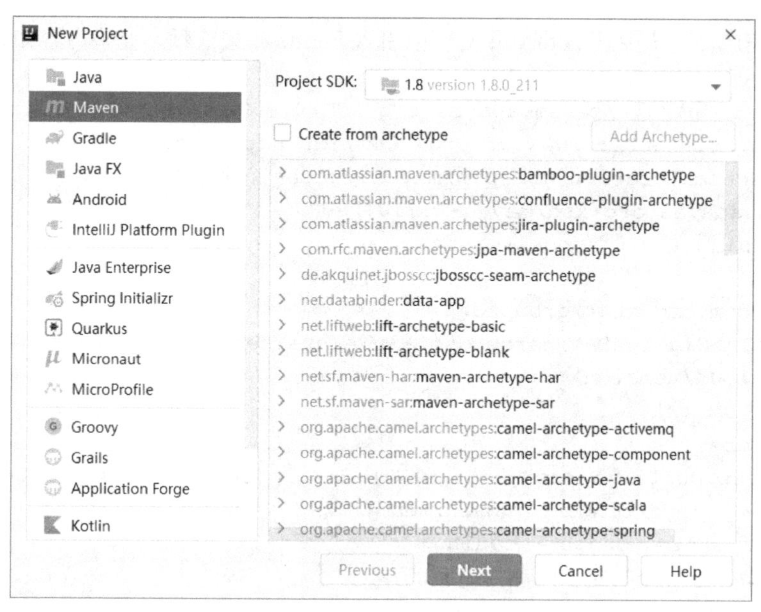

图 3-8　“New Project”对话框

在弹出的对话框中，设置“Name”（项目名称）为“OfflineDataWarehouse_FlumeInterceptor”，“Location”（项目存储位置）为“D:\Project\OfflineDataWarehouse_FlumeInterceptor”，单击“Artifact Coordinates”下拉按钮，设置“GroupId”（项目组织标识符）为“com.bigdata”，“ArtifactId”（项目标识符）为“OfflineDataWarehouse_FlumeInterceptor”，如图 3-9 所示，单击“Finish”按钮，完成项目的创建，等待 IDEA 启动生成项目。

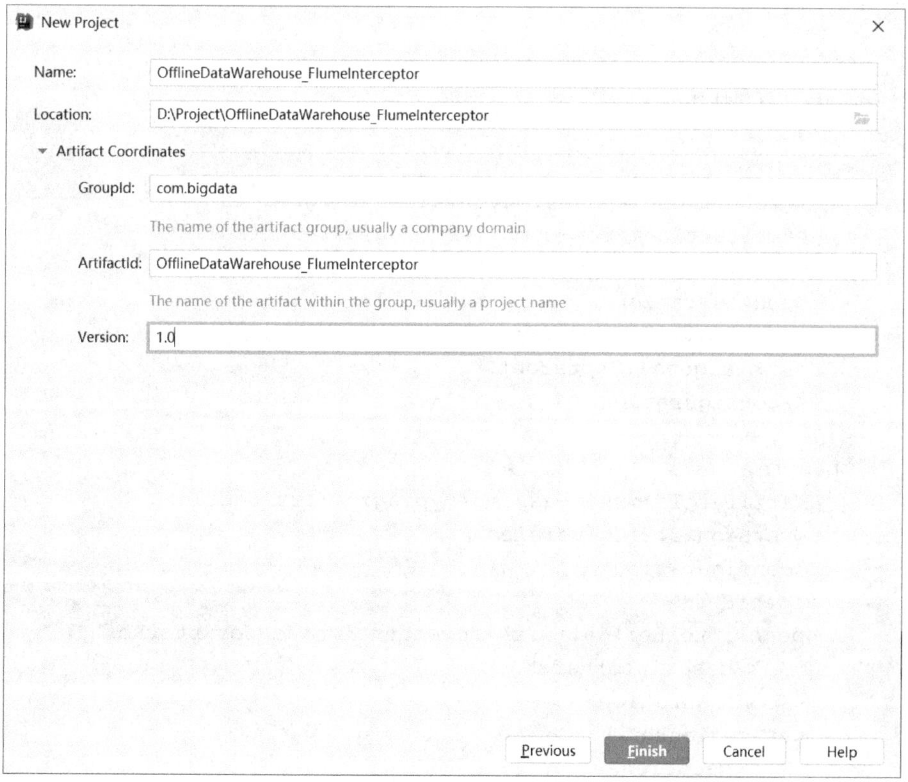

New Project

Name: OfflineDataWarehouse_FlumeInterceptor

Location: D:\Project\OfflineDataWarehouse_FlumeInterceptor

Artifact Coordinates

GroupId: com.bigdata

The name of the artifact group, usually a company domain

ArtifactId: OfflineDataWarehouse_FlumeInterceptor

The name of the artifact within the group, usually a project name

Version: 1.0

Previous　Finish　Cancel　Help

图 3-9　配置项目信息

项目创建完成后，需要在 pom.xml 文件中引入 Flume 相关依赖，完整内容如下。

```
<?xml version="1.0" encoding="UTF-8"?>
<project xmlns="http://maven.apache.org/POM/4.0.0"
      xmlns:xsi="http://www.w3.org/2001/XMLSchema-instance"
      xsi:schemaLocation="http://maven.apache.org/POM/4.0.0
http://maven.apache.org/xsd/maven-4.0.0.xsd">
   <modelVersion>4.0.0</modelVersion>

   <groupId>com.bigdata</groupId>
   <artifactId>OfflineDataWarehouse_FlumeInterceptor</artifactId>
   <version>1.0</version>

   <properties>
      <project.build.sourceEncoding>UTF-8</project.build.sourceEncoding>
      <project.reporting.outputEncoding>UTF-
8</project.reporting.outputEncoding>
      <java.version>1.8</java.version>
   </properties>

   <dependencies>
      <dependency>
         <groupId>org.apache.flume</groupId>
         <artifactId>flume-ng-core</artifactId>
         <version>1.9.0</version>
      </dependency>
   </dependencies>

   <build>
      <!--maven 打包插件-->
      <plugins>
         <plugin>
            <groupId>org.apache.maven.plugins</groupId>
            <artifactId>maven-compiler-plugin</artifactId>
            <version>2.3.2</version>
            <configuration>
               <source>1.8</source>
               <target>1.8</target>
            </configuration>
         </plugin>
         <plugin>
            <artifactId>maven-assembly-plugin</artifactId>
            <version>2.2.1</version>
            <configuration>
      <descriptorRefs>
           <descriptorRef>jar-with-dependencies</descriptorRef>
               </descriptorRefs>
            </configuration>
            <executions>
               <execution>
                  <id>make-assembly</id>
```

```
                    <phase>package</phase>
                    <goals>
                        <goal>single</goal>
                    </goals>
                </execution>
            </executions>
        </plugin>
    </plugins>
  </build>
</project>
```

代码添加完成后，单击 Maven 项目中 pom 文件的加载按钮，等待加载完成，如图 3-10 所示。

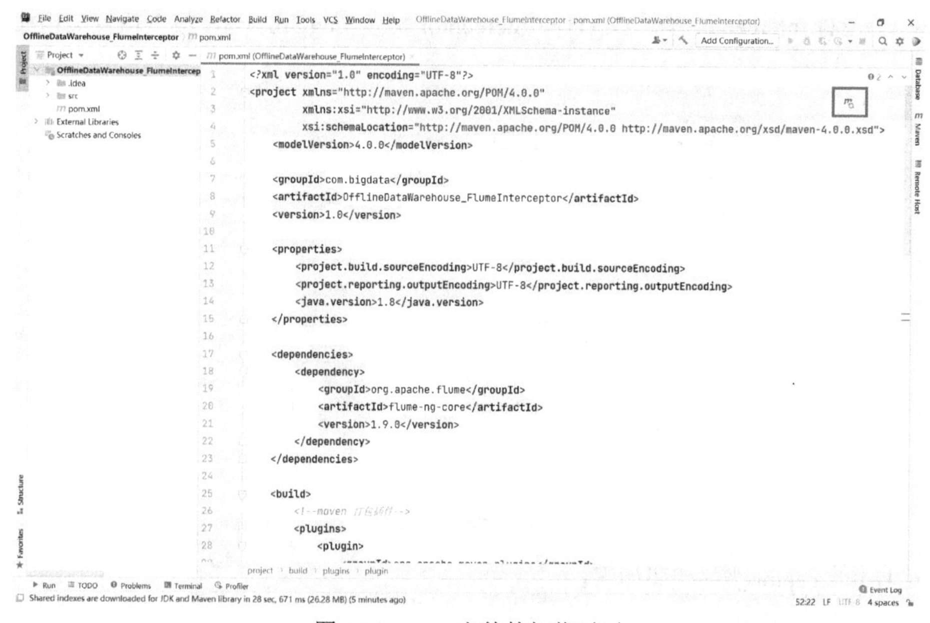

图 3-10　pom 文件的加载页面

2. 编写 Flume 自定义拦截器

在 src 目录中找到 main 目录，右击 main 目录下的 java 目录，在弹出的快捷菜单中选择“New”→“Package”命令，如图 3-11 所示。

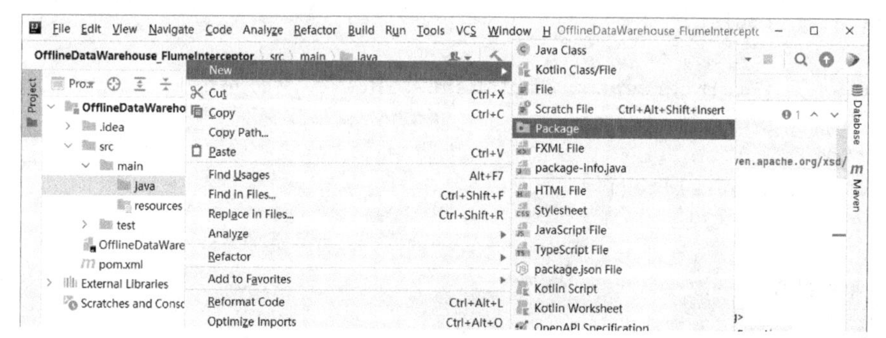

图 3-11　创建项目包

在弹出的对话框中输入“com.bigdata”，按回车键，创建该目录。

右击“bigdata”目录，在弹出的快捷菜单中选择“new”→“Java Class”命令，如图 3-12 所示。

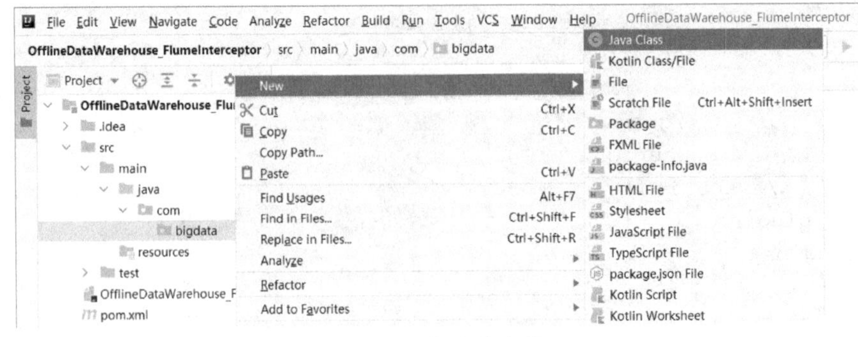

图 3-12　创建类文件

创建 LogETLInterceptor 类、LogTypeInterceptor 类及 LogUtils 类，整个项目架构如图 3-13 所示。

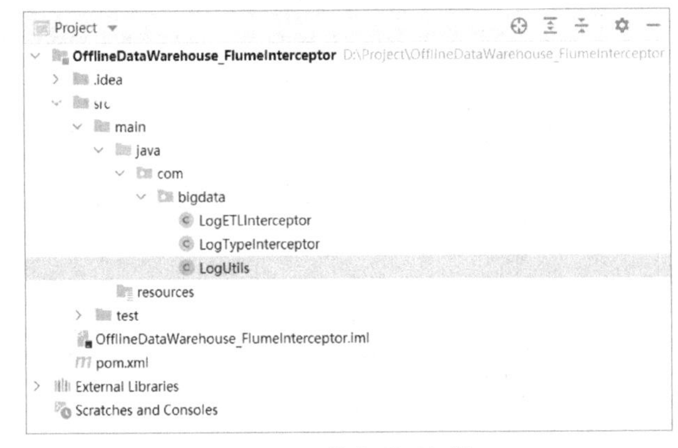

图 3-13　整个项目架构

LogETLInterceptor 类的代码如下。

```
package com.bigdata;
import org.apache.flume.Context;
import org.apache.flume.Event;
import org.apache.flume.interceptor.Interceptor;
import java.nio.charset.Charset;
import java.util.ArrayList;
import java.util.List;

public class LogETLInterceptor implements Interceptor{

   @Override
   public void initialize() {

   }
   //批量事件拦截
   @Override
   public  List<Event> intercept(List<Event> events) {
      ArrayList<Event> interceptors = new ArrayList<>();
      //在遍历的过程中，对 Source 发送过来的每一条数据进行业务逻辑处理
      for (Event event : events) {
         //数据合法校验
```

```
        Event resultEvent = this.intercept(event);
        if (resultEvent != null){
            interceptors.add(resultEvent);
        }
    }
    //返回结果
    return interceptors;
}

//单个事件拦截

@Override
public Event intercept(Event event) {
    //第一步：实现的功能是校验 JSON 格式

    //（1）获取一条数据
    //获取事件中的 body 信息，由于字节数组无法使用，需要转换成 string
    byte[] body = event.getBody();
    //指明 JSON 编码为 UTF-8
    String log = new String(body, Charset.forName("UTF-8"));
    //第二步：编写一个工具类
    //（2）判断一条数据的类型
    //根据 body 中是否有 start 来决定添加什么样的头信息
    if (log.contains("start")) {
        //启动日志数据合法校验
        //如果判断为合格
        if (LogUtils.validateStart(log)){
            //返回
            return event;
        }
    }else {
        //事件日志数据合法校验
        if (LogUtils.validateEvent(log)){
            return event;
        }
    }
    //（3）如果都不满足，则返回 null
    return null;
}

@Override
public void close() {

}

/**
 * 功能：构建外部类对象
 */
public static class Builder implements Interceptor.Builder{
    //拦截器对象实例化
```

```
        @Override
        public Interceptor build() {
            return new LogETLInterceptor();
        }
        //拦截器参数配置
        @Override
        public void configure(Context context) { }
    }

}
```

LogTypeInterceptor 类的代码如下。

```
package com.bigdata;

import org.apache.flume.Context;
import org.apache.flume.Event;
import org.apache.flume.interceptor.Interceptor;

import java.nio.charset.Charset;
import java.util.ArrayList;
import java.util.List;
import java.util.Map;

public class LogTypeInterceptor  implements Interceptor{
    @Override
    public void initialize() {
    }

    @Override
    public List<Event> intercept(List<Event> events) {
        ArrayList<Event> interceptors = new ArrayList<>();
        for (Event event : events) {
            Event resultEvent = intercept(event);
            interceptors.add(resultEvent);
        }
        return interceptors;
    }

    @Override
    public Event intercept(Event event) {
        //（1）获取一条数据
        byte[] body = event.getBody();
        String log = new String(body, Charset.forName("UTF-8"));
        //（2）获取 header
        Map<String, String> headers = event.getHeaders();
        //（3）设计分流标记：判断数据类型并向 header 中赋值
        if (log.contains("start")) {
            headers.put("topic","topic_start");
        }else {
            headers.put("topic","topic_event");
        }
```

```
        return event;
    }

    @Override
    public void close() {

    }
    /**
     * 构建外部类对象
     */
    public static class Builder implements  Interceptor.Builder{
        //拦截器对象实例化
        @Override
        public Interceptor build() {
            return new LogTypeInterceptor();
        }
        //拦截器参数配置
        @Override
        public void configure(Context context) { }
    }
}
```

LogUtils 类的代码如下。

```
package com.bigdata;
import org.apache.commons.lang.math.NumberUtils;
/**  OfflineDataWarehouse_FlumeInterceptor
 * @className: LogUtils
 * @description: TODO Flume 日志过滤工具类
 * @author   OfflineDataWarehouse_FlumeInterceptor
 * @date:
 * @version: 1.0
 */public class LogUtils {

    /**
     * @Param log:  Flume 收到的事件日志数据
     * @return boolean 合法数据
     * @description TODO 事件日志数据合法校验：返回是或否
     * @author
     * @date
     */
    public static boolean validateEvent(String log) {
        //数据产生时服务器的时间 | JSON
        //1549696569054 | {"cm":{"ln":"-89.2","sv":"V2.0.4","os":"8.2.0","g":"
M67B4QYU@gmail.com","nw":"4G","l":"en","vc":"18","hw":"1080*1920","ar":"MX","uid
":"u8678","t":"1549679122062","la":"-27.4","md":"sumsung-12","vn":"1.1.3","ba":
"Sumsung","sr":"Y"},"ap":"weather","et":[]}
        //（1）切割
        String[] logContents = log.split("\\|");
        //（2）校验
        if(logContents.length != 2){
            return false;
```

```
        }
        //（3）校验服务器时间：判断长度和是否为数字
        if (logContents[0].length()!= 13 || !NumberUtils.
isDigits(logContents[0])){
            return false;
        }
        //（4）校验 JSON：去除字符串的头尾空格
        if (!logContents[1].trim().startsWith("{") || !logContents[1].trim().
endsWith("}")){
            return false;
        }

        return true;
    }

    /**
     * App 启动日志数据合法校验
     * @param log   Flume 收到的 App 启动数据
     * @return      合法数据
     */
    public static boolean validateStart(String log) {
    /*
      {
        "common": {
          "ar": "370000",
          "ba": "Honor",
          "ch": "wandoujia",
          "md": "Honor 20s",
          "mid": "eQF5boERMJFOujcp",
          "os": "Android 11.0",
          "uid": "76",
          "vc": "v2.1.134"
        },
        "start": {
          "entry": "icon",             --icon 手机图标，notice 通知，install 安装后启动
          "loading_time": 18803,       --启动加载时间
          "open_ad_id": 7,             --广告页 ID
          "open_ad_ms": 3449,          --广告总共播放时间
          "open_ad_skip_ms": 1989      --用户跳过广告时间
        },
      "err":{                          --错误
      "error_code": "1234",            --错误码
          "msg": "***********"         --错误信息
      },
        "ts": 1585744304000
    }
     */
        //非空判断
        if (log == null){
            return false;
```

```
        }
        //校验 JSON
        if (!log.trim().startsWith("{") || !log.trim().endsWith("}")){
            return false;
        }
        return true;
    }
}
```

3. 对 Flume 自定义拦截器代码进行打包

在 IDEA 编辑窗口的右侧，单击“Maven”按钮，双击“Lifecycle”→“package”选项，如图 3-14 所示。

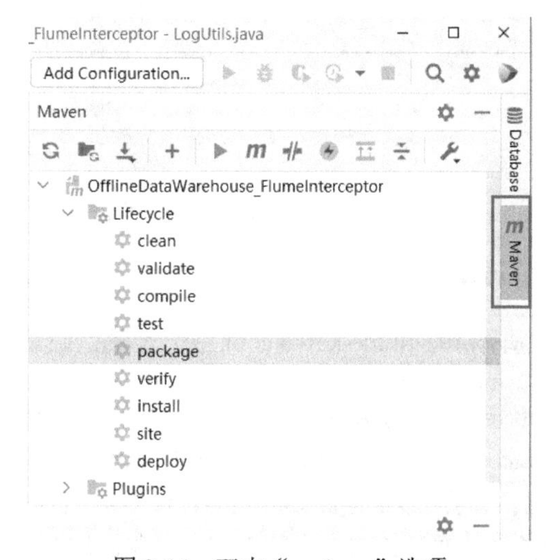

图 3-14　双击“package”选项

此时控制台会运行打包程序，运行结束后，在项目结构目录中会生成一个名为 target 的目录，如图 3-15 所示。

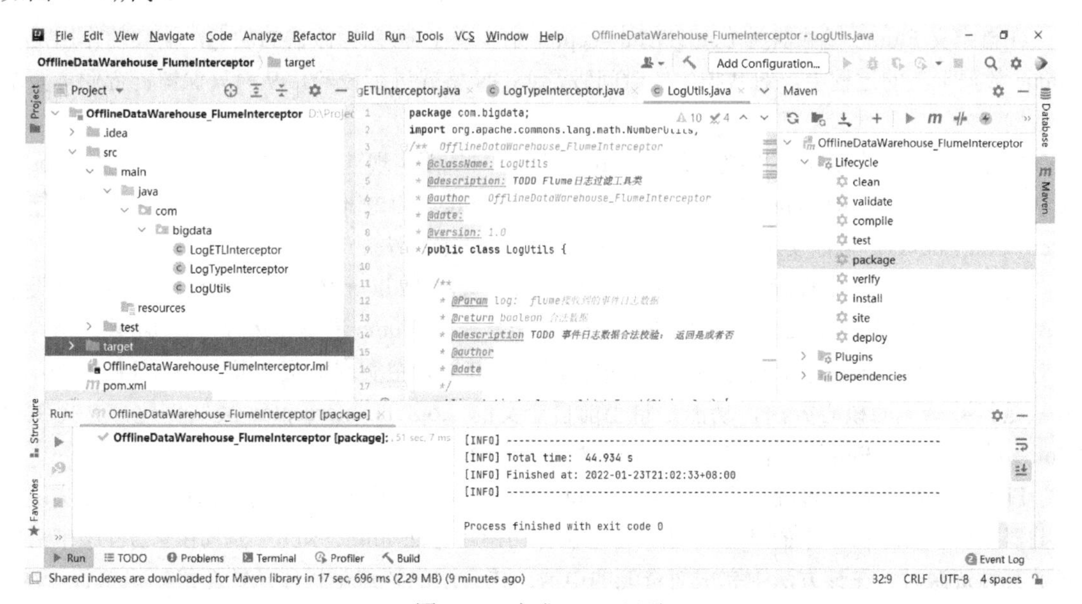

图 3-15　生成 target 目录

右击“target”目录，在弹出的快捷菜单中选择“Open In”→“Explorer”命令，弹出打包后的程序所在路径的窗口，如图 3-16 所示。

jar 包存放在 target 目录中，选择 OfflineDataWarehouse_FlumeInterceptor-1.0.jar 文件，通过 Xftp 软件将 jar 包上传到 node1 节点的/opt/module/flume-1.9.0/lib 目录中。

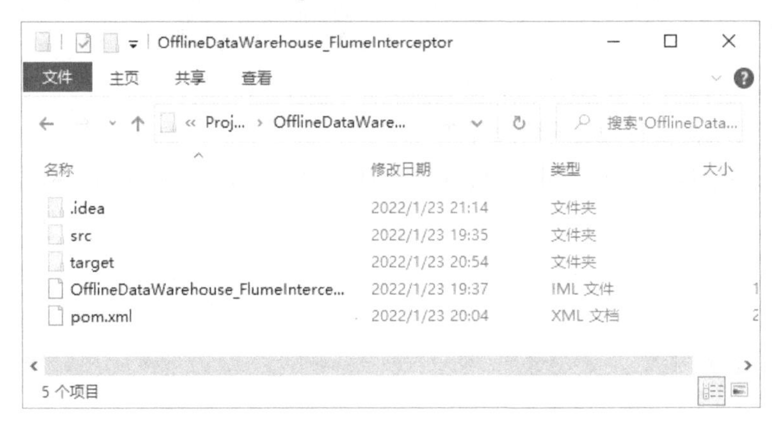

图 3-16　打包后的程序所在路径的窗口

3.2.4　ETL 拦截器业务逻辑分析

在 Flume 数据采集配置脚本 file-flume-kafka.conf 中，设置拦截器的参数如下。

```
a1.sources.r1.interceptors.i1.type=com.bigdata.LogETLInterceptor$Builder
a1.sources.r1.interceptors.i2.type=com.bigdata.LogTypeInterceptor$Builder
```

其中，参数名包含的信息为：a1 是整个脚本的 agent 实例的别名，由它指向 agent 实例中的 Source；r1 是 Source 的别名；i1 是 ETL 拦截器的别名；i2 是分流标记拦截器的别名。参数中指定的两个值是 Java 类的全类名，并且指向该类的内部类对象。这两个类就是在 Flume 数据采集阶段自定义实现的两个 Flume 拦截器。第一个参数指定的是 ETL 拦截器，该拦截器的功能是实现数据清洗。第二个参数指定的是分流标记拦截器，该拦截器的功能是为后面实现数据分流做好标注。

在自定义 Flume 拦截器类 LogETLInterceptor 中实现了 ETL 拦截器的功能，该类的作用是在 Flume 数据采集的过程中，对数据中的时间戳及 JSON 格式进行校验，从而只保留符合业务要求的数据。

首先需要在这个类中实现拦截器接口 Interceptor，从而实现 4 个方法，即 initialize()、close()方法及两个重载的 intercept()方法。然后构建名为 Builder 的内部类，实现拦截器接口的子接口 Interceptor.Builder，从而实现接口中的 build()、configure()方法。

根据 Flume 数据采集脚本中的拦截器配置，程序会将 Builder 内部类实例化，从而执行类中的两个方法。先执行 configure()方法，该方法的功能是获取 Flume 进程在运行过程中的运行参数，并对其进行引用。该程序中没有使用该功能，因此对其进行空实现即可。再执行 build()方法，该方法是拦截器类的核心方法，功能是将当前自定义的 LogETLInterceptor 类实例化，并提供给 Flume 进程，以便 Flume 进程在运行过程中对其进行调用。

Flume 进程在运行过程中调用 LogETLInterceptor 类的对象时，开始执行程序中已经实现的拦截器接口 Interceptor 中的 4 个方法。首先执行初始化方法 initialize()，其作用是当程序中需要开辟某种资源时，在该方法中完成对资源的申请。该方法的特点是程序从始至终，只执行一次。本次业务逻辑中没有使用资源，因此对初始化方法进行空实现即可。然后执行 intercept(List<

Event>events)方法，该方法的功能是接收 Source 传输过来的批次数据，并对其进行管理和控制。先构建一个 List 集合，用来存放经过业务逻辑处理的结果数据，再对当前传输过来的批次数据进行遍历，在遍历的过程中调用该类中重载的 intercept(Event event)方法，对每一条数据进行过滤。将符合条件的数据添加到 List 集合中，并将 List 集合返回，Flume 进程会将返回的批次数据传输给分流标记拦截器进行处理。该方法的执行特点是 Source 每接收一个批次的数据，该方法就会被调用一次，对一个批次的数据进行处理。接着执行 intercept(Event event)方法，该方法对单个事件进行处理。对 Flume 来说，该方法是基于事件机制的，会把每一条数据当作一个事件来处理。事件包含两部分，即 key 和 value。key 是 header，是一个 Map 结构，header 传输的数据不会被传输给 Sink，header 默认为 null，当需要实现分流时，可以设置 header 的值为标记。value 是 body 的一部分，body 是一个字节数组，封装的是传输的数据，传输的数据通过 event.getBody()方法获取 value，并封装返回给 body。由于 body 是一个字节数组，需要用 String 构造器将其转换为 UTF-8 的字符类型。此时，我们获取了对应的日志，日志中包括启动日志和事件日志。

下面通过调用封装的工具类的方法来验证日志数据是启动日志还是事件日志。首先判断数据类型，根据 body 中是否包含 start 对数据进行校验。如果 body 中包含 start，则对启动日志进行校验。如果校验成功，则返回启动日志；如果校验不成功，则过滤。如果 body 中不包含 start，则对事件日志进行校验。如果校验成功，则返回事件日志；如果校验不成功，则过滤。如果两者都不满足，则返回空。该方法的执行特点是每处理一条数据，该方法就会被调用一次，对该条数据进行处理。

最后执行关闭资源方法 close()。该方法与 initialize()方法对应，其作用是当程序中有资源的使用时，在本次业务逻辑执行完成后，由其关闭资源；其特点是在整个程序的执行过程中，只执行一次。

3.2.5 分流标记拦截器业务逻辑分析

在自定义 Flume 拦截器类 LogTypeInterceptor 中实现了分流标记拦截器的功能，该类的作用是将经过数据清洗的日志数据，按照不同的日志类型打标签，为后面的数据分流做准备[①]。

首先需要在这个类中实现拦截器接口 Interceptor，同样地，实现 4 个方法，即 initialize()、close()方法及两个重载的 intercept()方法。然后需要构建名为 Builder 的内部类，实现拦截器接口的子接口 Interceptor.Builder，从而实现接口中的 build()、configure()方法。

根据 Flume 数据采集脚本中的拦截器配置，程序会将 Builder 内部类实例化，从而执行类中的两个方法。先执行 configure()方法，该方法的功能是获取 Flume 进程在运行过程中的运行参数，并对其进行引用。该程序中没有使用该功能，因此对其进行空实现即可。再执行 build()方法，该方法是拦截器类的核心方法，功能是将当前自定义的 LogTypeInterceptor 类实例化，并提供给 Flume 进程，以便 Flume 进程在运行过程中对其进行调用。

Flume 进程在运行过程中调用 LogTypeInterceptor 类的对象时，开始执行程序中已经实现的拦截器接口 Interceptor 中的 4 个方法。

（1）执行初始化方法 initialize()，其作用是当程序中需要开辟某种资源时，在该方法中完成对资源的申请。该方法的特点是程序从始至终，只执行一次。本次业务逻辑中没有使用资源，因此对初始化方法进行空实现即可。

（2）执行 intercept(List<Event>events)方法，该方法的功能是接收 Source 传输过来的批次数

① 以下内容与 3.2.4 节有所重复，但因两个程序实现的功能不同，不能简化其代码实现过程，所以这里不做删减处理。

据，并对其进行管理和控制。首先构建一个 List 集合，用来存放经过业务逻辑处理的结果数据，然后对当前传递过来的批次数据进行遍历，在遍历的过程中调用该类中重载的 intercept(Event event)方法，对每一条数据进行过滤。将符合条件的数据添加到 List 集合中，并将 List 集合返回，Flume 进程会将返回的批次数据传输给 Channel 处理器进行下一步处理。该方法的执行特点是 Source 每接收一个批次的数据，该方法就会被调用一次，对一个批次的数据进行处理。

（3）执行 intercept(Event event)方法，该方法对单个事件进行处理。对 Flume 来说，该方法是基于事件机制的，会把每一条数据当作一个事件来处理。事件包含两部分，即 key 和 value。key 是 header，是一个 Map 结构，header 传输的数据不会被传输给 Sink，header 默认为 null，当需要实现分流时，可以设置 header 的值为标记。value 是 body 的一部分，body 是一个字节数组，封装的是传输的数据，传输的数据通过 event.getBody()方法获取 value，并封装返回给 body。由于 body 是一个字节数组，需要用 String 构造器将其转换为 UTF-8 的字符类型。此时，我们获取了所有带 header 信息的 body。接下来需要从各个 body 中获取 header 的头部信息，并将其放入指定的 topic。通过 event.getHeaders()方法获取 header。根据不同的数据类型，分别将不同的标签写入不同的 header。如果数据中包含 start，则为启动日志数据，拦截器会执行一个数据赋值操作，添加 key 为 topic，添加 value 为 topic_start。如果数据中不包含 start，则为事件日志数据，会添加 key 为 topic，添加 value 为 topic_event。最后把事件返回给该方法。该方法的执行特点是每处理一条数据，该方法就会被调用一次，对该条数据进行处理。

（4）执行关闭资源方法 close()。该方法与 initialize()方法对应，其作用是当程序中有资源的使用时，在程序业务逻辑执行完成后，由其关闭资源；其特点是在整个程序的执行过程中，只执行一次。

本项目中 Flume-agent 数据传输的设计流程如图 3-17 所示。

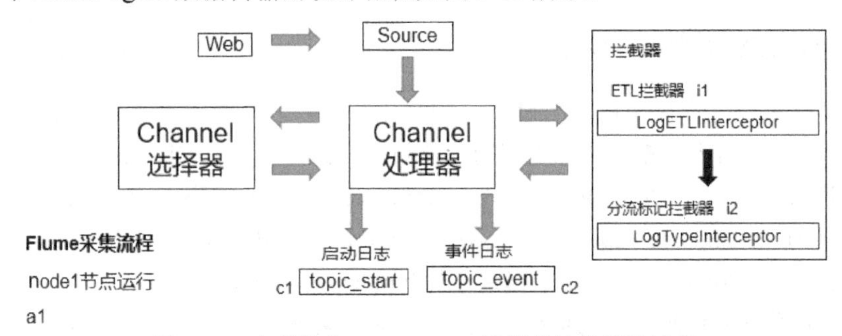

图 3-17 本项目中 Flume-agent 数据传输的设计流程

Flume 在采集数据的过程中，会通过配置文件中的 Interceptors.i2.type=com.bigdata.LogTypeInterceptor$Builder，将启动日志和事件日志的数据从分流标记拦截器传输给 Channel 处理器。Channel 处理器收到数据后，会把数据传输给 Channel 选择器。本项目中设计的 Channel 选择器为 Multiplexing 类型，该选择器会根据日志的不同头部信息，传输给不同的 Channel。

3.2.6 Flume 数据采集执行脚本及实现

本节需要在操作前启动 HDFS 集群、ZooKeeper 集群及 Kafka 集群。编写 Flume 数据采集脚本 f1.sh，通过 Flume 将数据从本地传输到 Kafka 中。

1. 创建 Flume 采集脚本

首先，使用 cd 命令进入 data_collection 目录。

```
[bigdata@node1 opt]$ cd /opt/project/offlineDataWarehouse/data_collection
```

然后，创建 Flume 数据采集脚本 f1.sh。

```
[bigdata@node1 data_collection]$ vim f1.sh
```

f1.sh 脚本的内容如下。

```
#! /bin/bash
flume=$FLUME_HOME
dir=/opt/project/offlineDataWarehouse/data_collection
logs=/opt/project/offlineDataWarehouse/logs
case $1 in
"start"){
        for i in node1
        do
                echo " --------启动 $i 采集 Flume-------"
                ssh $i "source /etc/profile;nohup "$flume"/bin/flume-ng agent -n
a1 -f "$dir"/file-flume-kafka.conf -Dflume.root.logger=INFO,LOGFILE > "$logs"/
f1.log 2>&1 &"
        done
};;
"stop"){
        for i in node1
        do
                echo " --------停止 $i 采集 Flume-------"
                ssh $i "ps -ef | grep file-flume-kafka | grep -v grep |awk '{print
\$2}' | xargs kill"
        done
};;
esac
```

使用 chmod 命令赋予 f1.sh 脚本执行权限。

```
[bigdata@node1 data_collection]$ chmod u+x f1.sh
[bigdata@node1 data_collection]$ ll
总用量 8
-rwxrw-r--. 1 bigdata bigdata  668 2月  14 10:17 f1.sh
-rw-rw-r--. 1 bigdata bigdata 1381 1月  21 16:37 file-flume-kafka.conf
```

在脚本中，第一行一般会写#!/bin/bash ，该行内容是 Linux Shell 脚本的声明规范，意为指定 Linux 系统的 bash 解释器对当前的 Shell 脚本进行解释执行。其实该行内容可以省略，因为系统默认就是使用 bash 解释器来执行脚本的。

接下来是脚本中使用的变量声明，首先将 Flume 的环境变量赋值给 flume 变量，将脚本存放路径赋值给 dir 变量，将日志存放路径赋值给 logs 变量。然后使用 case in 选择结构做分支判断，该选择结构有两个分支：第一个是 start 分支，功能是启动 Flume 数据采集进程；另一个是 stop 分支，功能是停止 Flume 数据采集进程。

start 分支里面有两行逻辑语句：第一行输出提示信息，第二行运行 Flume 数据采集任务。其中 nohup 是关闭终端之后不中止地运行其他的命令。执行 Flume 安装路径中 bin/中的 flume-ng agent 命令，启动 Flume 数据采集进程。

- -n 代表 agent name 的关键字。
- a1 是 agent 的名字。
- -f 代表 flume conf 文件所在的绝对路径，即"$dir"/file-flume-kafka.conf。

- -Dflume.root.logger=INFO,LOGFILE 代表设置输出 INFO 及 LOGFILEL 两种类别的日志信息。
- >"$logs"/f1.log 代表命令被执行后，将日志信息写入 logs 变量路径，日志文件名为 f1.log。
- 2>&1，2 代表标准错误，1 代表标准输出，整体代表将所有的日志信息写入日志信息文件，即 f1.log 文件。

stop 分支里面同样有两行逻辑语句，使用 ps -ef| grep file-flume-kafka 命令查看进程，可以查到两个进程：一个是 Flume 进程，另一个是本条命令的进程。当前只需查看 Flume 进程即可，所以在后面加上 | grep -v grep，用来过滤本条命令的进程。前面命令的查询结果是进程的 pid，那么只需使用 | awk '{print \$2}'输出结束进程的 pid 即可。xargs 表示取出前面命令运行的结果，并将其作为后面命令的输入参数。kill 代表强制结束进程，也就是将获取的进程结束，即结束 Flume 数据采集进程。esac 代表 case 语句的结束。

2. 查看相关进程

在运行 f1.sh 脚本前，node1、node2、node3 三个节点均需要启动 ZooKeeper 和 Kafka 服务。可以使用 jps 命令查看已经启动的进程。下面是 node1 节点启动的服务进程。

```
[bigdata@node1 data_collection]$ jps
124291 Kafka
124419 Jps
11796 NameNode
117479 QuorumPeerMain
11915 DataNode
```

注意：若节点没有启动 Kafka 服务，则需要先启动 Kafka 服务。启动方法：在 node1、node2、node3 三个节点中分别进入/opt/module/kafka_2.12-2.7.0 目录，使用 bin/kafka-server-start.sh -daemon config/server. properties 命令启动 Kafka 集群。启动成功后，在 node1 节点使用 cd 命令进入/opt/project/ offlineDataWarehouse/data_collection 目录，准备后续操作。

使用./f1.sh start 命令启动数据采集任务。

```
[bigdata@node1 data_collection]$ ./f1.sh start
 --------启动 node1 采集 Flume-------
```

使用 jps 命令查看采集任务进程，该进程名称为 Application。

```
[bigdata@node1 data_collection]$ jps
124291 Kafka
11796 NameNode
117479 QuorumPeerMain
11915 DataNode
125183 Jps
125054 Application
```

在 node1 节点中启动 Kafka 的消费者，并使用以下命令监听启动日志主题的数据。

```
[bigdata@node1 data_collection]$ kafka-console-consumer.sh --bootstrap-server
node1:9092,node2:9092,node3:9092 --from-beginning --topic topic_start
```

此时，该 node1 会话窗口处于监听状态。复制一个 node1 会话窗口，并使用 cd 命令进入 jar 目录。

```
[bigdata@node1                     offlineDataWarehouse]$                     cd
/opt/project/offlineDataWarehouse/jar
```

使用 Xftp 软件将 mockData.sh 脚本上传到 jar 目录中，对脚本赋予执行权限并运行该脚本，将会产生模拟数据。

```
[bigdata@node1 jar]$ chmod u+x mockData.sh
[bigdata@node1 jar]$ ./mockData.sh start
```

模拟数据脚本启动界面如图 3-18 所示。

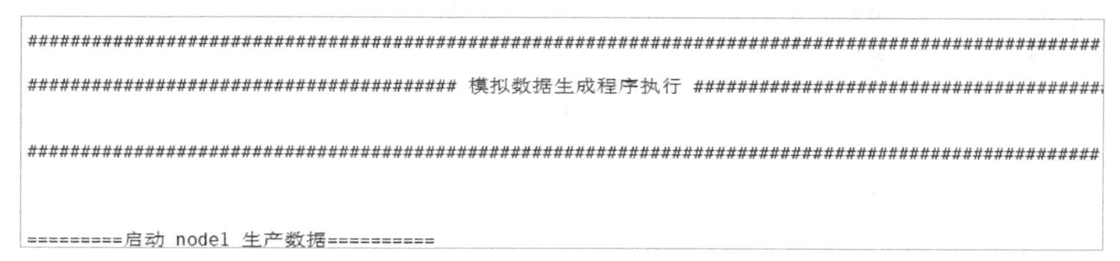

图 3-18　模拟数据脚本启动界面

模拟数据脚本启动后，在 Kafka 监听窗口中可以查看 Flume 采集到的数据，如图 3-19 所示。


```
:"4G","open_ad_type":"2","os":"8.1.2","sr":"Q","sv":"V2.3.3","t":"1644971794207","uid":"981","vc":"12","
n":"1.1.5"}
{"action":"1","ar":"MX","ba":"HTC","detail":"","en":"start","entry":"4","extend1":"","g":"061792U2@gmail
com","hw":"1080*1920","l":"es","la":"-40.8","ln":"-77.9","loading_time":"0","md":"HTC-15","mid":"987","n
":"4G","open_ad_type":"1","os":"8.1.0","sr":"U","sv":"V2.5.5","t":"1644981484594","uid":"987","vc":"16",
vn":"1.0.9"}
{"action":"1","ar":"MX","ba":"Huawei","detail":"","en":"start","entry":"1","extend1":"","g":"71YZ665A@gm
il.com","hw":"750*1134","l":"pt","la":"-6.3","ln":"-104.0","loading_time":"11","md":"Huawei-19","mid":"9
3","nw":"WIFI","open_ad_type":"2","os":"8.0.1","sr":"A","sv":"V2.4.6","t":"1644985630508","uid":"993","v
":"7","vn":"1.2.8"}
{"action":"1","ar":"MX","ba":"HTC","detail":"201","en":"start","entry":"4","extend1":"","g":"31F7J905@gm
il.com","hw":"640*1136","l":"es","la":"0.40000000000000036","ln":"-106.4","loading_time":"9","md":"HTC-1
","mid":"994","nw":"3G","open_ad_type":"1","os":"8.1.2","sr":"I","sv":"V2.5.4","t":"1644985600149","uid"
"994","vc":"14","vn":"1.2.8"}
{"action":"1","ar":"MX","ba":"Sumsung","detail":"","en":"start","entry":"5","extend1":"","g":"ZZ025E80@g
ail.com","hw":"750*1134","l":"es","la":"-39.5","ln":"-45.5","loading_time":"2","md":"sumsung-13","mid":"
95","nw":"4G","open_ad_type":"2","os":"8.0.4","sr":"W","sv":"V2.7.2","t":"1644977059471","uid":"995","vc
:"1","vn":"1.2.0"}
{"action":"1","ar":"MX","ba":"Huawei","detail":"325","en":"start","entry":"2","extend1":"","g":"N8EF78H6
gmail.com","hw":"1080*1920","l":"pt","la":"-38.8","ln":"-91.1","loading_time":"9","md":"Huawei-16","mid"
"999","nw":"WIFI","open_ad_type":"1","os":"8.1.7","sr":"A","sv":"V2.3.5","t":"1645018524281","uid":"999"
"vc":"7","vn":"1.0.7"}
```


图 3-19　查看 Flume 采集到的数据

当 Kafka 消费完所有的数据后，可以使用组合键“Ctrl+C”结束监听状态。最后在 node1 节点的 data_collection 目录中结束采集任务。

```
[bigdata@node1 data_collection]$ ./f1.sh stop
 --------停止 node1 采集 flume-------
```

3.2.7　Flume 数据消费脚本设计

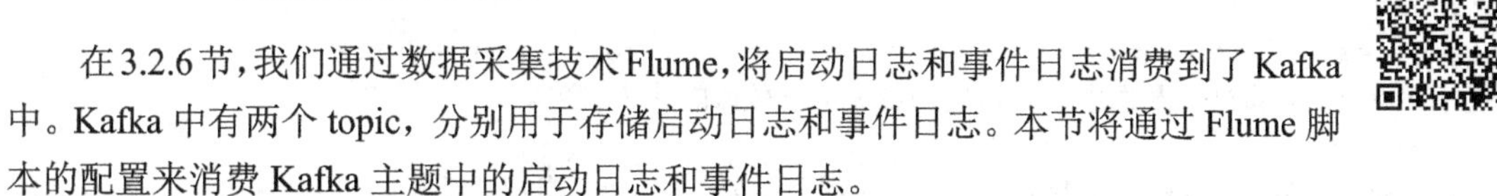

在 3.2.6 节，我们通过数据采集技术 Flume，将启动日志和事件日志消费到了 Kafka 中。Kafka 中有两个 topic，分别用于存储启动日志和事件日志。本节将通过 Flume 脚本的配置来消费 Kafka 主题中的启动日志和事件日志。

本节中的 Flume 脚本相当于设置了两个流：一个流用于接收启动日志数据，通过 kafkaSource、memoryChannel、hdfs sink 类型，将启动日志从 Kafka 消费到 HDFS 中，最终存储在 HDFS 的/project/offlineDataWarehouse/original_log/topic_start 目录中；另一个流用于接收事件日志数据，同样通过运行 Flume 脚本来实现数据的传输，最终存储在 HDFS 的/project/offlineDataWarehouse/original_log/topic_event 目录中。

1．node2 节点的 Flume 环境配置

进入 node1 节点的/opt/module 目录，将 Flume 安装目录复制到 node2 节点中，存放位置和 node1 节点相同。

```
[bigdata@node1 module]$ scp -r flume-1.9.0/  node2:`pwd`
```

复制完成后，切换到 node2 节点的/opt/module 目录，查看是否存在 Flume 目录。

```
[bigdata@node2 module]$ ll
总用量 0
drwxrwxr-x.  7 bigdata bigdata 187 2 月  14 16:12 flume-1.9.0
drwxr-xr-x. 12 bigdata bigdata 243 10 月  8 09:29 hadoop-3.3.0
drwxr-xr-x.  7 bigdata bigdata 245 9 月  24 12:09 jdk1.8.0_251
drwxrwxrwx.  7 bigdata bigdata 101 12 月 15 17:41 kafka_2.12-2.7.0
drwxrwxr-x.  8 bigdata bigdata 160 12 月 14 18:14 zookeeper-3.5.6
```

在 node2 节点中配置 Flume 的环境变量。

```
[bigdata@node2 module]$ sudo vim /etc/profile
```

在配置文件中添加如下内容，配置完成后，保存并退出。

```
export FLUME_HOME=/opt/module/flume-1.9.0
export PATH=$PATH:$FLUME_HOME/bin
```

在 node2 节点中使系统环境变量生效。

```
[bigdata@node2 module]$ source /etc/profile
```

切换到 node1 节点，进入/opt 目录，将 project 目录复制到 node2 节点中。

```
[bigdata@node2 module]$ cd /opt/
[bigdata@node1 opt]$ scp -r project node2:$PWD
```

切换到 node2 节点，进入 data_collection 目录。

```
[bigdata@node2 jar]$ cd /opt/project/offlineDataWarehouse/data_collection/
```

使用 rm -rf ./*命令删除该目录下的所有文件。

```
[bigdata@node2 data_collection]$  rm -rf ./*
```

2. 编写 Flume 消费配置文件

在 node2 节点的 data_collection 目录中，编写 Flume 消费配置文件。

```
[bigdata@node2 data_collection]$ vim kafka-flume-hdfs.conf
```

该文件的内容如下。

```
## 组件
a1.sources=r1 r2
a1.channels=c1 c2
a1.sinks=k1 k2

## source1
a1.sources.r1.type = org.apache.flume.source.kafka.KafkaSource
# 拉取策略 1：在批处理数据中写入通道的最大消息数，默认为 1000
a1.sources.r1.batchSize = 200000
# 拉取策略 2：在批处理数据中写入通道的最大时间(单位为 ms)，当批处理数据的大小和时间达到设定的值时，批处理数据就会被写入。默认为 1000ms
a1.sources.r1.batchDurationMillis = 15000
a1.sources.r1.kafka.bootstrap.servers = node1:9092,node2:9092,node3:9092
a1.sources.r1.kafka.topics=topic_start

## source2
a1.sources.r2.type = org.apache.flume.source.kafka.KafkaSource
a1.sources.r2.batchSize = 200000
a1.sources.r2.batchDurationMillis = 15000
a1.sources.r2.kafka.bootstrap.servers = node1:9092,node2:9092,node3:9092
```

```
a1.sources.r2.kafka.topics=topic_event

## channel1
a1.channels.c1.type = memory
# 配置 channel 中 Event 的最大容量为 300000
a1.channels.c1.capacity = 300000
# 配置事务控制中每次读取或写入的最大数据容量
a1.channels.c1.transactionCapacity = 200000

## channel2
a1.channels.c2.type = memory
a1.channels.c2.capacity = 300000
a1.channels.c2.transactionCapacity = 200000

## sink1
a1.sinks.k1.type = hdfs
a1.sinks.k1.hdfs.path =
/project/offlineDataWarehouse/original_log/topic_start/%Y-%m-%d
a1.sinks.k1.hdfs.filePrefix = logstart-
a1.sinks.k1.hdfs.round = true
a1.sinks.k1.hdfs.roundValue = 24
a1.sinks.k1.hdfs.roundUnit = hour

##sink2
a1.sinks.k2.type = hdfs
a1.sinks.k2.hdfs.path =
/project/offlineDataWarehouse/original_log/topic_event/%Y-%m-%d
a1.sinks.k2.hdfs.filePrefix = logevent-
a1.sinks.k2.hdfs.round = true
a1.sinks.k2.hdfs.roundValue = 24
a1.sinks.k2.hdfs.roundUnit = hour

## 不要产生大量小文件
# 指定每 360 秒写出一次，默认为 30 秒
a1.sinks.k1.hdfs.rollInterval = 360
# 指定数据达到 256MB 时写出一次，默认为 1024MB
a1.sinks.k1.hdfs.rollSize = 268435456
# 每 x 条数据写出一次，默认为 10 条
a1.sinks.k1.hdfs.rollCount = 0
# 指定每批数据的写出大小，默认为 100
a1.sinks.k1.hdfs.batchSize = 200000

a1.sinks.k2.hdfs.rollInterval = 360
a1.sinks.k2.hdfs.rollSize = 268435456
a1.sinks.k2.hdfs.rollCount = 0
a1.sinks.k2.hdfs.batchSize = 200000

## 控制输出文件为原生文件
a1.sinks.k1.hdfs.fileType = CompressedStream
a1.sinks.k2.hdfs.fileType = CompressedStream
```

```
## 当 Flume 采集的数据被上传到 HDFS 中时，HDFS 会将数据压缩成 LZO 格式的文件
a1.sinks.k1.hdfs.codeC = lzop
a1.sinks.k2.hdfs.codeC = lzop

## 拼装
a1.sources.r1.channels = c1
a1.sinks.k1.channel= c1

a1.sources.r2.channels = c2
a1.sinks.k2.channel= c2
```

3. 配置支持 LZO 压缩格式

在 node1 节点中，进入 Hadoop 的 common 目录。打开 Xftp 软件，将 LZO 压缩 jar 包上传到 common 目录中，将 hadoop-lzo-0.4.20.jar 压缩包复制到 node2、node3 节点的相应目录中。

```
[bigdata@node2 data_collection]$ cd /opt/module/hadoop-3.3.0/share/hadoop/common
[bigdata@node1 common]$ scp -r hadoop-lzo-0.4.20.jar node2:/opt/module/hadoop-3.3.0/share/hadoop/common
[bigdata@node1 common]$ scp -r hadoop-lzo-0.4.20.jar node3:/opt/module/hadoop-3.3.0/share/hadoop/common
```

在 node1 节点中修改 core-site.xml 配置文件。

```
[bigdata@node1 common]$ vim /opt/module/hadoop-3.3.0/etc/hadoop/core-site.xml
```

打开 core-site.xml 文件，在<configuration>标签内新增如下内容。

```
<property>
    <name>io.compression.codecs</name>
    <value>
    org.apache.hadoop.io.compress.GzipCodec,
    org.apache.hadoop.io.compress.DefaultCodec,
    org.apache.hadoop.io.compress.BZip2Codec,
    org.apache.hadoop.io.compress.SnappyCodec,
    com.hadoop.compression.lzo.LzoCodec,
    com.hadoop.compression.lzo.LzopCodec
    </value>
</property>

<property>
    <name>io.compression.codec.lzo.class</name>
    <value>com.hadoop.compression.lzo.LzoCodec</value>
</property>
```

将 core-site.xml 文件复制到 node2、node3 节点的相应目录中。

```
[bigdata@node1 common]$ scp -r /opt/module/hadoop-3.3.0/etc/hadoop/core-site.xml node2:/opt/module/hadoop-3.3.0/etc/hadoop/
[bigdata@node1 common]$ scp -r /opt/module/hadoop-3.3.0/etc/hadoop/core-site.xml node3:/opt/module/hadoop-3.3.0/etc/hadoop/
```

重启 Hadoop 集群，先关闭，再启动。

```
[bigdata@node1 common]$ stop-dfs.sh
[bigdata@node1 common]$ start-dfs.sh
```

重启后，当前的 Hadoop 集群就支持 LZO 压缩格式了。

3.2.8　Flume 数据消费执行脚本及实现

本节编写 Flume 数据消费脚本，统一 Hadoop 及 Flume 的 guava 版本。启动消费脚本后，Flume 会从 Kafka 中采集数据，并将数据存储到 HDFS 中。

1. 编写数据消费脚本

切换到 node2 节点，在 data_collection 目录中创建启动与停止数据消费的脚本 f2.sh。

```
[bigdata@node2 ~]$ cd /opt/project/offlineDataWarehouse/data_collection/
[bigdata@node2 data_collection]$ vim f2.sh
```

在 f2.sh 脚本中添加如下内容。

```
#! /bin/bash
flume=$FLUME_HOME
dir=/opt/project/offlineDataWarehouse/data_collection
logs=/opt/project/offlineDataWarehouse/logs

case $1 in
"start"){
        for i in node2
        do
                echo " --------启动 $i 消费 Flume-------"
                ssh $i "source /etc/profile;nohup "$flume"/bin/flume-ng agent -n
a1  -f  "$dir"/kafka-flume-hdfs.conf     -Dflume.root.logger=INFO,LOGFILE  >
"$logs"/f2.log 2>&1 &"
        done
};;
"stop"){
        for i in node2
        do
                echo " --------停止 $i 消费 Flume-------"
                ssh $i "ps -ef | grep kafka-flume-hdfs | grep -v grep |awk '{print
\$2}' | xargs kill"
        done

};;
esac
```

赋予 f2.sh 脚本当前用户的执行权限。

```
[bigdata@node2 data_collection]$ chmod u+x f2.sh
```

2. 统一 Hadoop 及 Flume 的 guava 版本

Hadoop 3.3.0 中的 guava 版本和 Flume 1.9.0 中的 guava 版本不一致，Hadoop 3.3.0 中为 guava-27.0-jre.jar，Flume 1.9.0 中为 guava-11.0.2.jar，而版本不一致会导致 Flume 消费脚本在执行时报错。解决方法是先删除 Flume 中的 guava，然后将 Hadoop 中高版本的 guava 复制到 Flume 中。

在 node1、node2 两个节点中分别删除 Flume 中的 guava-11.0.2.jar。

```
[bigdata@node1 opt]$ rm -rf /opt/module/flume-1.9.0/lib/guava-11.0.2.jar
[bigdata@node2 opt]$ rm -rf /opt/module/flume-1.9.0/lib/guava-11.0.2.jar
```

在 node1、node2 两个节点中分别将 Hadoop 中的 guava 复制到 Flume 中。进入 Hadoop 中 guava 所在的目录。

```
[bigdata@node1 opt]$ cd /opt/module/hadoop-3.3.0/share/hadoop/common/lib
[bigdata@node2 opt]$ cd /opt/module/hadoop-3.3.0/share/hadoop/common/lib/
```

将 Hadoop 中的 guava 复制到 Flume 中。

```
[bigdata@node1 lib]$ cp guava-27.0-jre.jar /opt/module/flume-1.9.0/lib
[bigdata@node2 lib]$ cp guava-27.0-jre.jar /opt/module/flume-1.9.0/lib
```

3. 删除已存在的模拟数据

在 node1 节点中删除已存在的模拟数据。

```
[bigdata@node1  lib]$cd  /opt/project/offlineDataWarehouse/user_behavior_logs/
offline
[bigdata@node1 offline]$ rm -rf ./*
```

4. 执行 Flume 采集及消费脚本

在 Xshell 撰写栏中，执行 su root 命令，将 node1、node2、node3 三个节点的用户切换为 root 用户。

```
su root
```

在 Xshell 撰写栏中，输入 root 用户密码“123456”。

在 Xshell 撰写栏中，将集群系统时间修改为所需模拟数据的日期，如 2021 年 4 月 30 日。

```
date -s 2021-04-30
```

在 Xshell 撰写栏中，将集群用户切换为 bigdata 用户。

```
su bigdata
```

在 node1 节点中，进入 f1.sh 脚本所在的目录，执行数据采集脚本。

```
[bigdata@node1 offline]$ cd /opt/project/offlineDataWarehouse/data_collection/
[bigdata@node1 data_collection]$ ./f1.sh start
--------启动 node1 采集 Flume-------
```

在 node2 节点中，进入 f2.sh 脚本所在的目录，执行数据消费脚本。

```
[bigdata@node2 ~]$ cd /opt/project/offlineDataWarehouse/data_collection/
[bigdata@node2 data_collection]$ ./f2.sh start
--------启动 node2 消费 Flume-------
```

5. 生产并消费数据

1）生产数据

进入 node1 节点的 jar 目录。

```
[bigdata@node1 data_collection]$ cd /opt/project/offlineDataWarehouse/jar
```

执行生成模拟数据的脚本 mockData.sh，运行结束后会生成 2021 年 4 月 30 日的数据。

```
[bigdata@node1 jar]$ ./mockData.sh start
```

2）消费数据

通过以上操作流程，数据被消费到 HDFS 对应的目录中。打开 Web UI 界面，在地址栏中输入“192.168.100.3:9870”，可以在文件系统的/project/offlineDataWarehouse/original_log/目录中看到启动日志数据目录 topic_start 和事件日志数据目录 topic_event，如图 3-20 所示。

topic_start 目录中包含多个子目录，每个子目录以数据的产生日期命名，用于存储当天的启动日志数据，如 2021 年 4 月 30 日数据的产生日期、压缩格式等信息，如图 3-21 所示。

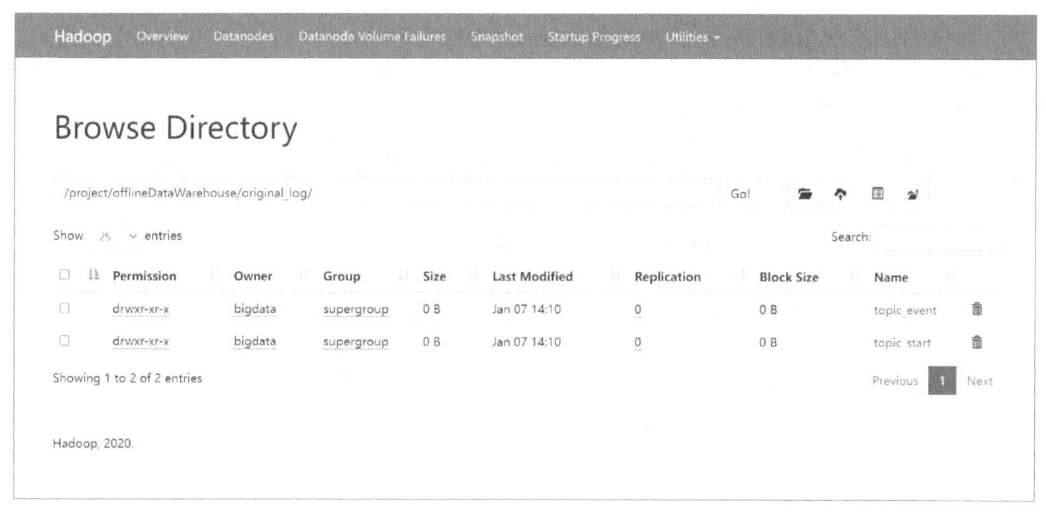

图 3-20　在 HDFS 中查看消费数据的目录

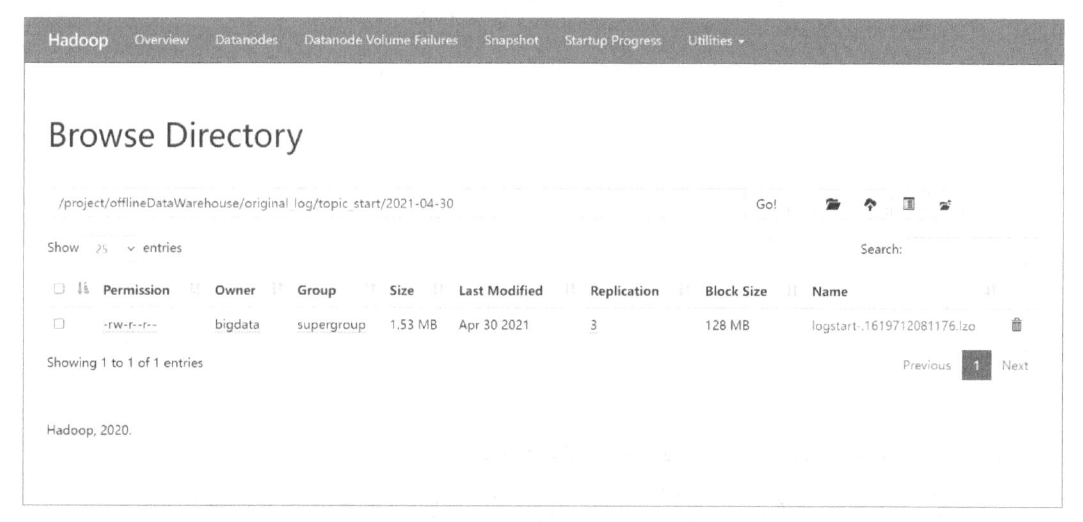

图 3-21　topic_start 目录中子目录的数据

说明：本项目中需要产生一个月的数据，为了方便操作，2021 年 4 月 1 日到 2021 年 4 月 29 日的模拟数据已经全部生成，直接上传到 HDFS 中即可，具体方法如下。

将本书资源中 topic_event、topic_start 目录的数据上传到 HDFS 的/project/offlineDataWarehouse/original_log/topic_event、/project/offlineDataWarehouse/original_log/topic_start 目录中。

首先，在 node1 节点的/opt/project/offlineDataWarehouse 目录中新建存放资源的 resources 目录。

```
[bigdata@node1 jar]$ cd /opt/project/offlineDataWarehouse/
[bigdata@node1 offlineDataWarehouse]$ mkdir resources
```

然后，使用 Xftp 软件将 topic_event、topic_start 目录上传到 resources 目录中，如图 3-22 所示。

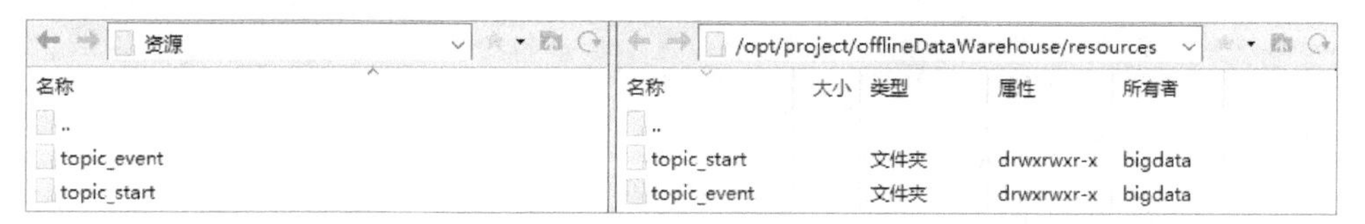

图 3-22　使用 Xftp 软件上传数据文件资源

在 node1 节点的/opt/project/offlineDataWarehouse/resources 目录中执行 HDFS 文件上传命令，

将 2021 年 4 月 1 日到 2021 年 4 月 29 日的数据上传到 HDFS 中。

```
[bigdata@node1 offlineDataWarehouse]$ cd resources/
[bigdata@node1 resources]$ hdfs dfs -put topic_event/*
/project/offlineDataWarehouse/original_log/topic_event
[bigdata@node1 resources]$ hdfs dfs -put topic_start/*
/project/offlineDataWarehouse/original_log/topic_start
```

上传后，topic_event 目录中的数据如图 3-23 所示。

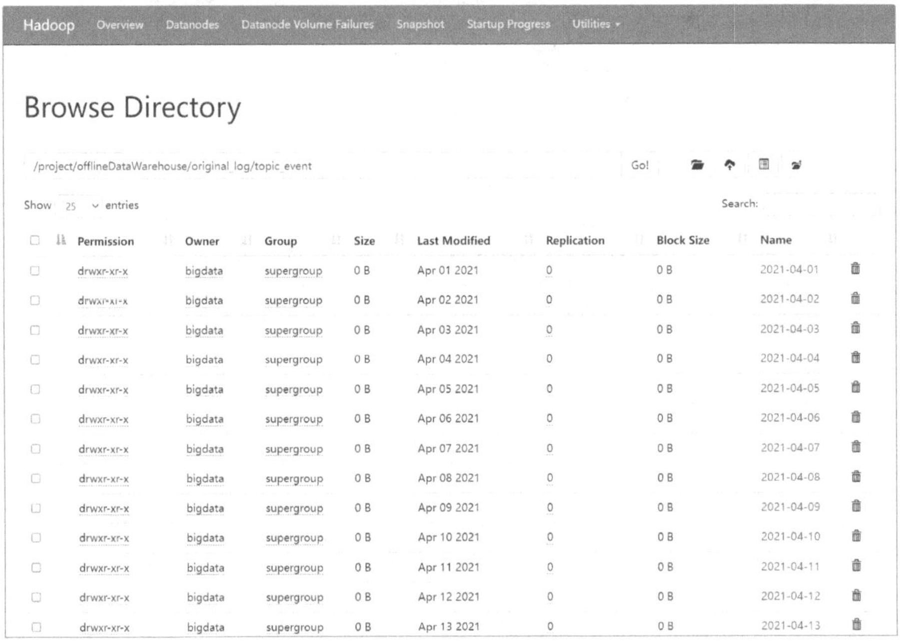

Hadoop Overview Datanodes Datanode Volume Failures Snapshot Startup Progress Utilities

Browse Directory

/project/offlineDataWarehouse/original_log/topic_event Go!

Show 25 entries Search:

Permission	Owner	Group	Size	Last Modified	Replication	Block Size	Name
drwxr-xr-x	bigdata	supergroup	0 B	Apr 01 2021	0	0 B	2021-04-01
drwxr-xr-x	bigdata	supergroup	0 B	Apr 02 2021	0	0 B	2021-04-02
drwxr-xr-x	bigdata	supergroup	0 B	Apr 03 2021	0	0 B	2021-04-03
drwxr-xr-x	bigdata	supergroup	0 B	Apr 04 2021	0	0 B	2021-04-04
drwxr-xr-x	bigdata	supergroup	0 B	Apr 05 2021	0	0 B	2021-04-05
drwxr-xr-x	bigdata	supergroup	0 B	Apr 06 2021	0	0 B	2021-04-06
drwxr-xr-x	bigdata	supergroup	0 B	Apr 07 2021	0	0 B	2021-04-07
drwxr-xr-x	bigdata	supergroup	0 B	Apr 08 2021	0	0 B	2021-04-08
drwxr-xr-x	bigdata	supergroup	0 B	Apr 09 2021	0	0 B	2021-04-09
drwxr-xr-x	bigdata	supergroup	0 B	Apr 10 2021	0	0 B	2021-04-10
drwxr-xr-x	bigdata	supergroup	0 B	Apr 11 2021	0	0 B	2021-04-11
drwxr-xr-x	bigdata	supergroup	0 B	Apr 12 2021	0	0 B	2021-04-12
drwxr-xr-x	bigdata	supergroup	0 B	Apr 13 2021	0	0 B	2021-04-13

图 3-23 topic_event 目录中的数据

上传后，topic_start 目录中的数据如图 3-24 所示。

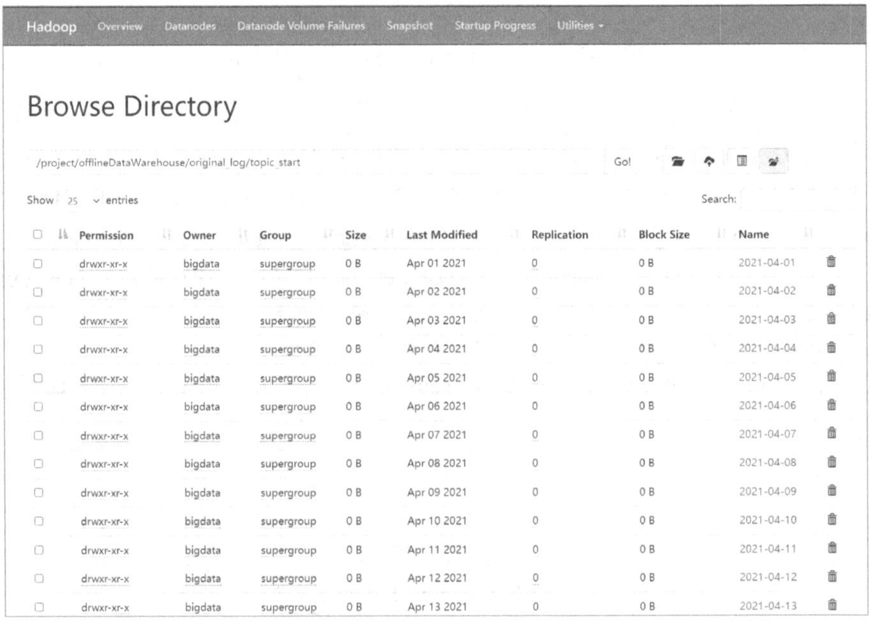

Hadoop Overview Datanodes Datanode Volume Failures Snapshot Startup Progress Utilities

Browse Directory

/project/offlineDataWarehouse/original_log/topic_start Go!

Show 25 entries Search:

Permission	Owner	Group	Size	Last Modified	Replication	Block Size	Name
drwxr-xr-x	bigdata	supergroup	0 B	Apr 01 2021	0	0 B	2021-04-01
drwxr-xr-x	bigdata	supergroup	0 B	Apr 02 2021	0	0 B	2021-04-02
drwxr-xr-x	bigdata	supergroup	0 B	Apr 03 2021	0	0 B	2021-04-03
drwxr-xr-x	bigdata	supergroup	0 B	Apr 04 2021	0	0 B	2021-04-04
drwxr-xr-x	bigdata	supergroup	0 B	Apr 05 2021	0	0 B	2021-04-05
drwxr-xr-x	bigdata	supergroup	0 B	Apr 06 2021	0	0 B	2021-04-06
drwxr-xr-x	bigdata	supergroup	0 B	Apr 07 2021	0	0 B	2021-04-07
drwxr-xr-x	bigdata	supergroup	0 B	Apr 08 2021	0	0 B	2021-04-08
drwxr-xr-x	bigdata	supergroup	0 B	Apr 09 2021	0	0 B	2021-04-09
drwxr-xr-x	bigdata	supergroup	0 B	Apr 10 2021	0	0 B	2021-04-10
drwxr-xr-x	bigdata	supergroup	0 B	Apr 11 2021	0	0 B	2021-04-11
drwxr-xr-x	bigdata	supergroup	0 B	Apr 12 2021	0	0 B	2021-04-12
drwxr-xr-x	bigdata	supergroup	0 B	Apr 13 2021	0	0 B	2021-04-13

图 3-24 topic_start 目录中的数据

素养园地

科技是推动国家发展的重要力量。大学生作为科技创新的主力军，要始终保持对科技的热爱和追求，不断提高自己的科技素养和能力，积极探索、勇于创新，不断推动科技前沿的突破和发展。请同学们自主查阅学习中国“脊梁”人物的爱国情怀和使命担当，谈一谈“国家兴亡，匹夫有责”的深刻内涵，谈一谈自己应如何以实际行动报效祖国，为实现社会主义现代化强国和中华民族伟大复兴贡献自己的智慧和力量。

项目总结

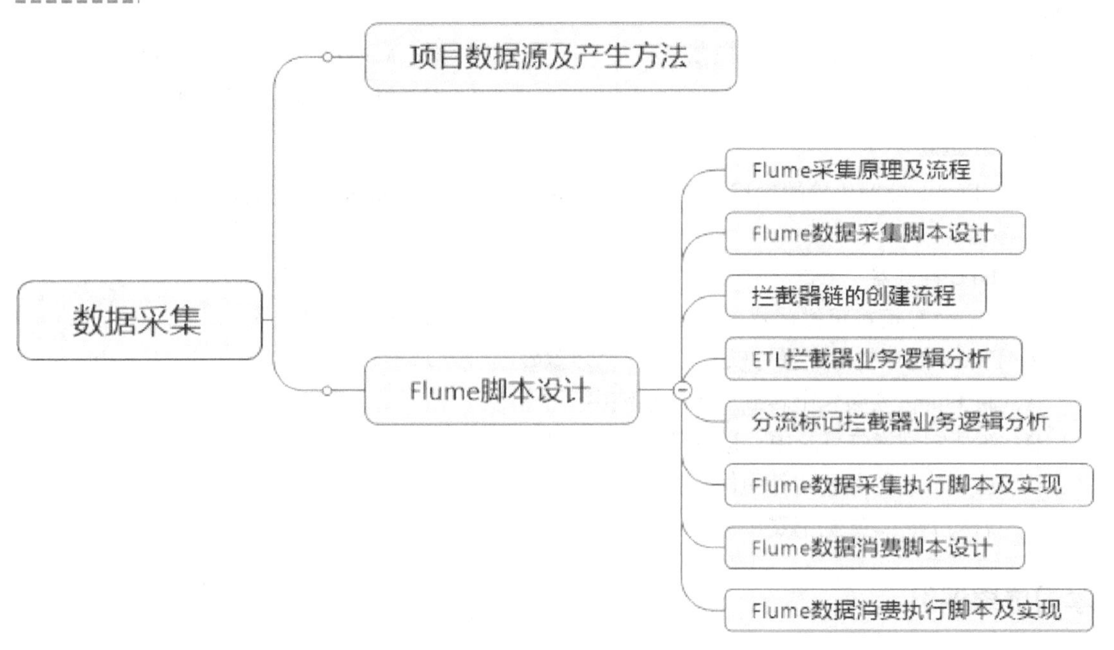

思考与练习

一、判断题

1. 业务字段是指每个移动端固定的、共有的字段；公共字段是指用户在App中执行过的所有操作。（ ）

2. 在Flume过程中，Flume对接本地磁盘文件，通过TAILDIR类型实时监控当前数据文件中数据内容的变化。（ ）

3. ETL拦截器主要用于过滤时间戳不合法和JSON数据不完整的日志。（ ）

4. Flume分流标记拦截器主要用于区分启动日志和事件日志。（ ）

二、单选题

1. 以下关于Flume的说法正确的是（ ）。

A. Event是Flume数据传输的基本单元

B. Sink是Flume数据传输的基本单元

C. Channel是Flume数据传输的基本单元

D. Source是Flume数据传输的基本单元

2．Flume 通过内部的采集数据传输机制进行快速的数据传输，传输完成之后会将数据存储到（　　）中。

A．Source　　　　B．Channel

C．Kafka　　　　D．HDFS

3．使用（　　）命令可以启动 Kafka 的一个消费者。

A．kafka-console-consumer.sh　　　　B．kafka-server-start.sh

C．kafka-topics.sh　　　　D．kafka-console-producer.sh

4．在 Flume 消费的整体流程中，第一部分是别名配置，在别名配置的过程中配置了两个数据流，用来处理（　　）。

A．ETL 拦截器和分流标记拦截器　　　　B．启动日志数据和事件日志数据

C．Flume 环境变量　　　　D．Flume 数据消费脚本

三、多选题

1. 在 Flume 数据传输的过程中，当 Source 将数据传输给 Channel 时，数据会先后经过（　　）两个拦截器。

A．ETL 拦截器　　　　B．时间戳拦截器

C．Flume 分流标记拦截器　　　　D．UUID 拦截器

2．Flume 的安装与部署可以分为哪 3 个步骤？（　　）

A．将 Flume 安装包上传到 Linux 系统中

B．解压缩到指定目录中，进行环境变量的配置

C．在 Flume 的配置文件中修改指定配置

D．启动 Flume 数据消费脚本

学习成果评价

1．评价分值及等级

分值	90～100	80～89	70～79	60～69	<60
等级	优秀	良好	中等	及格	不及格

2．评价标准

评价内容	赋分	序号	考核指标	分值	得分		
					自评	组评	师评
项目数据源及产生方法	10分	1	完成创建存放目录，上传产生数据的压缩包	5分			
		2	能够生成一天的模拟数据	5分			

续表

评价内容	赋分	序号	考核指标	分值	得分		
					自评	组评	师评
Flume 脚本设计	70 分	1	了解 Flume 采集原理及流程	8 分			
		2	Flume 数据采集脚本设计合理	8 分			
		3	熟悉拦截器链的创建流程	10 分			
		4	熟悉 ETL 拦截器业务逻辑	10 分			
		5	熟悉分流标记拦截器业务逻辑	10 分			
		6	实现 Flume 数据采集执行脚本	8 分			
		7	Flume 数据消费脚本设计合理	8 分			
		8	实现 Flume 数据消费执行脚本	8 分			
劳动素养	10 分	1	按时完成，认真填写记录	5 分			
		2	小组分工合理性	5 分			
思政素养	10 分	1	完成思政素材学习	5 分			
		2	观看思政视频	5 分			
总分				100 分			

【学习笔记】

我的学习笔记：

____

____

____

【反思提高】

我在学习方法、能力提升等方面的进步：

____

____

____

模块 4

离线数据仓库设计与开发

学习目标

知识目标

- 理解离线数据仓库的分层架构及各层设计标准
- 理解项目中数据仓库各层的实施内容

技能目标

- 能创建各层的数据表并加载数据
- 会使用 HQL 语句进行数据指标统计

素养目标

- 具备数据仓库的设计与开发能力
- 具备对数据进行高效检索的能力

项目概述

本模块介绍离线数据仓库设计与开发。学习电商离线数据仓库的分层架构设计，以及 ODS 层、DWD 层、DWS 层、DWT 层和 ADS 层的设计与开发。对电商平台运营能起到重要决策依据的几个指标进行统计分析，分别是平台每日新增用户统计，每日、每周、每月的活跃用户数据统计，平台用户留存率统计，平台沉默用户数据统计等，使得分析结果服务于电商平台企业的数字化运营。

4.1 离线数据仓库概述

离线数据仓库分为 3 个部分，分别如下。

1. 什么是数据仓库

数据仓库，一般缩写为 DW 或 DWH。数据仓库是一个面向主题的、集成的、相对稳定的、反映历史变化的数据集合，用于支持管理决策。它是为企业所有决策制定过程提供所有系统数据支撑的战略集合。对数据仓库中的数据进行分析，可以帮助企业改进业务流程、控制成本、提高产品质量等。数据仓库并不是数据的最终目的地，而是为数据到达最终目的地做好准备。这些准备包括对数据的清洗、转义、分类、重组、合并、拆分、统计等。

2. 数据仓库分层设计的原因

首先，可以把复杂的问题简单化，即把一个复杂的任务分解成多个步骤来完成，每一层只处理单一问题，比较简单，并且方便定位问题。

其次，可以减少重复开发，规范数据分层，并且能够极大地减少重复计算，增加一次计算结果的复用性。

最后，还可以隔离原始数据，不论是数据的异常还是数据的敏感性，使原始数据与统计数据解耦。

3. 各层及功能介绍

CIF 层次架构通过分层将不同的建模方案引入不同的层次。CIF 将数据仓库分为五层。

第一层（ODS 层）是原始数据层，也称操作数据存储层，用来存放原始数据，即直接加载原始日志，让数据保持原样不做处理，相当于对数据进行备份。ODS 层中的数据来自 HDFS 或业务数据库，ODS 层的表格与业务数据库中的表格一一对应，就是将业务数据库中的表格在数据仓库的底层重新建立一次，使数据与结构完全一致。

由于业务数据库基本按照 ER 实体模型建模，所以 ODS 层中的建模方式也是 ER 实体模型。

第二层（DWD 层）是明细数据层，该层的数据结构和粒度与原始表一致，负责对 ODS 层的数据进行清洗，如去除空值、脏数据、超过极限范围的数据等。而在 DWD 层对数据进行了清洗、脱敏、统一化等操作，因此 DWD 层的数据是干净且具有良好一致性的。

第三层（DWS 层）是服务数据层，该层按照时间粒度对数据进行轻度汇总，为 DWT 层中的不同主题提供公用的汇总数据。因此，DWS 层又称公共汇总层，其汇总后的数据粒度比 DWD 层中的数据粒度稍粗。DWS 层会针对度量值进行汇总，目的是避免重复计算。一般在 DWS 层中建立宽表，如订单总金额在原始数据中可能没有，进入 DWS 层后可以统计出这个数据，避免重复使用订单明细数据计算。

第四层（DWT 或 DM 层）是数据主题层，或者称数据集市。该层按照主题进行汇总，并且面向特定的主题，如订单主题、物流主题等。在该层完成报表或指标的统计。该层不包含明细数据，是粗粒度的汇总数据。

第五层（ADS 层）是数据应用层，通过统计、分析数据，为数据可视化及其他业务提供数据支撑。

4.2　ODS 层设计与开发

在电商数据仓库项目中，我们采用五层架构来构建离线数据仓库：第一层是 ODS 层，即原始数据层；第二层是 DWD 层，即明细数据层；第三层是 DWS 层，即服务数据层；第四层是 DWT 层，即数据主题层；第五层是 ADS 层，即数据应用层。

ODS 层分为 4 个设计标准：①让数据保持原样，不做任何修改，也就是说，对 HDFS 中存储的用户行为日志数据进行抽取，抽取过程不进行任何修改操作，相当于数据的一种备份；②数据的压缩格式，本项目中 ODS 层采用的是 LZO 压缩格式，这种压缩格式相比其他的压缩格式，压缩效率更高一些；③分区，由于 HDFS 中每天都会生成大量的用户行为日志，为了更好地管理数据，需要对数据进行分区存储，在本项目中，我们采用“日期”这样的时间维度对数据进行分区；④创建外部表，在企业开发中，除了临时表使用内部表，其他表都应该创建外部表。

本节介绍在 ODS 层创建启动日志表，以及表数据的加载。

在创建 ODS 层的启动日志表之前，我们首先在 Hive 中创建本项目的数据库。创建数据库一般有两种策略：第一种策略是创建一个完整的数据库，在该数据库的下面，不同层级的表使用不同的前缀来标记；第二种策略是在数据库中的每一层都创建对应的数据库。在本项目中，我们选择第一种策略创建数据库。下面介绍操作步骤。

首先需要启动 Hive 服务，在 node1 会话窗口启动 Hive 的元数据服务，进入监听状态。

```
[bigdata@node1 ~]$ hive --service metastore
```

然后复制一个 node1 会话窗口，进入 Hive 客户端。

```
[bigdata@node1 ~]$ hive
```

1. 创建数据库和启动日志表

1）创建数据库

在 Hive 命令行中查看有哪些数据库。

```
hive (default)> show databases;
OK
database_name
db_test
default
Time taken: 1.871 seconds, Fetched: 2 row(s)
```

创建本项目的 uzest 数据库。

```
hive (default)> create database uzest location '/project/offlineDataWarehouse/
uzest.db/uzest.db';
OK
Time taken: 4.881 seconds
```

查看创建的 uzest 数据库。

```
hive (default)> show databases;
OK
database_name
db_test
default
uzest
Time taken: 0.095 seconds, Fetched: 3 row(s)
```

在 HDFS 中查看刚创建的 uzest 数据库对应的目录结构，如图 4-1 所示。

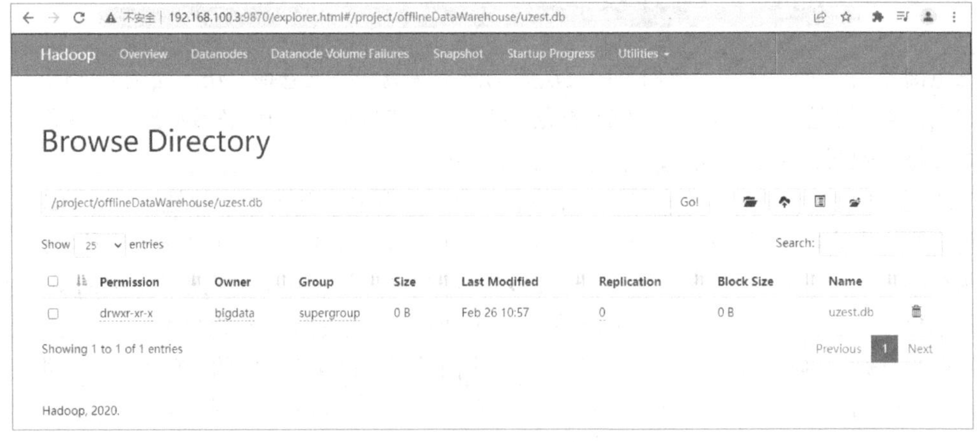

图 4-1　uzest 数据库对应的目录结构

2）创建启动日志表

输入命令“use uzest;”，进入 uzest 数据库。

```
hive (default)> use uzest;
OK
Time taken: 0.527 seconds
```

执行删除同名表的操作。

```
hive (uzest)> drop table if exists uzest.ods_start_log;
OK
Time taken: 0.712 seconds
```

创建启动日志表 ods_start_log。

```
hive (uzest)> create table if not exists uzest.ods_start_log (
            > `line` string comment '用户行为启动日志数据'
            > ) comment '启动日志表'
            > partitioned by (`dt` string)
            > stored as
            > inputformat 'com.hadoop.mapred.DeprecatedLzoTextInputFormat'
            > outputformat 'org.apache.hadoop.hive.ql.io.
HiveIgnoreKeyTextOutputFormat'
           > location '/project/offlineDataWarehouse/uzest.db/ods/ods_start_log';
OK
Time taken: 3.601 seconds
```

上述命令执行完成后，在 HDFS 中可以看到 uzest.db 目录中生成了一个 ODS 目录，ODS 目录中生成了一个 ods_start_log 目录。该目录就是 ODS 层启动日志表在 HDFS 中对应的目录结构，完整目录结构为/project/offlineDataWarehouse/uzest.db/ods/ods_start_log。

在 HDFS 中查看 ods_start_log 表对应的目录结构，如图 4-2 所示。

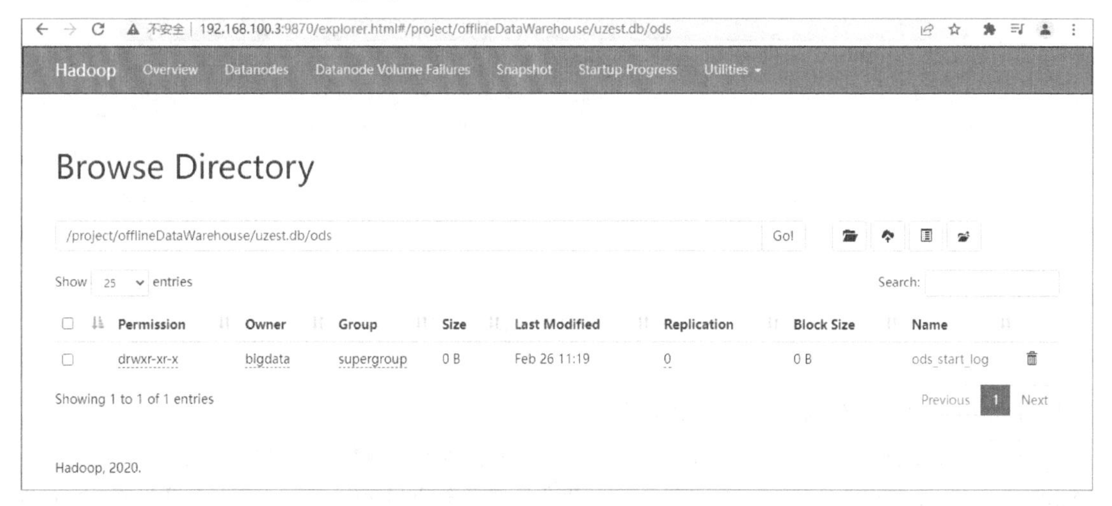

图 4-2 ods_start_log 表对应的目录结构

2. 表数据的加载

1）对启动日志数据表进行数据加载

命令中将分区字段 dt 的值设置为原始数据的生成日期，如 dt=2021-04-30。

```
hive  (uzest)> load  data  inpath  '/project/offlineDataWarehouse/original_log/
topic_start/2021-04-30' OVERWRITE into table uzest.ods_start_log partition(dt=
'2021-04-30');
```

```
Loading data to table uzest.ods_start_log partition (dt=2021-04-30)
OK
Time taken: 11.872 seconds
```

以查看两行数据为例，验证 ods_start_log 表数据是否加载成功。

```
hive (uzest)> select * from ods_start_log limit 2;
OK
ods_start_log.line ods_start_log.dt
{"action":"1","ar":"MX","ba":"Sumsung","detail":"","en":"start","entry":"3","
extend1":"","g":"ATL52KZ1@gmail.com","hw":"1080*1920","l":"pt","la":"-
23.1","ln":"-46.6","loading_time":"6","md":"sumsung-
12","mid":"0","nw":"WIFI","open_ad_type":"1","os":"8.2.3","sr":"Z","sv":"V2.4
.3","t":"1619651842848","uid":"0","vc":"18","vn":"1.3.0"} 2021-04-30
{"action":"1","ar":"MX","ba":"Huawei","detail":"433","en":"start","entry":"1"
,"extend1":"","g":"K55NTM6W@gmail.com","hw":"640*960","l":"en","la":"-
23.3","ln":"-56.0","loading_time":"0","md":"Huawei-
6","mid":"4","nw":"WIFI","open_ad_type":"1","os":"8.2.9","sr":"I","sv":"V2.9.
0","t":"1619642364943","uid":"4","vc":"15","vn":"1.0.6"}  2021-04-30
Time taken: 8.467 seconds, Fetched: 2 row(s)
```

ods_start_log 表数据也可以在 HDFS 中查看，该表对应的目录中会生成一个分区目录 dt=2021-04-30，该目录用于保存该表对应的数据文件，如图 4-3 所示。

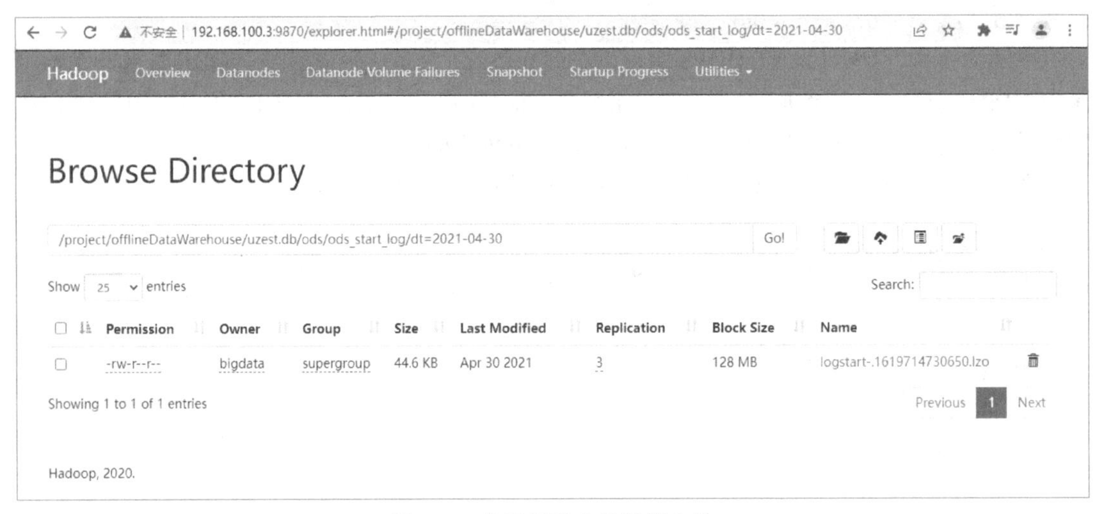

图 4-3　分区目录中的数据文件

2）生成表数据文件对应的索引文件

为了使表数据文件支持切片操作，需要对表数据文件创建对应的索引文件，从而实现 MapReduce 的分布式并行计算。通过在 Linux 命令行中执行 hadoop jar 命令来运行 MapReduce 程序，生成索引文件。复制一个 node1 会话窗口，输入如下命令。

```
[bigdata@node1 ~]$ hadoop jar /opt/module/hadoop-3.3.0/share/hadoop/common/
hadoop-lzo-0.4.20.jar        com.hadoop.compression.lzo.DistributedLzoIndexer
/project/offlineDataWarehouse/uzest.db/ods/ods_start_log/dt=2021-04-30
```

上述命令执行完成后，在 HDFS 对应的分区目录 dt=2021-04-30 中可以看到生成了一个后缀为.index 的索引文件，如图 4-4 所示。如此，LZO 压缩格式的文件就可以实现并行计算了。

至此，完成了 ODS 层名为 ods_start_log 的启动日志表的创建、2021 年 4 月 30 日一天数据的加载、索引文件的建立。

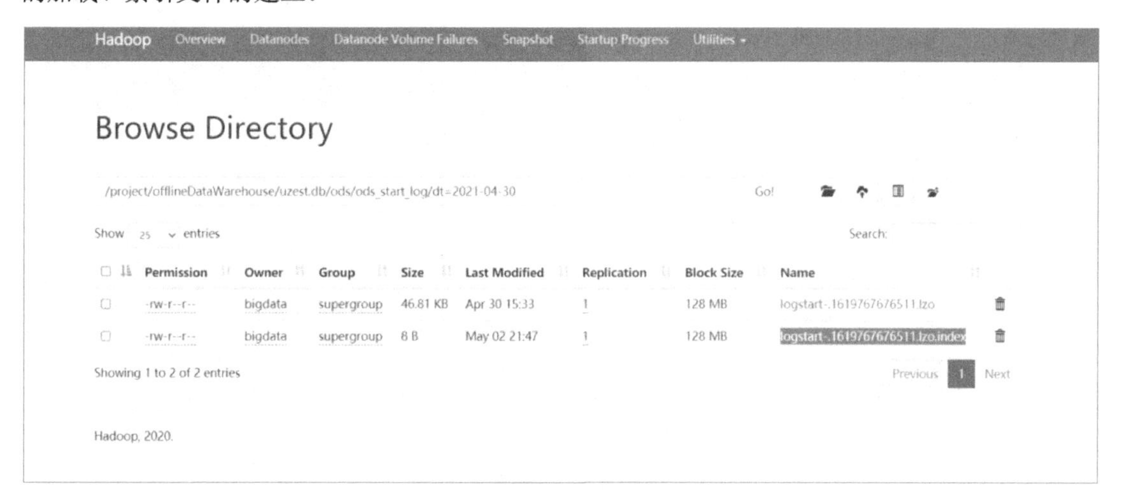

图 4-4　分区目录中的索引文件

3）加载 2021 年 4 月 1 日至 2021 年 4 月 29 日的数据

方法一：参照前面 2021 年 4 月 30 日数据的加载方法，加载 2021 年 4 月 1 日至 2021 年 4 月 29 日的数据。注意，因为 HDFS 的 Web UI 界面中的目录会按照创建时间逆序显示，所以为了使目录按照日期顺序显示，先从 2021 年 4 月 29 日的数据开始加载，直至 2021 年 4 月 1 日的数据全部加载完成。

方法二：使用 Xftp 软件将本书资源中的 offlineDataWarehouse.sql 文件上传到 node1 节点的 /opt/project/offlineDataWarehouse/resources 目录中，复制一个会话窗口，进入 resources 目录，执行该 SQL 文件。

```
[bigdata@node1 ~]$ cd /opt/project/offlineDataWarehouse/resources/
[bigdata@node1 resources]$ hive -f offlineDataWarehouse.sql
```

4）建立 2021 年 4 月 1 日至 2021 年 4 月 29 日数据的索引文件

当 29 天的数据全部加载完成后，再逐一修改分区的日期，建立 2021 年 4 月 1 日至 2021 年 4 月 29 日数据文件对应的索引文件。

```
[bigdata@node1 ~]$ hadoop jar /opt/module/hadoop-3.3.0/share/hadoop/common/
hadoop-lzo-0.4.20.jar com.hadoop.compression.lzo.DistributedLzoIndexer
/project/offlineDataWarehouse/uzest.db/ods/ods_start_log/dt=2021-04-01
```

```
[bigdata@node1 ~]$ hadoop jar /opt/module/hadoop-3.3.0/share/hadoop/common/
hadoop-lzo-0.4.20.jar com.hadoop.compression.lzo.DistributedLzoIndexer
/project/offlineDataWarehouse/uzest.db/ods/ods_start_log/dt=2021-04-02
```

…

```
[bigdata@node1 ~]$ hadoop jar /opt/module/hadoop-3.3.0/share/hadoop/common/
hadoop-lzo-0.4.20.jar com.hadoop.compression.lzo.DistributedLzoIndexer
/project/offlineDataWarehouse/uzest.db/ods/ods_start_log/dt=2021-04-29
```

当 30 天的数据全部加载完成，对应的索引文件全部生成之后，在 HDFS 中可以看到，生成了 30 个分区目录结构，如图 4-5 所示。

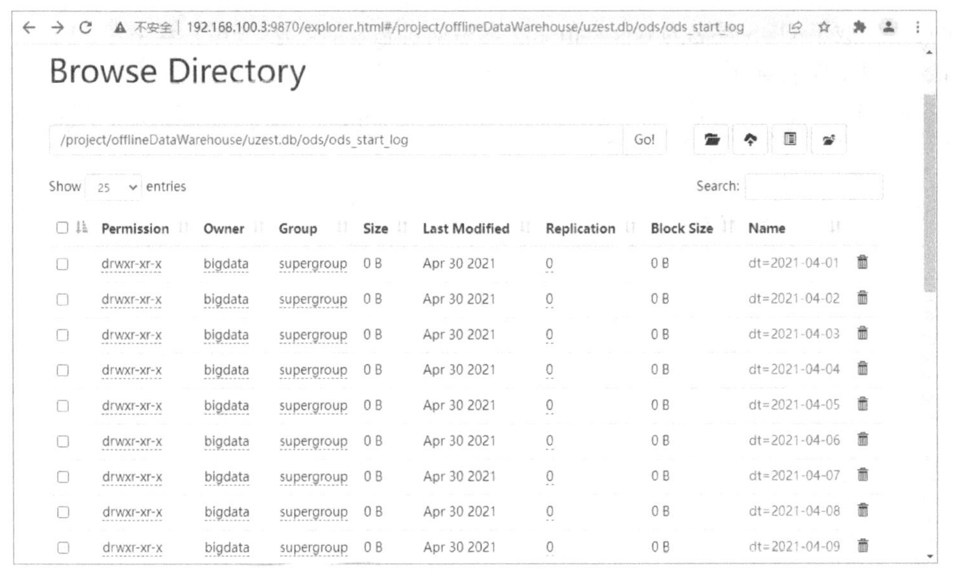

图 4-5　分区目录结构

每个分区目录结构中都对应两个文件，一个是数据文件，一个是索引文件，如图 4-6 所示。

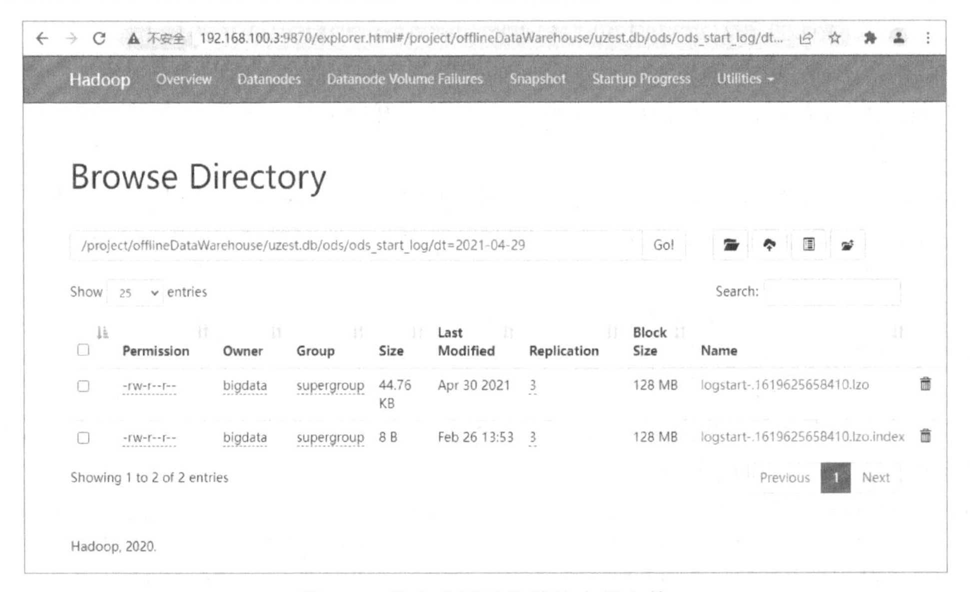

图 4-6　单个分区目录结构中的文件

4.3 DWD 层设计与开发

4.3.1 项目 JSON 解析函数及应用

本节介绍 JSON 字符串解析函数 get_json_object()，使用该函数可以非常方便地对 JSON 中的字段值进行抽取，接下来通过举例来说明该函数的使用方法。

1．创建表及加载数据

1）创建数据文件

在 node1 节点的/opt/testData/目录中，创建 data.txt 文件。

```
[bigdata@node1 ~]$ cd /opt/testData/
[bigdata@node1 testData]$ vim data.txt
```

将本书资源中的 JSON 数据复制到 data.txt 文件后，保存并退出。

2）创建数据表

在 Hive 命令行中创建内部表 t_json，字段分别为 f1、f2、f3，对应的数据类型均为 string，指定数据格式化声明，字段之间用空格隔开，执行语句如下。

```
hive (default)> create table if not exists t_json(
              > f1 string,
              > f2 string,
              > f3 string
              > )
              > row format delimited
              > fields terminated by ' ';
OK
Time taken: 2.395 seconds
```

3）加载数据

在 Hive 命令行中执行 load 命令，将 data.txt 文件中的数据加载到 t_json 表中。

```
hive (default)> load data local inpath '/opt/testData/data.txt' into table
t_json;
```

2. 数据加载校验

执行 select 命令进行数据加载校验，查看数据是否加载成功。

```
hive (default)> select * from t_json;
OK
t_json.f1   t_json.f2   t_json.f3
first
    {"store":{"fruit":[{"weight":8,"type":"apple"},{"weight":9,"type":"pear"}
],"bicycle":{"price":19.951,"color":"red1"}},"email":"amy@only_for_json_udf_t
est.net","owner":"amy1"}    third
first
    {"store":{"fruit":[{"weight":9,"type":"apple"},{"weight":91,"type":"pear"
}],"bicycle":{"price":19.952,"color":"red2"}},"email":"amy@only_for_json_udf_
test.net","owner":"amy2"}   third
first
    {"store":{"fruit":[{"weight":10,"type":"apple"},{"weight":911,"type":"pea
r"}],"bicycle":{"price":19.953,"color":"red3"}},"email":"amy@only_for_json_ud
f_test.net","owner":"amy3"}third
Time taken: 4.483 seconds, Fetched: 3 row(s)
```

3. 使用 get_json_object()函数解析数据

1）查询 JSON 数据中某个属性对应的值

查询 JSON 数据中指定的某个属性对应的值，如查询 t_json 表中 owner 属性对应的值。get_json_object()函数有两个参数：第一个参数用于指定要处理的 JSON 数据字段；第二个参数是要解析的具体属性名称，即 JSON 数据中的 key，注意，在属性名称前面加$符号。下面 HQL 语句的作用是查询 t_json 表的 f2 字段中 owner 属性对应的值。

```
hive (default)> select get_json_object(t_json.f2, '$.owner') from t_json;
OK
_c0
```

```
amy1
amy2
amy3
Time taken: 3.436 seconds, Fetched: 3 row(s)
```

2）查询 JSON 数组结构中某个属性对应的值

如果需要获取数组中封装的某个属性对应的值，则首先需要获取属性对应的数组，然后通过下标获取数组中指定的元素，最后获取该元素中包含的指定属性对应的属性值。例如，解析 fruit 数组中 weight 属性值为 9 的数据。HQL 语句如下。

```
select  * from t_json where get_json_object(t_json.f2 , '$.store.
fruit[0].weight') = 9;
```

解析：get_json_object()函数的第一个参数指定 JSON 数据的 f2 字段。在第二个参数中，store 属性值中包含一个 fruit 数组结构，先通过 fruit[0]获取该数组中的第一个元素，再查找 weight 属性值为 9 的数据。执行结果如下。

```
hive (default)> select  * from t_json where get_json_object(t_json.f2 ,
'$.store.fruit[0].weight') = 9;
OK
t_json.f1   t_json.f2   t_json.f3
first
   {"store":{"fruit":[{"weight":9,"type":"apple"},{"weight":91,"type":"pear"
}],"bicycle":{"price":19.952,"color":"red2"}},"email":"amy@only_for_json_udf_
test.net","owner":"amy2"}   third
Time taken: 0.365 seconds, Fetched: 1 row(s)
```

3）查询的属性不存在，返回 NULL

如果在查询过程中，指定的 JSON 数据的属性不存在，那么 get_json_object()函数返回的结果为 NULL。例如，查询一个不存在的属性 non_exist_key 对应的值，执行结果如下。

```
hive (default)> select get_json_object(t_json.f2, '$.non_exist_key') FROM t_json;
OK
_c0
NULL
NULL
NULL
Time taken: 0.131 seconds, Fetched: 3 row(s)
```

4.3.2 启动日志表设计及数据加载

本节介绍 DWD 层数据表的设计与开发，主要内容有两点：

- 创建 DWD 层的启动日志表。
- 启动日志表的数据加载。

1. 创建 DWD 层的启动日志表 dwd_start_log

在 node1 节点的 Hive 会话窗口中，切换到 uzest 数据库。

```
hive (default)> use uzest;
```

执行删除同名表的操作。

```
hive (uzest)> drop table if exists dwd_start_log;
```

在当前的 DWD 层，启动日志表包含两种含义的字段：第一种字段是用户行为日志中的公共字段，第二种字段是用户行为日志中的启动事件字段。因为启动日志表每天都会生成大量的用户行为数据，所以在创建该表时选择分区表的建表方式。根据业务背景，该表按照日期对用户行为数据进行分区存储。同时，该表还采用了 parquet 列式存储格式对当前表的数据进行存储。创建启动日志表时，指定该表在 HDFS 中对应的存储路径。该表在使用 parquet 列式存储格式的同时，还采用了 LZO 压缩格式，目的是提高当前表的数据在查询过程中的效率。

执行如下建表语句。

```
hive (uzest)> create table if not exists dwd_start_log(
          > `mid_id` string,  --设备 ID
          > `user_id` string,  --用户 ID
          > `version_code` string,  --程序版本号
          > `version_name` string,  --程序版本名
          > `lang` string, --系统语言
          > `source` string,  --渠道号
          > `os` string, --Android 系统版本
          > `area` string, --区域
          > `model` string, --手机型号
          > `brand` string, --手机品牌
          > `sdk_version` string, --sdkVersion
          > `gmail` string, --App 名称
          > `height_width` string, --屏幕高度和宽度
          > `app_time` string, --客户端日志产生时的时间
          > `network` string, --网络模式
          > `lng` string, --经度
          > `lat` string, --纬度
          > `entry` string,  --入口
          > `open_ad_type` string, --开屏广告类型
          > `action` string, --状态
          > `loading_time` string, --加载时长
          > `detail` string, --失败码
          > `extend1` string --失败的 message
          > )
          > partitioned by (dt string)
          > stored as parquet
          >  location  '/project/offlineDataWarehouse/uzest.db/dwd/dwd_start_
log/'
          > tblproperties('parquet.compression'='lzo');
OK
Time taken: 0.072 seconds
```

2．加载 dwd_start_log 表数据

数据加载分两步进行：第一步，使用 Hive 的系统函数 get_json_object()抽取字段数据；第二步，通过“insert+select”的数据导入方式，将查询结果插入 DWD 层的启动日志表 dwd_start_log。

1）加载 2021 年 4 月 30 日的数据并进行校验

（1）数据加载。

执行如下 HQL 语句。

```
hive (uzest)> insert overwrite table dwd_start_log PARTITION (dt='2021-04-30')
          > select   --对 ODS 层的启动日志表使用系统函数进行 JSON 字符串解析
          > get_json_object(line,'$.mid') mid_id,
          > get_json_object(line,'$.uid') user_id,
```

```
        > get_json_object(line,'$.vc') version_code,
        > get_json_object(line,'$.vn') version_name,
        > get_json_object(line,'$.l') lang,
        > get_json_object(line,'$.sr') source,
        > get_json_object(line,'$.os') os,
        > get_json_object(line,'$.ar') area,
        > get_json_object(line,'$.md') model,
        > get_json_object(line,'$.ba') brand,
        > get_json_object(line,'$.sv') sdk_version,
        > get_json_object(line,'$.g') gmail,
        > get_json_object(line,'$.hw') height_width,
        > get_json_object(line,'$.t') app_time,
        > get_json_object(line,'$.nw') network,
        > get_json_object(line,'$.ln') lng,
        > get_json_object(line,'$.la') lat,
        > get_json_object(line,'$.entry') entry,
        > get_json_object(line,'$.open_ad_type') open_ad_type,
        > get_json_object(line,'$.action') action,
        > get_json_object(line,'$.loading_time') loading_time,
        > get_json_object(line,'$.detail') detail,
        > get_json_object(line,'$.extend1') extend1
        > from ods_start_log
        > where dt='2021-04-30';
```

解析：本操作基于 ODS 层的启动日志表 ods_start_log 进行数据查询，过滤出 2021-04-30 当天的所有数据。之后使用 get_json_object()函数对 ods_start_log 表的 line 字段值进行解析、抽取。将 JSON 字符串中的所有字段值抽取之后，执行 insert overwrite 操作，将查到的数据插入 DWD 层的启动日志表 dwd_start_log。在插入过程中，将当前的统计日期 dt 作为分区字段。

（2）数据校验。

以查看两行数据为例，验证 dwd_start_log 表数据是否加载成功。

```
hive (uzest)> select * from dwd_start_log where dt='2021-04-30' limit 2;
```

至此，完成了 DWD 层中名为 dwd_start_log 的启动日志表的创建及 2021 年 4 月 30 日一天数据的加载。

2）加载 2021 年 4 月 1 日至 2021 年 4 月 29 日的数据

方法一：参照前面 2021 年 4 月 30 日数据的加载方法，加载 2021 年 4 月 1 日至 2021 年 4 月 29 日的数据。注意，因为 HDFS 的 Web UI 界面中的目录会按照创建时间逆序显示，所以为了按照日期顺序显示，先从 2021 年 4 月 29 日的数据开始加载，直至 2021 年 4 月 1 日的数据全部加载完成。

方法二：使用 Xftp 软件将本书资源中的 dwd_start_log.sql 文件上传到 node1 节点的 /opt/project/offlineDataWarehouse/resources 目录中，复制一个会话窗口，进入 resources 目录，执行该 SQL 文件。

```
[bigdata@node1 ~]$ cd /opt/project/offlineDataWarehouse/resources/
[bigdata@node1 resources]$ hive -f dwd_start_log.sql
```

当 30 天的数据全部加载完成之后，在 HDFS 中可以看到，生成了该表对应的 30 个分区目录结构，如图 4-7 所示。

Hadoop　Overview　Datanodes　Datanode Volume Failures　Snapshot　Startup Progress　Utilities

Browse Directory

/project/offlineDataWarehouse/uzest.db/dwd/dwd_start_log　Go!

Show 25 entries　Search:

Permission	Owner	Group	Size	Last Modified	Replication	Block Size	Name
drwxr-xr-x	bigdata	supergroup	0 B	Jan 12 12:36	0	0 B	dt=2021-04-01
drwxr-xr-x	bigdata	supergroup	0 B	Jan 12 12:36	0	0 B	dt=2021-04-02
drwxr-xr-x	bigdata	supergroup	0 B	Jan 12 12:35	0	0 B	dt=2021-04-03
drwxr-xr-x	bigdata	supergroup	0 B	Jan 12 12:35	0	0 B	dt=2021-04-04
drwxr-xr-x	bigdata	supergroup	0 B	Jan 12 12:34	0	0 B	dt=2021-04-05
drwxr-xr-x	bigdata	supergroup	0 B	Jan 12 12:34	0	0 B	dt=2021-04-06
drwxr-xr-x	bigdata	supergroup	0 B	Jan 12 12:33	0	0 B	dt=2021-04-07
drwxr-xr-x	bigdata	supergroup	0 B	Jan 12 12:33	0	0 B	dt=2021-04-08
drwxr-xr-x	bigdata	supergroup	0 B	Jan 12 12:32	0	0 B	dt=2021-04-09
drwxr-xr-x	bigdata	supergroup	0 B	Jan 12 12:31	0	0 B	dt=2021-04-10
drwxr-xr-x	bigdata	supergroup	0 B	Jan 12 12:31	0	0 B	dt=2021-04-11
drwxr-xr-x	bigdata	supergroup	0 B	Jan 12 12:30	0	0 B	dt=2021-04-12

图 4-7　分区目录结构

每个分区目录结构中都会生成一个数据文件，如图 4-8 所示。

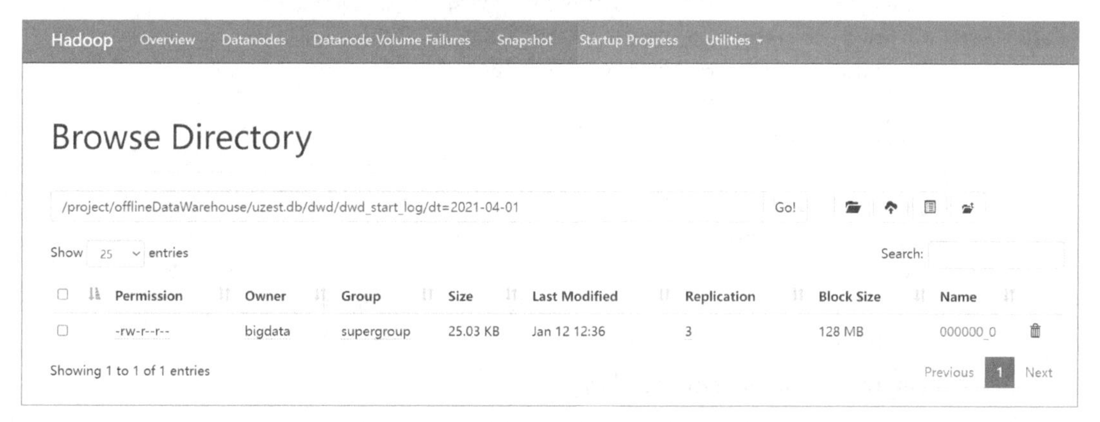

Hadoop　Overview　Datanodes　Datanode Volume Failures　Snapshot　Startup Progress　Utilities

Browse Directory

/project/offlineDataWarehouse/uzest.db/dwd/dwd_start_log/dt=2021-04-01　Go!

Show 25 entries　Search:

Permission	Owner	Group	Size	Last Modified	Replication	Block Size	Name
-rw-r--r--	bigdata	supergroup	25.03 KB	Jan 12 12:36	3	128 MB	000000_0

Showing 1 to 1 of 1 entries　Previous 1 Next

图 4-8　单个分区目录结构中的数据文件

4.4　DWS 层设计与开发

本节介绍在 DWS 层创建启动日志表，并对该表进行轻度聚合，即按照设备号进行去重操作，流程如图 4-9 所示。本节学习内容有两点：

第一，设计 DWS 层的每日设备行为表。

第二，加载该表数据。

图 4-9　DWS 层设计与开发流程

1. 创建每日设备行为表 dws_uv_detail_daycount

在 Hive 会话窗口中，切换到 uzest 数据库，执行删除同名表 dws_uv_detail_daycount 的操作。

```
hive (default)> use uzest;
hive (uzest)> drop table if exists dws_uv_detail_daycount;
```

接下来，创建 DWS 层的每日设备行为表，为加载 DWD 层的启动日志数据做准备。

该表字段与 DWD 层启动日志表的字段完全相同，如设备唯一标识、用户标识等字段。该表同样使用日期 dt 字段来分区，并且使用 parquet 列式存储格式进行数据存储，使用 location 关键字指定该表在 HDFS 中的存储路径，以及使用 LZO 压缩格式。执行建表语句如下。

```
hive (uzest)> create table if not exists dws_uv_detail_daycount (
          > `mid_id` string COMMENT '设备 ID',
          > `user_id` string COMMENT '用户 ID',
          > `version_code` string COMMENT '程序版本号',
          > `version_name` string COMMENT '程序版本名',
          > `lang` string COMMENT '系统语言',
          > `source` string COMMENT '渠道号',
          > `os` string COMMENT 'Android 系统版本',
          > `area` string COMMENT '区域',
          > `model` string COMMENT '手机型号',
          > `brand` string COMMENT '手机品牌',
          > `sdk_version` string COMMENT 'sdkVersion',
          > `gmail` string COMMENT 'gmail',
          > `height_width` string COMMENT '屏幕高度和宽度',
          > `app_time` string COMMENT '客户端日志产生时的时间',
          > `network` string COMMENT '网络模式',
          > `lng` string COMMENT '经度',
          > `lat` string COMMENT '纬度'
          > )
          > partitioned by ( dt string )
          > stored as parquet
          > location
'/project/offlineDataWarehouse/uzest.db/dws/dws_uv_detail_daycount'
          > tblproperties ( "parquet.compression" = "lzo" );
```

2. 加载 dws_uv_detail_daycount 表数据

1）数据加载

数据加载分为两部分：一部分是查询符合条件的数据，另一部分是加载查到的数据。

（1）查询操作。首先通过 select 语句查询 DWD 层的启动日志表，指定查询条件为当前统计日期，并使用设备 ID 进行分组，达到去重目的。然后查询 DWD 层的启动日志表 dwd_start_log 中同一设备的所有字段数据，使用 collect_set()函数将每个字段的值转换为集合类型的数据。最后使用 concat_ws()函数对集合数据进行格式化处理，此处使用竖线“|”对集合中的数据进行拼接，满足分组操作的语法要求。

（2）加载操作。使用 insert overwrite 语句将数据写入 dws_uv_detail_daycount 表，此时指定分区字段 dt 的值为当前统计日期。

执行语句如下。

```
hive (uzest)> insert overwrite table dws_uv_detail_daycount partition(dt='2021-
04-30')
```

```
        > select
        > mid_id,
        > concat_ws('|', collect_set(user_id)) user_id,    ---一个设备上，多个用
户登录
        > concat_ws('|', collect_set(version_code)) version_code,
        > concat_ws('|', collect_set(version_name)) version_name,
        > concat_ws('|', collect_set(lang))lang,
        > concat_ws('|', collect_set(source)) source,
        > concat_ws('|', collect_set(os)) os,
        > concat_ws('|', collect_set(area)) area,
        > concat_ws('|', collect_set(model)) model,
        > concat_ws('|', collect_set(brand)) brand,
        > concat_ws('|', collect_set(sdk_version)) sdk_version,
        > concat_ws('|', collect_set(gmail)) gmail,
        > concat_ws('|', collect_set(height_width)) height_width,
        > concat_ws('|', collect_set(app_time)) app_time,
        > concat_ws('|', collect_set(network)) network,
        > concat_ws('|', collect_set(lng)) lng,
        > concat_ws('|', collect_set(lat)) lat
        > from dwd_start_log
        > where dt='2021-04-30'
        > group by mid_id;
```

2）数据校验

使用 select 语句查询、显示前两条数据，并对所加载的数据进行校验。

```
hive (uzest)> select * from dws_uv_detail_daycount where dt='2021-04-30' limit
2;
```

运行结果如图 4-10 所示。

```
10      10      2       1.0.3   pt      E       8.0.0   MX      Huawei-12       Huawei  V2.8.6  4X8TN2GB@gmail.com
50*1134 1619664215736   4G      -82.7   -25.7   2021-04-30
103     103     9       1.2.5   es      Z       8.2.3   MX      Huawei-3        Huawei  V2.5.5  B64D7J5N@gmail.com
40*960  1619709963292   3G      -35.2   -52.8   2021-04-30
```

图 4-10　运行结果

至此，完成了 DWS 层每日设备行为表的创建和 2021 年 4 月 30 日一天数据的加载。

3. 加载 2021 年 4 月 1 日至 2021 年 4 月 29 日的数据

方法一：参照前面 2021 年 4 月 30 日数据的加载方法，加载 2021 年 4 月 1 日至 2021 年 4 月 29 日的数据。注意，因为 HDFS 的 Web UI 界面中的目录会按照创建时间逆序显示，所以为了按照日期顺序显示，先从 2021 年 4 月 29 日的数据开始加载，直至 2021 年 4 月 1 日的数据全部加载完成。

方法二：使用 Xftp 软件将本书资源中的 dws_uv_detail_daycount.sql 文件上传到 node1 节点的/opt/project/offlineDataWarehouse/resources 目录中，复制一个会话窗口，进入 resources 目录，执行该 SQL 文件。

```
[bigdata@node1 ~]$ cd /opt/project/offlineDataWarehouse/resources/
[bigdata@node1 resources]$ hive -f dws_uv_detail_daycount.sql
```

当 30 天的数据全部加载完成之后，在 HDFS 中可以看到生成了该表对应的 30 个分区目录结构，如图 4-11 所示。

Hadoop Overview Datanodes Datanode Volume Failures Snapshot Startup Progress Utilities

Browse Directory

/project/offlineDataWarehouse/uzest.db/dws/dws_uv_detail_daycount Go!

Show 25 entries Search:

Permission	Owner	Group	Size	Last Modified	Replication	Block Size	Name
drwxr-xr-x	bigdata	supergroup	0 B	Jan 12 17:36	0	0 B	dt=2021-04-01
drwxr-xr-x	bigdata	supergroup	0 B	Jan 12 17:35	0	0 B	dt=2021-04-02
drwxr-xr-x	bigdata	supergroup	0 B	Jan 12 17:34	0	0 B	dt=2021-04-03
drwxr-xr-x	bigdata	supergroup	0 B	Jan 12 17:33	0	0 B	dt=2021-04-04
drwxr-xr-x	bigdata	supergroup	0 B	Jan 12 17:32	0	0 B	dt=2021-04-05
drwxr-xr-x	bigdata	supergroup	0 B	Jan 12 17:31	0	0 B	dt=2021-04-06
drwxr-xr-x	bigdata	supergroup	0 B	Jan 12 17:30	0	0 B	dt=2021-04-07
drwxr-xr-x	bigdata	supergroup	0 B	Jan 12 17:29	0	0 B	dt=2021-04-08
drwxr-xr-x	bigdata	supergroup	0 B	Jan 12 17:28	0	0 B	dt=2021-04-09
drwxr-xr-x	bigdata	supergroup	0 B	Jan 12 17:27	0	0 B	dt=2021-04-10
drwxr-xr-x	bigdata	supergroup	0 B	Jan 12 17:26	0	0 B	dt=2021-04-11
drwxr-xr-x	bigdata	supergroup	0 B	Jan 12 17:25	0	0 B	dt=2021-04-12

图 4-11 分区目录结构

每个分区目录结构中都会生成一个数据文件，如图 4-12 所示。

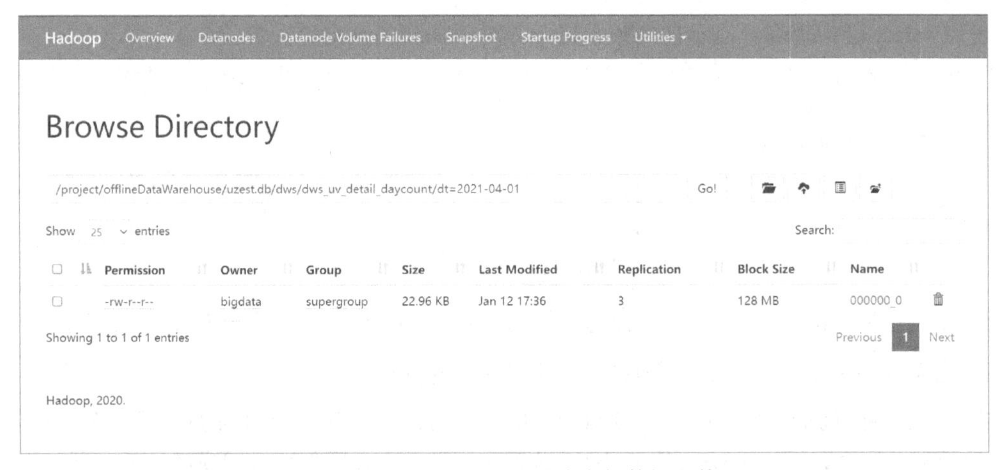

图 4-12 单个分区目录结构中的数据文件

4.5 DWT 层设计与开发

后续的数据仓库项目中会多次使用 HQL 关联查询来实现各种指标的统计和分析。为了使读者能够更好地理解项目中的各种业务逻辑，在接下来的 4.5.1 节至 4.5.3 节中，会介绍项目中使用的一些 HQL 关联查询的内部逻辑，并通过举例帮助读者理解。

4.5.1 HQL 关联查询（1）

本节的主要内容是在 Hive 中创建 HQL 关联查询所使用的测试表，并介绍表结构的具体业务含义，以及表数据的加载操作，为后面的 HQL 关联查询（横向拼接、纵向拼接）

做准备。主要介绍以下内容。

- 启动 HDFS、YARN 和 Hive 的 metastore 服务，连接到 hiveserver2 服务后，使用 jdbc 的连接方式启动 Hive 客户端。
- 创建测试库及表，将测试数据加载到表中并使用 HQL 命令查询。

1. 启动 Hive 客户端

1）启动 Hadoop 集群

因为 Hive 的数据存储依赖 HDFS，数据计算依赖 MapReduce，所以启动 Hive 服务之前，需要在 node1 节点中启动 HDFS 服务和 YARN 服务。

```
[bigdata@node1 ~]$ start-dfs.sh
[bigdata@node1 ~]$ start-yarn.sh
```

2）启动 metastore 服务及 hiveserver2 服务

在 node1 会话窗口中输入命令，启动 metastore 服务。

```
[bigdata@node1 ~]$ hive --service metastore
```

执行该命令，命令行会进入阻塞状态，复制一个 node1 会话窗口，输入命令，启动 hiveserver2 服务。

```
[bigdata@node1 ~]$ hive --service hiveserver2
```

接下来，再次复制一个 node1 会话窗口，通过 Hive 客户端工具 Beeline 远程连接 node1 节点的 hiveserver2 服务。

```
[bigdata@node1 ~]$ beeline -u jdbc:hive2://node1:10000 -n bigdata
```

2. 创建数据表

切换到 db_test 数据库。

```
0: jdbc:hive2://node1:10000> use db_test;
```

本书资源中提供了 testData.HQL 文件，将其中的两个建表语句分别复制到 Hive 会话窗口中执行。

建立部门信息表 t_dept 的 HQL 语句如下。

```
0: jdbc:hive2://node1:10000> create table `t_dept` (
. . . . . . . . . . . . . . .> `department_id` int ,
. . . . . . . . . . . . . . .> `department_name` string,
. . . . . . . . . . . . . . .> `manager_id` int,
. . . . . . . . . . . . . . .> `location_id` int
. . . . . . . . . . . . . . .> )
. . . . . . . . . . . . . . .> row format delimited
. . . . . . . . . . . . . . .> fields terminated by ',';
```

建立员工信息表 t_emp 的 HQL 语句如下。

```
0: jdbc:hive2://node1:10000> create table `t_emp`(
. . . . . . . . . . . . . . .> `employee_id` int,
. . . . . . . . . . . . . . .> `first_name` string,
. . . . . . . . . . . . . . .> `last_name` string,
. . . . . . . . . . . . . . .> `email` string,
. . . . . . . . . . . . . . .> `phone_number` string,
. . . . . . . . . . . . . . .> `job_id` string,
. . . . . . . . . . . . . . .> `salary` double,
. . . . . . . . . . . . . . .> `commission_pct` double,
. . . . . . . . . . . . . . .> `manager_id` int,
```

```
. . . . . . . . . . . . . . . .> `department_id` int
. . . . . . . . . . . . . . . .> )
. . . . . . . . . . . . . . . .> row format delimited
. . . . . . . . . . . . . . . .> fields terminated by ',';
```

查看 db_test 数据库中的表，可以看到成功创建了员工信息表 t_emp 和部门信息表 t_dept。

```
0: jdbc:hive2://node1:10000> show tables;
```

3. 表数据的加载及查询

复制一个 node1 会话窗口，使用 Xftp 软件将本书资源中提供的 dept_data.csv 和 emp_data.csv 两个数据文件上传到/opt/testData/目录中，如图 4-13 所示。

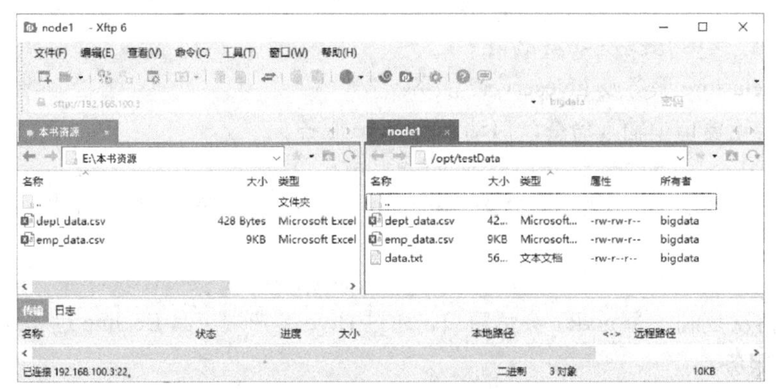

图 4-13　使用 Xftp 软件上传数据文件

进入 testData 目录，可以看到两个文件上传成功。

```
[bigdata@node1 testData]$ ll
总用量 20
-rw-r--r--. 1 bigdata bigdata  565 3月  2 17:56 data.txt
-rw-rw-r--. 1 bigdata bigdata  428 3月 18 15:47 dept_data.csv
-rw-rw-r--. 1 bigdata bigdata 8800 3月 18 15:47 emp_data.csv
```

返回 Hive 客户端窗口，使用 load 命令将 emp_data.csv 中的数据加载到员工信息表 t_emp 中。

```
0: jdbc:hive2://node1:10000> load data local inpath '/opt/testData/emp_data.csv' into table t_emp;
```

使用 select 语句查询该表，发现数据导入成功，共 107 条数据。

```
0: jdbc:hive2://node1:10000> select * from t_emp;
```

执行结果如图 4-14 所示。

```
    | 2600.0          | NULL                | 124                 | 50                  |
| 199               | Douglas             | Grant               | DGRANT         | 650.507.9844         | SH_CLERK
    | 2600.0          | NULL                | 124                 | 50                  |
+-------------------+---------------------+---------------------+----------------+----------------------+---------
-----+----------------+---------------------+---------------------+---------------------+
| t_emp.employee_id | t_emp.first_name | t_emp.last_name | t_emp.email | t_emp.phone_number | t_emp.job
_id | t_emp.salary | t_emp.commission_pct | t_emp.manager_id | t_emp.department_id |
+-------------------+---------------------+---------------------+----------------+----------------------+---------
-----+----------------+---------------------+---------------------+---------------------+
| 200               | Jennifer            | Whalen              | JWHALEN        | 515.123.4444         | AD_ASST
    | 4400.0          | NULL                | 101                 | 10                  |
| 201               | Michael             | Hartstein           | MHARTSTE       | 515.123.5555         | MK_MAN
    | 13000.0         | NULL                | 100                 | 20                  |
| 202               | Pat                 | Fay                 | PFAY           | 603.123.6666         | MK_REP
    | 6000.0          | NULL                | 201                 | 20                  |
| 203               | Susan               | Mavris              | SMAVRIS        | 515.123.7777         | HR_REP
    | 6500.0          | NULL                | 101                 | 40                  |
| 204               | Hermann             | Baer                | HBAER          | 515.123.8888         | PR_REP
    | 10000.0         | NULL                | 101                 | 70                  |
| 205               | Shelley             | Higgins             | SHIGGINS       | 515.123.8080         | AC_MGR
    | 12000.0         | NULL                | 101                 | 110                 |
| 206               | William             | Gietz               | WGIETZ         | 515.123.8181         | AC_ACCOUN
T   | 8300.0          | NULL                | 205                 | 110                 |
+-------------------+---------------------+---------------------+----------------+----------------------+---------
-----+----------------+---------------------+---------------------+---------------------+
107 rows selected (0.393 seconds)
```

图 4-14　员工信息表 t_emp 中的数据

使用 load 命令将 dept_data.csv 中的数据加载到部门信息表 t_dept 中。

```
0: jdbc:hive2://node1:10000> load data local inpath '/opt/testData/dept_data.csv' into table t_dept;
```

使用 select 语句查询该表，发现数据导入成功，共 27 条数据。执行结果如图 4-15 所示。

```
0: jdbc:hive2://node1:10000> select * from t_dept;
```

```
| 40                | Hum             | 203         | 2400              |
| 50                | Shi             | 121         | 1500              |
| 60                | IT              | 103         | 1400              |
| 70                | Pub             | 204         | 2700              |
| 80                | Sal             | 145         | 2500              |
| 90                | Exe             | 100         | 1700              |
| 100               | Fin             | 108         | 1700              |
| 110               | Acc             | 205         | 1700              |
| 120               | Tre             | NULL        | 1700              |
| 130               | Cor             | NULL        | 1700              |
| 140               | Con             | NULL        | 1700              |
| 150               | Sha             | NULL        | 1700              |
| 160               | Ben             | NULL        | 1700              |
| 170               | Man             | NULL        | 1700              |
| 180               | Con             | NULL        | 1700              |
| 190               | Con             | NULL        | 1700              |
| 200               | Ope             | NULL        | 1700              |
| 210               | IT              | NULL        | 1700              |
| 220               | NOC             | NULL        | 1700              |
| 230               | IT              | NULL        | 1700              |
| 240               | Gov             | NULL        | 1700              |
| 250               | Ret             | NULL        | 1700              |
| 260               | Rec             | NULL        | 1700              |
| 270               | Pay             | NULL        | 1700              |
+-------------------+-----------------+-------------+-------------------+
27 rows selected (0.144 seconds)
```

图 4-15　部门信息表 t_dept 中的数据

使用 desc 命令查看员工信息表 t_emp 中的字段，可以看到该表包含 10 个字段，分别表示员工编号、姓、名、邮箱、手机号、岗位编号、薪水、津贴、上级领导编号、部门编号。

```
0: jdbc:hive2://node1:10000> desc t_emp;
```

执行结果如图 4-16 所示。

```
+-----------------+------------+----------+
|    col_name     | data_type  | comment  |
+-----------------+------------+----------+
| employee_id     | int        |          |
| first_name      | string     |          |
| last_name       | string     |          |
| email           | string     |          |
| phone_number    | string     |          |
| job_id          | string     |          |
| salary          | double     |          |
| commission_pct  | double     |          |
| manager_id      | int        |          |
| department_id   | int        |          |
+-----------------+------------+----------+
10 rows selected (0.119 seconds)
```

图 4-16　员工信息表 t_emp 中的字段

使用 desc 命令查看部门信息表 t_dept 中的字段，可以看到该表包含 4 个字段，分别是部门编号、部门名称、部门经理编号、部门所在地编号。

```
0: jdbc:hive2://node1:10000> desc t_dept;
```

执行结果如图 4-17 所示。

```
+------------------+------------+----------+
|     col_name     | data_type  | comment  |
+------------------+------------+----------+
| department_id    | int        |          |
| department_name  | string     |          |
| manager_id       | int        |          |
| location_id      | int        |          |
+------------------+------------+----------+
4 rows selected (0.082 seconds)
```

图 4-17　部门信息表 t_dept 中的字段

4.5.2 HQL 关联查询（2）

现在已经创建了员工信息表 t_emp 和部门信息表 t_dept，两个表数据也已经加载成功，为两种 HQL 关联查询——横向拼接和纵向拼接做好了准备。

横向拼接中常用的连接操作有 4 种：内连接、左外连接、右外连接及查询左表独有的数据。

1. 横向拼接之内连接

横向拼接使用 join on 语句来关联多张表的数据，且查出的每一行数据均来自不同的表。内连接是指当对多张表的数据进行查询时，只返回满足连接条件的数据的连接操作。例如，查询员工对应的部门名称，因为在员工信息表 t_emp 中，只包含了部门编号，并没有部门名称，所以需要将员工信息表 t_emp 与部门信息表 t_dept 关联来获取部门名称。

执行语句如下。

```
0: jdbc:hive2://node1:10000> select * from t_emp e join t_dept d on
e.department_id = d.department_id;
```

执行结果如图 4-18 所示。

```
d  | d.location_id  |
+---------------+---------------+---------------+------------+-------------------+------------+----------
+------------------+---------------+----------------+------------------+------------------+-----------
---+----------------+
| 201            | Michael       | Hartstein     | MHARTSTE  | 515.123.5555      | MK_MAN     | 13000.0
| NULL               | 100           | 20               | 20                  | Mar                  | 201
  | 1800             |
| 202            | Pat           | Fay           | PFAY      | 603.123.6666      | MK_REP     | 6000.0
| NULL               | 201           | 20               | 20                  | Mar                  | 201
  | 1800             |
| 203            | Susan         | Mavris        | SMAVRIS   | 515.123.7777      | HR_REP     | 6500.0
| NULL               | 101           | 40               | 40                  | Hum                  | 203
  | 2400             |
| 204            | Hermann       | Baer          | HBAER     | 515.123.8888      | PR_REP     | 10000.0
| NULL               | 101           | 70               | 70                  | Pub                  | 204
  | 2700             |
| 205            | Shelley       | Higgins       | SHIGGINS  | 515.123.8080      | AC_MGR     | 12000.0
| NULL               | 101           | 110              | 110                 | Acc                  | 205
  | 1700             |
| 206            | William       | Gietz         | WGIETZ    | 515.123.8181      | AC_ACCOUNT | 8300.0
| NULL               | 205           | 110              | 110                 | Acc                  | 205
  | 1700             |
+---------------+---------------+---------------+------------+-------------------+------------+----------
+------------------+---------------+----------------+------------------+------------------+-----------
---+----------------+
106 rows selected (33.375 seconds)
```

图 4-18　内连接的执行结果

员工信息表 t_emp 中原有 107 条数据，但是在执行 HQL 关联查询后，返回的结果只有 106 条数据，说明有一条数据是不满足连接条件的，即只返回了满足连接条件的结果数据。

2. 横向拼接之左外连接

左外连接是指当对多张表的数据进行查询时，在返回满足连接条件的数据的同时，还会返回左表独有的数据的连接操作。例如，查询所有员工对应的部门名称，需要将员工信息表 t_emp 与部门信息表 t_dept 关联，结果返回员工信息表 t_emp 的所有数据，也就是左表所有的数据。

执行语句如下。

```
0: jdbc:hive2://node1:10000> select * from t_emp e left join t_dept d on
e.department_id = d.department_id;
```

执行结果如图 4-19 所示。

执行结果显示了 107 条数据，即返回员工信息表 t_emp 的所有数据，体现了左外连接的特点：在返回满足连接条件的数据的同时，还会返回左表独有的数据，即返回的结果中包含了左表所有的数据。

```
---+----------------+
| 200            | Jennifer       | Whalen        | JWHALEN     | 515.123.4444          | AD_ASST        | 4400.0
| NULL              | 101              | 10               | 10                   | Adm               | 200
   | 1700          |
| 201            | Michael        | Hartstein     | MHARTSTE    | 515.123.5555          | MK_MAN         | 13000.0
| NULL              | 100              | 20               | 20                   | Mar               | 201
   | 1800          |
| 202            | Pat            | Fay           | PFAY        | 603.123.6666          | MK_REP         | 6000.0
| NULL              | 201              | 20               | 20                   | Mar               | 201
   | 1800          |
| 203            | Susan          | Mavris        | SMAVRIS     | 515.123.7777          | HR_REP         | 6500.0
| NULL              | 101              | 40               | 40                   | Hum               | 203
   | 2400          |
| 204            | Hermann        | Baer          | HBAER       | 515.123.8888          | PR_REP         | 10000.0
| NULL              | 101              | 70               | 70                   | Pub               | 204
   | 2700          |
| 205            | Shelley        | Higgins       | SHIGGINS    | 515.123.8080          | AC_MGR         | 12000.0
| NULL              | 101              | 110              | 110                  | Acc               | 205
   | 1700          |
| 206            | William        | Gietz         | WGIETZ      | 515.123.8181          | AC_ACCOUNT     | 8300.0
| NULL              | 205              | 110              | 110                  | Acc               | 205
   | 1700          |
+----------------+--------------+------------+------------+------------------+------------+---------
+-----------------+---------------+-----------------+------------------+------------------+---------
---+----------------+
107 rows selected (24.07 seconds)
```

图 4-19　左外连接的执行结果

3. 横向拼接之右外连接

右外连接是指当对多张表的数据进行查询时，在返回满足连接条件的数据的同时，还会返回右表独有的数据的连接操作。例如，查询所有部门包含的员工信息。

执行语句如下。

```
0: jdbc:hive2://node1:10000> select * from t_emp e right join t_dept d on
e.department_id = d.department_id;
```

执行结果如图 4-20 所示。

```
| 1700           |
| NULL           | NULL         | NULL        | NULL       | NULL                 | NULL       | NULL
| NULL              | NULL         | NULL            | 210              | IT              | NULL
| 1700           |
| NULL           | NULL         | NULL        | NULL       | NULL                 | NULL       | NULL
| NULL              | NULL         | NULL            | 220              | NOC             | NULL
| 1700           |
| NULL           | NULL         | NULL        | NULL       | NULL                 | NULL       | NULL
| NULL              | NULL         | NULL            | 230              | IT              | NULL
| 1700           |
| NULL           | NULL         | NULL        | NULL       | NULL                 | NULL       | NULL
| NULL              | NULL         | NULL            | 240              | Gov             | NULL
| 1700           |
| NULL           | NULL         | NULL        | NULL       | NULL                 | NULL       | NULL
| NULL              | NULL         | NULL            | 250              | Ret             | NULL
| 1700           |
| NULL           | NULL         | NULL        | NULL       | NULL                 | NULL       | NULL
| NULL              | NULL         | NULL            | 260              | Rec             | NULL
| 1700           |
| NULL           | NULL         | NULL        | NULL       | NULL                 | NULL       | NULL
| NULL              | NULL         | NULL            | 270              | Pay             | NULL
| 1700           |
+----------------+--------------+------------+------------+------------------+------------+---------
+-----------------+---------------+-----------------+------------------+------------------+---------
+----------------+
122 rows selected (23.449 seconds)
```

图 4-20　右外连接的执行结果

执行结果显示了 122 条数据，说明其中一些部门是没有员工的，这些部门可能是单位准备成立的新部门。执行结果体现了右外连接的特点：在返回满足连接条件的数据的同时，还会返回右表独有的数据，即返回的结果中包含了右表所有的数据。

4. 横向拼接之查询左表独有的数据

查询左表独有的数据就是查询左表中不满足连接条件的数据。例如，查询所有员工中没有部门信息的员工，同时了解部门信息表中的所有字段。

执行语句如下。

```
0: jdbc:hive2://node1:10000> select * from t_emp e left join t_dept d on
e.department_id = d.department_id where d.department_id is null;
```

执行结果如图 4-21 所示。

```
+----------------+--------------+---------------+----------+--------------------+-----------+-----------+--
----------------+--------------+-----------------+-----------------+-------------------+-----------------
+----------------+
| e.employee_id  | e.first_name  | e.last_name   | e.email  |   e.phone_number   | e.job_id  | e.salary  | e
.commission_pct  | e.manager_id  | e.department_id  | d.department_id  | d.department_name  | d.manager_id
| d.location_id  |
+----------------+--------------+---------------+----------+--------------------+-----------+-----------+--
----------------+--------------+-----------------+-----------------+-------------------+-----------------
+----------------+
| 178            | Kimberely     | Grant         | KGRANT   | 011.44.1644.429263 | SA_REP    | 7000.0    | 0
.15              | 149           | NULL              | NULL               | NULL                 | NULL
| NULL           |
+----------------+--------------+---------------+----------+--------------------+-----------+-----------+--
----------------+--------------+-----------------+-----------------+-------------------+-----------------
+----------------+
1 row selected (25.152 seconds)
```

图 4-21 查询左表独有的数据的执行结果

执行结果显示了一条数据，说明只有一名员工是没有部门信息的。这就是只查询左表独有数据的特点：只返回左表独有的数据，同时右表的所有字段值均为 NULL。

4.5.3 HQL 关联查询（3）

4.5.2 节介绍了横向拼接，本节继续介绍纵向拼接。

在 Hive 中，实现纵向拼接有两种方式：

- 使用全外连接 full join 的方式实现。
- 使用 union 或 union all 的方式实现。

1. 纵向拼接之 full join

执行查询操作时，需要将多个 select 查询结果拼接在一起，使其作为一个完整的查询结果被输出，这种操作就叫作纵向拼接。

例如，基于员工信息表 t_emp 和部门信息表 t_dept 查询所有员工和所有部门的信息时，需要使用全外连接（也称满外连接）full join 来实现，结果返回左表和右表的所有数据，即结果包含了满足连接条件的数据、左表独有的数据、右表独有的数据这 3 部分数据。

执行语句如下。

```
0: jdbc:hive2://node1:10000> select * from t_emp e full join t_dept d on
e.department_id =d.department_id;
```

执行结果如图 4-22 所示。

```
   | 1700           |
| NULL           | NULL          | NULL          | NULL        | NULL                | NULL         | NULL
| NULL           | NULL          | NULL              | 210              | IT                  | NULL
   | 1700           |
| NULL           | NULL          | NULL          | NULL        | NULL                | NULL         | NULL
| NULL           | NULL          | NULL              | 220              | NOC                 | NULL
   | 1700           |
| NULL           | NULL          | NULL          | NULL        | NULL                | NULL         | NULL
| NULL           | NULL          | NULL              | 230              | IT                  | NULL
   | 1700           |
| NULL           | NULL          | NULL          | NULL        | NULL                | NULL         | NULL
| NULL           | NULL          | NULL              | 240              | Gov                 | NULL
   | 1700           |
| NULL           | NULL          | NULL          | NULL        | NULL                | NULL         | NULL
| NULL           | NULL          | NULL              | 250              | Ret                 | NULL
   | 1700           |
| NULL           | NULL          | NULL          | NULL        | NULL                | NULL         | NULL
| NULL           | NULL          | NULL              | 260              | Rec                 | NULL
   | 1700           |
| NULL           | NULL          | NULL          | NULL        | NULL                | NULL         | NULL
| NULL           | NULL          | NULL              | 270              | Pay                 | NULL
   | 1700           |
+----------------+---------------+---------------+-------------+---------------------+--------------+----------
+------------------+-----------------+---------------------+---------------------+-------------------+----------
---+----------------+
123 rows selected (29.686 seconds)
```

图 4-22 full join 的执行结果

执行结果显示了 123 条数据。

2．纵向拼接之 union 或 union all

union 和 union all 操作合并了两个或多个 select 语句的结果集。union 和 union all 的区别在于，union 可以对查询结果数据进行去重操作，而 union all 保留了完整的查询结果。

例如，查询所有员工对应的部门名称，需要先对员工信息表 t_emp 和部门信息表 t_dept 进行 left join 及 right join 操作，再使用 union 对两个查询结果进行去重操作，最终返回员工信息表 t_emp 中所有员工对应的部门信息。

执行语句如下。

```
0: jdbc:hive2://node1:10000> select * from t_emp e left join t_dept d on
e.department_id =d.department_id
. . . . . . . . . . . . . . .> union
. . . . . . . . . . . . . . .> select * from t_emp e  right join t_dept d on
e.department_id =d.department_id;
```

执行结果如图 4-23 所示。

```
      |
| 200            | Jennifer        | Whalen          | JWHALEN    | 515.123.4444         | AD_ASST      | 440
0.0      | NULL             | 101              | 10                | 10                  | Adm
      |
| 201            | Michael         | Hartstein       | MHARTSTE   | 515.123.5555         | MK_MAN       | 130
00.0     | NULL             | 100              | 20                | 20                  | Mar
      |
| 202            | Pat             | Fay             | PFAY       | 603.123.6666         | MK_REP       | 600
0.0      | NULL             | 201              | 20                | 20                  | Mar
      |
| 203            | Susan           | Mavris          | SMAVRIS    | 515.123.7777         | HR_REP       | 650
0.0      | NULL             | 101              | 40                | 40                  | Hum
      |
| 204            | Hermann         | Baer            | HBAER      | 515.123.8888         | PR_REP       | 100
00.0     | NULL             | 101              | 70                | 70                  | Pub
      |
| 205            | Shelley         | Higgins         | SHIGGINS   | 515.123.8080         | AC_MGR       | 120
00.0     | NULL             | 101              | 110               | 110                 | Acc
      |
| 206            | William         | Gietz           | WGIETZ     | 515.123.8181         | AC_ACCOUNT   | 830
0.0      | NULL             | 205              | 110               | 110                 | Acc
      |
+----------------+-----------------+-----------------+------------+---------------------+--------------+----
---------+-------------------+------------------+-------------------+--------------------+-------------
----+
123 rows selected (45.051 seconds)
```

图 4-23　union 的执行结果

从图 4-23 中可以看到通过 union 连接两个查询并进行去重操作后的结果。

4.5.4　设备主题表设计及数据加载

本节介绍 DWT 层的设计与开发。

前文在 ODS 层中，将 HDFS 中的原始数据备份到了启动日志表 ods_start_log 中；在 DWD 层中，对 ODS 层表中 JSON 格式的数据进行了解析，并将其加载到了启动日志表 dwd_start_log 中；在 DWS 层中，根据设备 ID 对上一层的表数据进行了格式化、整合及加载，流程如图 4-24 所示。本节将在 DWT 层中，对上一层表数据的部分字段进行累计型统计。

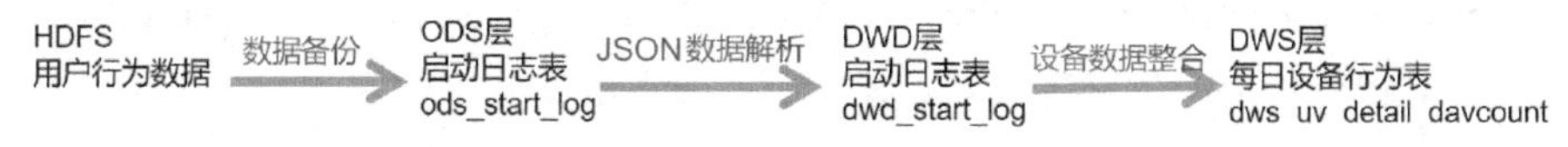

图 4-24　数据处理流程

什么是累计型统计呢？DWD 层和 DWS 层都是以日期 dt 为粒度对数据进行统计的，而在 DWT 层中，要创建一个设备主题宽表，该表包含 6 个字段：设备唯一标识、手机型号、手机品牌这 3 个字段的来源是从上一层的每日设备行为表中直接获取的；首次活跃时间、末次活跃时间、累计活跃天数这 3 个字段的值需要根据上一层表的“dt”字段，通过相关聚合函数统计出来。这就是累计型统计。

本节将创建 DWT 层的设备主题宽表，并对该表进行数据加载。

1. 创建设备主题宽表 dwt_uv_topic

切换到 uzest 数据库。

```
hive (default)> use uzest;
```

执行删除同名表的操作。

```
hive (uzest)> drop table if exists dwt_uv_topic;
```

创建 dwt_uv_topic 设备主题宽表，该表使用 parquet 列式存储格式和 LZO 压缩格式，通过 location 指定该表在 HDFS 中的存储路径。

```
hive (uzest)> create table if not exists dwt_uv_topic (
            > `mid_id` string comment '设备 ID',    --注意：DWT 层中只保留唯一字段
            > `model` string comment '手机型号',
            > `brand` string comment '手机品牌',
            > `login_date_first` string comment '首次活跃时间',
            > `login_date_last` string comment '末次活跃时间',
            > `login_count` bigint COMMENT '累计活跃天数'
            > )
            > stored as parquet
            > location '/project/offlineDataWarehouse/uzest.db/dwt/dwt_uv_topic'
            > tblproperties('parquet.compression'='lzo');
```

2. 加载 dwt_uv_topic 表数据

dwt_uv_topic 表中的数据是从 DWS 层的每日设备行为表 dws_uv_detail_daycount 中获取的。数据加载方法为：确定一个统计日期，加载数据时，设备 ID、手机品牌、手机型号这 3 个字段是使用 nvl()函数从 dws_uv_detail_daycount 表中直接抽取字段值并加载的；每个设备的首次活跃时间、末次活跃时间、累计活跃天数这 3 个字段是通过对 dws_uv_detail_daycount 表的对应字段进行累计型统计得到并加载的。

执行数据加载语句时，一次只加载一天的数据，直至 30 天的数据全部加载完成。

1）加载 2021 年 4 月 1 日的数据

执行 2021 年 4 月 1 日数据加载的语句。

```
hive (uzest)> insert overwrite table dwt_uv_topic
            > select
            > nvl ( new.mid_id, old.mid_id ),
            > nvl ( new.model, old.model ),
            > nvl ( new.brand, old.brand ),
            > nvl ( old.login_date_first, '2021-04-01' ),
            > if( new.mid_id is not null, '2021-04-01', old.login_date_last ),
            > nvl ( old.login_count, 0 ) + if( new.mid_id is not null, 1, 0 )
            > from
            > (
            > select * from dwt_uv_topic
            > ) old
            > full outer join (
            > select * from dws_uv_detail_daycount
```

```
        > where dt = '2021-04-01'
        > ) new
        > on old.mid_id = new.mid_id;
```

代码含义：首先，对 DWT 层的表数据进行全量查询，并将全量查询的结果作为子查询的数据，命名为 old。然后，查询 DWS 层每日设备行为表统计日期为“2021-04-01”的所有数据，并将其作为子查询的数据，命名为 new。对 old 与 new 进行全外连接操作，连接条件为 old.mid_id = new.mid_id，即设备 ID 相同。接着，使用 nvl()函数从设备 ID、手机品牌、手机型号这 3 个字段中抽取数据。如果 new 中某设备 ID 字段有值，则将该值插入当前表对应的设备 ID 字段，否则，该设备 ID 字段值不变。手机品牌、手机型号字段的数据加载方式与上述相同，此处不再赘述。接下来，获取每个设备的首次活跃时间的字段值，方法如下：如果 old 的首次活跃时间字段有值，则使用该已有字段值，否则使用当前统计日期，如“2021-04-01”为首次活跃时间的字段值。继续获取每个设备的末次活跃时间的字段值，方法如下：如果 new 中的某设备 ID 字段不为 NULL，则使用当前统计日期，如“2021-04-01”为末次活跃时间字段值，否则使用 old 的末次活跃时间。最后，统计累计活跃天数。先判断 old 中累计活跃天数是否为 NULL，如果不为 NULL，则获取该累计活跃天数的字段值，否则使用 0 来表示。再对当前统计日期的数据进行判断，如果 new 中的设备 ID 不为 NULL，则使用 1 来表示，否则使用 0 来表示，并对 old 累计活跃天数的字段值与 new 标记的数值进行累加，从而求得当前设备的累计活跃天数的字段值。

2）加载 2021 年 4 月 2 日至 2021 年 4 月 30 日的数据

方法一：参照前面 2021 年 4 月 1 日数据的加载方法，加载 2021 年 4 月 2 日至 2021 年 4 月 30 日的数据。

方法二：使用 Xftp 软件将本书资源中的 dwt_uv_topic.sql 文件上传到 node1 节点的/opt/project/offlineDataWarehouse/resources 目录中，如图 4-25 所示。

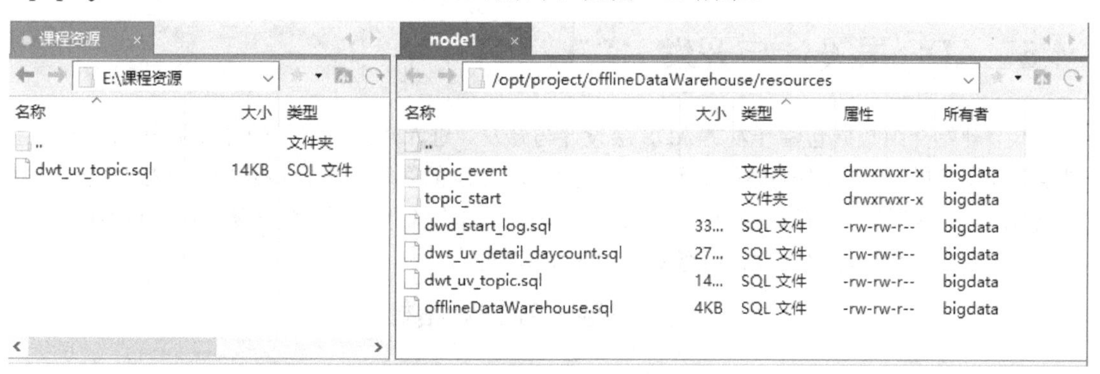

图 4-25　使用 Xftp 软件上传文件

复制一个 node1 会话窗口，进入 resources 目录，执行该 SQL 文件。

```
[bigdata@node1 testData]$ cd /opt/project/offlineDataWarehouse/resources/
[bigdata@node1 resources]$ hive -f dwt_uv_topic.sql
```

3）数据校验

当 30 天的数据全部加载完成之后，进行数据校验，在 Hive 会话窗口中执行数据查询语句。

```
hive (uzest)> select * from dwt_uv_topic;
```

执行结果如图 4-26 所示。

```
980     Huawei-18       Huawei  2021-04-01      2021-04-30      12
981     HTC-14  HTC     2021-04-02      2021-04-27      13
982     Huawei-17       Huawei  2021-04-01      2021-04-30      14
983     HTC-4   HTC     2021-04-01      2021-04-30      12
984     sumsung-9       Sumsung 2021-04-01      2021-04-30      14
985     Huawei-3        Huawei  2021-04-01      2021-04-30      17
986     sumsung-15      Sumsung 2021-04-09      2021-04-28      7
987     HTC-5   HTC     2021-04-03      2021-04-30      11
988     sumsung-13      Sumsung 2021-04-01      2021-04-30      16
989     HTC-0   HTC     2021-04-03      2021-04-30      11
99      sumsung-5       Sumsung 2021-04-02      2021-04-29      17
990     sumsung-4       Sumsung 2021-04-01      2021-04-30      13
991     sumsung-2       Sumsung 2021-04-01      2021-04-28      10
992     Huawei-10       Huawei  2021-04-07      2021-04-30      7
993     sumsung-12      Sumsung 2021-04-02      2021-04-30      12
994     sumsung-5       Sumsung 2021-04-01      2021-04-30      13
995     Huawei-5        Huawei  2021-04-03      2021-04-30      11
996     HTC-4   HTC     2021-04-01      2021-04-30      12
997     HTC-4   HTC     2021-04-01      2021-04-27      11
998     sumsung-2       Sumsung 2021-04-03      2021-04-28      16
999     Huawei-19       Huawei  2021-04-02      2021-04-22      11
Time taken: 1.422 seconds, Fetched: 1030 row(s)
hive (uzest)>
```

图 4-26 执行结果

查询结果反映了所有设备登录电商平台的情况，显示了所有设备的设备 ID、手机品牌、手机型号、首次活跃时间、末次活跃时间、累计活跃天数 6 个字段值，共 1030 条数据。如设备 ID 为 999、手机型号为 Huawei-19、手机品牌为 Huawei 的设备，首次活跃时间为 2021 年 4 月 2 日，末次活跃时间为 2021 年 4 月 22 日，累计活跃天数为 11 天。

小贴士：

由于本项目中的源数据是随机产生的，因此每个人产生的模拟数据不同，运行结果也会各不相同。

4.6 ADS 层设计与开发

本节开始介绍数据仓库开发之 ADS 层设计与开发。进入数据应用层的开发阶段，ADS 层主要是面向用户的。在该层中按照项目需求，基于 DWT 层的表数据进行最终的数据指标统计，并展现给用户。本项目中，根据项目需求设计了多项统计指标，包括活跃用户数、每日新增用户数、沉默用户数、本周回流用户数、留存率，如图 4-27 所示。

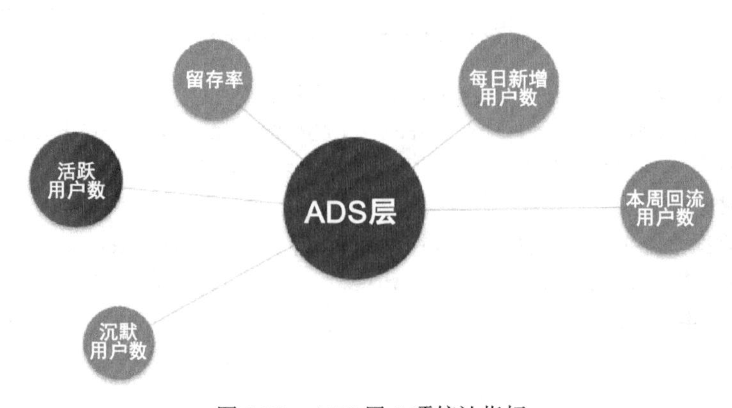

图 4-27 ADS 层 5 项统计指标

4.6.1 活跃用户数据表设计及数据加载

本节将创建 ADS 层的活跃用户数据表，该表包含统计日期，以及统计日期下的日活跃用户数、周活跃用户数及月活跃用户数，同时可以判断统计日期是否为周末或月末。加载 ADS 层的活跃用户数据表的数据，并统计日活跃用户数、周活跃用户数及月活跃用户数。

1. 创建 ADS 层的活跃用户数据表 ads_uv_count

切换到 uzest 数据库，执行删除同名表的操作。

```
hive (default)> use uzest;
hive (uzest)> drop table if exists ads_uv_count;
```

创建活跃用户数据表。

```
hive (uzest)> create table if not exists ads_uv_count (
          > `dt` string comment '统计日期',
          > `day_count` bigint comment '当日用户数',
          > `wk_count` bigint comment '当周用户数',
          > `mn_count` bigint comment '当月用户数',
          > `is_weekend` string comment 'Y,N 是否为周末,用于得到本周最终结果',
          > `is_monthend` string comment 'Y,N 是否为月末,用于得到本月最终结果'
          > ) comment '活跃用户数'
          > row format delimited      --常规数据表（统计的数据量少）无须进行列式存储及
压缩操作
          > fields terminated by '\t'
         > location '/project/offlineDataWarehouse/uzest.db/ads/ads_uv_count/';
```

2. 加载 ads_uv_count 表数据

对 ADS 层的活跃用户数据表的数据进行加载。因为 DWT 层对设备号进行了周期性的累计，统计了每个设备的首次活跃时间、末次活跃时间及累计活跃天数，所以基于 DWT 层的 dwt_uv_topic 表数据，就能统计出所需的指标数据。将 3 个子查询的结果数据，整合为一个完整的数据集，并使用 select 语句显示数据。例如，将常量“2021-04-30”赋值给统计日期字段，从日活跃用户数、周活跃用户数、月活跃用户数 3 个子查询中，可以查出数据被赋值给了对应字段。使用 if()函数判断当前统计日期是否为周末，如果是周末，对应的字段值为 Y，否则为 N。同理，使用 if()函数判断当前统计日期是否为月末，对应的字段值为 Y 或 N。执行下面的 HQL 语句。

```
hive (uzest)> insert into table ads_uv_count  --注意：因为当前表不是分区表，所以不能
使用 overwrite
          > select
          > '2021-04-30' dt,
          > daycount.ct,
          > wkcount.ct,
          > mncount.ct,
          > if(date_add( next_day ( '2021-04-30', 'MO' ),- 1 )= '2021-04-30',
'Y', 'N' ),
          > if(last_day( '2021-04-30' )= '2021-04-30', 'Y', 'N' )
          > from
          > (
          > select                  --统计日活跃用户数
          >  '2021-04-30' dt,
          > count(*) ct
```

```
        > from dwt_uv_topic
        > where login_date_last = '2021-04-30'
        > ) daycount
        > join
        > (
        > select                    --统计周活跃用户数
        > '2021-04-30' dt,
        > count(*) ct
        > from dwt_uv_topic
        > where login_date_last >= date_add( next_day ( '2021-04-30',
'MO' ),- 7 ) and login_date_last <= date_add( next_day ( '2021-04-30', 'MO' ),-
1 )
        > ) wkcount
        > on daycount.dt = wkcount.dt
        > join
        > (
        > select                        --统计月活跃用户数
        > '2021-04-30' dt,
        > count(*) ct
        > from dwt_uv_topic
        > where date_format( login_date_last, 'yyyy-MM' )=
date_format( '2021-04-30', 'yyyy-MM' )
        > ) mncount
        > on daycount.dt = mncount.dt;
```

数据加载结束后，使用 select 语句查询 ads_uv_count 表，结果有 1 条数据，显示了 2021 年 4 月 30 日当天、当周及当月的用户活跃次数。

```
hive (uzest)> select * from ads_uv_count;
```

执行结果如下所示。

```
OK
ads_uv_count.dt     ads_uv_count.day_count     ads_uv_count.wk_count
   ads_uv_count.mn_count   ads_uv_count.is_weekend ads_uv_count.is_monthend
2021-04-30     482 966     1000     N     Y
Time taken: 0.834 seconds, Fetched: 1 row(s)
```

上面是 2021 年 4 月 30 日的查询结果，我们可以选择 2021 年 4 月的任何一天对这几个指标进行查询。

4.6.2 每日新增用户数据表设计及数据加载

本节将创建 ADS 层的每日新增用户数据表，该表包含统计日期及新增用户数字段。加载 ADS 层的活跃用户数据表的数据，并统计当天的新增用户数。

1. 创建 ADS 层的每日新增用户数据表 ads_new_mid_count

切换到 uzest 数据库，执行删除同名表的操作。

```
hive (default)> use uzest;
hive (uzest)> drop table if exists ads_new_mid_count;
```

创建每日新增用户数据表，表名为 ads_new_mid_count。该表包含两个字段：create_date 为创建时间字段，类型为字符串型；new_mid_count 为新增用户数字段，类型为长整型。执行如下建表语句。

```
hive (uzest)> create table if not exists ads_new_mid_count (
          > `create_date` string  comment '创建时间',
          > `new_mid_count` bigint comment '新增用户数'
          > ) comment '每日新增用户信息数'
          > row format delimited
          > fields terminated BY '\t'
         > location '/project/offlineDataWarehouse/uzest.db/ads/
ads_new_mid_count/';
```

执行结束后，在 HDFS 的/project/offlineDataWarehouse/uzest.db/ads 路径下会创建 ads_new_mid_count 表，如图 4-28 所示。

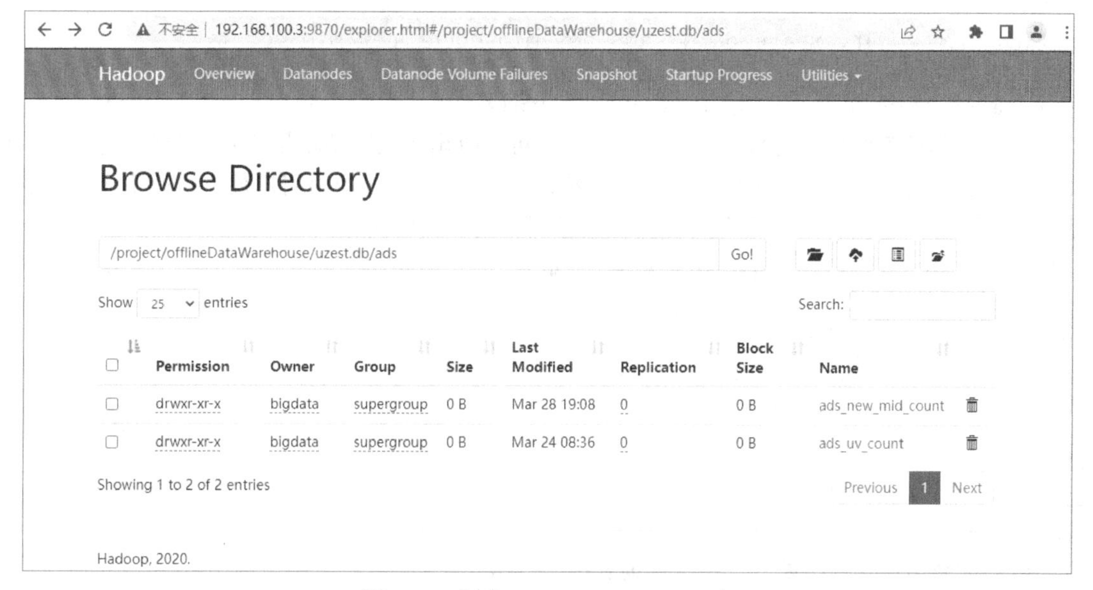

图 4-28　创建 ads_new_mid_count 表

使用查询命令同样可以查看在 uzest 数据库中新建的 ads_new_mid_count 表。

```
hive (uzest)> show tables;
OK
tab_name
ads_new_mid_count
ads_uv_count
dwd_start_log
dws_uv_detail_daycount
dwt_uv_topic
ods_start_log
Time taken: 1.152 seconds, Fetched: 6 row(s)
```

2. 加载 dwt_uv_topic 表数据

首先使用 select 语句查询 dwt_uv_topic 表，查询首次活跃时间为当前统计日期的设备，只要查出一条满足条件的数据，就会调用 count()聚合函数进行统计，并将新增用户数加 1。然后统计当天的新增用户数，此处统计日期以 2021 年 4 月 1 日为例。最后使用 union all 操作，将 ADS 层每日新增用户数据表中的已有数据与刚统计出来的当天新增用户数据进行纵向拼接，即追加生成新数据，再次赋值给该表的 new_mid_count 字段，执行下面的 HQL 语句。

```
hive (uzest)> insert overwrite table ads_new_mid_count
```

```
          > select *
          > from ads_new_mid_count
          > union all
          > select
          > '2021-04-01' ,
          > count(*)
          > from dwt_uv_topic
          > where login_date_first = '2021-04-01' ;
```

上述语句执行结束后，查询并显示 2021 年 4 月 1 日的新增用户数，执行结果如下所示。

```
hive (uzest)> select * from ads_new_mid_count;
OK
ads_new_mid_count.create_date  ads_new_mid_count.new_mid_count
2021-04-01              464
Time taken: 0.316 seconds, Fetched: 1 row(s)
```

当再次执行其他日期的数据加载语句时，就可以查出当天的新增用户数，结果会被追加到 ads_new_mid_count 表中。例如，再次查询 2021 年 4 月 2 日的新增用户数，执行下面的 HQL 语句。

```
insert overwrite table ads_new_mid_count
select *
from ads_new_mid_count
union all
select
'2021-04-02' ,
count(*)
from dwt_uv_topic
where login_date_first = '2021-04-02' ;
```

数据加载语句执行结束后，再次查询表中的数据。

```
hive (uzest)> select * from ads_new_mid_count;
```

执行结果如下所示。

```
hive (uzest)> select * from ads_new_mid_count;
OK
ads_new_mid_count.create_date  ads_new_mid_count.new_mid_count
2021-04-02              268
2021-04-01              464
Time taken: 0.616 seconds, Fetched: 2 row(s)
```

从运行结果来看，2021 年 4 月 2 日当天的新增用户数已经被追加到 ads_new_mid_count 表中，查询其他日期的新增用户数的步骤与上述步骤相同。

4.6.3 沉默用户数据表设计及数据加载

本节完成第三项指标——统计沉默用户数，即在一个月的时间周期内，设定一个统计日期，并统计当日的沉默用户数。

本节内容包含两部分：

- 创建 ADS 层的每日沉默用户数据表。
- 对每日沉默用户数据表进行数据加载。

所谓沉默用户，是指在安装 App 当天启动过 App，并且末次活跃时间在 7 天之前的用户。

1．创建 ADS 层的每日沉默用户数据表 ads_silent_count

切换到 uzest 数据库，执行删除同名表的操作。

```
hive (default)> use uzest;
hive (uzest)> drop table if exists ads_silent_count;
```

创建沉默用户数据表 ads_silent_count。该表包含两个字段：dt 是统计日期字段，silent_count 是沉默用户数字段。执行如下建表语句。

```
hive (uzest)> create table if not exists ads_silent_count (
            > `dt` string comment '统计日期',
           > `silent_count` bigint comment '沉默用户数'
           > )
           > row format delimited
           > fields terminated by '\t'
           > location '/project/offlineDataWarehouse/uzest.db/ads/ads_silent_
count';
```

2．加载 ads_silent_count 表数据

在 4.5.4 节中，以设备号为单位，对每个设备进行了周期性的累计，统计了每个设备的首次活跃时间、末次活跃时间及累计活跃天数，并将统计结果存储到 dwt_uv_topic 设备主题宽表中。此处以 2021 年 4 月 30 日为例，按照设定的规则，统计这一天的沉默用户数。

项目规定沉默用户需要同时满足两个条件：

第一，在 DWT 层的 dwt_uv_topic 设备主题宽表中，设备的首次活跃时间与末次活跃时间相同，即设备的累计活跃天数为 1 。

第二，设备的末次活跃时间在 7 天之前。

对满足上述两个条件的数据调用 count()聚合函数进行统计，统计的结果就是当前统计日期的沉默用户数。

使用 union all 操作将 ADS 层的沉默用户数据表中的已有数据与统计的新数据进行纵向拼接，即追加生成新数据，再次赋值给该表的 silent_count 字段。

下面统计 2021 年 4 月 30 日的沉默用户数，并将当天的统计结果加载到 ads_silent_count 表中。执行如下 HQL 语句。

```
hive (uzest)> insert overwrite table ads_silent_count
          > select *  from ads_silent_count
          > union all
          > select
          > '2021-04-30',
          > count(*)
          > from dwt_uv_topic
          > where login_date_first = login_date_last or login_count = 1  --首
次活跃时间=末次活跃时间，或者累计活跃天数为 1
          > and login_date_last <= date_add( '2021-04-30',- 7 );
```

数据加载结束后，使用 select 语句查询 ads_silent_count 表。

```
hive (uzest)> select * from ads_silent_count;
OK
ads_silent_count.dt ads_silent_count.silent_count
2021-04-30      3
Time taken: 0.461 seconds, Fetched: 1 row(s)
```

结果有 1 条数据，显示了 2021 年 4 月 30 日当天的沉默用户数。

在练习时可以选择统计 2021 年 4 月任意一天的沉默用户数，统计结果会被追加到 ads_silent_count 表中。

4.6.4 本周回流用户数据表设计及数据加载

本节完成第四项指标——统计本周回流用户数。所谓本周回流用户，指某用户在上周之前活跃，但在上周不活跃，同时在本周活跃，但不是本周的新增用户。

在一个月的时间周期内，设定某个统计日期，并统计本周回流用户数。

本节内容包含两部分：

- 创建 ADS 层的本周回流用户数据表，该表包含统计日期、统计日期所在周、回流用户数字段。
- 先从本周活跃用户中去掉本周新增的用户，并查询上周活跃用户，再从两份数据中获取本周活跃但上周不活跃的用户。

1. 创建 ADS 层的本周回流用户数据表 ads_back_count

切换到 uzest 数据库，执行删除同名表的操作。

```
hive (default)> use uzest;
hive (uzest)> drop table if exists ads_back_count;
```

创建本周回流用户数据表 ads_back_count。该表包含 3 个字段：dt 是统计日期字段，wk_dt 是统计日期所在周字段，wastage_count 是回流用户数字段。执行如下建表语句。

```
hive (uzest)> create table if not exists ads_back_count (
          > `dt` string comment '统计日期',
          > `wk_dt` string comment '统计日期所在周',
          > `wastage_count` bigint comment '回流用户数'
          > )
          > row format delimited
          > fields terminated by '\t'
         > location '/project/offlineDataWarehouse/uzest.db/ads/ads_back_count';
```

2. 加载 ads_back_count 表数据

统计 2021 年 4 月 30 日所在周的回流用户数，执行如下 HQL 语句。

```
hive (uzest)> insert overwrite table ads_back_count
          > select * from ads_back_count
          > union all
          > select      --（3）从两份数据中，获取本周活跃但上周不活跃的用户
          > '2021-04-30',
          > concat(date_add( next_day ( '2021-04-30', 'MO' ),- 7 ) , '_' ,
date_add( next_day ( '2021-04-30', 'MO' ),- 1 ) ),
          > count(*)
          > from
          > (
          > select      --（1）从本周活跃用户中去掉本周新增的用户
          > mid_id
          > from dwt_uv_topic
          >  where  login_date_last  >=  date_add(  next_day  (  '2021-04-30',
'MO' ),- 7 )              --本周一 < 末次活跃时间 < 本周日
          > and login_date_last <= date_add( next_day ( '2021-04-30', 'MO' ),-
```

```
1 )
          > and login_date_first < date_add( next_day ( '2021-04-30', 'MO' ),-
7 )                   --首次活跃时间在一周以前
          > ) current_wk
          > left join
          > (
          > SELECT           --（2）上周活跃用户
          > mid_id
          > from dws_uv_detail_daycount   --因为 DWT 层的表中记录的都是累计值，并没有
历史数据，所以当从 DWT 层获取不到数据时，就从 DWS 层获取
          > WHERE dt >= date_add( next_day ( '2021-04-30', 'MO' ),- 7 * 2 )
--上周一 < 活跃时间 < 上周日
          > and dt <= date_add( next_day ( '2021-04-30', 'MO' ),- 7-1 )
          > group by mid_id   --去重（同一个用户可能会在一周中的多天进行活跃）
          > ) last_wk
          > on current_wk.mid_id = last_wk.mid_id
          > where last_wk.mid_id is null;
```

数据加载完成后，使用 select 语句对结果进行查询。执行如下查询语句。

```
hive (uzest)> select * from ads_back_count;
```

结果显示 1 条数据，为 2021 年 4 月 30 日所在周的回流用户数。

```
OK
ads_back_count.dt   ads_back_count.wk_dt    ads_back_count.wastage_count
2021-04-30      2021-04-26_2021-05-02   6
Time taken: 0.139 seconds, Fetched: 1 row(s)
```

4.6.5　用户留存率数据表设计及数据加载

本节完成第五项指标——统计用户留存率。

本节内容包含两部分：

- 创建 ADS 层的用户留存率数据表，该表包含统计日期、新增用户日期、截至当前日期的留存天数、留存数、新增用户数、留存率指标。
- 加载用户登录信息数据，统计留存用户数占当时新增用户数的比例。

留存率是指留存用户数占当时新增用户数的比例。本项目中统计 3 种留存率，即一天后用户留存率、两天后用户留存率、三天后用户留存率。

一天后用户留存率的统计方法：本节以 2021 年 4 月 4 日为统计日期，在所有 2021 年 4 月 4 日的登录用户中，筛选出 2021 年 4 月 3 日新增的用户，其数量与 2021 年 4 月 3 日全部新增用户数之比即 2021 年 4 月 3 日的一天后用户留存率。

两天后用户留存率的统计方法：在所有 2021 年 4 月 4 日的登录用户中，筛选出 2021 年 4 月 2 日新增的用户，其数量与 2021 年 4 月 2 日全部新增用户数之比即 2021 年 4 月 2 日的两天后用户留存率。

三天后用户留存率的统计方法：在所有 2021 年 4 月 4 日的登录用户中，筛选出 2021 年 4 月 1 日新增的用户，其数量与 2021 年 4 月 1 日的全部新增用户数之比即 2021 年 4 月 1 日的三天后用户留存率。

1. 创建 ADS 层的用户留存率数据表 ads_user_retention_day_rate

切换到 uzest 数据库，执行删除同名表的操作。

```
hive (default)> use uzest;
hive (uzest)> drop table if exists ads_user_retention_day_rate;
```

下面创建用户留存率数据表 ads_user_retention_day_rate。该表包含 6 个字段，分别是统计日期、新增用户日期、截至当前日期的留存天数、留存数、新增用户数、留存率。执行如下建表语句。

```
hive (uzest)> create table if not exists ads_user_retention_day_rate (
          > `stat_date` string comment '统计日期',
          > `create_date` string comment '新增用户日期',
          > `retention_day` int comment '截至当前日期的留存天数',
          > `retention_count` bigint comment '留存数',
          > `new_mid_count` bigint comment '新增用户数',
          > `retention_ratio` decimal (10,2) comment '留存率'
          > ) comment '每日用户留存情况'
          > row format delimited
          > fields terminated by '\t'
          > location '/project/offlineDataWarehouse/uzest.db/ads/
ads_user_retention_day_rate/';
```

2. 加载 ads_user_retention_day_rate 表数据

在 DWT 层的设备主题宽表 dwt_uv_topic 中，以设备号为单位，统计了每个设备的首次活跃时间、末次活跃时间及累计活跃天数。本节基于这张表，按照设定的规则，统计用户留存率。

统计数据源是 2021 年 4 月 4 日全天的用户登录信息。查询 2021 年 4 月 1 日的新增用户数，并使用 sum()聚合函数将所有的计数进行累加，得出 2021 年 4 月 1 日的新增用户数。将查询出的新增用户数与留存数相除，即可得出 2021 年 4 月 1 日的三天后用户留存率。同理，计算出 2021 年 4 月 2 日的两天后用户留存率及 2021 年 4 月 3 日的一天后用户留存率。

最后，使用 union all 操作将 2021 年 4 月 2 日的两天后用户留存率及 2021 年 4 月 3 日的一天后用户留存率进行拼接，并追加到该表中。执行如下 HQL 语句。

```
hive (uzest)> insert overwrite table ads_user_retention_day_rate
          > select *
          > from ads_user_retention_day_rate
          > union all
          > select
          > '2021-04-04',
          > '2021-04-01',
          > 3,
          >  sum(if(login_date_first  =  '2021-04-01'  and  login_date_last  =
'2021-04-04' , 1 , 0)),
          > sum(if( login_date_first = '2021-04-01' , 1 , 0 )),
          >  sum(if(login_date_first  =  '2021-04-01'  and  login_date_last  =
'2021-04-04' , 1 , 0))  /  sum(if( login_date_first = '2021-04-01' , 1 , 0 ))
* 100
          > from dwt_uv_topic
          > union all
          > select
          > '2021-04-04',
          > '2021-04-02',
          > 2,
          >  sum(if(login_date_first  =  '2021-04-02'  and  login_date_last  =
'2021-04-04' , 1 , 0)),
```

```
        > sum(if( login_date_first = '2021-04-02' , 1 , 0 )),
        >  sum(if(login_date_first  =  '2021-04-02'  and  login_date_last  =
'2021-04-04' , 1 , 0))  /  sum(if( login_date_first = '2021-04-02' , 1 , 0 ))
* 100
        > from dwt_uv_topic
        > union all
        > select
        > '2021-04-04',
        > '2021-04-03',
        > 1,
        >  sum(if(login_date_first  =  '2021-04-03'  and  login_date_last  =
'2021-04-04' , 1 , 0)),
        > sum(if( login_date_first = '2021-04-03' , 1 , 0 )),
        >  sum(IF(login_date_first  =  '2021-04-03'  and  login_date_last  =
'2021-04-04' , 1 , 0))  /  sum(if( login_date_first = '2021-04-03' , 1 , 0 ))
*  100
        > from dwt_uv_topic;
```

数据加载完成后，使用 select 语句对结果进行查询。执行如下查询语句。

```
hive (uzest)> select * from ads_user_retention_day_rate;
```

查询结果如下所示。

```
2021-04-04      2021-04-01      3   6   483     1.24
2021-04-04      2021-04-02      2   5   260     1.92
2021-04-04      2021-04-03      1   7   131     5.34
```

上面的结果分别显示了一天、两天、三天后的用户留存情况。其中，第一行数据的统计日期为 2021 年 4 月 4 日，新增用户日期为 2021 年 4 月 1 日，留存天数为 3 天，留存用户数为 6，2021 年 4 月 1 日的新增用户数为 483，6 除以 483，即可求得 2021 年 4 月 1 日的三天后用户留存率，约为 1.24%。其他行的数据同理。

拓展学习内容

1. 复合类型构建操作

1）map 类型构建：map

语法：map (key1, value1, key2, value2, ...)。

说明：根据输入的 key 和 value 构建 map 类型。

举例：

```
hive> create table lxw_test as select map('100','tom','200','mary')as t from
lxw_dual;
hive> describe lxw_test;
t      map<string,string>
hive> select t from lxw_test;
{"100":"tom","200":"mary"}
```

2）struct 类型构建：struct

语法：struct(val1, val2, val3, ...)。

说明：根据输入的参数构建 struct 类型。

举例：

```
hive>  create  table  lxw_test  as  select  struct('tom','mary','tim')as  t  from
```

```
lxw_dual;
hive> describe lxw_test;
t      struct<col1:string,col2:string,col3:string>
hive> select t from lxw_test;
{"col1":"tom","col2":"mary","col3":"tim"}
```

3）array 类型构建：array

语法：array(val1, val2, ...)。

说明：根据输入的参数构建 array 类型。

举例：

```
hive> create table lxw_test as selectarray("tom","mary","tim") as t from
lxw_dual;
hive> describe lxw_test;
t      array<string>
hive> select t from lxw_test;
["tom","mary","tim"]
```

2. 集合统计函数

1）个数统计函数：count

语法：count(*), count(expr), count(distinct expr[, expr_.])。

返回值：int。

说明：count(*)统计检索出的行的个数，包括 NULL 所在的行；count(expr)返回指定字段的非空值的个数；count(distinct expr[, expr_.])返回指定字段的不同的非空值的个数。

举例：

```
hive> select count(*) from lxw_dual;
20
hive> select count(distinct t) from lxw_dual;
10
```

2）总和统计函数：sum

语法：sum(col), sum(distinct col)。

返回值：double。

说明：sum(col)统计结果集中 col 字段值相加的结果；sum(distinct col)统计结果集中 col 字段的不同值相加的结果。

举例：

```
hive> select sum(t) from lxw_dual;
100
hive> select sum(distinct t) from lxw_dual;
70
```

3）平均值统计函数：avg

语法：avg(col), avg(distinct col)。

返回值：double。

说明：avg(col)统计结果集中 col 字段值的平均值；avg(distinct col)统计结果集中 col 字段的不同值相加的平均值。

举例：

```
hive> select avg(t) from lxw_dual;
50
```

```
hive> select avg (distinct t) from lxw_dual;
30
```

4）最小值统计函数：min

语法：min(col)。

返回值：double。

说明：统计结果集中 col 字段值的最小值。

举例：

```
hive> select min(t) from lxw_dual;
20
```

5）最大值统计函数：max。

语法：max(col)。

返回值：double。

说明：统计结果集中 col 字段值的最大值。

举例：

```
hive> select max(t) from lxw_dual;
120
```

3. 日期函数

1）UNIX 时间戳转日期函数：from_unixtime

语法：from_unixtime(bigint unixtime[, string format])。

返回值：string。

说明：将 UNIX 时间戳（从 1970-01-01 00:00:00 UTC 到指定时间的秒数）转换为当前时区的时间格式。

举例：

```
hive> select from_unixtime(1323308943,'yyyyMMdd') from lxw_dual;
20111208
```

2）获取当前 UNIX 时间戳函数：unix_timestamp

语法：unix_timestamp()。

返回值：bigint。

说明：获得当前时区的 UNIX 时间戳。

举例：

```
hive> select unix_timestamp() from lxw_dual;
1323309615
```

3）日期转 UNIX 时间戳函数：unix_timestamp

语法：unix_timestamp(string date)。

返回值：bigint。

说明：将格式为 yyyy-MM-ddHH:mm:ss 的日期转换为 UNIX 时间戳。如果转换失败，则返回 0。

举例：

```
hive> select unix_timestamp('2011-12-07 13:01:03') from lxw_dual;
1323234063
```

4）指定格式日期转 UNIX 时间戳函数：unix_timestamp

语法：unix_timestamp(string date, string pattern)。

返回值：bigint。

说明：将 pattern 格式的日期转换为 UNIX 时间戳。如果转换失败，则返回 0。

举例：

```
hive>  select  unix_timestamp('20111207  13:01:03','yyyyMMddHH:mm:ss')  from
lxw_dual;
1323234063
```

5）日期时间转日期函数：to_date

语法：to_date(string timestamp)。

返回值：string。

说明：返回日期时间字段中的日期部分。

举例：

```
hive> select to_date('2011-12-08 10:03:01') from lxw_dual;
2011-12-08
```

6）日期转年函数：year

语法：year(string date)。

返回值：int。

说明：返回日期中的年份。

举例：

```
hive> select year('2011-12-08 10:03:01') from lxw_dual;
2011
hive> select year('2012-12-08')from lxw_dual;
2012
```

7）日期转月函数：month

语法：month (string date)。

返回值：int。

说明：返回日期中的月份。

举例：

```
hive> select month('2011-12-08 10:03:01') from lxw_dual;
12
hive> select month('2011-08-08')from lxw_dual;
8
```

8）日期转天函数：day

语法：day (string date)。

返回值：int。

说明：返回日期中的天数。

举例：

```
hive> select day('2011-12-08 10:03:01') from lxw_dual;
8
hive> select day('2011-12-24')from lxw_dual;
24
```

9）日期转小时函数：hour

语法：hour (string date)。

返回值：int。

说明：返回日期中的小时。

举例：

```
hive> select hour('2011-12-08 10:03:01') from lxw_dual;
```

10）日期转分钟函数：minute

语法：minute (string date)。

返回值：int。

说明：返回日期中的分钟。

举例：

```
hive> select minute('2011-12-08 10:03:01') from lxw_dual;
3
```

11）日期转秒函数：second

语法：second (string date)。

返回值：int。

说明：返回日期中的秒。

举例：

```
hive> select second('2011-12-08 10:03:01') from lxw_dual;
1
```

12）日期转周函数：weekofyear

语法：weekofyear (string date)。

返回值：int。

说明：返回日期在当前的周数。

举例：

```
hive> select weekofyear('2011-12-08 10:03:01') from lxw_dual;
49
```

13）日期比较函数：datediff

语法：datediff(string enddate, string startdate)。

返回值：int。

说明：返回结束日期减去开始日期的天数。

举例：

```
hive> select datediff('2012-12-08','2012-05-09')from lxw_dual;
213
```

14）日期增加函数：date_add

语法：date_add(string startdate, int days)。

返回值：string。

说明：返回开始日期 startdate 增加 days 天后的日期。

举例：

```
hive> select date_add('2012-12-08',10)from lxw_dual;
2012-12-18
```

15）日期减少函数：date_sub

语法：date_sub (string startdate, int days)。

返回值：string。

说明：返回开始日期 startdate 减少 days 天后的日期。

举例：

```
hive> select date_sub('2012-12-08',10)from lxw_dual;
2012-11-28
```

4．条件函数

1）If 函数：if

语法：if(boolean testCondition, T valueTrue, T valueFalseOrNull)。

返回值：T。

说明：当条件 testCondition 为 true 时，返回 valueTrue；否则返回 valueFalseOrNull。

举例：

```
hive> select if(1=2,100,200) from lxw_dual;
200
hive> select if(1=1,100,200) from lxw_dual;
100
```

2）非空查找函数：coalesce

语法：coalesce(T v1, T v2, ...)。

返回值：T。

说明：返回参数中的第一个非空值；如果所有的值都为 NULL，则返回 NULL。

举例：

```
hive> select coalesce(null,'100','50') from lxw_dual;
100
```

3）条件判断函数：case

语法：case a when b then c [when d then e]* [else f] end。

返回值：T。

说明：如果 a 等于 b，则返回 c；如果 a 等于 d，则返回 e；否则返回 f。

举例：

```
hive> Select case 100 when 50 then 'tom' when 100 then 'mary'else 'tim' end
from lxw_dual;
mary
hive> Select case 200 when 50 then 'tom' when 100 then 'mary'else 'tim' end
from lxw_dual;
tim
```

语法：case when a then b [when c then d]* [else e] end。

返回值：T。

说明：如果 a 为 true，则返回 b；如果 c 为 true，则返回 d；否则返回 e。

举例：

```
hive> select case when 1=2 then 'tom' when 2=2 then 'mary' else'tim' end from
lxw_dual;
mary
hive> select case when 1=1 then 'tom' when 2=2 then 'mary' else'tim' end from
lxw_dual;
tom
```

5. 字符串函数

1）字符串长度函数：length

语法：length(string A)。

返回值：int。

说明：返回字符串 A 的长度。

举例：

```
hive> select length('abcedfg') from lxw_dual;
7
```

2）字符串反转函数：reverse

语法：reverse(string A)。

返回值：string。

说明：返回字符串 A 的反转结果。

举例：

```
hive> select reverse(abcedfg') from lxw_dual;
gfdecba
```

3）字符串连接函数：concat

语法：concat(string A, string B...)。

返回值：string。

说明：返回输入字符串后连接的结果，支持输入任意多个字符串。

举例：

```
hive> select concat('abc','def','gh') from lxw_dual;
abcdefgh
```

4）带分隔符字符串连接函数：concat_ws

语法：concat_ws(string SEP, string A, string B...)。

返回值：string。

说明：返回输入字符串后连接的结果，SEP 表示各个字符串间的分隔符。

举例：

```
hive> select concat_ws(',','abc','def','gh') from lxw_dual;
abc,def,gh
```

5）字符串截取函数：substr,substring

语法：substr(string A, int start),substring(string A, int start)。

返回值：string。

说明：返回字符串 A 从 start 位置到结尾的字符串。

举例：

```
hive> select substr('abcde',3) from lxw_dual;
cde
hive> select substring('abcde',3) from lxw_dual;
cde
hive>  selectsubstr('abcde',-1) from lxw_dual;  （和 Oracle 相同）
e
```

6）字符串截取函数：substr，substring

语法：substr(string A, int start, int len),substring(string A, int start, int len)。

返回值：string。

说明：返回字符串 A 从 start 位置开始，长度为 len 的字符串。

举例：

```
hive> select substr('abcde',3,2) from lxw_dual;
cd
hive> select substring('abcde',3,2) from lxw_dual;
cd
hive>select substring('abcde',-2,2) from lxw_dual;
de
```

7）字符串转大写函数：upper，ucase

语法：upper(string A) ucase(string A)。

返回值：string。

说明：返回字符串 A 的大写格式。

举例：

```
hive> select upper('abSEd') from lxw_dual;
ABSED
hive> select ucase('abSEd') from lxw_dual;
ABSED
```

8）字符串转小写函数：lower，lcase

语法：lower(string A) lcase(string A)。

返回值：string。

说明：返回字符串 A 的小写格式。

举例：

```
hive> select lower('abSEd') from lxw_dual;
absed
hive> select lcase('abSEd') from lxw_dual;
absed
```

9）去空格函数：trim

语法：trim(string A)。

返回值：string。

说明：去除字符串 A 两边的空格。

举例：

```
hive> select trim(' abc ') from lxw_dual;
abc
```

10）左边去空格函数：ltrim

语法：ltrim(string A)。

返回值：string。

说明：去除字符串 A 左边的空格。

举例：

```
hive> select ltrim(' abc ') from lxw_dual;
abc
```

11）右边去空格函数：rtrim

语法：rtrim(string A)。

返回值：string。

说明：去除字符串 A 右边的空格。

举例：

```
hive> select rtrim(' abc ') from lxw_dual;
abc
```

12）正则表达式替换函数：regexp_replace

语法：regexp_replace(string A, string B, string C)。

返回值：string。

说明：将字符串 A 中符合 Java 正则表达式 B 的部分替换为 C。注意，有些情况下要使用转义字符，类似 Oracle 中的 regexp_replace()函数。

举例：

```
hive> select regexp_replace('foobar', 'oo|ar', '') from lxw_dual;
fb
```

13）正则表达式解析函数：regexp_extract

语法：regexp_extract(string subject, string pattern, int index)。

返回值：string。

说明：将字符串 subject 按照 pattern 正则表达式的规则拆分，返回 index 指定的字符。

举例：

```
hive> select regexp_extract('foothebar', 'foo(.*?)(bar)', 1) fromlxw_dual;
the
hive> select regexp_extract('foothebar', 'foo(.*?)(bar)', 2) fromlxw_dual;
bar
hive> select regexp_extract('foothebar', 'foo(.*?)(bar)', 0) fromlxw_dual;
foothebar
```

注意，有些情况下要使用转义字符，如下面的等号要用双竖线转义，这是 Java 正则表达式的规则。

```
select data_field,
    regexp_extract(data_field,'.*?bgStart\\=([^&]+)',1) as aaa,
    regexp_extract(data_field,'.*?contentLoaded_headStart\\=([^&]+)',1)     as
bbb,
    regexp_extract(data_field,'.*?AppLoad2Req\\=([^&]+)',1) as ccc
    from pt_nginx_loginlog_st
    where pt = '2012-03-26'limit 2;
```

14）URL 解析函数：parse_url

语法：parse_url(string urlString, string partToExtract [, string keyToExtract])。

返回值：string。

说明：返回 URL 中指定的部分。partToExtract 的有效值为 HOST、PATH、QUERY、REF、PROTOCOL、AUTHORITY、FILE、USERINFO。

举例：

```
hive>selectparse_url('http://facebook.com/path1/p.php?k1=v1&k2=v2#Ref1','HOST
') fromlxw_dual;
facebook.com
```

```
hive> selectparse_url('http://facebook.com/path1/p.php?k1=v1&k2=v2#Ref1',
'QUERY','k1') from lxw_dual;
v1
```

15）JSON 解析函数：get_json_object

语法：get_json_object(string json_string, string path)。

返回值：string。

说明：解析 JSON 字符串 json_string，返回 path 指定的内容。如果输入的 JSON 字符串无效，则返回 NULL。

举例：

```
hive> select get_json_object('{"store":
> {"fruit":\[{"weight":8,"type":"apple"},{"weight":9,"type":"pear"}],
> "bicycle":{"price":19.95,"color":"red"}
> },
> "email":"amy@only_for_json_udf_test.net",
>  "owner":"amy"
> }
> ','$.owner') from lxw_dual;
amy
```

16）空格字符串函数：space

语法：space(int n)。

返回值：string。

说明：返回长度为 n 的字符串。

举例：

```
hive> select space(10) from lxw_dual;
hive> select length(space(10)) from lxw_dual;
10
```

17）重复字符串函数：repeat

语法：repeat(string str, int n)。

返回值：string。

说明：返回重复 n 次后的字符串 str。

举例：

```
hive> select repeat('abc',5) from lxw_dual;
abcabcabcabcabc
```

18）首字符 ascii 函数：ascii

语法：ascii(string str)。

返回值：int。

说明：返回字符串 str 第一个字符的 ASCII 值。

举例：

```
hive> select ascii('abcde') from lxw_dual;
97
```

19）左补足函数：lpad

语法：lpad(string str, int len, string pad)。

返回值：string。

说明：将字符串 str 用字符串 pad 左补足到 len 位。

举例：

```
hive> select lpad('abc',10,'td') from lxw_dual;
tdtdtdtabc
```

注意：与 GP、Oracle 数据库中不同，pad 不能为默认值。

20）右补足函数：rpad

语法：rpad(string str, int len, string pad)。

返回值：string。

说明：将字符串 str 用字符串 pad 右补足到 len 位。

举例：

```
hive> select rpad('abc',10,'td') from lxw_dual;
abctdtdtdt
```

21）分割字符串函数：split

语法：split(string str, string pat)。

返回值：array。

说明：按照字符串 pat 分割字符串 str，会返回分割后的字符串数组。

举例：

```
hive> select split('abtcdtef','t') from lxw_dual;
["ab","cd","ef"]
```

22）集合查找函数：find_in_set

语法：find_in_set(string str, string strList)。

返回值：int。

说明：返回字符串 str 在字符串 strList 中第一次出现的位置，strList 是用逗号分隔的字符串。如果没有找到 str，则返回 0。

举例：

```
hive> select find_in_set('ab','ef,ab,de') from lxw_dual;
2
hive> select find_in_set('at','ef,ab,de') from lxw_dual;
0
```

6. 电商数据仓库业务术语

1）用户

用户以设备为判断标准，在移动统计中，每个独立设备被看作一个独立用户。Android 系统根据 IMEI 号，iOS 系统根据 OpenUDID 来标识一个独立用户，每部手机被看作一个用户。

2）新增用户

首次联网使用应用的用户为新增用户。如果一个用户首次启动某应用，那么这个用户被定义为新增用户；如果用户卸载应用再安装，不会被算作新增用户。新增用户包括日新增用户、周新增用户、月新增用户。

3）活跃用户

启动应用的用户为活跃用户，不考虑用户的使用情况。用户在一台设备上每天多次启动应用，只会被计为一个活跃用户。

4）周（月）活跃用户

某个自然周（月）内启动过应用的用户为周（月）活跃用户。用户在该周（月）内多次启动应用，只会被计为一个活跃用户。

5）月活跃率

月活跃用户与截止到该月所累计的用户总和之间的比例为月活跃率。

6）沉默用户

沉默用户仅在安装应用当天（次日）启动过一次，后续再无启动行为。该指标可以反映新增用户质量和用户与应用的匹配程度。

7）版本分布

版本分布指标用于显示不同版本的应用在周内各天的新增用户数、活跃用户数和启动次数。该指标有利于判断应用各个版本之间的优劣和用户的行为习惯。

8）本周回流用户

上周未启动应用，本周启动了应用的用户为本周回流用户。

9）连续 n 周活跃用户

连续 n 周，每周至少启动一次应用的用户为连续 n 周活跃用户。

10）忠诚用户

连续活跃 5 周以上的用户为忠诚用户。

11）连续活跃用户

连续 2 周及以上活跃的用户为连续活跃用户。

12）近期流失用户

连续 n(2<= n <= 4)周没有启动应用的用户（第 n+1 周也没有启动应用）为近期流失用户。

13）留存用户

某段时间内的新增用户，经过一段时间后，仍然使用应用的被看作留存用户。这部分用户占当时新增用户的比例即留存率。

例如，2021 年 5 月新增用户为 200 人，这 200 人在 2021 年 6 月启动过应用的有 100 人，2021 年 7 月启动过应用的有 80 人，2021 年 8 月启动过应用的有 50 人，则 2021 年 5 月新增用户一个月后的留存率是 50%，两个月后的留存率是 40%，三个月后的留存率是 25%。

14）用户新鲜度

每天启动应用的新、老用户之间的比例，即新增用户数占活跃用户数的比例代表用户新鲜度。

15）单次使用时长

每次启动应用使用的时间长度为单次使用时长。

16）日使用时长

累计一天内使用应用的时间长度为日使用时长。

17）启动次数计算标准

iOS 平台应用被推送到后台就算一次独立的启动；Android 平台规定，两次启动之间的间隔小于 30 秒，被计为一次启动。用户在使用应用的过程中，若因收发短信或接电话等原因退出应用，但 30 秒内又返回应用，则这两次行为应该是延续而非独立的，所以被算作一次使用行为，即一次启动。业内大多使用 30 秒这个标准，但用户还是可以自定义此时间间隔的。

素养园地

保护数据安全是重中之重，事关国家发展和安全大局。请同学们自主学习《中华人民共和国网络安全法》《中华人民共和国数据安全法》《中华人民共和国个人信息保护法》等相关的数据安全法律法规，强化数据安全观念，增强法制观念和安全意识，保护个人和公共数据的安全，共同维护网络和信息安全的良好环境。

项目总结

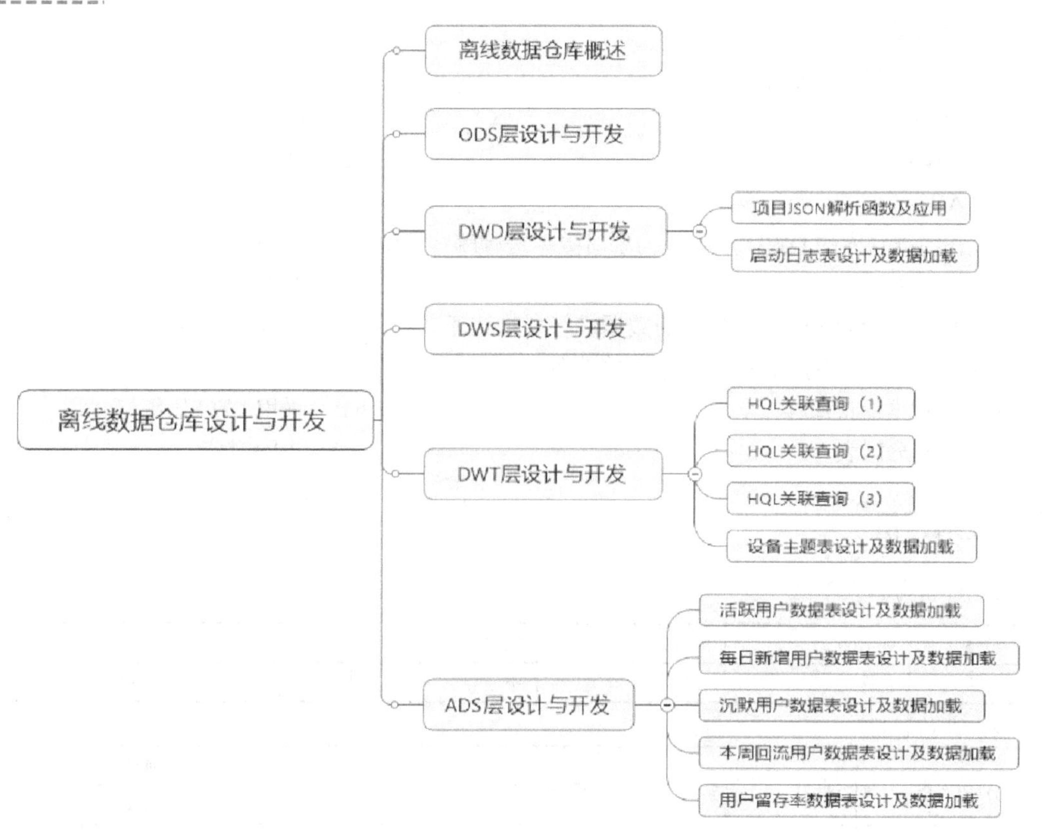

思考与练习

一、判断题

1. 在数据仓库中，ODS 层的作用是让数据保持原样，不做任何修改，起到备份数据的作用。（　　）

2. 在数据仓库中，DWD 层的作用是对数据进行清洗。（　　）

3. ADS 层通过在启动日志中统计不同设备 ID 出现的次数来分析用户是否活跃。（　　）

4. ADS 层按照设备 ID 对日活跃用户数据表进行分组，活跃次数为 1，并且在一周前活跃的用户为沉默用户。（　　）

5. DWS 层负责统计各个主题对象的当天行为，并服务于 DWT 层的主题宽表。DWS 层的宽表字段，是由用户从不同维度将事实表的字段进行细化得到的，重点关注事实表的度量值，并通过与宽表字段关联的事实表，获得不同事实表的度量值。（　　）

二、单选题

1．在数据仓库项目中，DWD 层使用（　　）方式清洗数据。

A．RDD　　B．Kettle

C．SQL　　D．Python

2．在数据仓库中，用于数据清洗的是（　　）层。

A．ODS　　B．DWD

C．DWS　　D．DWT

三、多选题

1．数据仓库一般分为（　　）。

A．ODS　　B．DWD

C．DWS　　D．DWT

E．ADS

2．在数据仓库的 DWD 层中，需要对数据进行哪些清洗？（　　）

A．去除空值　　B．过滤核心字段

C．将用户行为宽表和业务表的数据进行一致处理　　D．创建分区表

3．在数据仓库中，ODS 层做了哪些业务？（　　）

A．让数据保持原样　　B．采用 LZO 压缩格式

C．创建分区表　　D．去除空值

学习成果评价

1．评价分值及等级

分值	90~100	80~89	70~79	60~69	<60
等级	优秀	良好	中等	及格	不及格

2．评价标准

评价内容	赋分	序号	考核指标	分值	得分		
					自评	组评	师评
离线数据仓库概述	10 分	1	了解数据仓库分层设计的原因	5 分			
		2	熟悉数据仓库各层的功能	5 分			
ODS 层设计与开发	10 分	1	正确创建启动日志表	5 分			
		2	正确启动日志表数据的加载	5 分			
DWD 层设计与开发	22 分	1	熟悉项目 JSON 解析函数并完成函数案例练习	10 分			
		2	正确创建 DWD 层的启动日志表	6 分			
		3	正确加载 DWD 层的启动日志表数据	6 分			

续表

评价内容	赋分	序号	考核指标	分值	得分		
					自评	组评	师评
DWS 层设计与开发	12 分	1	正确创建每日设备行为表	6 分			
		2	正确加载每日设备行为表数据	6 分			
DWT 层设计与开发	16 分	1	完成 HQL 关联查询操作	10 分			
		2	正确创建设备主题表及加载数据	6 分			
ADS 层设计与开发	10 分	1	正确创建活跃用户数据表及加载数据	2 分			
		2	正确创建每日新增用户数据表及加载数据	2 分			
		3	正确创建沉默用户数据表及加载数据	2 分			
		4	正确本周回流用户数据表及加载数据	2 分			
		5	正确创建用户留存率数据表及加载数据	2 分			
劳动素养	10 分	1	按时完成，认真填写记录	5 分			
		2	小组分工合理性	5 分			
思政素养	10 分	1	完成思政素材学习	5 分			
		2	观看思政视频	5 分			
总分				100 分			

【学习笔记】

我的学习笔记：

____

____

____

【反思提高】

我在学习方法、能力提升等方面的进步：

____

____

____

模块 5

项目数据可视化展示

学习目标

知识目标

- 了解数据可视化的意义
- 掌握 pyecharts 常用图表的绘制方法
- 掌握数据大屏的制作方法

技能目标

- 能熟练创建 MySQL 数据表
- 能熟练使用 Sqoop 实现数据迁移
- 能熟练使用 pyecharts 绘制常用图表
- 能熟练使用 pyecharts 和 bs4 将多个图表组合成数据大屏

素养目标

- 具备良好的沟通表达能力
- 具备数据分析及图表制作能力
- 具备创意和创新思维，能提出新颖的可视化设计理念和解决方案

项目概述

本模块对项目分析的数据结果进行可视化展示。首先利用本项目中数据分析结果的几个关键性指标创建 MySQL 数据表，然后通过 Sqoop 工具实现从 Hive 到 MySQL 数据库的数据迁移，最后通过 pyecharts 工具进行可视化展示。

5.1 创建 MySQL 数据表

本节将介绍大数据报表系统，以及如何创建 MySQL 数据表。

5.1.1 大数据报表系统

数据仓库为企业决策提供系统的数据支撑，通过对数据仓库中的数据进行分析，可以帮助企

业改进业务流程，控制成本，提高产品质量等。但是，数据仓库并不是数据的最终目的地，通过对数据仓库中的数据进行清洗、转义、分类、重组、合并、拆分、统计等操作，为数据到达最终目的地做好准备。数据目的地有报表系统、用户画像、推荐系统、风控系统等。大数据报表系统可以用图 5-1 进行形象化展示。

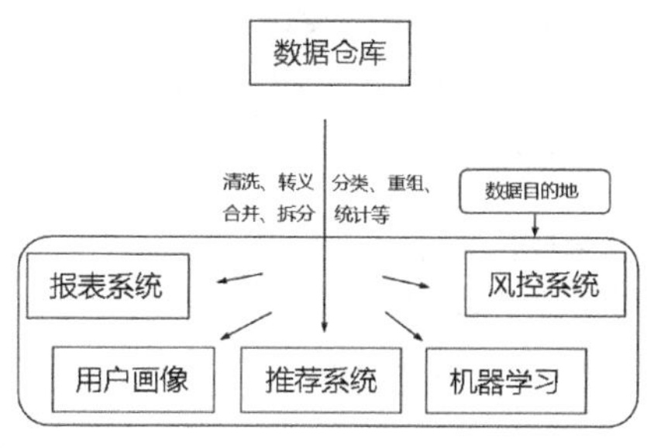

图 5-1　大数据报表系统

其中，报表系统是较为常见的数据应用场景，是企业管理的基本措施和途径，是企业的基本业务要求，也是实施商业智能战略的基础。

报表系统可以帮助企业访问、格式化数据，并把数据信息以可靠和安全的方式呈现给使用者。报表系统可以通过丰富的图表，形象地将数据所蕴含的含义表现出来，从而服务于企业的经营决策。

5.1.2　MySQL 数据表的创建

在 ADS 层，我们经过统计、分析生成了 5 张表，如图 5-2 所示，分别是活跃用户数据表、每日新增用户数据表、沉默用户数据表、本周回流用户数据表、用户留存率数据表。目前，这 5 张表的数据还存储在 HDFS 中。本节我们将创建 5 张 MySQL 数据表，表名和表结构与这 5 张表分别对应。完成表的创建后，暂时不添加数据，为 5.2 节的数据迁移做准备。

ADS层数据表	MySQL数据表
活跃用户数据表	活跃用户数据表
每日新增用户数据表	每日新增用户数据表
沉默用户数据表	沉默用户数据表
本周回流用户数据表	本周回流用户数据表
用户留存率数据表	用户留存率数据表

图 5-2　表名和表结构

1. 创建 uzest 数据库

在 node1 节点中登录 MySQL 数据库，命令如下。

```
[bigdata@node1 ~]$ mysql -uroot -p123456
```

创建 uzest 数据库，命令如下。

```
mysql> create database uzest;
```

进入 uzest 数据库，命令如下。

```
mysql> use uzest;
```

2. 创建 5 张 MySQL 数据表

第 1 张表：活跃用户数据表，SQL 语句如下。

```
CREATE TABLE `ads_uv_count`(
`dt` varchar(255) COMMENT '统计日期',
`day_count` int(0) COMMENT '当日用户数',
`wk_count` int(0) COMMENT '当周用户数',
```

```
`mn_count` int(0) COMMENT '当月用户数',
`is_weekend` char(5) COMMENT '是否为周末，用于得到本周最终结果',
`is_mothend` char(5) COMMENT '是否为月末，用于得到本月最终结果');
```

第 2 张表：每日新增用户数据表，SQL 语句如下。

```
CREATE TABLE `ads_new_mid_count`(
`create_date` varchar(255)COMMENT '创建时间',
`new_mid_count` varchar(255) COMMENT '新增用户数');
```

第 3 张表：沉默用户数据表，SQL 语句如下。

```
CREATE TABLE `ads_silent_count`(
`dt` varchar(255)COMMENT '统计日期',
`silent_count` int(0) COMMENT '沉默用户数');
```

第 4 张表：本周回流用户数据表，SQL 语句如下。

```
CREATE TABLE `ads_back_count`(
`dt` varchar(255)COMMENT '统计日期',
`wk_dt` varchar(255) COMMENT '统计日期所在周',
`wastage_count` int(0) COMMENT '回流用户数');
```

第 5 张表：用户留存率数据表，SQL 语句如下。

```
CREATE TABLE `ads_user_retention_day_rate`(
`stat_date` varchar(50) COMMENT '统计日期',
`create_date` varchar(50) COMMENT '新增用户日期',
`retention_day` int(0) COMMENT '截至当前日期的留存天数',
`retention_count` bigint(0) COMMENT '留存数量',
`new_ mid_count` bigint(0) COMMENT '新增用户数',
`retention_ratio` decimal(10,2) COMMENT '留存率');
```

3. 查看创建的 5 张表

```
mysql> show tables;
+-----------------------------+
| Tables_in_uzest             |
+-----------------------------+
| ads_back_count              |
| ads_new_mid_count           |
| ads_silent_count            |
| ads_user_retention_day_rate |
| ads_uv_count                |
+-----------------------------+
5 rows in set (0.00 sec)
```

5.2 Sqoop 数据迁移

本节使用 Sqoop 工具实现从 Hive 到 MySQL 数据库的数据迁移。在 5.1.2 节中，我们根据数据仓库 ADS 层的 5 张表在 MySQL 中创建了对应的数据表。本节使用 Sqoop 工具对这 5 张表进行数据加载。

Sqoop 数据迁移指导入数据和导出数据。

在 Sqoop 中，导入数据指从非大数据集群（RDBMS）向大数据集群（HDFS、Hive、HBase）传输数据。导入数据使用 import 关键字。

在 Sqoop 中，导出数据指从大数据集群（HDFS、Hive、HBase）向非大数据集群（RDBMS）

传输数据。导出数据使用 export 关键字。

使用 Sqoop 数据迁移工具，将 Hadoop 文件系统的数据导入 MySQL 数据库。

（1）对活跃用户数据表执行数据迁移。

```
[bigdata@node1 ~]$ sqoop export \
> --connect jdbc:mysql://node1:3306/uzest?useSSL=false \
> --username root --password 123456 \
> --table ads_uv_count \
> --num-mappers 1 \
> --export-dir /project/offlineDataWarehouse/uzest.db/ads/ads_uv_count \
> --input-fields-terminated-by "\t"
```

在 MySQL 数据库中查看活跃用户数据是否导入成功。

```
mysql> select * from ads_uv_count;
+------------+-----------+----------+----------+------------+------------+
| dt         | day_count | wk_count | mn_count | is_weekend | is_mothend |
+------------+-----------+----------+----------+------------+------------+
| 2021-04-30 |      508 |     974 |     1000 | N          | Y          |
+------------+-----------+----------+----------+------------+------------+
1 row in set (0.02 sec)
```

（2）对每日新增用户数据表执行数据迁移。

```
[bigdata@node1 ~]$ sqoop export \
> --connect jdbc:mysql://node1:3306/uzest?useSSL=false \
> --username root --password 123456 \
> --table ads_new_mid_count \
> --num-mappers 1 \
> --export-dir /project/offlineDataWarehouse/uzest.db/ads/ads_new_mid_count \
> --input-fields-terminated-by "\t"
```

在 MySQL 数据库中查看每日新增用户数据是否导入成功。

```
mysql> select * from ads_new_mid_count;
+-------------+---------------+
| create_date | new_mid_count |
+-------------+---------------+
| 2021-04-01  | 464           |
+-------------+---------------+
1 rows in set (0.03 sec)
```

（3）对沉默用户数据表执行数据迁移。

```
[bigdata@node1 ~]$ sqoop export \
> --connect jdbc:mysql://node1:3306/uzest?useSSL=false \
> --username root --password 123456 \
> --table ads_silent_count \
> --num-mappers 1 \
> --export-dir /project/offlineDataWarehouse/uzest.db/ads/ads_silent_count \
> --input-fields-terminated-by "\t"
```

在 MySQL 数据库中查看沉默用户数据是否导入成功。

```
mysql> select * from ads_silent_count;
+------------+--------------+
| dt         | silent_count |
+------------+--------------+
| 2021-04-30 |      3      |
```

```
+------------+--------------+
1 rows in set (0.01 sec)
```

（4）对本周回流用户数据表执行数据迁移。

```
[bigdata@node1 ~]$ sqoop export \
> --connect jdbc:mysql://node1:3306/uzest?useSSL=false \
> --username root --password 123456 \
> --table ads_back_count \
> --num-mappers 1 \
> --export-dir /project/offlineDataWarehouse/uzest.db/ads/ads_back_count \
> --input-fields-terminated-by "\t"
```

在 MySQL 数据库中查看本周回流用户数据是否导入成功。

```
mysql> select * from ads_back_count;
+------------+-----------------------+---------------+
| dt         | wk_dt                 | wastage_count |
+------------+-----------------------+---------------+
| 2021-04-30 | 2021-04-26_2021-05-02 |             6 |
+------------+-----------------------+---------------+
1 row in set (0.00 sec)
```

（5）对用户留存率数据表执行数据迁移。

```
[bigdata@node1 ~]$ sqoop export \
> --connect jdbc:mysql://node1:3306/uzest?useSSL=false \
> --username root --password 123456 \
> --table ads_user_retention_day_rate \
> --num-mappers 1 \
>                                                             --export-dir
/project/offlineDataWarehouse/uzest.db/ads/ads_user_retention_day_rate \
> --input-fields-terminated-by "\t"
```

在 MySQL 数据库中查看用户留存率数据是否导入成功。

```
mysql> select * from ads_user_retention_day_rate;
+------------+-------------+---------------+-----------------+---------------
-+-----------------+
| stat_date  | create_date | retention_day | retention_count | new_ mid_count
| retention_ratio |
+------------+-------------+---------------+-----------------+---------------
-+-----------------+
| 2021-04-04 | 2021-04-01  |             3 |               0 |            483 |
0.00 |
| 2021-04-04 | 2021-04-02  |             2 |               0 |            268 |
0.00 |
| 2021-04-04 | 2021-04-03  |             1 |               0 |            115 |
0.00 |
+------------+-------------+---------------+-----------------+---------------
-+-----------------+
3 rows in set (0.02 sec)
```

5.3 数据可视化

数据可视化旨在借助图形化的方式将数据呈现出来，从而清晰、有效地传达信息，帮助人们理解数据中蕴藏的规律和现象。

数据可视化被广泛地应用于生活的方方面面，如医疗、电商、物流、金融、商业智能、政府决策、公共服务等领域。

例如，用户在使用电商平台的过程中，会产生海量的行为数据，这些数据涉及用户的喜好、习惯、地理位置等。本项目中统计了某电商 App 的活跃用户、沉默用户、新增用户等数据，如果将这些数据进行整理、分析，并以图形化的方式呈现出来，不仅可以使数据清晰、直观地展示，还可以使数据所表达的内容更容易被理解，保证了信息的有效传递，从而为企业的经营决策提供数据支撑。

5.3.1　pyecharts 可视化工具介绍

数据可视化的好处如此明显，应用如此广泛，那么如何实现数据可视化呢？

下面，我们一起来认识一个用于数据可视化的工具——pyecharts。

从 pyecharts 的名字来看，它是由 python 和 echarts 两个单词组合而成的。

众所周知，Python 是当前非常流行的编程语言，其程序简洁易读。除此之外，它还提供了非常丰富的内置代码库和大量的第三方库，供开发者直接使用，在人工智能、大数据、云计算等领域都有广泛的应用。

ECharts 是一个由百度开源的数据可视化工具，凭借着良好的交互性和精巧的图表设计，得到了众多开发者的认可。

当 Python 遇上 ECharts，就诞生了 pyecharts。

pyecharts 是基于 ECharts 的 Python 封装，支持所有常用的图表组件和动态交互展示，简单的几行代码就可以将数据进行非常好的可视化。与此同时，pyecharts 有非常详细的官方文档和示例，可供我们学习和使用。

俗话说“工欲善其事，必先利其器”，在进行可视化实操前，需要读者安装好 Python 语言环境、pyecharts 可视化包、Jupyter Notebook 编辑环境，为接下来的操作做准备。

1．Python 下载安装

（1）打开 Python 官网，页面如图 5-3 所示。

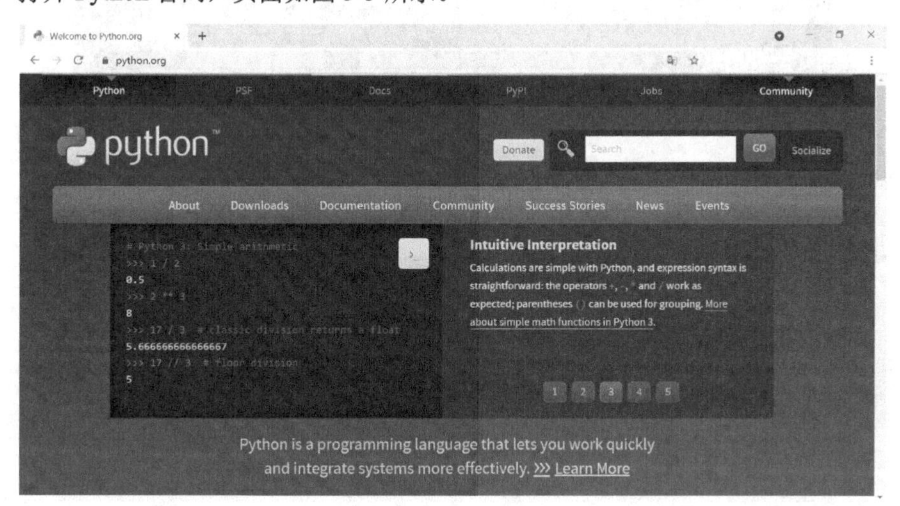

图 5-3　Python 官网

（2）单击“Downloads”菜单，如图 5-4 所示。

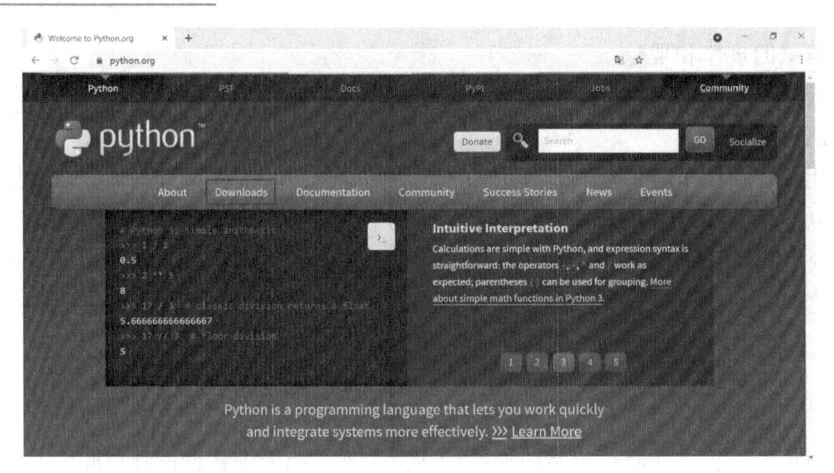

图 5-4 单击“Downloads”菜单

（3）在下拉菜单中选择“Windows”命令，如图 5-5 所示。打开适用于 Windows 系统的 Python 安装包下载页面，如图 5-6 所示。

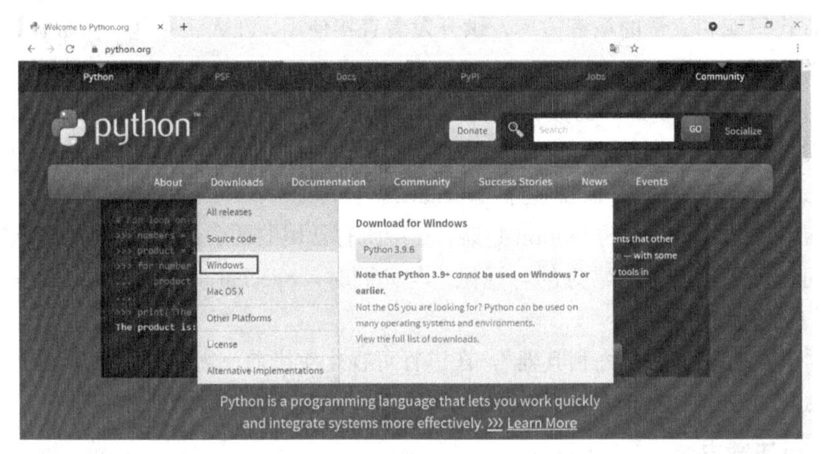

图 5-5 选择“Windows”命令

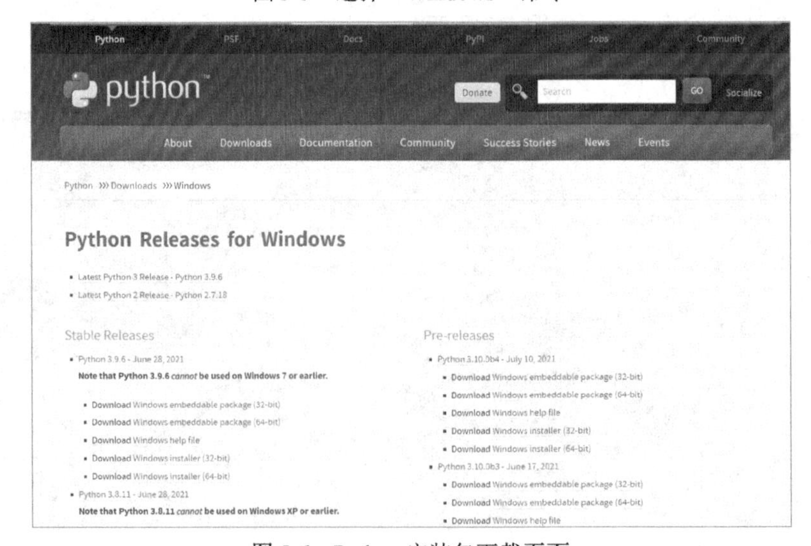

图 5-6 Python 安装包下载页面

（4）单击 3.9.6 版本下的“Download Windows installer (64-bit)”链接，下载 3.9.6 版本的 Python

安装包，如图 5-7 所示。

注意：若使用的是 Windows 32 位系统，请单击“Download Windows installer (32-bit)”链接进行下载；若使用的是 Windows 64 位系统，请单击“Download Windows installer (64-bit)”链接进行下载。

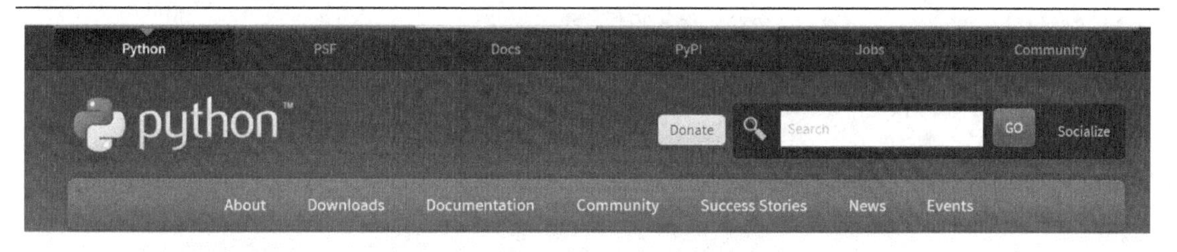

图 5-7　选择安装版本

下载完成后，得到一个可执行文件，如图 5-8 所示。

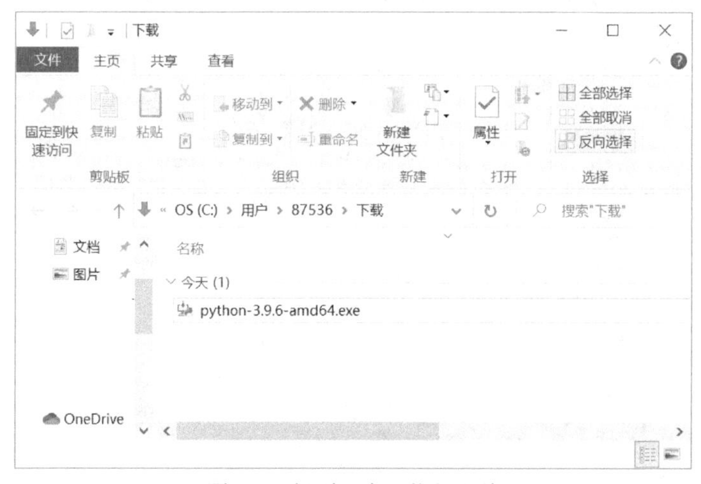

图 5-8　得到一个可执行文件

（5）双击下载的 Python 可执行文件，如图 5-9 所示，弹出安装界面，如图 5-10 所示。

图 5-9　双击可执行文件

图 5-10　安装界面

（6）勾选“Add Python 3.9 to PATH”复选框，选择“Customize installation”选项进行自定义安装，如图 5-11 所示。

图 5-11　自定义安装

（7）弹出“Optional Features”界面，默认勾选全部复选框，单击“Next”按钮，如图 5-12 所示。

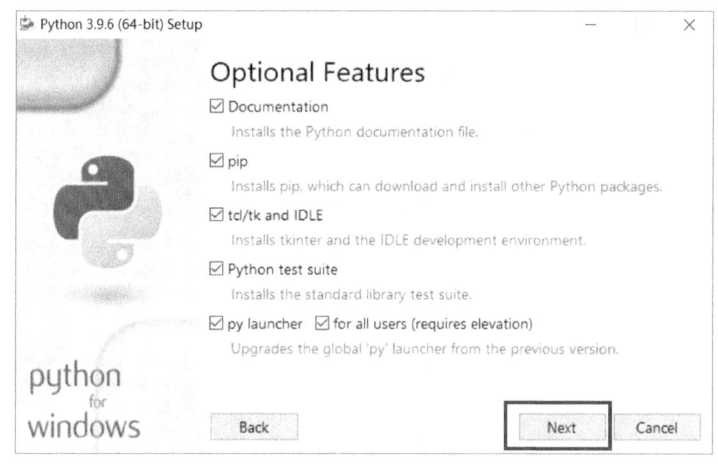

图 5-12　“Optional Features”界面

（8）弹出“Advanced Options”界面，修改安装路径，如图 5-13 所示，单击“Install”按钮。

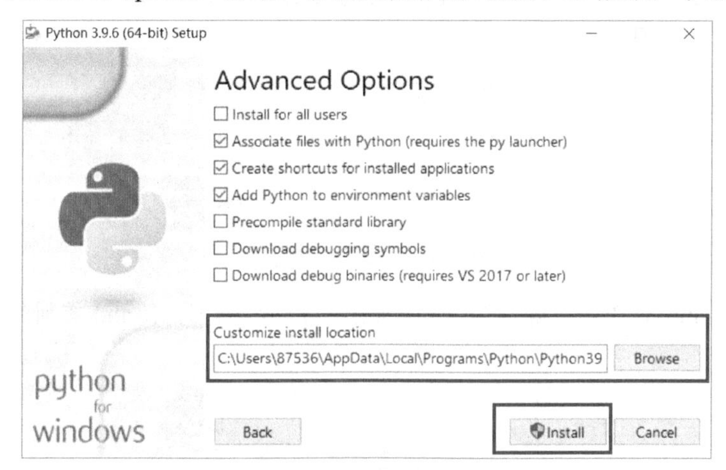

图 5-13　修改安装路径

（9）等待其自动安装，如图 5-14 所示。

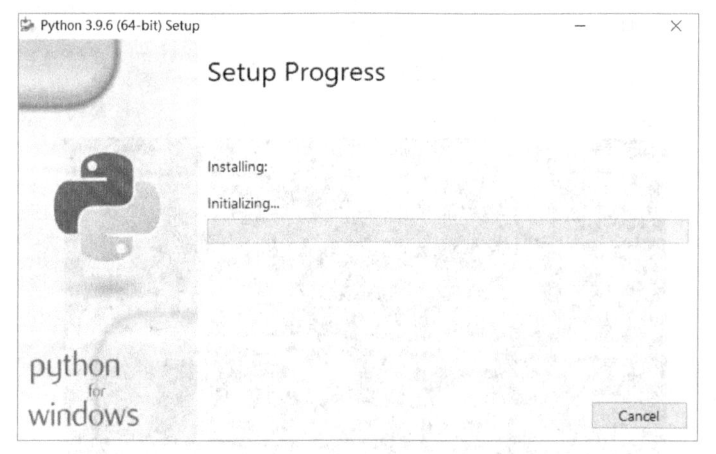

图 5-14　自动安装

（10）直至出现“Setup was successful”界面，如图 5-15 所示，表明安装完成。

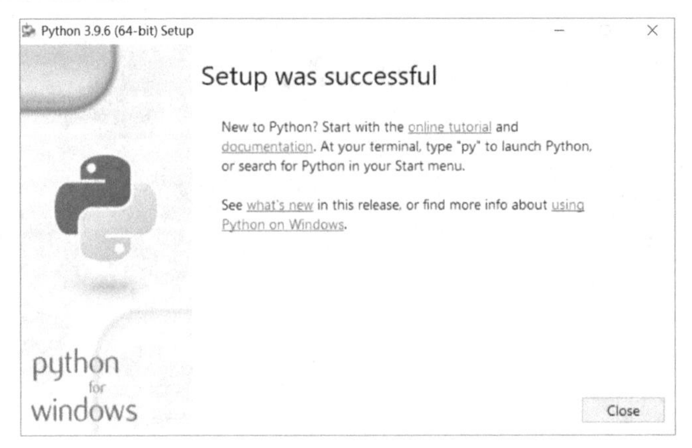

图 5-15 安装完成

（11）单击“Close”按钮，关闭界面。

（12）按组合键“Windows+R”，弹出“运行”对话框，如图 5-16 所示。

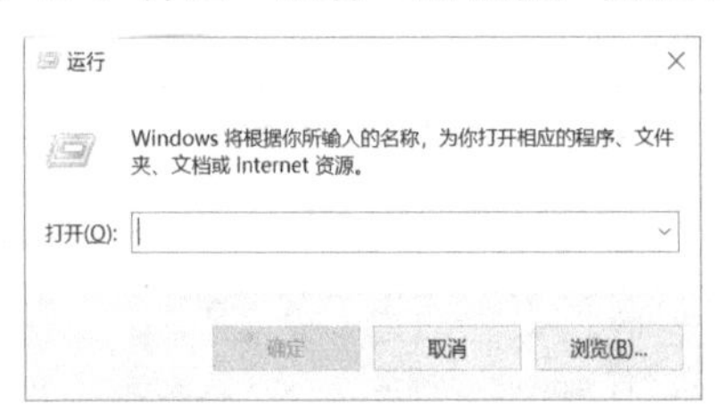

图 5-16 “运行”对话框

（13）输入“cmd”，单击“确定”按钮，如图 5-17 所示，打开 cmd 控制台界面，如图 5-18 所示。

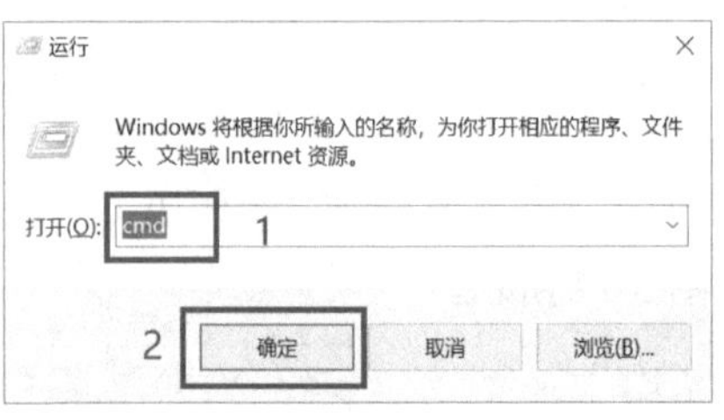

图 5-17 输入“cmd”

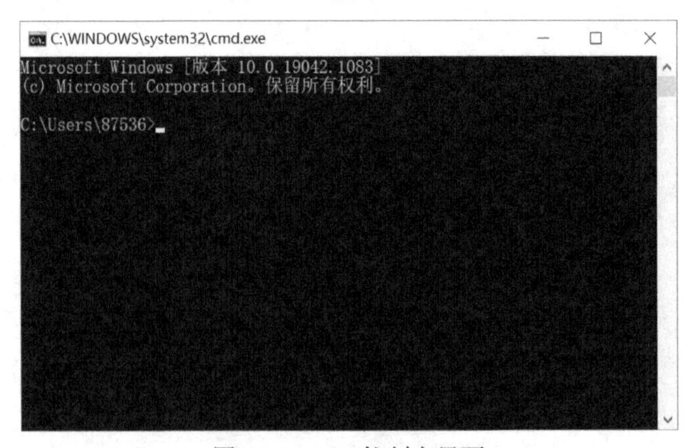

图 5-18 cmd 控制台界面

（14）输入“python”，并按回车键，如果显示的结果如图 5-19 所示，则表明 Python 安装成功。

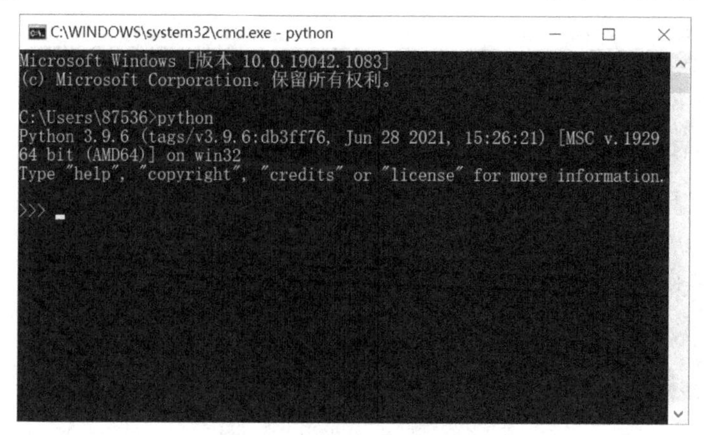

图 5-19　Python 安装成功

2. 安装 pyecharts 第三方库

（1）打开 cmd 控制台界面（按组合键“Windows+R”）。

（2）输入“pip install pyecharts”，如图 5-20 所示，并按回车键。

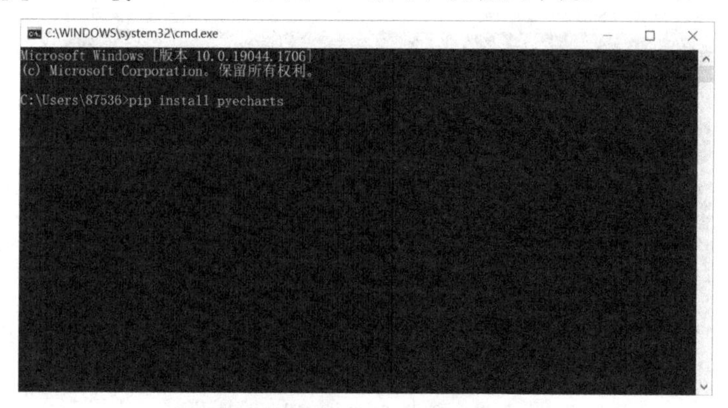

图 5-20　输入“pip install pyecharts”

（3）在 cmd 控制台界面中，输入“python”，如图 5-21 所示，并按回车键，进入 Python 环境。

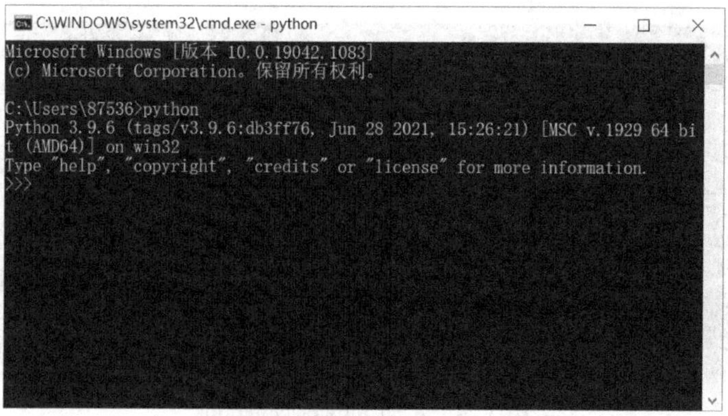

```
C:\WINDOWS\system32\cmd.exe - python
Microsoft Windows [版本 10.0.19042.1083]
(c) Microsoft Corporation。保留所有权利。

C:\Users\87536>python
Python 3.9.6 (tags/v3.9.6:db3ff76, Jun 28 2021, 15:26:21) [MSC v.1929 64 bi
t (AMD64)] on win32
Type "help", "copyright", "credits" or "license" for more information.
>>>
```

图 5-21　输入“python”

（4）输入“import pyecharts”，如图 5-22 所示，并按回车键，若程序没有报错，则说明 pyecharts

第三方库安装成功。

```
C:\WINDOWS\system32\cmd.exe - python
Microsoft Windows [版本 10.0.19042.1083]
(c) Microsoft Corporation。保留所有权利。

C:\Users\87536>python
Python 3.9.6 (tags/v3.9.6:db3ff76, Jun 28 2021, 15:26:21) [MSC v.1929 64 bit (AMD64)] on win32
Type "help", "copyright", "credits" or "license" for more information.
>>> import pyecharts
>>> _
```

图 5-22 输入“import pyecharts”

3．安装、启动、使用 Jupyter Notebook

（1）打开 cmd 控制台界面（按组合键“Windows+R”）。

（2）输入“pip install jupyter”，如图 5-23 所示，并按回车键，等待安装完成。

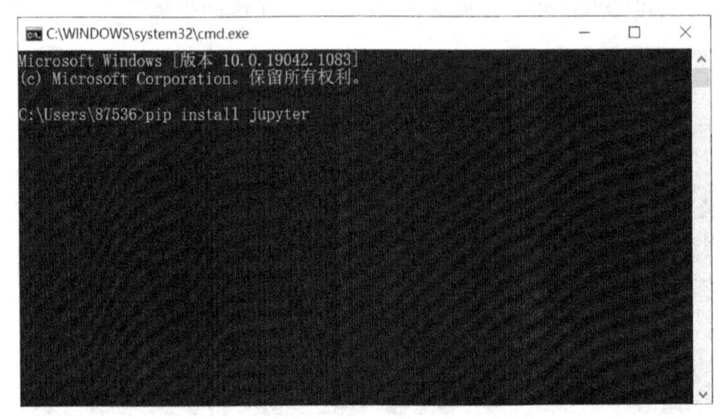

图 5-23 输入“pip install jupyter”

（3）在 cmd 控制台界面中，输入“jupyter notebook”，并按回车键，启动 Jupyter Notebook，如图 5-24 所示。浏览器自动弹出 Jupyter 的目录页面，如图 5-25 所示。

```
C:\WINDOWS\system32\cmd.exe - jupyter notebook
C:\Users\87536>jupyter notebook
[I 10:28:36.674 NotebookApp] Serving notebooks from local directory: C:\Users\87536
[I 10:28:36.674 NotebookApp] Jupyter Notebook 6.4.0 is running at:
[I 10:28:36.675 NotebookApp] http://localhost:8888/?token=ca0454d487b45fb68da9b0da9581087a6c5011fc40b4cc41
[I 10:28:36.675 NotebookApp]  or http://127.0.0.1:8888/?token=ca0454d487b45fb68da9b0da9581087a6c5011fc40b4cc41
[I 10:28:36.675 NotebookApp] Use Control-C to stop this server and shut down all kernels (twice to skip confirmation).
[C 10:28:36.793 NotebookApp]

    To access the notebook, open this file in a browser:
        file:///C:/Users/87536/AppData/Roaming/jupyter/runtime/nbserver-3480-open.html
    Or copy and paste one of these URLs:
        http://localhost:8888/?token=ca0454d487b45fb68da9b0da9581087a6c5011fc40b4cc41
     or http://127.0.0.1:8888/?token=ca0454d487b45fb68da9b0da9581087a6c5011fc40b4cc41
```

图 5-24 启动 Jupyter Notebook

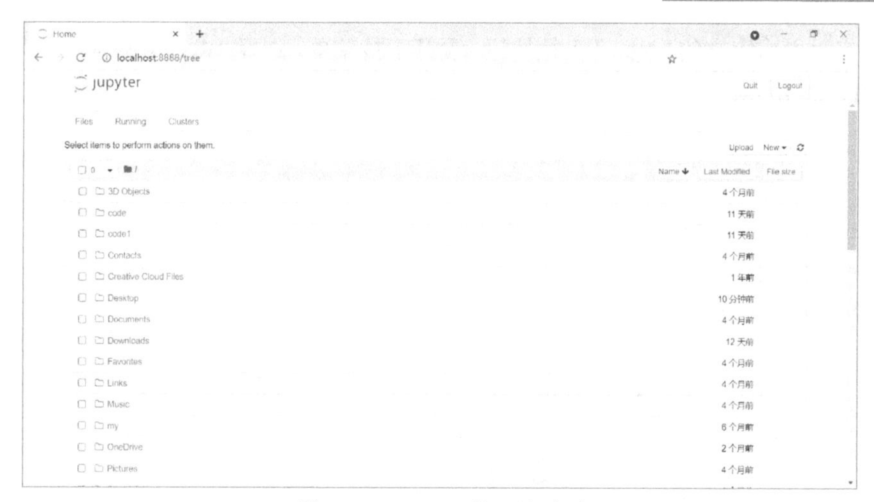

图 5-25　Jupyter 的目录页面

（4）单击页面右上方的“New”下拉按钮，展开下拉菜单，选择“Folder”命令，创建新的目录，如图 5-26 所示。

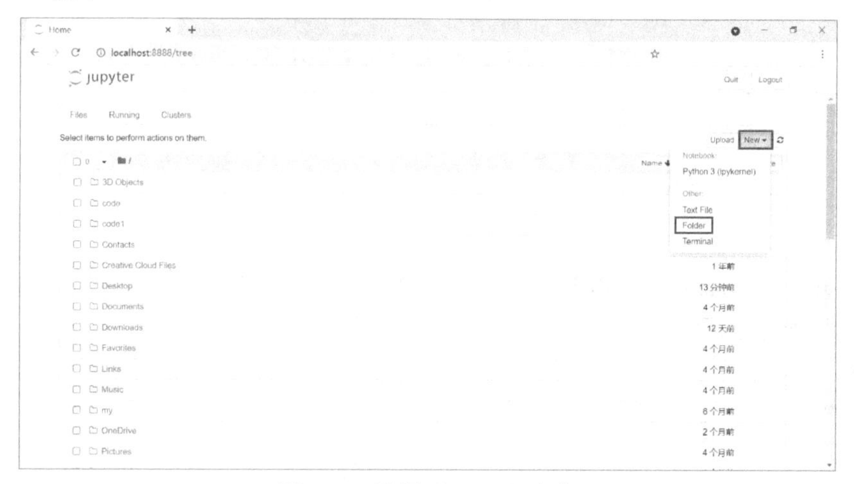

图 5-26　选择“Folder”命令

（5）找到新创建的目录 Untitled Folder，如图 5-27 所示。单击该目录，进入该目录。

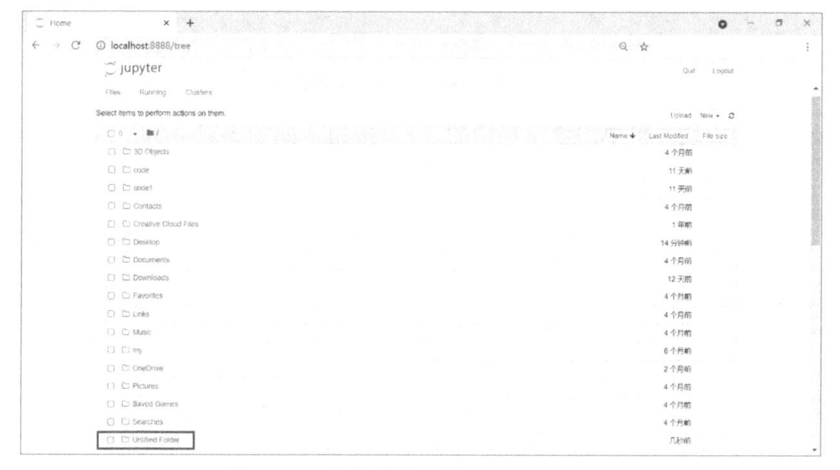

图 5-27　新创建的目录 Untitled Folder

（6）单击页面右上方的“New”下拉按钮，展开下拉菜单，选择“Python 3”命令，创建 Python 文件，如图 5-28 所示。

图 5-28　选择“Python 3”命令

打开的页面如图 5-29 所示，可在此页面中输入并运行 Python 代码。

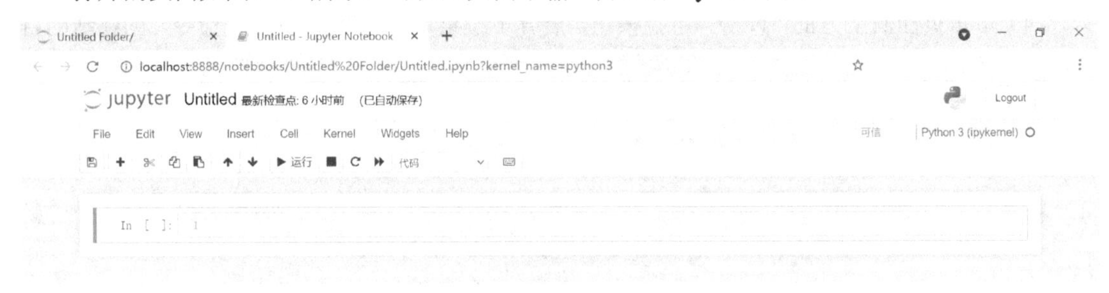

图 5-29　打开的页面

（7）在 Jupyter Notebook 编辑页面的代码模式中，可在 In 模块内输入代码，如输入“print("你好")”，如图 5-30 所示。

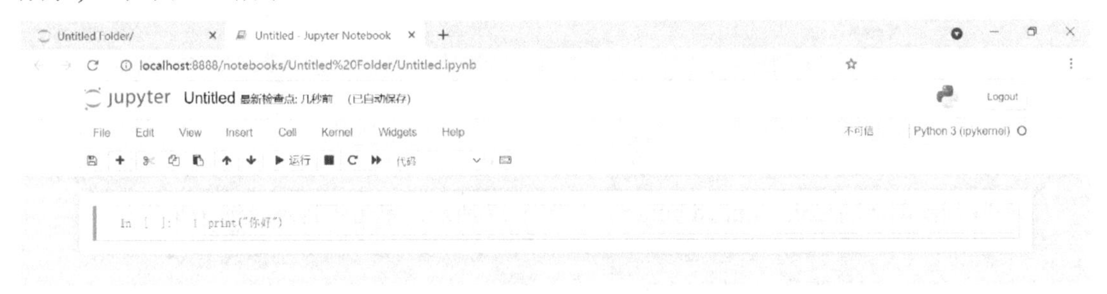

图 5-30　Jupyter Notebook 编辑页面

（8）若要添加代码块，可单击菜单栏中的“+”按钮，如图 5-31 所示，结果如图 5-32 所示。

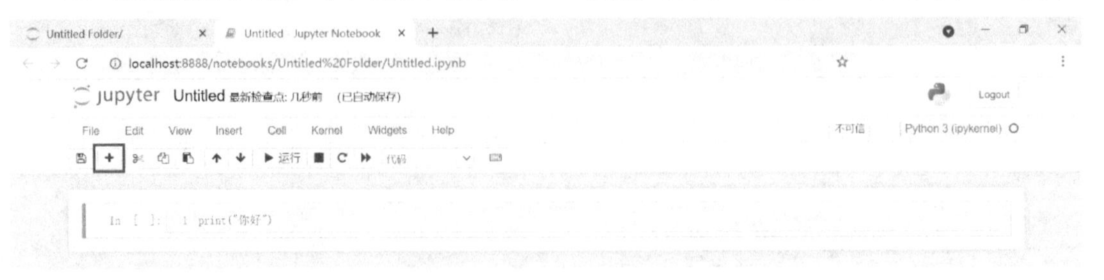

图 5-31　单击“+”按钮

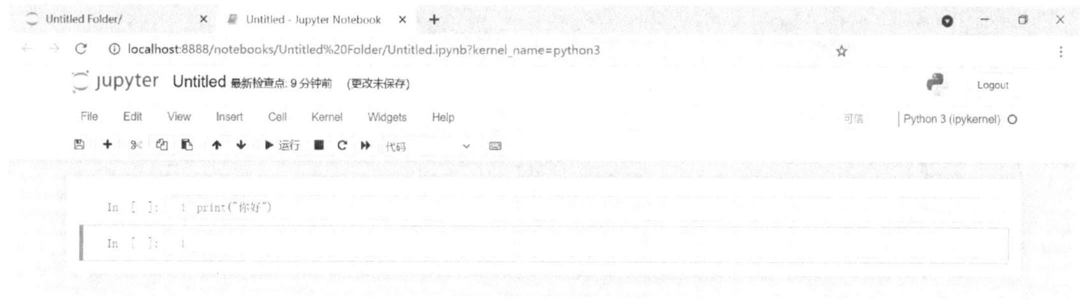

图 5-32　添加代码块的结果

（9）若要运行指定的代码块，可在选中该代码块的情况下（该代码块中显示光标）运行，如图 5-33 所示。单击菜单栏中的“运行”按钮（或按组合键“Shift+Enter”），如图 5-34 所示。运行程序，运行结果便会显示在该代码块的下方，如图 5-35 所示。

4．pyecharts 的使用方法

（1）在浏览器地址栏中输入网址“https://pyecharts.org”，打开 pyecharts 文档，如图 5-36 所示。单击“Get Started”按钮进入文档，文档首页如图 5-37 所示。

图 5-33　选中代码块

图 5-34　单击“运行”按钮

图 5-35　运行结果

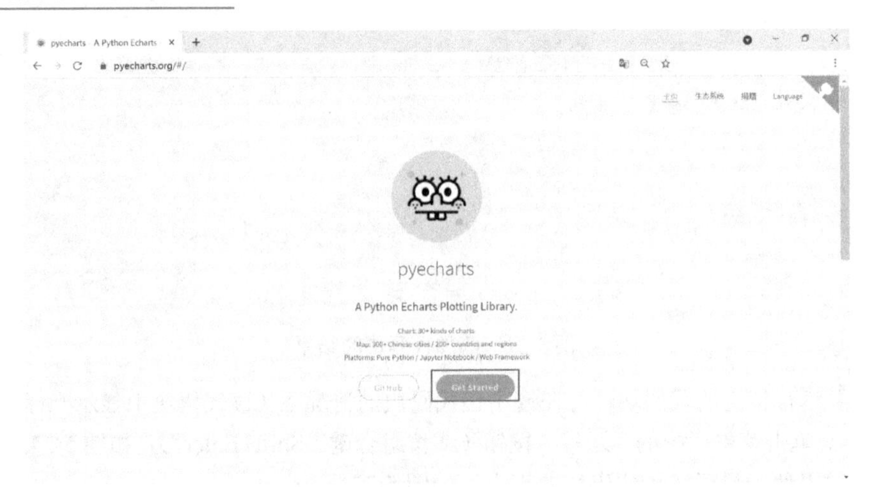

图 5-36　打开 pyecharts 文档

（2）页面的左侧是目录，右侧是对应的内容，如图 5-38 所示。

（3）以柱状图为例，在目录中选择“图表类型”→“直角坐标系图表”→“Bar：柱状图/条形图”选项，打开柱状图的详细文档，如图 5-39 所示。在该文档中，Bar 是柱状图的类，add_yaxis() 方法用于添加纵坐标的值。

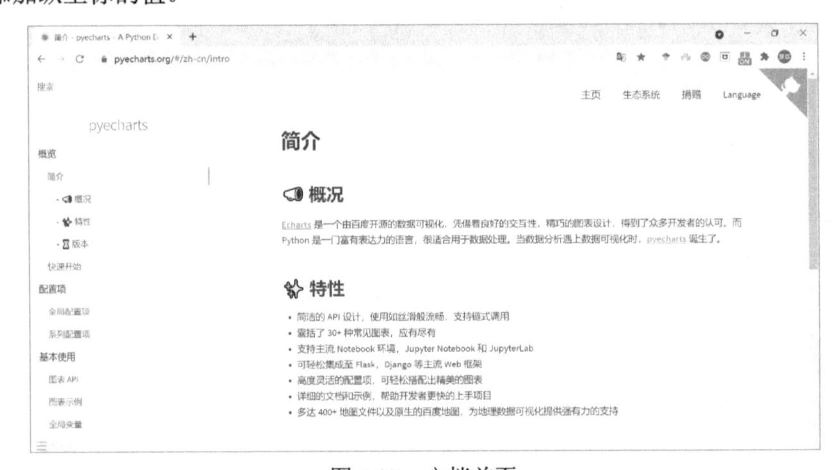

图 5-37　文档首页

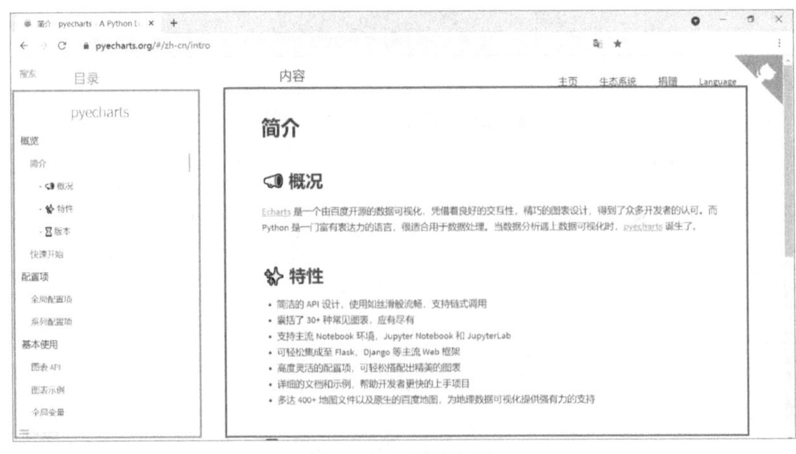

图 5-38　页面布局

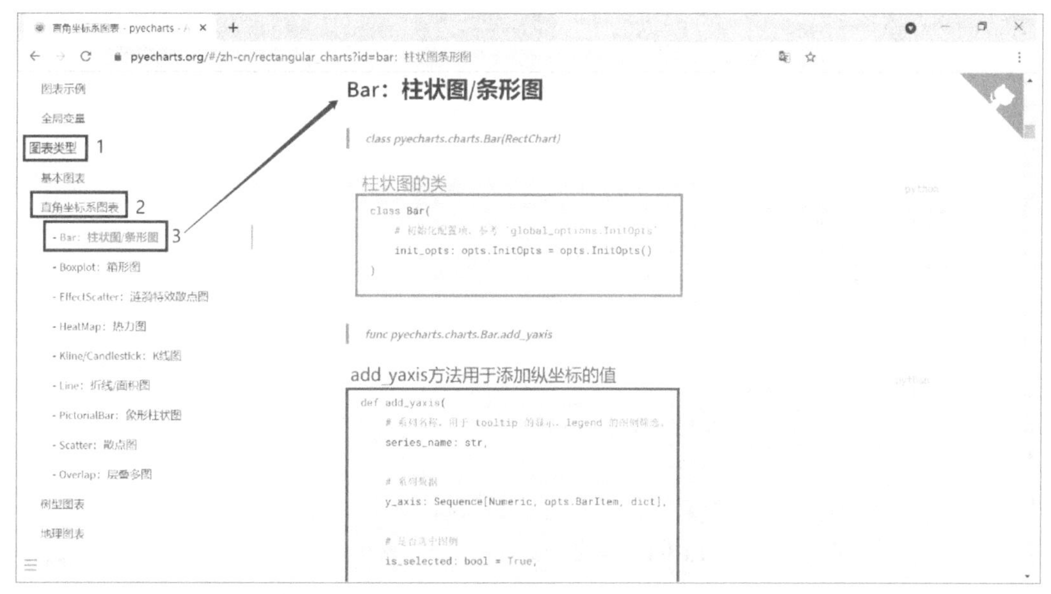

图 5-39　柱状图的详细文档

（4）class Bar 后面的括号中是关于柱状图类的属性说明。在用 Bar 类实例化图表对象时，可以通过 init_opts 初始化配置项对图表对象进行初始化配置，具体的属性值可以在“配置项”→“全局配置项”→“InitOpts：初始化配置项”文档中找到，如图 5-40 所示。

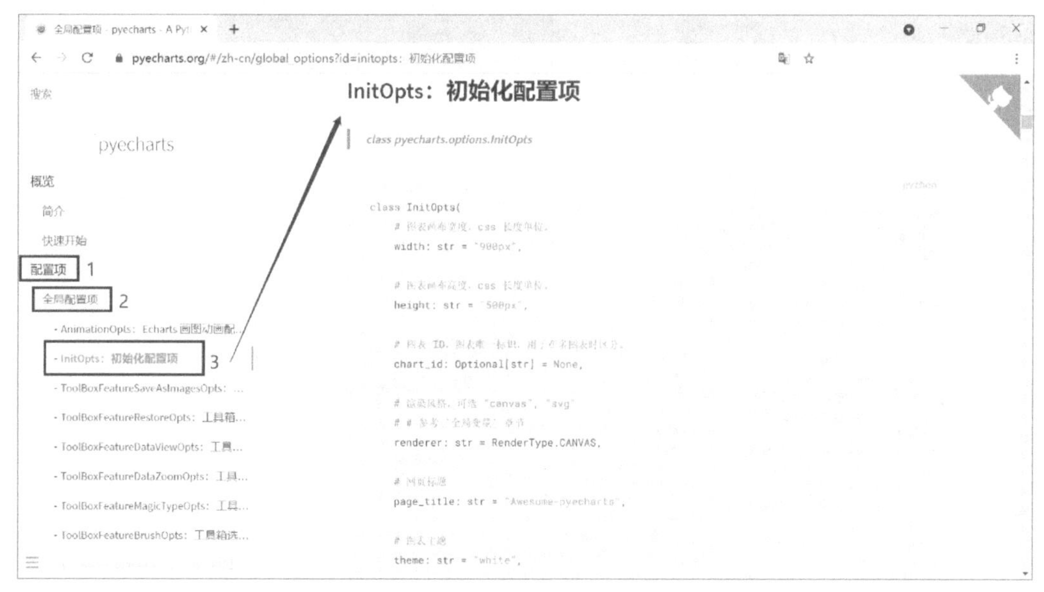

图 5-40　“InitOpts：初始化配置项”文档

（5）除了图表的类和方法的详细说明，文档中还提供了丰富的示例。仍以柱状图为例，在柱状图文档的最后找到“gallery 示例”，单击“gallery 示例”链接，如图 5-41 所示。在新打开的页面中即可看到多个柱状图示例，如图 5-42 所示。

（6）以最简单的柱状图为例，单击“Bar-Bar_base”链接，如图 5-43 所示。在新打开的页面中包含示例代码和代码的运行结果，如图 5-44 所示。

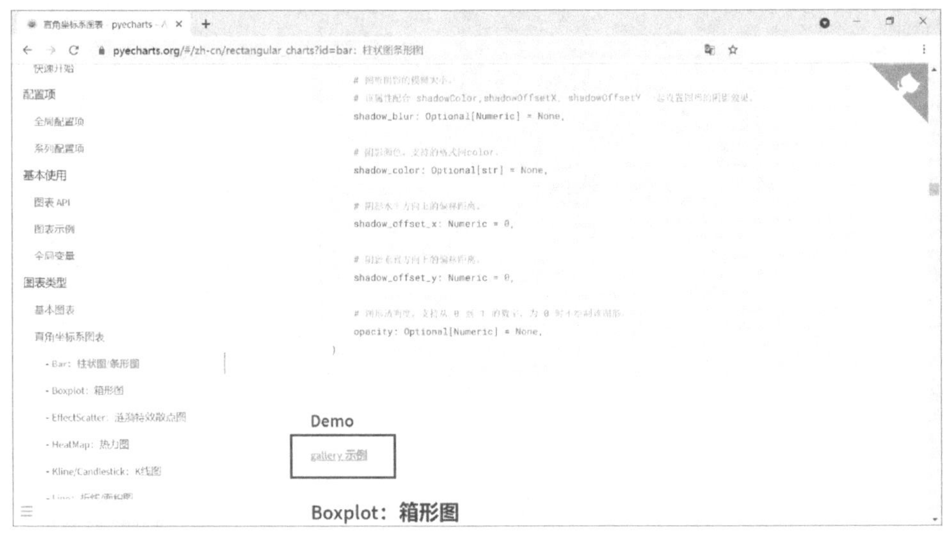

图 5-41　单击“gallery 示例”链接

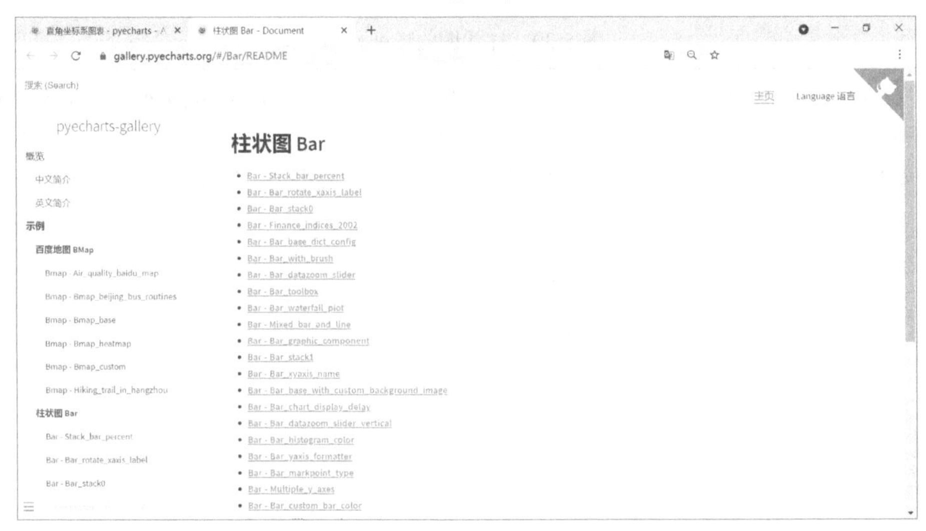

图 5-42　柱状图示例

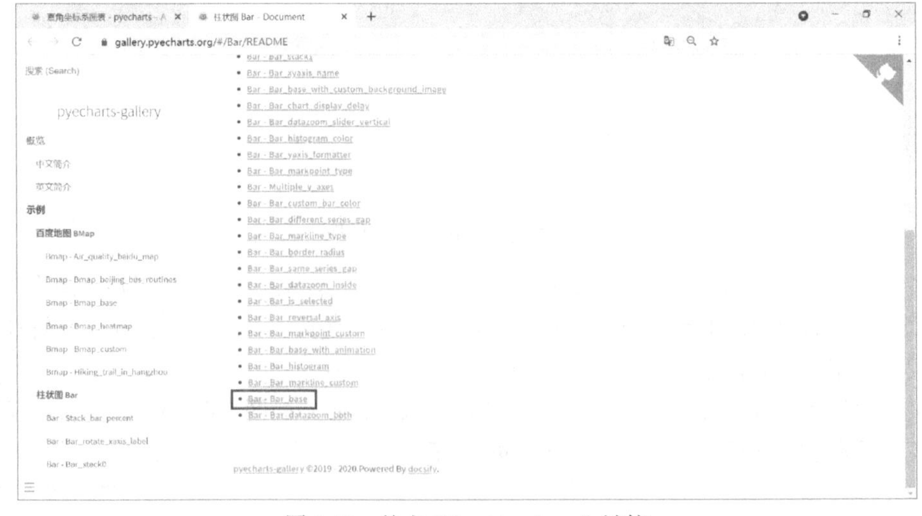

图 5-43　单击“Bar-Bar_base”链接

5. 案例——创建商品销售量柱状图

1）绘制基本柱状图

（1）确保安装好 Python、pyecharts、Jupyter Notebook 之后，按组合键“Windows+R”，弹出“运行”对话框，输入“cmd”，单击“确定”按钮，打开 cmd 控制台界面。

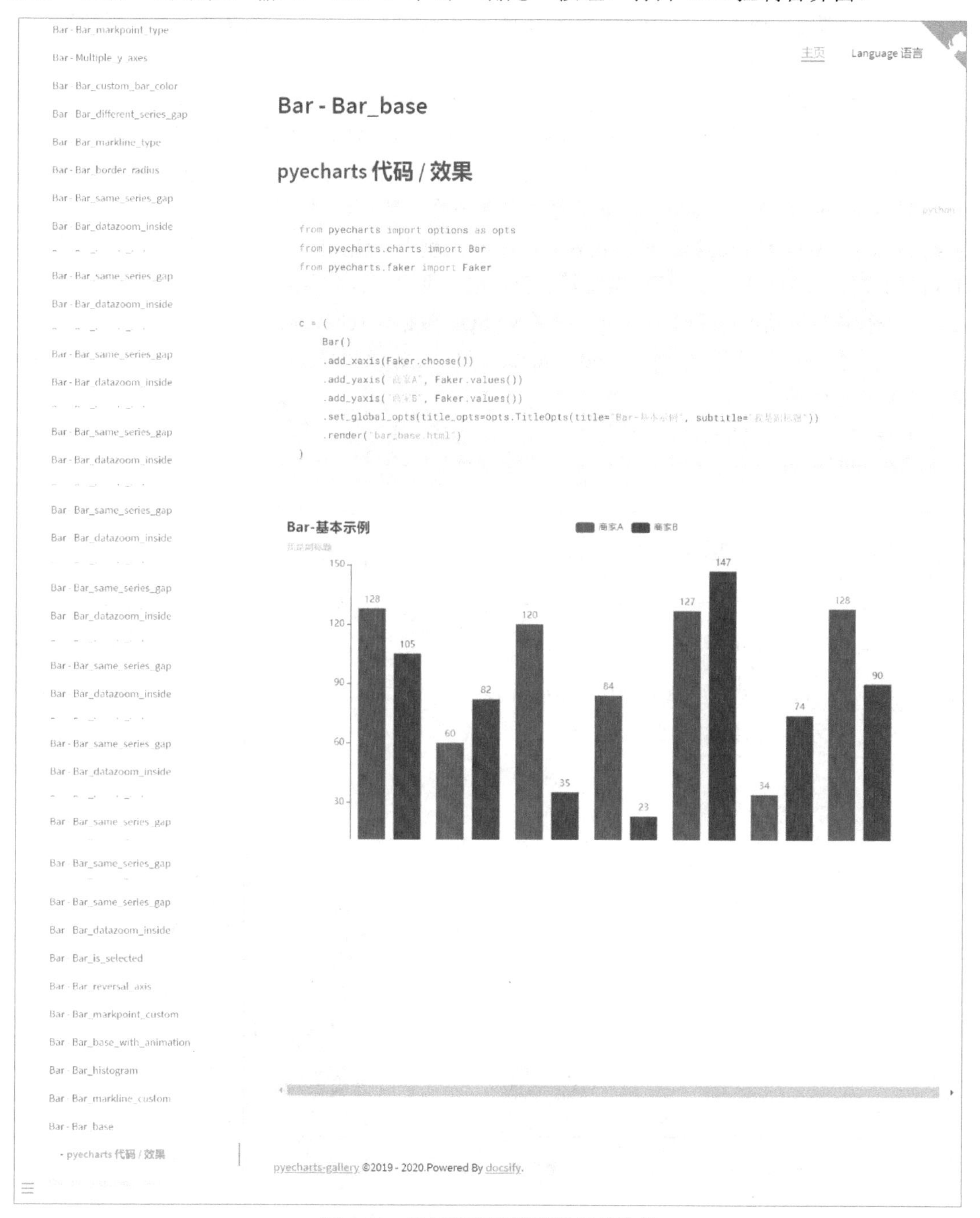

图 5-44　示例代码和代码的运行结果

（2）在 cmd 控制台界面中，输入“jupyter notebook”并按回车键，启动 Jupyter Notebook（见图 5-24），浏览器自动弹出 Jupyter 的目录页面（见图 5-25）。

（3）选择 code 目录，该目录用于存放代码文件。进入 code 目录，单击页面右上方的“New”下拉按钮，选择“Python 3”命令，新建一个 Python 编辑文档，用于编写 Python 程序。进入 Jupyter Notebook 编辑页面，在程序中导入 Bar 类。

（4）用 Bar 类实例化一个柱状图图表对象 bar。在实例化的同时，对其进行初始化设置，在进行初始化设置时，要用到 options 模块中的类，所以要事先导入 options 模块，并为模块取一个别名 opts，以便后续使用。

（5）在 Bar 后面的括号中写入 init_opts=opts.InitOpts()配置项进行初始化设置，如用取色器工具选取适合的颜色，并将取到的颜色值赋值给 bg_color，实现图表背景色的设置。

接下来采用链式调用的方式，进行数据填充。add_xaxis()方法接收数据 x 维度的值，add_yaxis()方法接收数据 y 维度的值。add_yaxis()方法中的第一个参数为系列名称，表示此组数据所代表的商家；add_yaxis()方法中的第二个参数为数据在 y 维度上的值；除此之外，add_yaxis()方法中还有其他的参数可供使用，读者可根据实际需要选取、设置。这个案例的数据被直接写在代码中，5.3.2 节进行项目数据可视化时，将通过连接 MySQL 数据库获取数据。

（6）在对象外部，用对象调用 render_notebook()方法，将图表展示在 Jupyter Notebook 页面中。输入代码如下。

```
from pyecharts.charts import Bar          #从 pyecharts 库的 charts 模块中导入 Bar 类
from pyecharts import options as opts     #从 pyecharts 库中导入 options 模块

bar = (
    #实例化柱状图对象并初始化设置背景色
    Bar(init_opts=opts.InitOpts(bg_color="#F7F7F7"))
    .add_xaxis(["衬衫", "羊毛衫", "雪纺衫", "裤子", "高跟鞋", "袜子"]) #添加横坐标的值
    .add_yaxis("商家 A", [5, 20, 36, 10, 75, 90])                    #添加纵坐标的值
)
bar.render_notebook()  #用柱状图对象调用 render_notebook()方法，将图表展示在页面中
```

（7）运行程序，结果如图 5-45 所示。

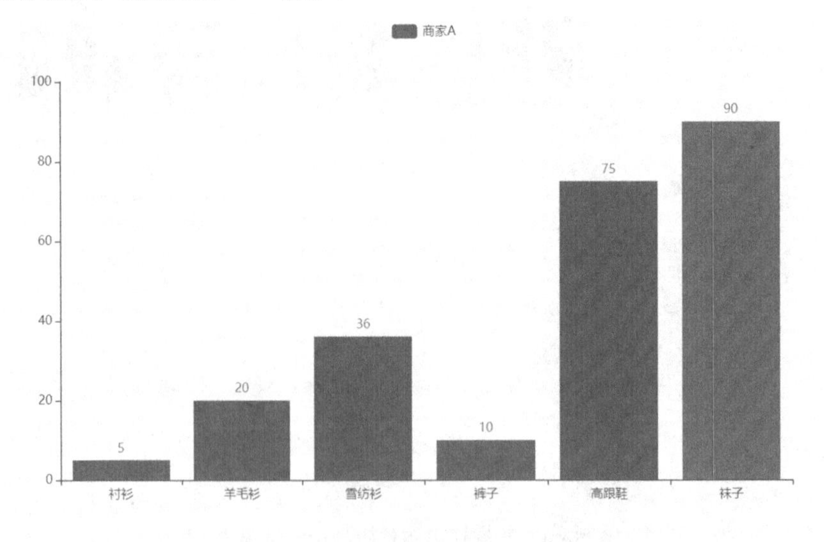

图 5-45　运行结果（1）

说明：

在 pyecharts 中，配置项有全局配置项和系列配置项之分。全局配置项主要用于设置图表中

的各个组件，而系列配置项主要用于设置各组件的细节。全局配置项可通过 set_global_opts() 方法设置，可对图表的标题、图例、工具箱、提示框、坐标轴等组件进行设置。系列配置项主要是关于样式的配置，如图元样式、文字样式、标签等的配置。

解析：

直角坐标系图标的 add_xaxis()方法用于填充横坐标的值，可接收的参数为 x 轴数据项（序列类型）。可参考 add_xaxis()方法的中文文档，如图 5-46 所示。

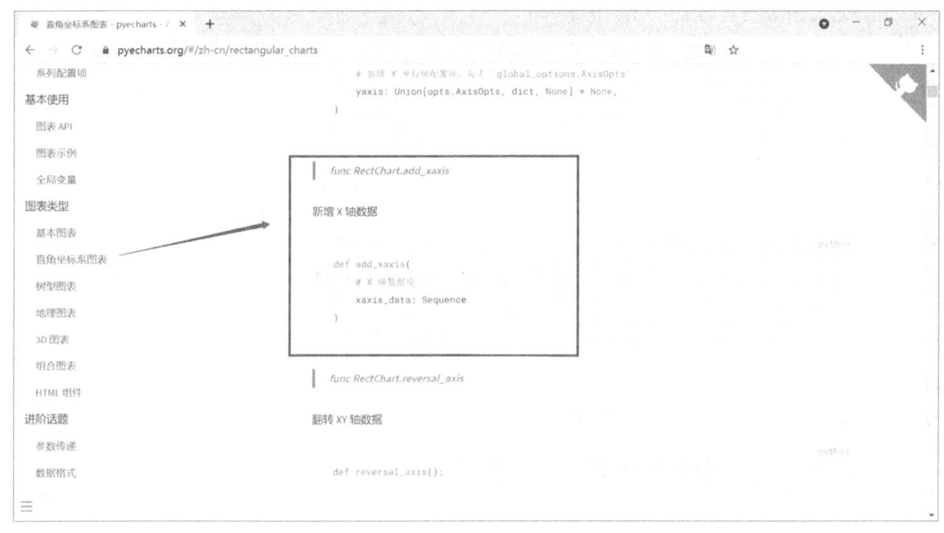

图 5-46　add_xaxis()方法的中文文档

柱状图的 add_yaxis()方法用于填充纵坐标的值，可接收的参数如下。

- series_name：系列名称（位置参数），str 类型，用于 tooltip 的显示和 legend 的图例筛选。
- y_axis：系列数据（位置参数），序列类型。
- is_selected：是否选中图例，bool 类型，默认值为 True。
- label_opts：标签配置项，值为 opts.LabelOpts()，LabelOpts()的参数参考 series_options.LabelOpts。

其他参数可参考 add_yaxis()方法的中文文档，如图 5-47 所示。

图 5-47　add_yaxis()方法的中文文档

render_notebook()方法用于将图表展示在 Jupyter Notebook 页面中。

2）为柱状图添加标题

（1）为了演示配置项的设置，我们给图表添加标题。在 add_yaxis()方法的后面链式调用 set_global_opts()方法，在该方法中设置 title_opts 的参数值为 opts.TitleOpts 标题配置项，在标题配置项中设置主标题和副标题。这里为了显而易见，直接将主、副标题设置为“主标题”“副标题”，读者可根据实际场景的需要，设置具体的主标题和副标题。输入代码如下。

```
from pyecharts.charts import Bar
from pyecharts import options as opts

bar = (
    Bar(init_opts=opts.InitOpts(bg_color="#F7F7F7"))
.add_xaxis(["衬衫", "羊毛衫", "雪纺衫", "裤子", "高跟鞋", "袜子"])
.add_yaxis("商家 A", [5, 20, 36, 10, 75, 90])
# 全局配置，设置主标题和副标题
    .set_global_opts(title_opts=opts.TitleOpts(title="主标题", subtitle="副标题
"))
)
bar.render_notebook()
```

（2）运行程序，结果如图 5-48 所示。

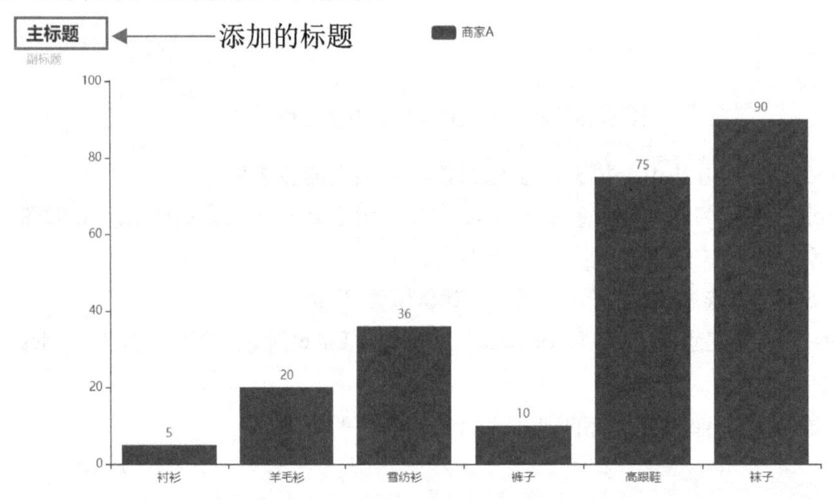

图 5-48 运行结果（2）

解析：

set_global_opts()方法用于对图表进行全局配置，如标题、图例、坐标轴等。常用的参数如表 5-1 所示。

表 5-1 set_global_opts()方法常用的参数

参数名	描述
title_opts	标题
legend_opts	图例
tooltip_opts	提示框

续表

参数名	描述
toolbox_opts	工具箱
brush_opts	区域选择工具
xaxis_opts	*x* 轴
yaxis_opts	*y* 轴
visualmap_opts	视觉映射
datazoom_opts	区域缩放
graphic_opts	原生图形元素组件
axispointer_opts	坐标轴指示器

各个参数具体的值对应全局配置中的各个配置项，如 title_opts=opts.TitleOpts()，而 TitleOpts() 的具体属性可参考 pyecharts 中文文档，即“全局配置项”目录中的“TitleOpts：标题配置项”文档，如图 5-49 所示。

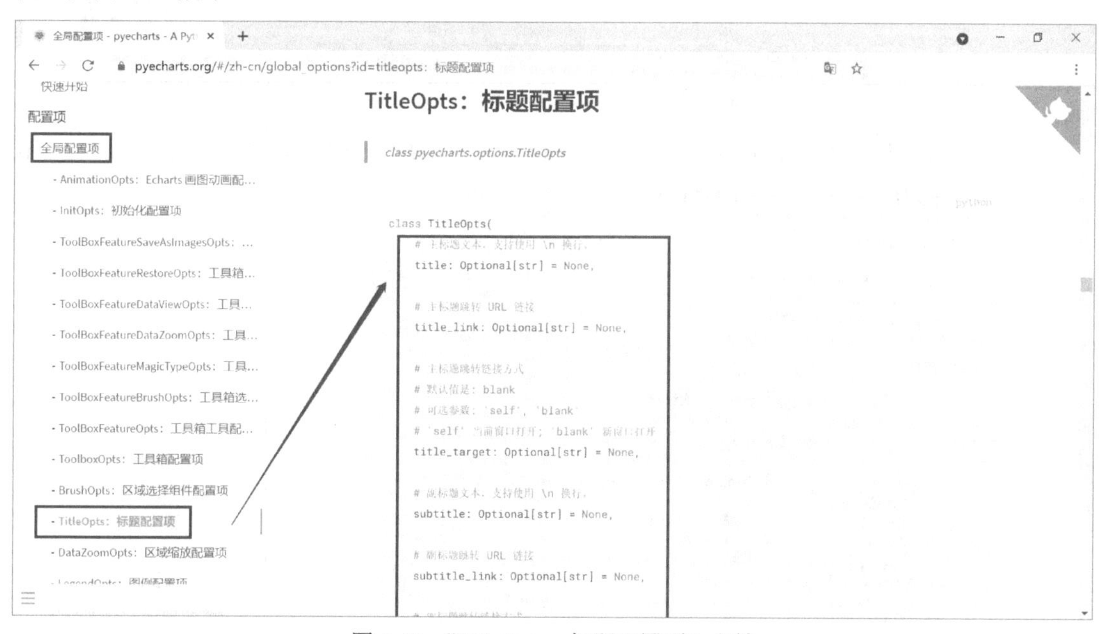

图 5-49　“TitleOpts：标题配置项”文档

5.3.2　导入数据、绘制大屏标题

本节内容包括将 uzest.sql 数据库中的文件导入虚拟机数据库、安装 MySQL 第三方库、连接数据库获取数据和绘制大屏标题。

1. 将 uzest.sql 数据库中的文件导入虚拟机数据库

1）开启虚拟机

（1）打开 VMware。双击 VMware 图标，打开“VMware Workstation”界面，如图 5-50 所示，单击“打开虚拟机”按钮。

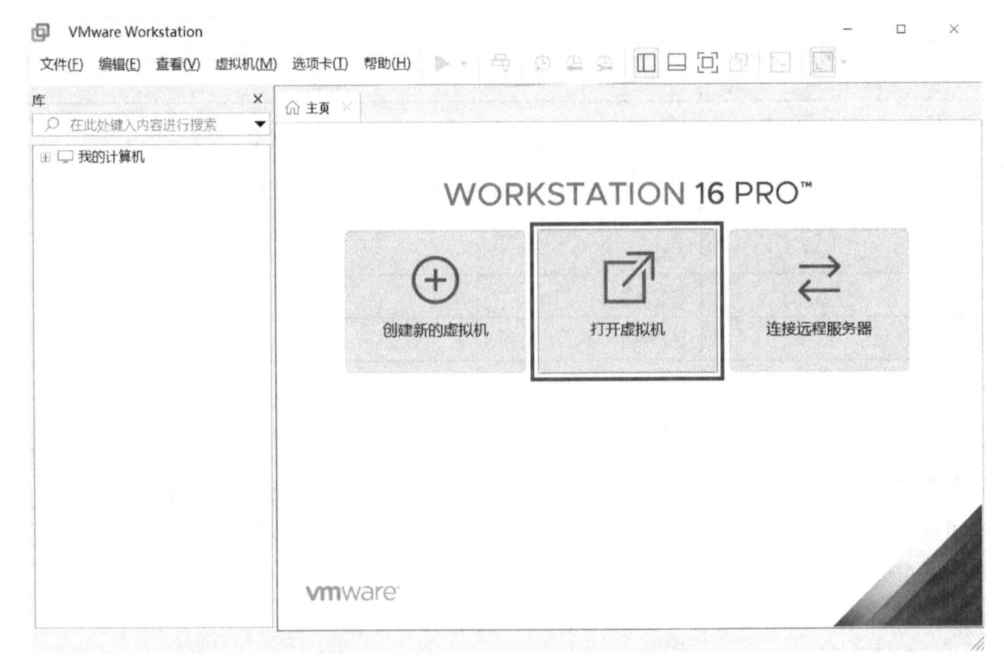

图 5-50 “VMware Workstation”界面

（2）弹出“打开”对话框，在该对话框中找到 node1（192.168.100.3）虚拟机，并选择 node1.vmx 文件，单击“打开”按钮，如图 5-51 所示。

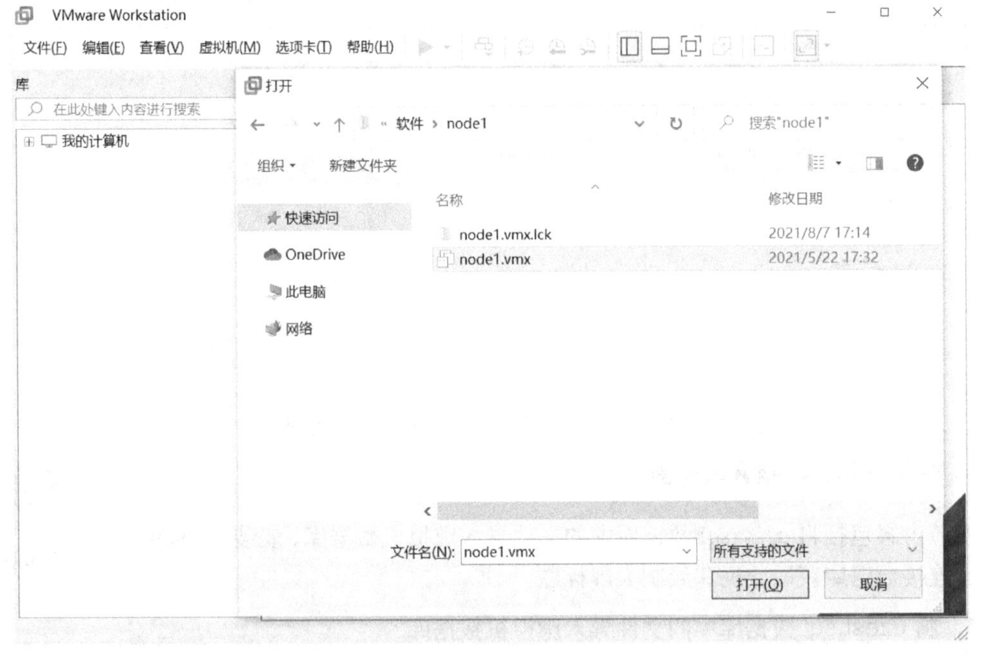

图 5-51 “打开”对话框

（3）返回“node1-VMware Workstation”界面，在“node1”选项卡中单击“开启此虚拟机”按钮，如图 5-52 所示，结果如图 5-53 所示。

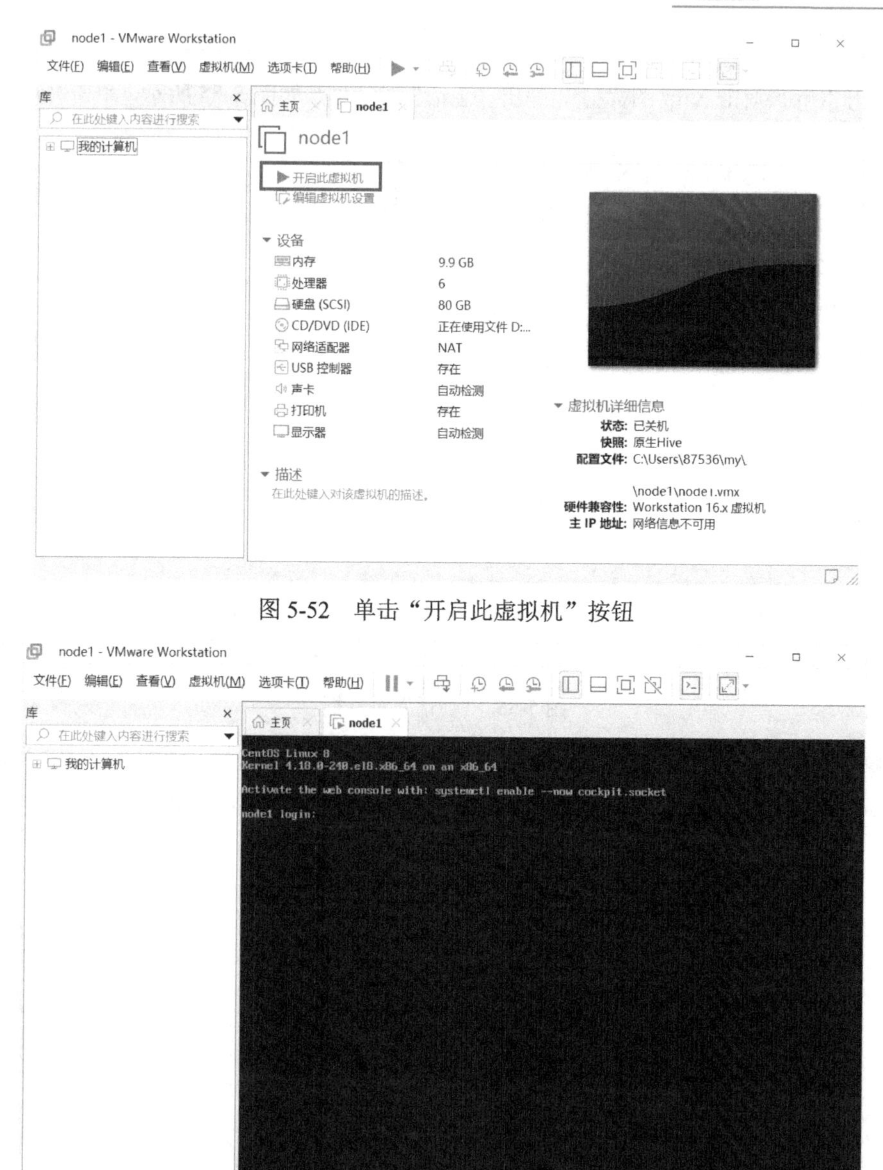

图 5-52　单击“开启此虚拟机”按钮

图 5-53　开启虚拟机的结果

（4）输入用户名“root”和密码“123456”，如图 5-54 所示，虚拟机开启成功。

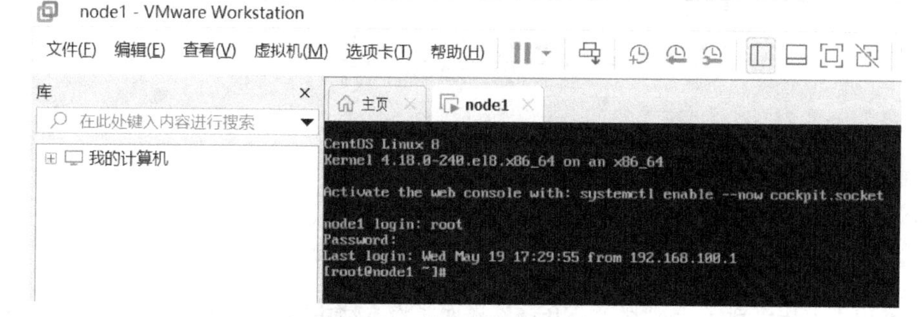

图 5-54　输入用户名和密码

2）上传文件

（1）打开 Xftp。双击 Xftp 图标，弹出“会话”对话框，如图 5-55 所示，单击“新建”按钮。

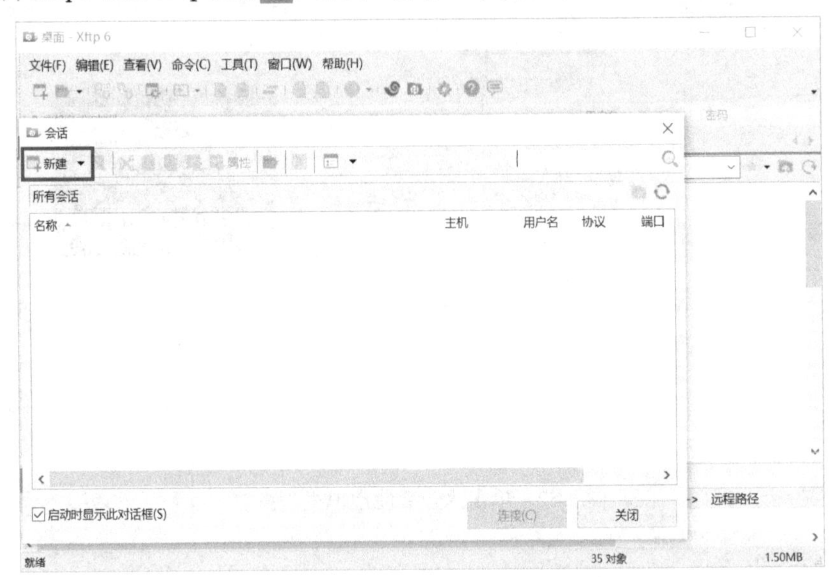

图 5-55 “会话”对话框

（2）弹出“新建会话 属性”对话框，输入名称“node1”、主机“192.168.100.3”、用户名“root”、密码“123456”，如图 5-56 所示，单击“连接”按钮，连接 node1 虚拟机。

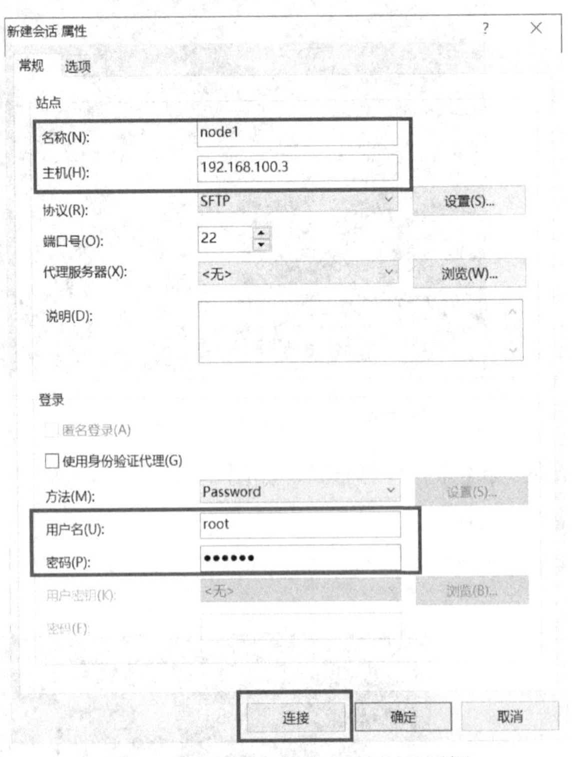

图 5-56 “新建会话 属性”对话框

（3）弹出“上传资料（word 版）-Xftp 6”界面，将本地主机（左侧）的 uzest.sql 文件拖动到虚拟机（右侧）的 root 目录中，将 SQL 文件上传到虚拟机中，如图 5-57 所示。

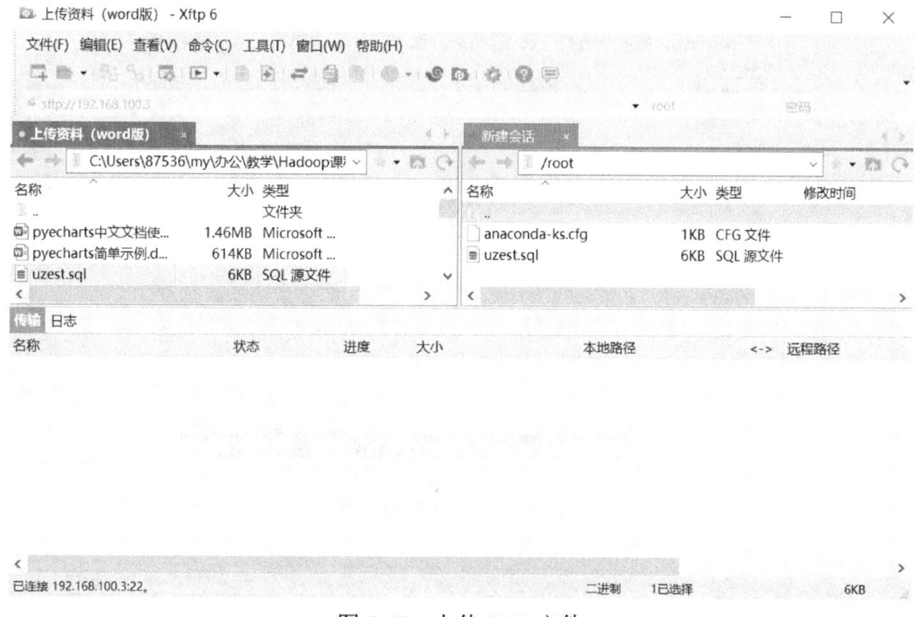

图 5-57　上传 SQL 文件

3）将 SQL 文件导入数据库

（1）Xshell 连接虚拟机。在“桌面-Xftp 6”界面的菜单栏中选择“窗口”→“新建终端”命令，如图 5-58 所示。

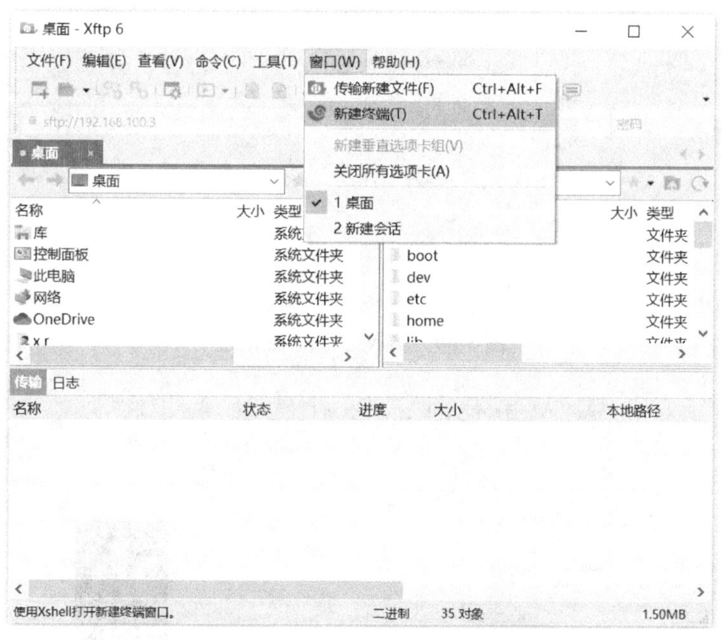

图 5-58　选择“新建终端”命令

弹出“会话”对话框，如图 5-59 所示，单击“新建”按钮，在弹出的对话框中按照提示依次输入虚拟机 IP 地址“192.168.100.3”、用户名“root”、密码“123456”，如图 5-60、图 5-61 和图 5-62 所示。

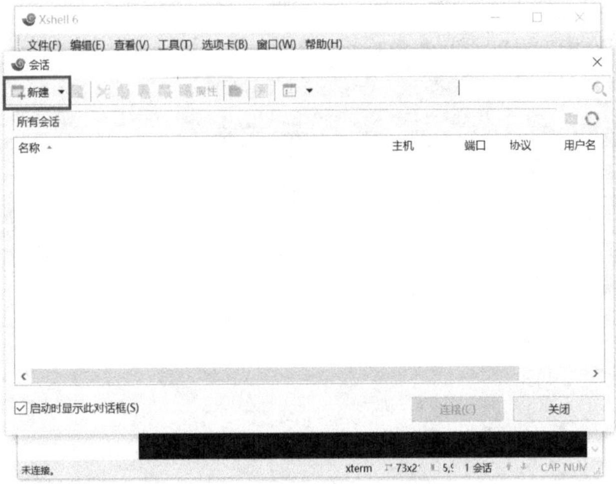

图 5-59 “会话”对话框

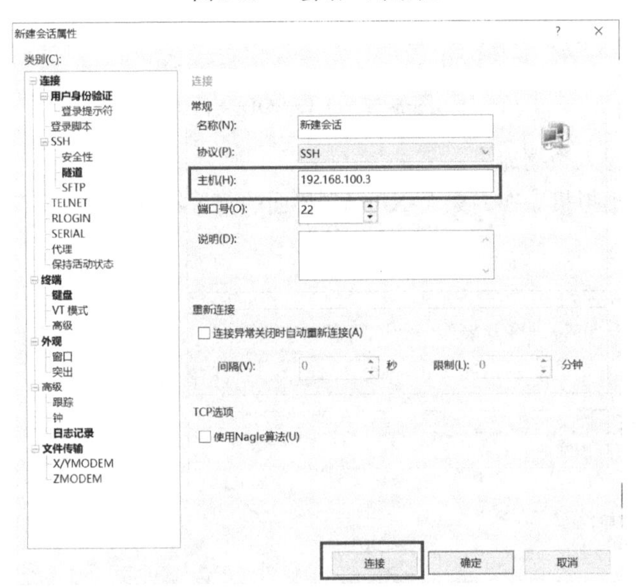

图 5-60 输入虚拟机 IP 地址

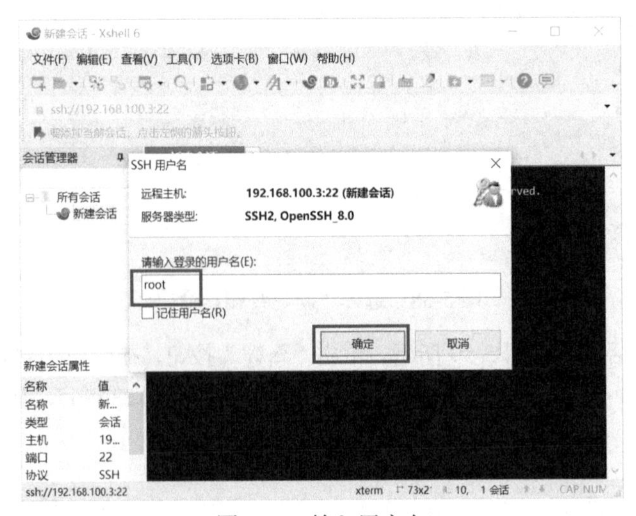

图 5-61 输入用户名

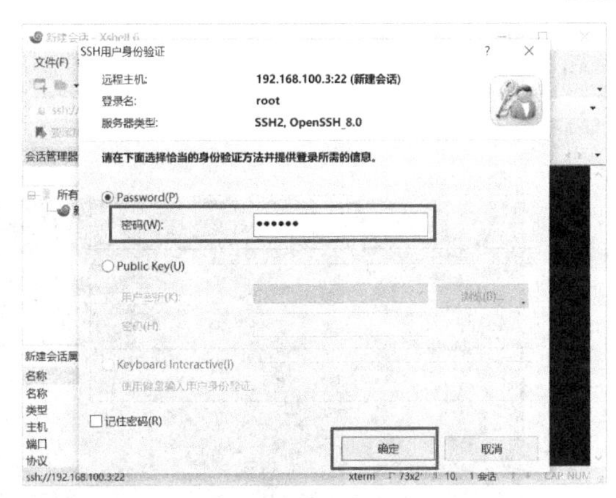

图 5-62 输入密码

单击“确定”按钮，Xshell 成功连接到 node1 虚拟机。

（2）登录 MySQL。在 Xshell 终端界面中，输入如下内容。

```
[root@node1 ~] mysql -u root -p
Enter password: 123456
```

Xshell 终端界面如图 5-63 所示。

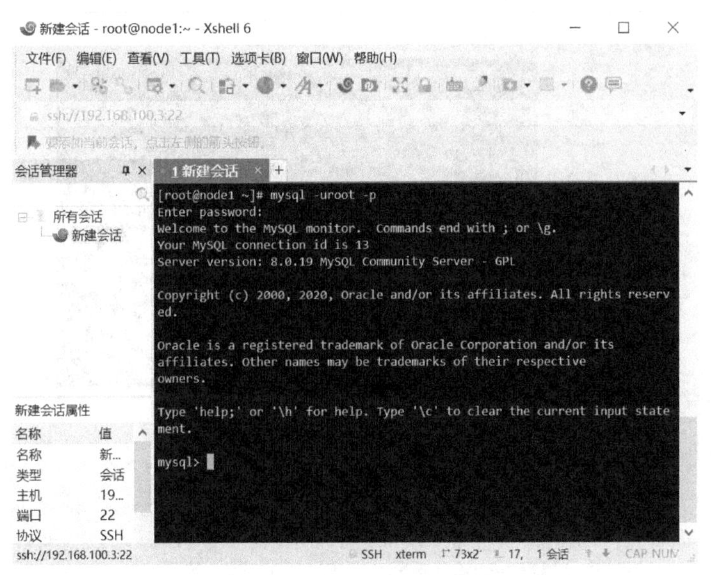

图 5-63 Xshell 终端界面

（3）创建 uzest 数据库。输入“create database uzest;”，如图 5-64 所示。

输入“show databases;”，验证 uzest 数据库是否创建成功。如果在结果中看到 uzest 字样，则说明 uzest 数据库创建成功，如图 5-65 所示。

（4）切换到 uzest 数据库。输入“use uzest;”，如图 5-66 所示。

输入“show tables;”，查看该数据库中有哪些表，由于该数据库是新创建的，尚未创建任何数据表，所以看到反馈结果 Empty set，说明该数据库为空，如图 5-67 所示。

（5）导入.sql 文件。输入“source uzest.sql;”，将/root 目录中的 uzest.sql 文件导入当前数据库，如图 5-68 所示。

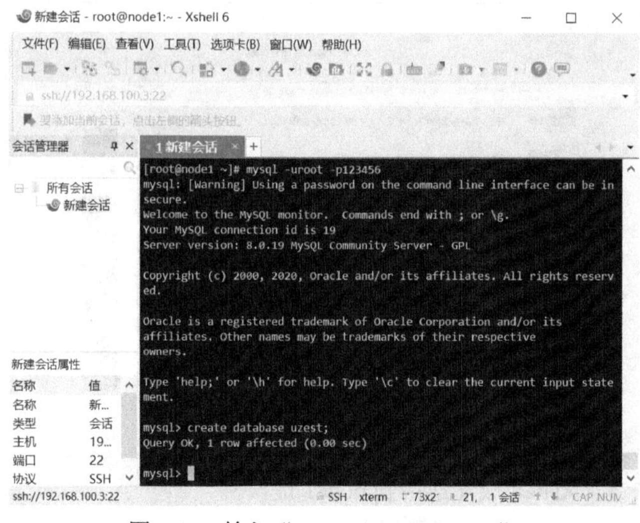

图 5-64 输入“create database uzest;”

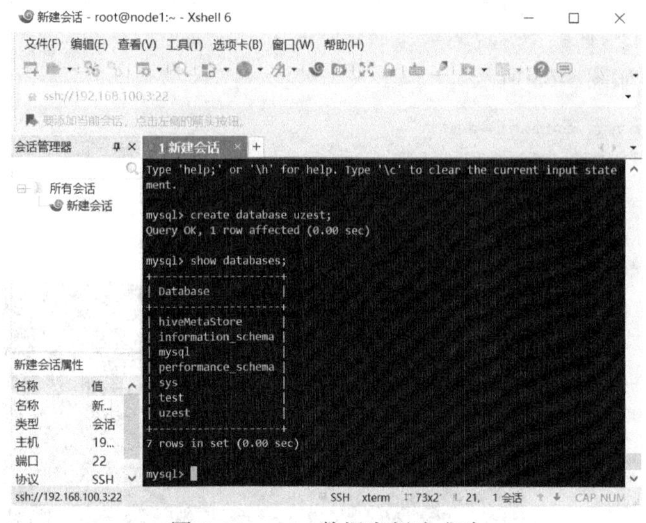

图 5-65 uzest 数据库创建成功

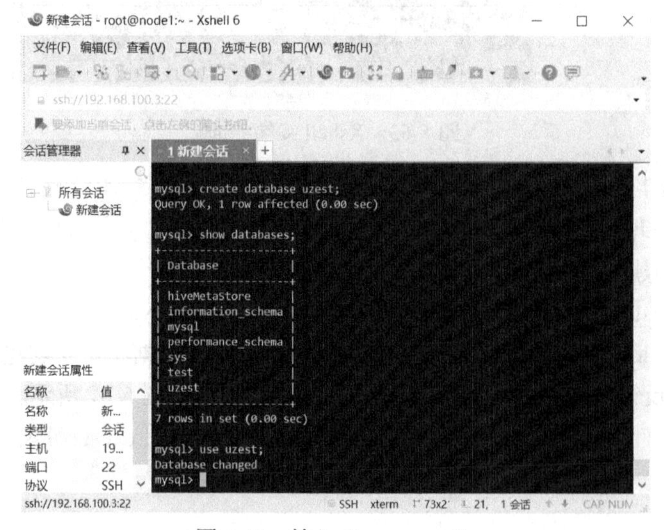

图 5-66 输入“use uzest;”

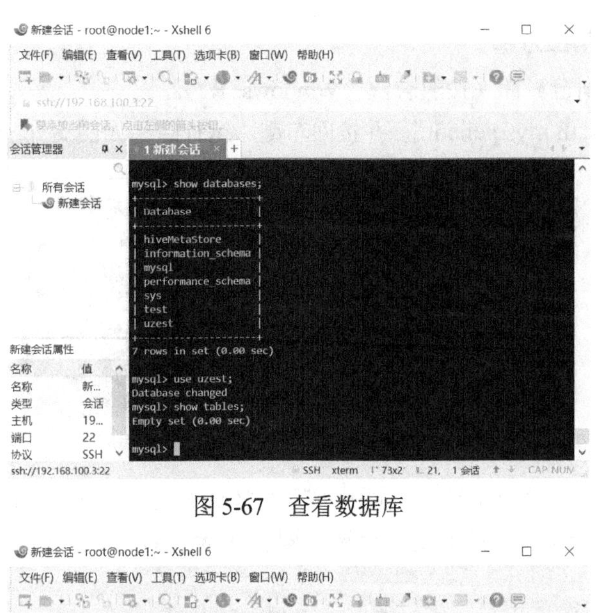

图 5-67　查看数据库

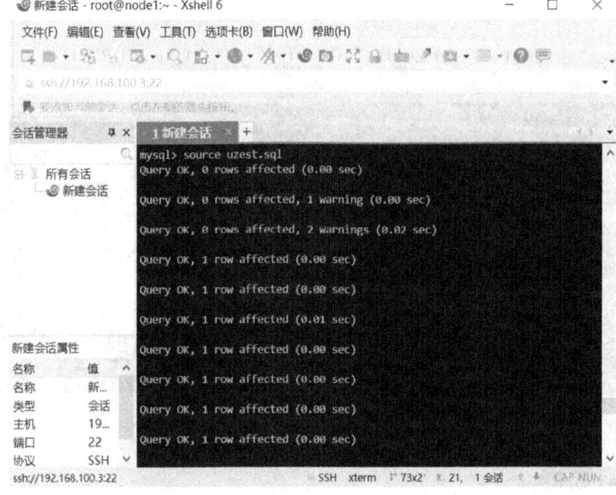

图 5-68　导入 uzest.sql 文件

（6）验证。输入“show tables;”，反馈结果为 5 个数据表名，说明 uzest.sql 文件导入成功，如图 5-69 所示。

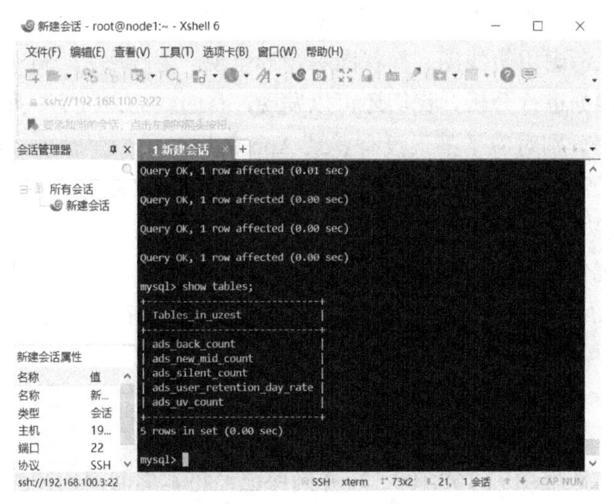

图 5-69　uzest.sql 文件导入成功

2. 安装 MySQL 第三方库

（1）打开 cmd 控制台界面（按组合键“Windows+R”）。

（2）输入“pip install mysqlclient”，并按回车键，运行结果如图 5-70 所示。

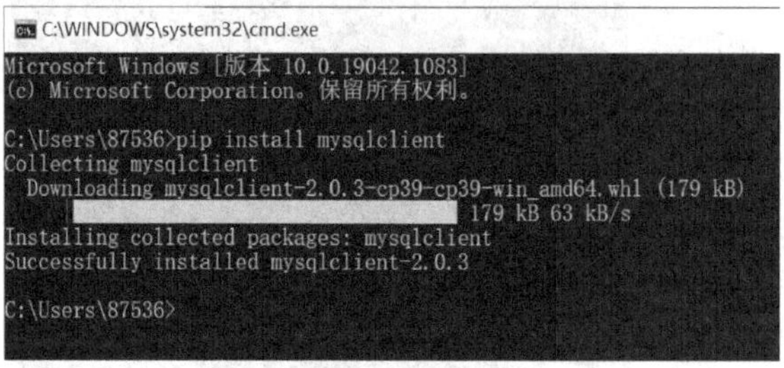

```
C:\WINDOWS\system32\cmd.exe
Microsoft Windows [版本 10.0.19042.1083]
(c) Microsoft Corporation。保留所有权利。

C:\Users\87536>pip install mysqlclient
Collecting mysqlclient
  Downloading mysqlclient-2.0.3-cp39-cp39-win_amd64.whl (179 kB)
                                          179 kB 63 kB/s
Installing collected packages: mysqlclient
Successfully installed mysqlclient-2.0.3

C:\Users\87536>
```

图 5-70　运行结果

（3）在 cmd 控制台界面中，输入“python”，并按回车键，进入 Python 环境。输入“import MySQLdb”，并按回车键，若程序没有报错，则说明 MySQL 第三方库安装成功，如图 5-71 所示。

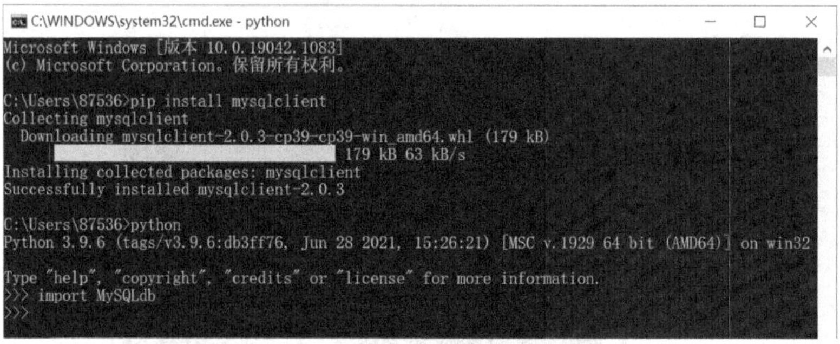

```
C:\WINDOWS\system32\cmd.exe - python
Microsoft Windows [版本 10.0.19042.1083]
(c) Microsoft Corporation。保留所有权利。

C:\Users\87536>pip install mysqlclient
Collecting mysqlclient
  Downloading mysqlclient-2.0.3-cp39-cp39-win_amd64.whl (179 kB)
                                          179 kB 63 kB/s
Installing collected packages: mysqlclient
Successfully installed mysqlclient-2.0.3

C:\Users\87536>python
Python 3.9.6 (tags/v3.9.6:db3ff76, Jun 28 2021, 15:26:21) [MSC v.1929 64 bit (AMD64)] on win32

Type "help", "copyright", "credits" or "license" for more information.
>>> import MySQLdb
>>>
```

图 5-71　MySQL 第三方库安装成功

3. 连接数据库获取数据

通过前面的项目实战，我们采集了 5 张 MySQL 数据表，分别是沉默用户数据表、活跃用户数据表、每日新增用户数据表、本周回流用户数据表及用户留存率数据表，以其中一个星期的数据为基础，进行数据的可视化呈现。

从 5 张表统计的数据类型来看，沉默用户数、活跃用户数、每日新增用户数、回流用户数均为数值类型数据，可以考虑用折线图、柱状图等图形呈现。留存率是一个百分比的数据，可以用水球图呈现。对各表数据进行分析，我们还可以发现，有的数据之间有关联，如沉默用户数和活跃用户数，这两个数据分别对应了某天没有登录 App 的用户数和登录了 App 的用户数，这两个数据之和是截至这一天注册过此 App 的用户总数。对于这种关系的数据，我们可以选用饼图呈现各项数据占比的情况。

要展示最终的可视化结果，可以将所有的图表组合在一起，形成数据大屏。

连接数据库，导入所需数据，并绘制数据大屏的标题部分。在此之前，我们要进行以下准备。

- 安装 Python 环境。
- 安装 Jupyter Notebook 开发环境。
- 安装 MySQLdb 第三方库。
- 开启虚拟机（IP 地址：192.168.100.3），并确保已经将本周回流用户数据表 ads_back_count、每日新增用户数据表 ads_new_mid_count、沉默用户数据表 ads_silent_count、用户留存率数据表 ads_user_retention_day_rate、活跃用户数据表 ads_uv_count 迁移到该虚拟机的 uzest 数据库中。

注意：如果上述 5 张表未被成功迁移到该虚拟机的 uzest 数据库中，为了不影响读者感受数据可视化的魅力，编者在本书资源中提供了示例数据库文件 uzest.sql，读者可将提供的 uzest.sql 文件导入该虚拟机的 uzest 数据库，用于后续的数据可视化操作。

1）操作步骤

（1）导入 MySQLdb 第三方库，代码输入如下。

```
import MySQLdb
```

（2）创建 search_data()函数，实现用一条 SQL 语句查询数据库中的数据的功能，代码输入如下。

```
def search_data(cursor,sql):
    """
    功能：用一条 SQL 语句查询数据库中的数据
    参数：cursor：操作游标
          sql：一条 SQL 查询语句
    返回值：查询结果，字典类型
    """
    # 使用 execute()方法执行 SQL 语句
    cursor.execute(sql)
    # 使用 fetchall()方法获取所有数据
    data = cursor.fetchall()
    # 获取数据
    data_dict = {}  #数据为字典类型，日期：具体数据
    for x,y in data:
        data_dict[x] = y
    return data_dict
```

（3）创建 get_data()函数，设定 5 个参数，分别是主机名 host、用户名 user、密码 psw、数据库名 database、多条 SQL 语句的列表 sql_list，实现连接数据库、用 SQL 语句查询数据、关闭数据库连接、返回查询结果的功能。其中，查询数据时，通过 for 循环，遍历访问 sql_list 列表中的每条 SQL 查询语句，分别调用 get_data()函数，获取每条 SQL 语句的查询结果（列表类型），并将结果依次存放到 data_list 列表中。代码输入如下。

```
def get_data(host,user,psw,database,sql_list):
    """
    功能：连接数据库，查询数据
    参数：host：主机名
          user：用户名
          psw：密码
          database：数据库名
          sql_list：多条 SQL 查询语句组成的列表
    返回值：查询结果，列表中嵌套字典
    """
    # 打开数据库连接
    #connect()方法用于连接数据库，并返回一个数据库连接对象
    db = MySQLdb.connect(host,user,psw,database, charset='utf8' )
    # 使用 cursor()方法获取操作游标
    cursor = db.cursor()
    # 查询数据
    data_list = []   #用于存放查询结果
```

```
    for sql in sql_list:
        data = search_data(cursor,sql)
        data_list.append(data)
    # 关闭数据库连接
    db.close()
    return data_list
```

（4）在定义函数时，函数不会执行，函数只有在被调用时才会被执行。调用 get_data()函数，传入指定的参数，并连接数据库，获取查询结果。这里传入的参数依次是 node1 节点的主机名、node1 节点的 MySQL 用户名、node1 节点的 MySQL 密码、数据库名、查询回流用户数、查询每日新增用户数、查询沉默用户数、查询留存率、查询活跃用户数。代码输入如下。

```
host = "192.168.100.3"       #主机名
user = "root"                #用户名
psw = "123456"               #密码
database = "uzest"           #数据库名
wastage_sql = "SELECT * FROM ads_back_count WHERE dt BETWEEN '2021-04-19' AND
'2021-04-25'"                # 查询回流用户数
new_sql = "SELECT * FROM ads_new_mid_count WHERE create_date BETWEEN '2021-04-
19' AND '2021-04-25'"        #查询每日新增用户数
silent_sql = "SELECT * FROM ads_silent_count WHERE dt BETWEEN '2021-04-19' AND
'2021-04-25'"                # 查询沉默用户数
retention_sql      =      "SELECT      stat_date,retention_ratio      FROM
ads_user_retention_day_rate  WHERE  retention_day='7'  AND  stat_date='2021-04-
25'"                         # 查询留存率
uv_sql = "SELECT dt,day_count FROM ads_uv_count WHERE dt BETWEEN '2021-04-19'
AND '2021-04-25'"            #查询活跃用户数
#将多条 SQL 查询语句组合成一个列表
sql_list = [wastage_sql, new_sql, silent_sql, retention_sql, uv_sql]
data_list = get_data(host, user, psw, database, sql_list)
```

get_data()函数将 5 条 SQL 查询语句的查询结果返回，并存放到 data_list 列表中，即将 5 条 SQL 查询语句的查询结果分别作为 data_list 列表的一个元素，依次存放到 data_list 列表中。

（5）整理查询结果。为了便于后续绘图时单独使用数据，这里将 data_list 列表中的元素逐个取出，并分别赋值给一个变量。

```
wastage_dict = data_list[0]      #回流用户数，字典类型，日期：回流用户数
new_dict = data_list[1]          #每日新增用户数，字典类型，日期：每日新增用户数
silent_dict = data_list[2]       #沉默用户数，字典类型，日期：沉默用户数
retention_dict = data_list[3]    #留存率，字典类型，日期：留存率
uv_dict = data_list[4]           #活跃用户数，字典类型，日期：活跃用户数

print(wastage_dict)
print(new_dict)
print(silent_dict)
print(retention_dict)
print(uv_dict)
```

2）完整代码

```
import MySQLdb

def search_data(cursor,sql):
    """
```

```
    功能：用一条 SQL 语句查询数据库中的数据
    参数：cursor：操作游标
          sql：一条 SQL 查询语句
    返回值：查询结果，字典类型
    """
    # 使用 execute()方法执行 SQL 语句
    cursor.execute(sql)
    # 使用 fetchall()方法获取所有数据
    data = cursor.fetchall()
    # 获取数据
    data_dict = {}  #数据为字典类型，日期：具体数据
    for x,y in data:
        data_dict[x] = y
    return data_dict

def get_data(host,user,psw,database,sql_list):
    """
    功能：连接数据库，查询数据
    参数：host：主机名
          user：用户名
          psw：密码
          database：数据库名
          sql_list：多条 SQL 查询语句组成的列表
    返回值：查询结果，列表中嵌套字典
    """
    # 打开数据库连接
    #connect()方法用于连接数据库，并返回一个数据库连接对象
    db = MySQLdb.connect(host,user,psw,database, charset='utf8' )
    # 使用 cursor()方法获取操作游标
    cursor = db.cursor()
    # 查询数据
    data_list = []   #用于存放查询结果
    for sql in sql_list:
        data = search_data(cursor,sql)
        data_list.append(data)
    # 关闭数据库连接
    db.close()
    return data_list

host = "192.168.100.3"         #主机名
user = "root"                  #用户名
psw = "123456"                 #密码
database = "uzest"             #数据库名
wastage_sql = "SELECT * FROM ads_back_count WHERE dt BETWEEN '2021-04-19' AND
'2021-04-25'"                  #查询回流用户数
new_sql = "SELECT * FROM ads_new_mid_count WHERE create_date BETWEEN '2021-04-
19' AND '2021-04-25'"          #查询每日新增用户数
silent_sql = "SELECT * FROM ads_silent_count WHERE dt BETWEEN '2021-04-19' AND
'2021-04-25'"                  # 查询沉默用户数
retention_sql  =  "SELECT  stat_date,retention_ratio  FROM  ads_user_retention_
```

```
day_rate WHERE retention_day='7' AND stat_date='2021-04-25'" # 查询留存率
uv_sql = "SELECT dt,day_count FROM ads_uv_count WHERE dt BETWEEN '2021-04-19'
AND '2021-04-25'"                  #查询活跃用户数
#将多条 SQL 查询语句组合成一个列表
sql_list = [wastage_sql, new_sql, silent_sql, retention_sql, uv_sql]
data_list = get_data(host, user, psw, database, sql_list)

wastage_dict = data_list[0]        #回流用户数，字典类型，日期：回流用户数
new_dict = data_list[1]            #每日新增用户数，字典类型，日期：每日新增用户数
silent_dict = data_list[2]         #沉默用户数，字典类型，日期：沉默用户数
retention_dict = data_list[3]      #留存率，字典类型，日期：留存率
uv_dict = data_list[4]             #活跃用户数，字典类型，日期：活跃用户数

print(wastage_dict)
print(new_dict)
print(silent_dict)
print(retention_dict)
print(uv_dict)
```

3）结果展示

```
{'2021-04-19': 237, '2021-04-20': 246, '2021-04-21': 346, '2021-04-22': 461,
'2021-04-23': 208, '2021-04-24': 375, '2021-04-25': 492}
{'2021-04-19': 432, '2021-04-20': 437, '2021-04-21': 315, '2021-04-22': 424,
'2021-04-23': 577, '2021-04-24': 560, '2021-04-25': 438}
{'2021-04-19': 322, '2021-04-20': 298, '2021-04-21': 421, '2021-04-22': 376,
'2021-04-23': 480, '2021-04-24': 256, '2021-04-25': 270}
{'2021-04-25': '71'}
{'2021-04-19': '669', '2021-04-20': '683', '2021-04-21': '661', '2021-04-22':
'885', '2021-04-23': '785', '2021-04-24': '935', '2021-04-25': '930'}
```

从获取的数据来看，回流用户数、每日新增用户数、沉默用户数、留存率、活跃用户数均被整理为字典类型，键是日期，值是对应的数值。

4. 绘制大屏标题

绘制数据大屏的标题部分，可以借助没有坐标轴的饼图，只设置标题，不填充数据，以此作为大屏的标题。

1）操作步骤

（1）导入 Pie 类。导入 pyecharts 的 options 模块，为其取一个别名 opts；从 pyecharts.charts 模块中导入 Pie 类（饼图类），用于绘制大屏的标题（用不含坐标轴的 Pie 饼图类实例化 title 对象，不为绘制饼图，只为显示一个标题，该标题将作为数据大屏的标题）。

（2）定义函数，实例化对象。定义 get_title()函数，用 Pie 类实例化一个 title 图表对象，并初始化图表对象的 id 为 1、背景色为#0F1C45。

（3）全局配置。在 Pie()后面链式调用 set_global_opts()方法进行全局配置，设置标题配置项 title_opts 的值，设置标题的文本内容为 App 用户使用情况、字号为 30、颜色为#FFFFFF（白色）、显示位置为水平垂直居中。

（4）返回对象。设置完成后，在 get_title()函数末尾返回该 title 图表对象。

（5）展示图表。在函数的外部用 get_title()函数链式调用 render__notebook()方法，将图表展

示在 Jupyter Notebook 页面中。

2）按照以上步骤，输入代码

```
from pyecharts import options as opts
from pyecharts.charts import Pie

def get_title():
    """设置数据大屏的标题"""
    title = (
        Pie(init_opts=opts.InitOpts(chart_id=1,bg_color="#0F1C45"))   #实例化对象
        .set_global_opts(                                              #全局配置
            title_opts=opts.TitleOpts(title="App 用户使用情况",         #设置标题文本
            title_textstyle_opts=opts.TextStyleOpts(font_ size=30,
color='#FFFFFF'),                                            #设置标题文本样式
                                   pos_left='center',        #设置标题水平居中
                                   pos_top='middle')         #设置标题垂直居中
        )
    )
    return title
get_title().render_notebook()
```

3）结果展示

运行程序，图表展示如图 5-72 所示。

图 5-72　大屏标题

从图 5-72 中可以看到，文本颜色为白色，内容为“App 用户使用情况”的标题显示在中心位置。

5.3.3　绘制柱状图

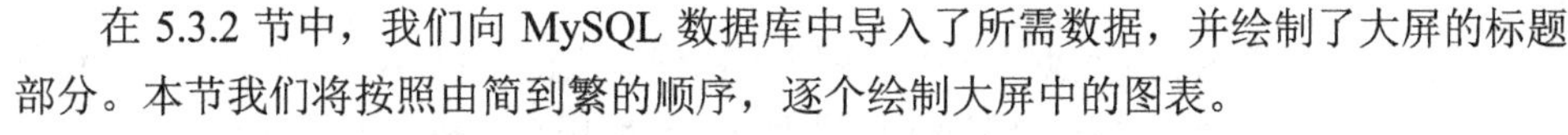

在 5.3.2 节中，我们向 MySQL 数据库中导入了所需数据，并绘制了大屏的标题部分。本节我们将按照由简到繁的顺序，逐个绘制大屏中的图表。

柱状图适合展示二维数据集（每个数据点包括两个维度，即 x 和 y），用柱子的高度反映数据的差异。本任务中采用柱状图展示一个星期内的每日活跃用户数，日期作为 x 维度，活跃用户数作为 y 维度。

1. 操作步骤

（1）导入 Bar 类。导入 pyecharts 的 options 模块，为其取一个别名 opts；从 pyecharts.charts 模块中导入可以绘制柱状图的 Bar 类，代码如下。

```
from pyecharts import options as opts
from pyecharts.charts import Bar
```

（2）定义函数，实例化对象。定义get_bar_active()函数，用Bar类实例化一个图表对象bar，并初始化图表对象的id为2、背景色为#0F1C45，代码如下。

```
def get_bar_active():
    """绘制活跃用户数柱状图（水平方向）"""
    bar = (
        Bar(init_opts=opts.InitOpts(chart_id=2,bg_color="#0F1C45"))  #实例化对象
    )
```

（3）填充数据。初始化图表对象后，链式调用add_xaxis()方法，添加x坐标上的值。注意，这里传入的是活跃用户数字典中所有的键组成的列表，即时间列表，最终显示在x轴上，对应各个标签。

调用add_yaxis()方法填充每日活跃用户数，并设置图形颜色及标签位置，代码如下。

```
        .add_xaxis(list(uv_dict.keys()))      #添加x坐标的值
        .add_yaxis(
            "每日活跃用户",
            list(uv_dict.values()),            #添加y坐标的值
            color='#2980F2',                   #设置图形颜色
            label_opts=opts.LabelOpts(position="right"),    #设置标签位置
      )
```

（4）全局配置。用bar对象调用set_global_opts()方法进行全局配置，主要设置标题、图例、x轴、y轴，代码如下。

```
           .set_global_opts(title_opts=opts.TitleOpts(title="每日活跃用户",       #
设置图表标题
                                    title_textstyle_opts = opts.TextStyleOpts
(color="#FFFFFF",font_size=14)),                                 #文本样式
                    legend_opts=opts.LegendOpts(is_show=False),#设置图例
                    xaxis_opts=opts.AxisOpts(is_show=False),     #不显示x轴
                    yaxis_opts=opts.AxisOpts(                    #设置y轴样式

axislabel_opts=opts.LabelOpts(color='#999999'),                   #设置y轴标签颜色

axistick_opts=opts.AxisTickOpts(is_show=False),                #设置y轴刻度线不显示

axisline_opts=opts.AxisLineOpts(is_show=False),                #设置y轴轴线不显示
                         ),
      )
```

具体设置方法如下。

标题的设置方法与上一个图表（数据大屏标题图表）的设置方法一样。在这个图表中，我们对标题的文本及其颜色、字号做了设置，将标题设置为每日活跃用户，将文本颜色设置为白色，将字号设置为14。

设置图例。在文档中，打开全局配置项，找到LegendOpts图例配置项。在set_global_opts()方法中，添加参数legend_opts，并将其值设置为opts.LegendOpts()。在程序中为opts.LegendOpts()方法相应的属性设置具体的值，即可实现相关配置，如果需要隐藏图例，可以在文档中找到用于显示或隐藏图例组件的属性is_show，并将其值设置为False。

如何确定set_global_opts()方法中用于设置图例的参数是legend_opts呢？其实，pyecharts中

有一个规律：图例配置项是 options 模块中的 LegendOpts，它对应的参数是 legend_opts；标题配置项是 options 模块中的 TileOpts，它对应的参数是 title_opts；参数名其实是将其对应的配置项从大写字母变为小写字母，并在 opts 前添加下画线变化而来的。

设置坐标轴。在默认情况下，坐标轴轴线是黑色的，并且标签和刻度线均显示。而数据大屏中的该图表，x 轴完全不显示，y 轴只显示标签，不显示轴线和刻度线，并且标签的颜色是灰色的。

我们参考刚才发现的规律对坐标轴进行设置。在文档中找到坐标轴配置项，并根据其名称构造参数名。从文档中得知，坐标轴配置项名称为 AxisOpts，而参数名是将其转换为小写字母，并在 opts 前添加下画线变化而来的，所以参数名为 axis_opts。

在这里要格外注意，pyecharts 为了支持 x 轴、y 轴分别进行不同的设置，需要在 axis_opts 前添加 x 或 y。所以，设置 x 轴时，参数名为 xaxis_opts，设置 y 轴时，参数名为 yaxis_opts。确定参数名后，再对其进行具体的设置。

- 设置 x 轴不显示：xaxis_opts=opts.AxisOpts()。从文档中得知，is_show 属性用来控制 x 轴是否显示，在坐标轴配置项中将其值设置为 False 即可。
- 设置 y 轴只显示标签且颜色为灰色，不显示轴线和刻度线：yaxis_opts=opts.AxisOpts()。关于参数值的获取，也是采用同样的方法查找文档。首先设置标签，找到坐标轴标签配置项 axislabel_opts，设置具体值，在 opts.AxisOpts()的括号中添加 axislabel_opts，其具体的值根据提示“参考系列配置项中的 LabelOpts”获取。然后将 axislabel_opts 设置为 opts.LabelOpts()，并在系列配置项中找到 LabelOpts 标签配置项，可以看到 color 属性用来设置颜色，所以在程序的标签配置项括号中将 color 设置为指定的颜色，这里设置为灰色。
- 设置轴，使其刻度线不显示。首先在 AxisOpts 坐标轴配置项中找到坐标轴刻度线配置项 axistick_opts，将其添加到程序中，并将其值设置为 opts.AxisTickOpts，然后根据文档提示“参考‘global_options.AxisTickOpts’”，在全局配置项中找到 AxisTickOpts，设置 is_show=False，使刻度线不显示。
- 用同样的方法设置轴线不显示。首先在 AxisOpts 坐标轴配置项中找到坐标轴轴线配置项 axisline_opts，将其添加到程序中，并将其值设置为 opts.AxisLineOpts，然后根据文档提示“参考‘global_options.AxisLineOpts’”，在全局配置项中找到 AxisLineOpts，设置 is_show=False，使轴线不显示。

（5）翻转轴。至此，图表已经配置完成。在默认情况下，柱状图垂直显示，为了使其水平显示，在 set_global_opts()方法的后面链式调用 reversal_axis()方法，使得 x 轴、y 轴翻转，代码如下。

```
        .reversal_axis()  #翻转 x 轴、y 轴
```

（6）返回对象。设置完成后，在 get_bar_active()函数末尾返回该 bar 对象，代码如下。

```
    return bar
```

（7）展示图表。在函数的外部用 get_bar_active()函数链式调用 render__notebook()方法，将图表展示在 Jupyter Notebook 页面中，代码如下。

```
get_bar_active().render_notebook()
```

2. 完整代码

```
from pyecharts import options as opts
from pyecharts.charts import Bar
```

```
def get_bar_active():
    """绘制活跃用户数柱状图（水平方向）"""
    bar = (
        Bar(init_opts=opts.InitOpts(chart_id=2,bg_color="#0F1C45"))#实例化对象
        .add_xaxis(list(uv_dict.keys()))         #添加 x 坐标的值
        .add_yaxis(
            "每日活跃用户",
            list(uv_dict.values()),              #添加 y 坐标的值
            color='#2980F2',                     #设置图形颜色
            label_opts=opts.LabelOpts(position="right"),  #设置标签位置
        )
        .set_global_opts(title_opts=opts.TitleOpts(title="每日活跃用户",     #设置
图表标题
                                              title_textstyle_opts = opts.TextStyleOpts
(color="#FFFFFF",font_size=14)),#文本样式
                         legend_opts=opts.LegendOpts(is_show=False),       #设置图例
                         xaxis_opts=opts.AxisOpts(is_show=False),          #不显示 x 轴
                         yaxis_opts=opts.AxisOpts(                         #设置 y 轴样式

axislabel_opts=opts.LabelOpts(color='#999999'),      #设置 y 轴标签颜色

axistick_opts=opts.AxisTickOpts(is_show=False),      #设置 y 轴刻度线不显示

axisline_opts=opts.AxisLineOpts(is_show=False),      #设置 y 轴轴线不显示
                         ),
        )
        .reversal_axis()                                  #翻转 x 轴、y 轴
    )
    return bar
get_bar_active().render_notebook()
```

3. 结果展示

运行程序，可以看到活跃用户数柱状图图表按照我们设置的样式展示出来了，如图 5-73 所示。

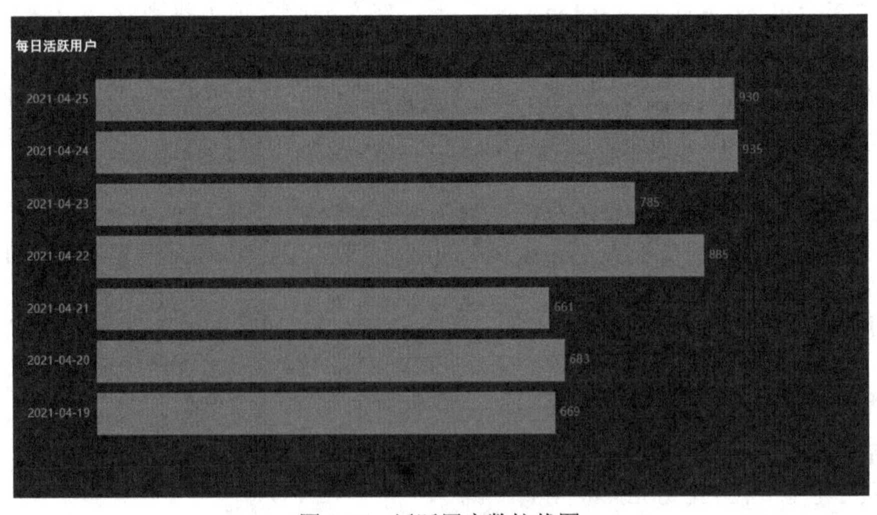

图 5-73　活跃用户数柱状图

5.3.4 绘制象形柱状图、水球图

1. 象形柱状图（沉默用户数）

象形柱状图是柱状图的一种，同样适合展示二维数据集（每个数据点包括两个维度，即 x 和 y），用图形的数量来反映数据的差异。本任务中采用象形柱状图展示一个星期内的每日沉默用户数，日期作为 x 维度，沉默用户数作为 y 维度。

1）操作步骤

（1）导入 PictorialBar 类。导入 pyecharts 的 options 模块，为其取一个别名 opts；从 pyecharts.charts 模块中导入可以绘制象形柱状图的 PictorialBar 类，代码如下。

```
from pyecharts import options as opts
from pyecharts.charts import PictorialBar
```

（2）定义函数，实例化对象。定义 get_bar_silent()函数，用 PictorialBar 类实例化一个象形柱状图图表对象 p，并初始化图表对象的 id 和背景色，代码如下。

```
def get_bar_silent():
    """绘制沉默用户数象形柱状图（水平方向）"""
    p = (
        PictorialBar(init_opts=opts.InitOpts(chart_id=3,bg_color="#0F1C45"))  #
实例化对象
    )
```

（3）填充数据。通过 PictorialBar()链式调用 add_xaxis()、add_yaxis()方法来填充数据，x 轴数据为 silent_dict 字典的键，即日期；y 轴数据为 silent_dict 字典的值，即每日对应的沉默用户数。除了用 add_yaxis()方法填充数据，还可以通过设置各个参数的值来实现象形柱状图的图形设置，如设置隐藏图形标签、设置图形颜色、设置图形大小、设置图形元素重复、剪裁图形等，代码如下。

```
        .add_xaxis(list(silent_dict.keys()))                #添加x坐标的值
        .add_yaxis(
            "每日沉默用户数",
            list(silent_dict.values()),                     #添加y坐标的值
            label_opts=opts.LabelOpts(is_show=False),       #设置图形标签不显示
            itemstyle_opts=opts.ItemStyleOpts(color='#F2CF66'), #设置图形颜色
            symbol_size=18,             #设置图形大小
            symbol_repeat="fixed",      #设置图形元素重复
            is_symbol_clip=True,        #剪裁图形，图形被剪裁后剩余的部分表示数值大小
        )
```

（4）翻转轴。为了使象形柱状图水平呈现，在 add_yaxis()方法的后面链式调用 reversal_axis()方法翻转 x 轴、y 轴，代码如下。

```
        .reversal_axis()    #翻转x轴、y轴
```

（5）全局配置。实例化对象后，用该对象调用 set_global_opts()方法进行全局配置，主要设置标题、x 轴、y 轴，代码如下。

```
        .set_global_opts(
            title_opts=opts.TitleOpts(title="每日沉默用户",  #设置图表标题
                                title_textstyle_opts = opts.TextStyleOpts(color="
#FFFFFF",font_size=14)), #设置标题文本样式
            xaxis_opts=opts.AxisOpts(is_show=False), #不显示x轴
            yaxis_opts=opts.AxisOpts(
                                #设置y轴标签颜色
```

```
                        axislabel_opts=opts.LabelOpts(color='#999999'),
                        #设置 y 轴刻度线不显示
                        axistick_opts=opts.AxisTickOpts(is_show=False),
                        #设置 y 轴轴线不显示
                        axisline_opts=opts.AxisLineOpts(is_show=False),
                    ),
    )
```

（6）返回对象。设置完成后，在 get_bar_silent()函数末尾返回该图表对象，代码如下。

```
    return p
```

（7）展示图表。在函数的外部用 get_bar_silent()函数链式调用 render__notebook()方法，将图表展示在 Jupyter Notebook 页面中，代码如下。

```
get_bar_silent().render_notebook()
```

2）完整代码

```
from pyecharts import options as opts
from pyecharts.charts import PictorialBar

def get_bar_silent():
    """绘制沉默用户数象形柱状图（水平方向）"""
    p = (
        #实例化对象
        PictorialBar(init_opts=opts.InitOpts(chart_id=3,bg_color="#0F1C45"))
        .add_xaxis(list(silent_dict.keys()))      #添加 x 坐标的值
        .add_yaxis(
            "",
            list(silent_dict.values()),           #添加 y 坐标的值
            label_opts=opts.LabelOpts(is_show=False),            #设置图形标签不显示
            itemstyle_opts=opts.ItemStyleOpts(color='#F2CF66'),#设置图形颜色
            symbol_size=18,              #设置图形大小
            symbol_repeat="fixed",       #设置图形元素重复
            is_symbol_clip=True,         #剪裁图形，图形被剪裁后剩余的部分表示数值大小
        )
        .reversal_axis()                 #翻转 x 轴、y 轴
        .set_global_opts(
            title_opts=opts.TitleOpts(title="每日沉默用户",      #设置图表标题
                                title_textstyle_opts =
opts.TextStyleOpts(color="#FFFFFF",font_size=14)),           #设置标题文本样式
            xaxis_opts=opts.AxisOpts(is_show=False),           #不显示 x 轴
            yaxis_opts=opts.AxisOpts(
                                #设置 y 轴标签颜色
                                axislabel_opts=opts.LabelOpts(color='#999999'),
                                #设置 y 轴刻度线不显示
                                axistick_opts=opts.AxisTickOpts(is_show=False),
                                #设置 y 轴轴线不显示
                                axisline_opts=opts.AxisLineOpts(is_show=False),
                            ),
        )
    )
    return p
```

```
get_bar_silent().render_notebook()
```

3）结果展示

运行程序，沉默用户数象形柱状图绘制完成，图表展示如图 5-74 所示。

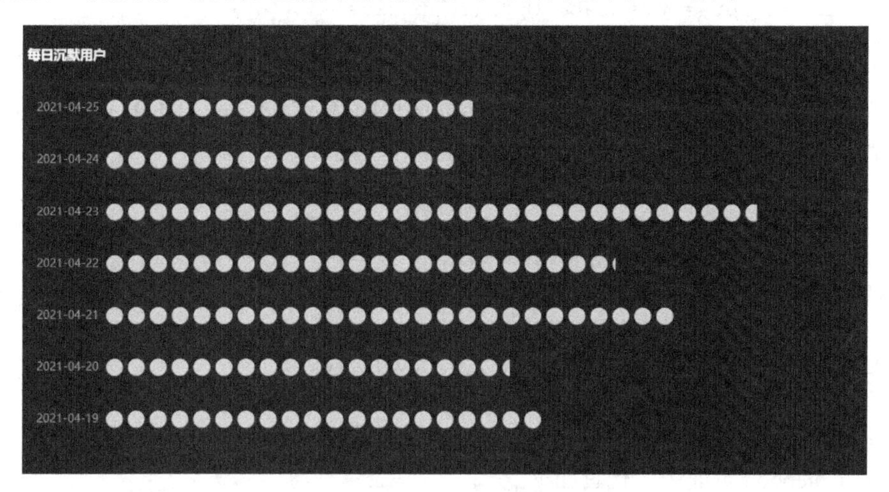

图 5-74　沉默用户数象形柱状图

2. 水球图（用户留存率）

水球图是一种适合展现单个百分比数据的图表类型。本任务中的用户留存率是一个百分比数据，所以选用水球图进行展示。

1）步骤

（1）导入 Liquid 类。导入 pyecharts 的 options 模块，为其取一个别名 opts；从 pyecharts.charts 模块中导入可以绘制水球图的 Liquid 类，代码如下。

```
from pyecharts import options as opts
from pyecharts.charts import Liquid
```

（2）定义函数。定义 get_liquid()函数，实现绘制水球图的功能，代码如下。

```
def get_liquid():
    """绘制水球图"""
```

（3）转换留存率。

在 get_liquid()函数中，将获取的留存率[retention_dict.values()为 dict_values(['71'])]转换为小数，代码如下。

```
    #将留存率转换为 0～1 之间的小数
    ratio = [float(x)/100 for x in retention_dict.values()]
```

（4）实例化水球图对象。在函数中实例化一个水球图对象 liquid，并初始化图表的 id 为 4、背景色为#0F1C45，代码如下。

```
    liquid = (
        #实例化水球图对象
        Liquid(init_opts=opts.InitOpts(chart_id=4,bg_color="#0F1C45"))
    )
```

（5）填充数据并设置图形样式。在 Liquid()方法的后面链式调用 add()方法填充数据，并设置图中波浪的颜色为#3CB2F5、外沿边框的颜色为#3CB2F5、标签的字号大小为 40、标签居中显示、标签的颜色为#3CB2F5，代码如下。

```
        .add("留存率",
             ratio[:1],                    #填充数据
```

```
            color=["#3CB2F5"],        #设置图中波浪的颜色
            #设置外沿边框样式
            outline_itemstyle_opts=opts.ItemStyleOpts(border_color="#3CB2F5"),
            label_opts=opts.LabelOpts(font_size=40,
position="inside",color='#3CB2F5') #设置标签样式
            )
```

（6）全局配置，设置图表标题。在 add()方法的后面链式调用 set_global_opts()方法进行全局配置，设置标题的文本内容、标题的位置、标题的颜色和字号，代码如下。

```
        .set_global_opts(title_opts=opts.TitleOpts(title="留存率", #设置标题文本
                        pos_bottom="35px",pos_left="center",     #设置标题位置
                        title_textstyle_opts = opts.TextStyleOpts(color=
"#FFFFFF",font_size=14))   #设置标题文本样式
)
```

（7）返回对象。在函数末尾返回水球图对象 liquid，代码如下。

```
return liquid
```

（8）展示图表。在函数的外部用 get_liquid()函数链式调用 render__notebook()方法，将图表展示在 Jupyter Notebook 页面中，代码如下。

```
get_liquid().render_notebook()
```

2）完整代码

```
from pyecharts import options as opts
from pyecharts.charts import Liquid

def get_liquid():
    """绘制水球图"""
    #将留存率转换为 0~1 之间的小数
    ratio = [float(x)/100 for x in retention_dict.values()]
    liquid = (
        #实例化水球图对象
        Liquid(init_opts=opts.InitOpts(chart_id=4,bg_color="#0F1C45"))
        .add("留存率",
            ratio[:1],   #填充数据
            color=["#3CB2F5"],              #设置图中波浪的颜色
            outline_itemstyle_opts=opts.ItemStyleOpts(border_color="#3CB2F5"),
#设置外沿边框样式
            label_opts=opts.LabelOpts(font_size=40,
position="inside",color='#3CB2F5')          #设置标签样式
            )
        .set_global_opts(title_opts=opts.TitleOpts(title="留存率",   #设置标题文本
                        pos_bottom="35px",pos_left="center",        #设置标题位置
                        title_textstyle_opts = opts.TextStyleOpts(color=
"#FFFFFF",font_size=14))                    #设置标题文本样式
    )
    return liquid

get_liquid().render_notebook()
```

3）结果展示

在 Jupyter Notebook 页面中进行展示，图表展示如图 5-75 所示。

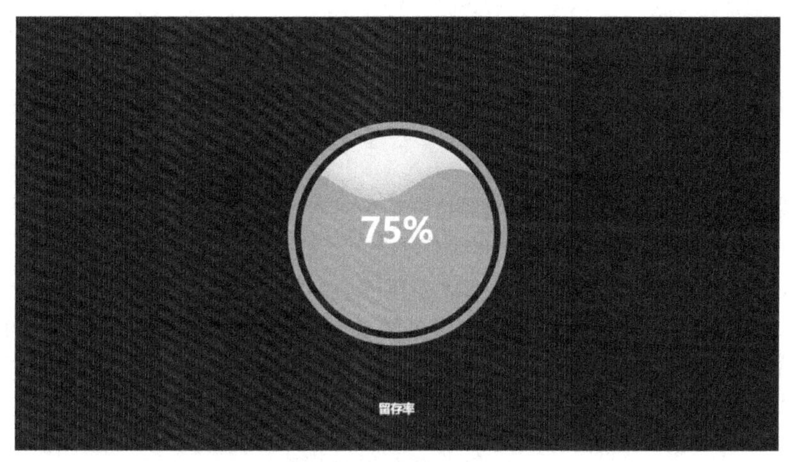

图 5-75　用户留存率水球图

5.3.5　绘制柱状图与折线图的叠加图

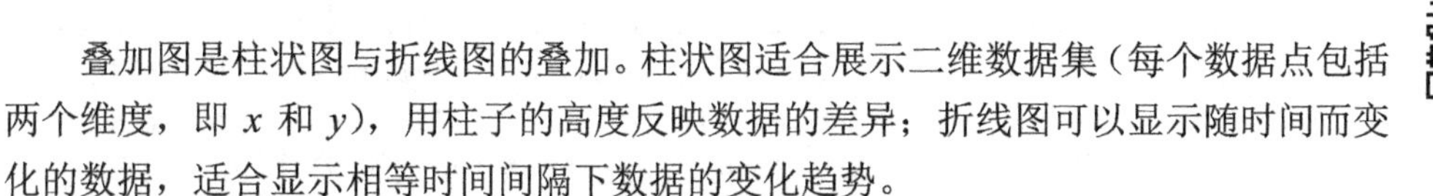

叠加图是柱状图与折线图的叠加。柱状图适合展示二维数据集（每个数据点包括两个维度，即 x 和 y），用柱子的高度反映数据的差异；折线图可以显示随时间而变化的数据，适合显示相等时间间隔下数据的变化趋势。

本任务中用柱状图展示一个星期内的每日回流用户数，用折线图呈现每日新增用户数。此图的绘制步骤是先绘制好柱状图和折线图，再将其叠加。

1．操作步骤

（1）导入 Bar、Line 类。导入 pyecharts 的 options 模块，为其取一个别名 opts；从 pyecharts.charts 模块中导入可以绘制柱状图的 Bar 类和可以绘制折线图的 Line 类，代码如下。

```
from pyecharts import options as opts
from pyecharts.charts import Bar,Line
```

（2）定义函数。定义 get_bar_line_wastage_new()函数，实现绘制柱状图和折线图并将其叠加的功能，代码如下。

```
def get_bar_line_wastage_new():
    """绘制回流用户数柱状图、新增用户数折线图，并叠加"""
```

（3）绘制回流用户数柱状图。在 get_bar_line_wastage_new()函数中，用 Bar 类实例化柱状图对象 bar，调用 add_xaxis()方法和 add_yaxis()方法填充数据，x 维度为回流用户数 wastage_dict 字典的键，即日期，y 维度为回流用户数 wastage_dict 字典的值，即日期对应的回流用户数。在 add_yaxis()方法中，设置图形的颜色为#59CCD9、标签的颜色为#fff、标签的显示位置为柱形的内部、柱间距离为柱形宽度的 50%，并设置参数 z 的值，用于控制图形显示的前后顺序，由于 z 值小的图形会被 z 值大的图形覆盖，这里将柱状图参数 z 的值设为 1，之后将折线图参数 z 的值设为 2，使折线图显示在柱状图之上，代码如下。

```
    bar = (
        #实例化柱状图对象
        Bar(init_opts=opts.InitOpts(chart_id=5,bg_color="#0F1C45"))
        .add_xaxis(list(wastage_dict.keys()))     #添加 x 坐标的值
        .add_yaxis("回流用户",
                   list(wastage_dict.values()),     #添加 y 坐标的值
                   color="#59CCD9",          #设置图形颜色
                   #设置标签样式
```

```
                label_opts=opts.LabelOpts(color="#fff",position="inside"),
                category_gap="50%",      #设置柱间距离
                z=1,    #控制图形的前后顺序，z 值小的图形会被 z 值大的图形覆盖
                )
    )
```

（4）绘制新增用户数折线图。在 get_bar_line_wastage_new()函数中，用 Line 类实例化折线图对象 line，调用 add_xaxis()方法和 add_yaxis()方法填充数据，x 维度为新增用户数 new_dict 字典的键，即日期，y 维度为新增用户数 new_dict 字典的值，即日期对应的新增用户数。在 add_yaxis()方法中，设置标签的颜色为#F26444、折线线条的颜色为#F26444、图元的颜色为#F26444、参数 z 的值为 2，代码如下。

```
    line = (
        Line()   #实例化折线图类
        .add_xaxis(list(new_dict.keys()))     #添加 x 坐标的值
        .add_yaxis("新增用户",
                list(new_dict.values()),     #添加 y 坐标的值
                label_opts=opts.LabelOpts(color="#F26444"),         #设置标签颜色
                linestyle_opts=opts.LineStyleOpts(color="#F26444"),#设置线条样式
                itemstyle_opts=opts.ItemStyleOpts(color="#F26444"),#设置图元样式
                z=2     #控制图形的前后顺序，z 值小的图形会被 z 值大的图形覆盖
                )
    )
```

（5）叠加两个图。首先，在 get_bar_line_wastage_new()函数中，用柱状图对象 bar 调用 overlap()方法，并为 overlap()方法传入折线图对象 line，实现柱状图和折线图的叠加，叠加图对象名为 overlap。然后，用叠加图对象 overlap 调用全局配置方法 set_global_opts()，设置叠加图的标题文本为“回流用户&新增用户”、标题的文本颜色为#FFFFFF、标题的字号为 14，设置图例居右显示、图例的文本颜色为#999999，设置 x 轴标签颜色为#999999、x 轴标签顺时针旋转 15°、x 轴轴线颜色为#999999，设置 y 轴标签颜色为#999999、y 轴轴线颜色为#999999，代码如下。

```
    overlap = bar.overlap(line)  #柱状图、折线图叠加显示
    overlap.set_global_opts(title_opts=opts.TitleOpts(title="回流用户&新增用户",
#设置叠加图的标题
title_textstyle_opts = opts.TextStyleOpts(color="#FFFFFF",font_size=14),#设置
标题文本样式
                                                ),
                        legend_opts=opts.LegendOpts(pos_left="right",
textstyle_opts=opts.TextStyleOpts(color="#999999")), #设置图例的位置、文本颜色
                        xaxis_opts=opts.AxisOpts(
                            axislabel_opts=opts.LabelOpts(color='#999999',
rotate=-15),     #设置 x 轴标签颜色及旋转角度

axisline_opts=opts.AxisLineOpts(linestyle_opts=opts.LineStyleOpts(color='#999
999')),          #设置 x 轴轴线颜色
                        ),
                        yaxis_opts=opts.AxisOpts(
                            axislabel_opts=opts.LabelOpts(color='#999999'),# 设
置 y 轴标签颜色

axisline_opts=opts.AxisLineOpts(linestyle_opts=opts.LineStyleOpts(color="#999
```

```
999")),          #设置y轴轴线颜色
                                ),

)
```

（6）返回对象。在 get_bar_line_wastage_new()函数末尾返回叠加图对象 overlap，代码如下。

```
    return overlap
```

（7）展示图表。在 get_bar_line_wastage_new()函数的外部用 get_bar_line_wastage_new()函数链式调用 render__notebook()方法，将图表展示在 Jupyter Notebook 页面中，代码如下。

```
get_bar_line_wastage_new().render_notebook()
```

2. 完整代码

```
from pyecharts import options as opts
from pyecharts.charts import Bar,Line

def get_bar_line_wastage_new():
    """绘制回流用户数柱状图、新增用户数折线图，并叠加"""
    bar = (
        Bar(init_opts=opts.InitOpts(chart_id=5,bg_color="#0F1C45"))  #实例化柱状
图对象
        .add_xaxis(list(wastage_dict.keys()))    #添加x坐标的值
        .add_yaxis("回流用户",
                   list(wastage_dict.values()),   #添加y坐标的值
                   color="#59CCD9",               #设置图形颜色
                   #设置标签样式
                   label_opts=opts.LabelOpts(color="#fff",position="inside"),
                   category_gap="50%",            #设置柱间距离
                   z=1,    #控制图形的前后顺序，z值小的图形会被z值大的图形覆盖
                  )
    )

    line = (
        Line()                                   #实例化折线图类
        .add_xaxis(list(new_dict.keys()))       #添加x坐标的值
        .add_yaxis("新增用户",
                   list(new_dict.values()),                        #添加y坐标的值
                   label_opts=opts.LabelOpts(color="#F26444"),     #设置标签颜色
                   #设置线条样式
                   linestyle_opts=opts.LineStyleOpts(color="#F26444"),
                   #设置图元样式
                   itemstyle_opts=opts.ItemStyleOpts(color="#F26444"),
                   z=2    #控制图形的前后顺序，z值小的图形会被z值大的图形覆盖
                  )
    )
    overlap = bar.overlap(line)  #柱状图、折线图层叠显示
    overlap.set_global_opts(title_opts=opts.TitleOpts(title="回流用户&新增用户",
#设置层叠图的标题文本
title_textstyle_opts = opts.TextStyleOpts(color="#FFFFFF",font_size=14),#设置
标题文本样式
                                                  ),
                             legend_opts=opts.LegendOpts(pos_left="right",
```

```
textstyle_opts=opts.TextStyleOpts(color="#999999")),    #设置图例的位置、文本颜色
                        xaxis_opts=opts.AxisOpts(
                            axislabel_opts=opts.LabelOpts(color='#999999',
rotate=-15),                                            #设置x轴标签颜色及旋转角度
                            axisline_opts=opts.AxisLineOpts(linestyle_
opts=opts.LineStyleOpts(color='#999999')),              #设置x轴轴线颜色
                        ),
                        yaxis_opts=opts.AxisOpts(
axislabel_opts=opts.LabelOpts(color="#999999"),         #设置y轴标签颜色
                            axisline_opts=opts.AxisLineOpts(linestyle_
opts=opts.LineStyleOpts(color='#999999')),              #设置y轴轴线颜色
                        ),

    )
    return overlap
get_bar_line_wastage_new().render_notebook()
```

3. 结果展示

运行程序，图表展示如图 5-76 所示。

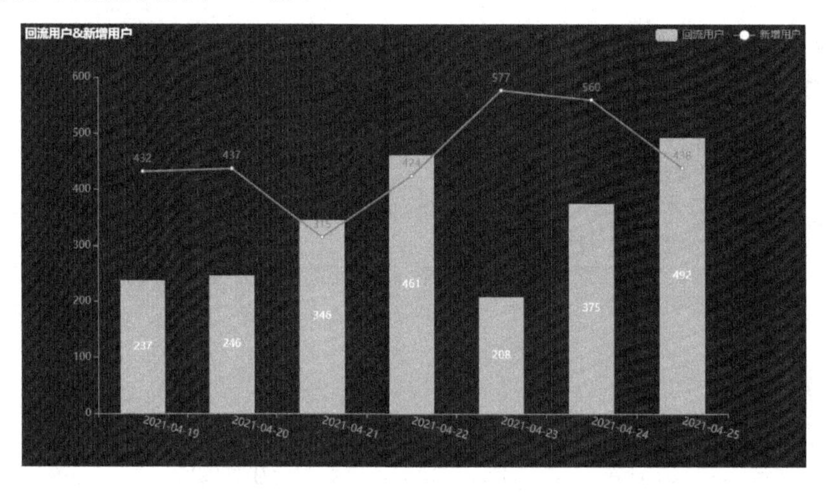

图 5-76　柱状图与折线图的叠加图

5.3.6 绘制轮播图

饼图常用于表示不同分类的占比情况，通过将一个圆饼按照分类的占比划分成多个区块，整个圆饼代表数据的总量，每个区块（圆弧）表示该分类占总体的比例大小，所有区块（圆弧）相加等于 100%。

本节用一个轮播图循环展示 7 个饼图，这 7 个饼图分别表示一周内每日沉默用户数和活跃用户数的占比情况。

1. 操作步骤

（1）导入 Pie、Timeline 类。导入 pyecharts 的 options 模块，为其取一个别名 opts；从 pyecharts.charts 模块中导入可以绘制饼图的 Pie 类和轮播图的 Timeline 类，代码如下。

```
from pyecharts import options as opts
from pyecharts.charts import Pie,Timeline
```

（2）定义函数，准备数据，实例化轮播图对象。定义 get_pie()函数，实现绘制饼图的功能。首先，整理好绘制饼图所需的数据并将其保存在 count 变量中，count 变量的值是列表类型，包含每日沉默用户数和活跃用户数；然后，创建列表类型的 attr 变量，用于保存“沉默用户”“活跃用户”两个字符串，在下一步绘图时使用；最后，用 Timeline 类实例化轮播图对象 tl，并初始化图表的 id 为 6，代码如下。

```
def get_pie():
    """绘制 沉默用户数&活跃用户数 饼图"""
    date = list(uv_dict.keys())   #日期
    silent = list(silent_dict.values()) #每日沉默用户数组成的列表
    active = list(uv_dict.values())      #每日活跃用户数组成的列表
    count = list(zip(silent,active))     #count 为嵌套列表。如：[[1 日沉默用户数,1 日活跃用户数],[2 日沉默用户数,2 日活跃用户数]...]
    attr = ["沉默用户","活跃用户"]
    tl = Timeline(init_opts=opts.InitOpts(chart_id=6))  #实例化时间线轮播图对象 tl
```

（3）绘制 7 个饼图。首先，在 get_pie()函数中，用 for 结构循环遍历 7 天的数据，逐个绘制 7 个饼图，并将每个饼图添加到轮播图对象中。在 for 循环中绘制单个饼图时，用 Pie 类实例化一个饼图对象 pie，并初始化背景色为#0F1C45。然后，通过 Pie()链式调用 add()方法，填充数据并设置图形样式，传入一日的沉默用户数和活跃用户数，设置用扇区圆心角展现数据的百分比，用半径展现数据的大小，饼图的内半径为 30%，外半径为 55%。接着，链式调用 set_colors()方法设置饼图中代表沉默用户数和活跃用户数的区域颜色分别为#F2CF66、#136FFB。最后，链式调用全局配置方法 set_global_opts()，设置饼图的主标题文本为“沉默用户数 vs 活跃用户数”、副标题文本为当日日期、标题文本的颜色为#FFFFFF、字号为 14、图例的文本颜色为#999999。在对象 pie 的外部，用轮播图对象 tl 调用 add()方法，将当前日期的饼图添加到时间线轮播图中。代码如下。

```
    for i in range(len(date)):   #循环绘制每日的饼图
        pie = (
            Pie(init_opts=opts.InitOpts(bg_color="#0F1C45"))      #实例化饼图对象
            .add(
                "一日沉默用户数&活跃用户数",
                [list(z) for z in zip(attr, count[i])],              #填充数据，每日沉默用户数和活跃用户数组成的列表
                #设置用扇区圆心角展现数据的百分比，用半径展现数据的大小
                rosetype="radius",
                #饼图的半径，列表的第一项为内半径，第二项为外半径
                radius=["30%", "55%"],
            )
            .set_colors(["#F2CF66", "#136FFB"])                #设置图形颜色
            .set_global_opts(title_opts=opts.TitleOpts("沉默用户数 vs 活跃用户数",
#设置主标题文本
                                    subtitle=date[i], #设置副标题文本

                                    title_textstyle_opts =
opts.TextStyleOpts(color="#FFFFFF",font_size=14)),         #设置标题文本样式

legend_opts=opts.LegendOpts(textstyle_opts=opts.TextStyleOpts(color="#999999"
)))  #设置图例的文本颜色
        )
        tl.add(pie, date[i])  #将当前日期的饼图添加到时间线轮播图中
```

（4）设置轮播图。在 for 循环的外部，用轮播图对象 tl 调用 add_schema ()方法，设置时间线轴线、标签和控制按钮边框的颜色为#999999，设置图表为自动播放，设置坐标轴类型为时间轴，代码如下。

```
    tl.add_schema(linestyle_opts=opts.LineStyleOpts(color="#999999"),    #设置时间线轴线的颜色
                  label_opts=opts.LabelOpts(color="#999999"),    #设置时间线轴上方标签的颜色

controlstyle_opts=opts.TimelineControlStyle(border_color="#999999"),    #设置控制按钮边框的颜色
                  is_auto_play=True,  #自动播放
                  axis_type= "time"    #设置坐标轴类型为时间轴
                 )
```

（5）返回对象。设置完成后，在函数末尾返回该轮播图对象，代码如下。

```
    return tl
```

（6）展示图表。在函数的外部，用 get_pie()函数链式调用 render__notebook()方法，将图表展示在 Jupyter Notebook 页面中，代码如下。

```
get_pie().render_notebook()
```

2. 完整代码

```
from pyecharts import options as opts
from pyecharts.charts import Pie,Timeline

def get_pie():
    """绘制 沉默用户数&活跃用户数 饼图"""
    date = list(uv_dict.keys())  #日期
    silent = list(silent_dict.values())    #每日沉默用户数组成的列表
    active = list(uv_dict.values())        #每日活跃用户数组成的列表
    count = list(zip(silent,active))       #count 为嵌套列表。如：[[1 日沉默用户数,1日活跃用户数],[2 日沉默用户数,2 日活跃用户数]...]
    attr = ["沉默用户","活跃用户"]
    tl = Timeline(init_opts=opts.InitOpts(chart_id=6))  #实例化时间线轮播图对象 tl
    for i in range(len(date)):  #循环绘制每日的饼图
        pie = (
            Pie(init_opts=opts.InitOpts(bg_color="#0F1C45"))    #实例化饼图对象
            .add(
                "商家 A",
                [list(z) for z in zip(attr, count[i])],          #填充数据
                rosetype="radius",    #用扇区圆心角展现数据的百分比，用半径展现数据的大小
                radius=["30%", "55%"],#饼图的半径，列表的第一项为内半径，第二项为外半径
            )
            .set_colors(["#F2CF66", "#136FFB"])  #设置图形颜色
            .set_global_opts(title_opts=opts.TitleOpts("沉默用户数 vs 活跃用户数",
#设置主标题文本
                                        subtitle=date[i],   #设置副标题文本
                                        title_textstyle_opts =
opts.TextStyleOpts(color="#FFFFFF",font_size=14)), #设置标题文本样式

legend_opts=opts.LegendOpts(textstyle_opts=opts.TextStyleOpts(color='#999999'
```

```
))) #设置图例的文本颜色
        )
        tl.add(pie, date[i])                  #将当前日期的饼图添加到时间线轮播图中

    tl.add_schema(linestyle_opts=opts.LineStyleOpts(color="#999999"),    #设置时
间线轴线的颜色
               label_opts=opts.LabelOpts(color="#999999"),    #设置时间线轴上方标
签的颜色
               controlstyle_opts=opts.TimelineControlStyle(border_color=
"#999999"),  #设置控制按钮边框的颜色
               is_auto_play=True,  #自动播放
               axis_type= "time"   #设置坐标轴类型为时间轴
    )
    return tl

get_pie().render_notebook()
```

3．结果展示

运行程序，图表展示结果如图 5-77 所示。

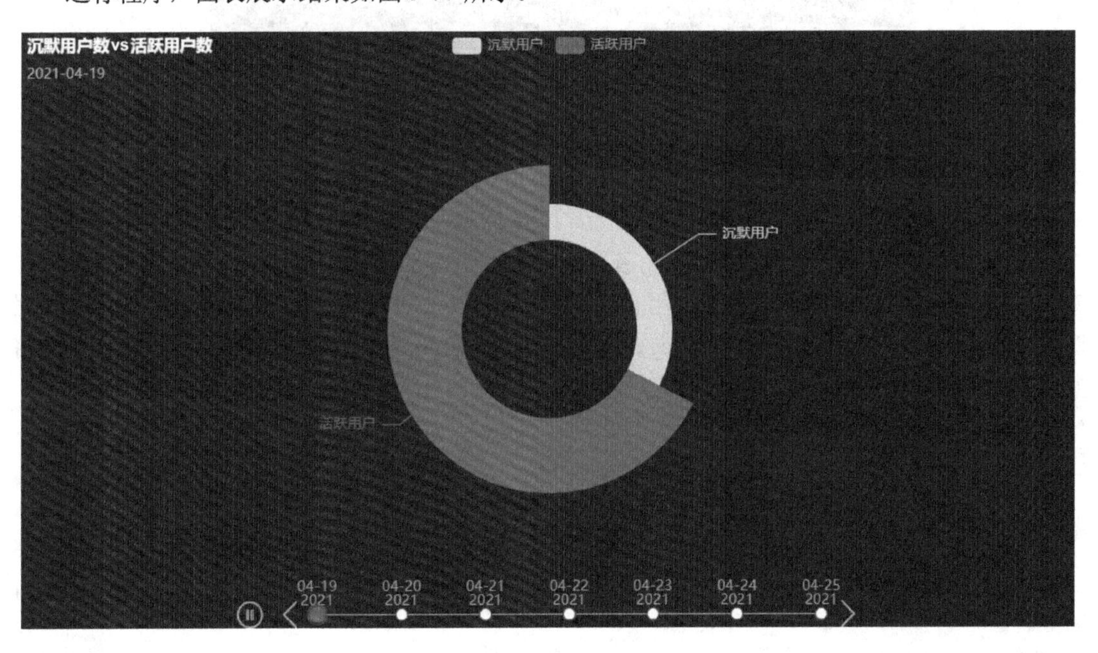

图 5-77　轮播图

5.3.7　数据大屏展示

至此，所有图表绘制完成。本节将对这些图表进行布局，使其展示在一个页面中，构成最终的数据大屏。

在进行图表布局时，还需要统一渲染数据大屏（以 HTML 文件类型存储）的背景色。bs4 第三方库可以对 HTML 源代码进行格式化，以便对 HTML 源代码中的节点、标签、属性等进行操作。

1．安装 bs4 第三方库并检查

（1）打开 cmd 控制台界面（按组合键“Windows+R”）。

（2）输入“pip install beautifulsoup4”，并按回车键，如图 5-78 所示。

图 5-78 输入“pip install beautifulsoup4”

（3）在 cmd 控制台界面中，输入“python”，并按回车键，进入 Python 环境。输入“import bs4”，并按回车键，若程序没有报错，则说明 bs4 第三方库安装成功，如图 5-79 所示。

```
C:\WINDOWS\system32\cmd.exe - python
Microsoft Windows [版本 10.0.19042.1083]
(c) Microsoft Corporation。保留所有权利。

C:\Users\87536>python
Python 3.9.6 (tags/v3.9.6:db3ff76, Jun 28 2021, 15:26:21) [MSC v.1929 64 bit (AMD64)] on win32
Type "help", "copyright", "credits" or "license" for more information.
>>> import bs4
>>>
```

图 5-79 检查 bs4 第三方库

2. 布局并保存图表

下面，将绘制好的各个图表组合到一个页面中，并进行合理布局，最后将完成布局的页面保存。

1）组合图表

导入 Page 类，定义 page_layout()函数，实例化 page 对象，并将其设置为可拖曳样式 DraggablePageLayout。用 page 对象调用 add()方法，将各个图表添加到 page 对象中，在函数末尾返回该 page 对象，在函数外部调用 page_layout()函数，并将返回结果赋值给 page 变量，即可将多个图表组合在一个页面中。运行以下代码。

```
from pyecharts import options as opts
from pyecharts.charts import Page

def page_layout():
    """组合图表"""
    page = Page(layout=Page.DraggablePageLayout)   #实例化 page 对象，并将其设置为可拖曳样式
    page.add(   #添加各图表
        get_title(),
        get_bar_line_wastage_new(),
        get_bar_silent(),
        get_liquid(),
        get_bar_active(),
        get_pie()
    )
    return page

page = page_layout()   #生成组合了多个图表的 page 对象
```

2）保存图表

用 page 对象调用 render()方法，将所有图表保存到 result.html 文件中，运行以下代码。

```
page.render("result.html")   #将图表保存到 result.html 文件中
```

3）布局图表

打开刚刚生成的 result.html 文件，发现各个图表的顺序是从上到下排列的，通过拖曳的方式调整图表的位置和大小，当调整到一个合适的布局时，单击左上方的“Save Config”按钮，下载 chart_config.json 配置文件，如图 5-80 所示。

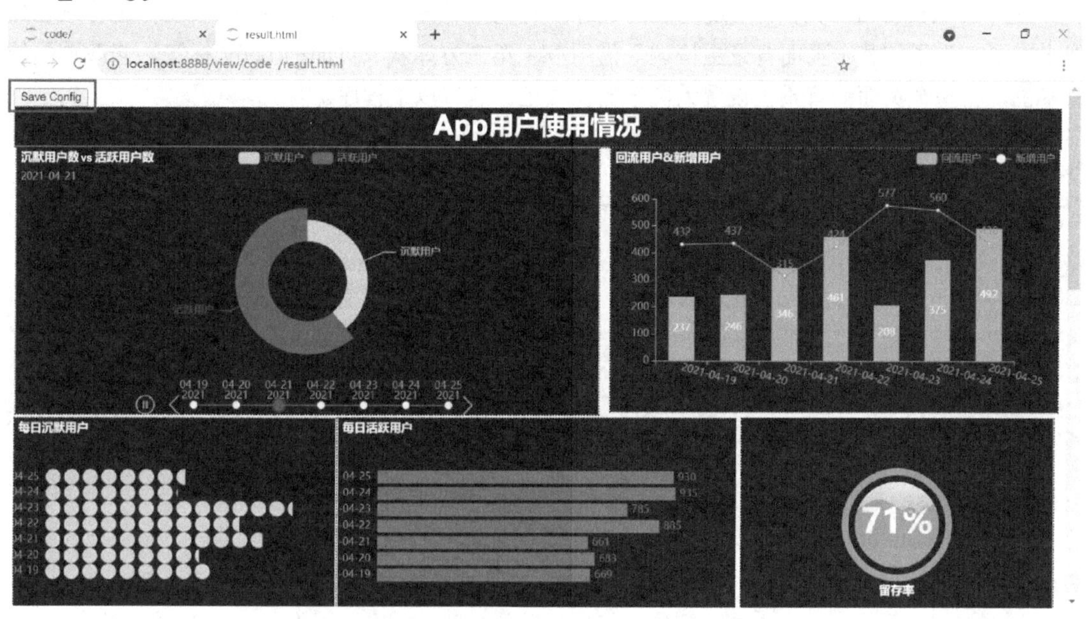

图 5-80　布局图表

将下载的 chart_config.json 文件放置在代码的同级目录中，如图 5-81 所示。

图 5-81　放置 chart_config.json 文件

4）指定布局配置，再次渲染图表

用 page 对象调用 save_resize_html()方法，按 chart_config.json 文件的布局配置各个图表的位

置和大小，运行以下代码，再次渲染图表，生成新的 re_result.html 文件。

注意：仅运行以下代码即可，不要重复运行 page.render 代码。因为 result.html 文件在第 3 步中已经生成，并且已经调整了布局，下载了布局配置文件，无须再次生成。

```
page.save_resize_html("result.html",cfg_file="chart_config.json",dest="re_result.html")  #使用布局文件，重新布局 HTML 文件中各图表的位置
```

5）修改网页背景

打开 re_result.html 文件，发现图表的边缘没有完全对齐，在图表之外，网页的白色背景也显现出来了。为了使整个页面背景更协调，借用 bs4 第三方库获取页面的 body 标签，修改页面的背景色，将整个页面的背景色设置为图表的背景色。运行以下程序。

```
from bs4 import BeautifulSoup
#以可读写的方式打开 re_result.html 文件
with open("re_result.html","r+",encoding="utf-8") as html:
    fcontent=html.read()                          #读取文件内容
    html_bf=BeautifulSoup(fcontent)               #使用 BeautifulSoup 解析 HTML 文件
    body = html_bf.find("body")                   #找到 HTML 文件中的 body 标签
    body["style"] = "background:#0F1C45"          #设置 body 背景色
    html_new = str(html_bf)                       #将修改后的内容转换为字符串
    html.seek(0,0)                                #将文件的操作标记移动到文件开头
    html.truncate()          #表示从文件的当前位置截断，截断后，当前位置之后的所有字符被删除
    html.write(html_new)#重写文件
    html.close()
```

刷新 re_result.html 页面，即可生成最终的数据大屏，如图 5-82 所示。

图 5-82　最终的数据大屏

6）课后思考

从可视化的结果中，可以获取什么信息？

我们可以为该电商平台的经营决策提出什么建议？

素养园地

学习相关的国家职业技术技能标准、“1+X”职业技能等级标准及行业企业标准，是提高专业能力的有效途径，请同学们自行查阅并学习国家《大数据工程技术人员国家职业技术技能标准》、大数据平台运维、大数据应用开发等“1+X”职业技能等级标准，在专业领域不断补充新知识新技能，不断提升自己的职业素养。

项目总结

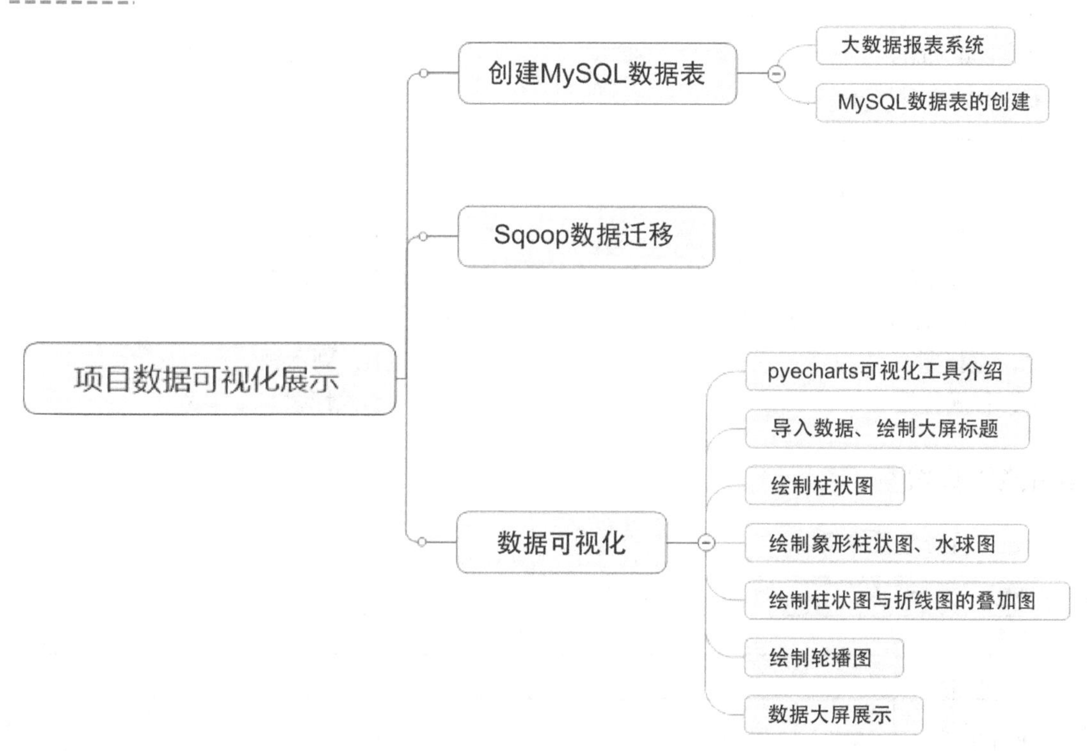

思考与练习

一、判断题

1．使用 pyecharts 工具绘图时，可以直接进行图表的绘制，无须在程序中导入对应的图表类。（　　）

2．使用 pyecharts 工具绘图时，可以通过设置初始化配置项中的图表 id，设置图表的唯一标识，以此来区分多个图表。（　　）

3．饼图常用于表示不同分类的占比情况，通过弧度大小来对比各种分类。（　　）

二、单选题

1．在 MySQL 中，用于创建数据库的命令是（　　）。

A．drop database 数据库名　　B．use 数据库名

C．create table 数据库名　　D．create database 数据库名

2．使用 Sqoop 进行从 Hive 到 MySQL 数据库的数据迁移时，其命令为（　　）。

A．sqoop import　　B．sqoop export

C．sqoop job　　D．sqoop merge

3．在 pyecharts 中，柱状图类是（　　）。

A．Bar　　B．Line

C．Pie　　D．Liquid

4．在 pyecharts 中，饼图类是（　　）。

A．Bar　　B．Line

C．Pie　　D．Liquid

5．全局配置项可以通过（　　）方法设置。

A．add_yaxis　　B．set_global_opts

C．set_series_opts　　D．reversal_axis

三、多选题

1．在 pyecharts 中，全局配置项有（　　）。

A．标题配置项　　B．图例配置项

C．坐标轴配置项　　D．提示框配置项

2．在 pyecharts 的标题配置项 TitleOpts 中，可以进行设置的有（　　）。

A．主标题文本　　B．副标题文本

C．标题位置　　D．标题字体样式

学习成果评价

1．评价分值及等级

分值	90～100	80～89	70～79	60～69	<60
等级	优秀	良好	中等	及格	不及格

2．评价标准

评价内容	赋分	序号	考核指标	分值	得分		
					自评	组评	师评
构建 MySQL 数据表	5 分	1	能够为可视化结果创建数据表	5 分			
Sqoop 数据迁移	25 分	1	正确对活跃用户数据表执行数据迁移	5 分			
		2	正确对每日新增用户数据表执行数据迁移	5 分			
		3	正确对沉默用户数据表执行数据迁移	5 分			
		4	正确对本周回流用户数据表执行数据迁移	5 分			
		5	正确对用户留存率数据表执行数据迁移	5 分			

续表

评价内容	赋分	序号	考核指标	分值	得分		
					自评	组评	师评
数据可视化	50 分	1	正确安装 pyecharts 可视化工具	10 分			
		2	完成导入数据操作且绘制出大屏标题	6 分			
		3	完成绘制柱状图	6 分			
		4	完成绘制象形柱状图、水球图	6 分			
		5	完成绘制柱状图与折线图的叠加图	6 分			
		6	完成绘制轮播图	6 分			
		7	安装 bs4 第三方库，完成数据大屏展示	10 分			
劳动素养	10 分	1	按时完成，认真填写记录	5 分			
		2	小组分工合理性	5 分			
思政素养	10 分	1	完成思政素材学习	5 分			
		2	观看思政视频	5 分			
总分				100 分			

【学习笔记】

我的学习笔记：

____

____

____

【反思提高】

我在学习方法、能力提升等方面的进步：

____

____

____

课程学习成果评价

1．评价分值及等级

分值	90~100	80~89	70~79	60~69	＜60
等级	优秀	良好	中等	及格	不及格

2．评价标准

模块	赋分	序号	评价内容	考核指标	分值	得分		
						自评	组评	师评
模块1	5分	1	项目业务背景、项目定位及大数据技术的主流应用场景	了解项目的业务背景，项目定位	1分			
				能列举出至少3个大数据技术的应用场景	1分			
		2	项目实施流程规划、技术选型及版本，数据源数据结构字典	了解整个项目的实施流程规划	1分			
				了解项目技术选型及版本	1分			
				理解数据源数据结构字典	1分			
模块2	30分	1	Hadoop各功能组件的功能及原理	能正确描述Hadoop各功能组件的基本工作原理	4分			
		2	Hadoop各功能组件的安装与配置	正确搭建Hadoop分布式集群环境	10分			
				正确安装配置Hive	4分			
				正确安装配置Flume	3分			
				正确安装配置Sqoop	3分			
				正确安装配置ZooKeeper	3分			
				正确安装配置Kafka	3分			
模块3	20分	1	构建项目数据采集系统的方法	能正确描述项目数据采集方法	4分			
		2	ETL数据采集拦截器及分流表记拦截器设计	正确编写ETL数据采集拦截器程序代码	3分			
				正确编写分流表记拦截器程序代码	3分			
		3	采用Flume-Kafka-Flume架构实现数据采集及数据消费	能正确编写脚本实现数据采集	5分			
				能正确编写脚本实现数据消费	5分			

续表

模块	赋分	序号	评价内容	考核指标	分值	得分		
						自评	组评	师评
模块4	25分	1	离线数据仓库的分层架构及各层设计标准	能正确描述离线数据仓库的分层架构及各层设计标准	3分			
		2	项目中数据仓库各层的实施内容	能正确描述项目中数据仓库各层的实施内容	2分			
		3	创建各层数据表并加载数据	正确创建 ODS 层数据表并成功加载数据	3分			
				正确创建 DWD 层数据表并成功加载数据	3分			
				正确创建 DWS 层数据表并成功加载数据	3分			
				正确创建 DWT 层数据表并成功加载数据	3分			
				正确创建 ADS 层数据表并成功加载数据	8分			
模块5	10分	1	构建可视化数据源	正确创建 MySQL 数据表	1分			
				正确使用 Sqoop，将数据从集群迁移至 MySQL 数据表	1分			
		2	使用 pyecharts 绘制图表	正确安装 Python、pyecharts、Jupyter Notebook	1分			
				正确绘制柱状图	1分			
				正确绘制象形柱状图	1分			
				正确绘制水球图	1分			
				正确绘制柱状图与折线图的叠加图	1分			
				正确绘制饼图的轮播图	1分			
		3	制作数据大屏	正确使用 pyecharts 和 bs4 将多个图表组合成数据大屏	2分			
素养	10分	1	职业素养	遵守纪律	1分			
				团队协作	1分			
				按照标准规范操作	1分			
				持续改进优化	1分			
		2	劳动素养	具有正确的劳动观	1分			
				保持工位卫生、整洁、有序	1分			
				按时完成学习任务	1分			
		3	思政素养	遵守法律法规，对自己的行为有自我约束力	1分			
				完成思政素材学习	2分			
总分					100分			

参考文献

[1] 米洪，陈永.Hadoop 大数据平台构建与应用[M].北京：高等教育出版社，2018.

[2] 新华三技术有限公司.大数据平台运维中级[M].北京：电子工业出版社，2021.

[3] 张健，张良均.Python 编程基础[M].北京：人民邮电出版社，2018.

[4] 魏伟一，李晓红，高志玲.Python 数据分析与可视化[M].北京：清华大学出版社，2021.

反侵权盗版声明